Topology

위상수학

김준형 · 최윤철 지음

KM 경문사

머리말

오래전 위상 수학 입문([5])을 교재로 강의를 진행하면서 개념적으로 어려운 내용을 보다 쉽게 전달하기 위해 강의록을 작성하기 시작한 것이 이 책의 출발점이 되었다. 강의록을 정리하여 학생들이 개념을 직관적으로 이해할 수 있도록 내용을 체계적으로 구조화하고 적절한 예제를 활용하여 설명하는 방식으로 이 책을 구성하였다.

또한 2002년 이후의 중등 임용 시험 기출 문제(위상 수학 관련) 모두를 풀이와 함께 제공하여 임용 시험을 준비하는 예비 수학 교사들에게 실질적인 도움이 될 수 있도록 하였다. 이를 통해 예비 교사들이 기출 문제를 직접 풀어보며 개념을 적용하는 연습을 하여 학습 성과를 높이고자 하였다.

이번 출간에는 기존의 문헌들에서 다루지 않았던 개념과 용어를 새롭게 도입하여 내용을 더욱 보강하였다. 독자들이 보다 깊이 있는 학습을 할 수 있도록 이러한 개념들은 정리하였으며, 해당 용어들의 의미와 활용 사례도 함께 소개하였다. 또한 독자의 이해를 돕고자 여러 문헌을 참고하여 설명을 보다 풍부하게 보강하고 그림을 포함한 시각적 자료, 다양한 예제, 그리고 연습 문제들을 추가하였다.

이 책에서는 영어 병기를 사용하지 않고 관련된 영어 표현은 독자가 필요할 때 편리하게 찾아볼 수 있도록 찾아보기에서 한글:영어 및 영어:한글 두 가지 방식으로 정리하였다. 이를 통해 독자들이 한글 용어를 익히면서도 필요할 때 대응되는 영어 표현을 쉽게 확인할 수 있도록 하였다. 다만 임용 시험 문제의 경우 원문의 의미를 정확하게 전달하기 위해 영어 병기를 포함하여 수정 없이 옮겼다.

이 책에서 사용한 수학 용어는 대한수학회의 수학 용어 사전에 수록된 공식적인 용어를 기본적으로 참조하였다. 다만 해당 용어 사전에 포함되지 않은 용어의 경우 여러 문헌을 검토하여 가장 적절한 용어를 선정하였다. 본문을 구성할 때는 가독성을 높이기 위해 자연스러운 띄어쓰기를 유지하는 것을 원칙으로 하였다. 한편, 찾아보기에는 중요한 용어들은 따로 모아 놓아서 관련 개념과 함께 비교 학습이 가능하도록 구성하였다.

각 장의 첫 쪽에는 해당 장의 소개와 차례를 수록하여 독자가 전체적인 흐름을 한눈에 파악할 수 있도록 하였으며, 두 번째 쪽에는 관련된 수학자를 소개하여 학문적 배경을 이해하는 데 도움이 되도록 하였다.

본문에서 다룬 문제와 연습 문제의 풀이를 모두 제공하는 것을 목표로 하였으나 현실적인 시간 제약으로 인해 완성하지 못하였다. 하지만 독자들이 스스로 사고하고 문제를 해결하는 과정을 통해 개념을 깊이 이해할 수 있도록 문제의 난이도와 구성을 신중하게 조정하였다. 앞으로도 부족한 부분을 보완하고, 독자들의 피드백을 적극적으로 반영하여 위상 수학을 공부하려는 이들에게 구체적인 그리고 유용한 책이 될 수 있도록 지속적으로 개선해 나가고자 한다.

끝으로 책의 편집을 위해 사용한 라텍을 개발하고 발전시켜 온 모든 사람들에게 감사를 전한다. 그리고 강의록을 통해 수업을 듣고 책의 완성에 도움을 주었던 학생들에게 감사의 인사를 전한다. 또한 이 책의 출판을 위해 애써 준 경문사 편집부 및 관계자 여러분께 깊은 감사를 전한다.

2025년 2월

김준형, 최윤철

차 례

제 1 장

집합과 선택 공리

이 장에서는 위상 수학을 공부하기에 앞서 반드시 알아야 할 집합론의 기본적인 내용을 복습한다. 집합론에 대한 공부가 충분히 되어있다고 생각되면 2장부터 학습해도 무방하다. 우선 집합의 정의와 기본적인 성질들을 공부한 뒤 곱 집합의 부분 집합인 이항 관계를 알아본다. 그리고 이항 관계를 이용하여 함수를 정의하고 관련된 기본 개념과 성질들을 살펴본다. 유한 집합의 경우 집합의 크기는 원소의 개수로 자명하게 정의되지만 무한 집합의 경우는 자명하지 않다. 이런 경우에 집합의 크기를 어떻게 정의하는지 알아보고 무한 집합을 공부하는 데 반드시 필요한 선택 공리와 관련된 주제들을 공부한다.

차례

에른스트 프리드리히 페르디난트 체르멜로(1871~1953)

에른스트 체르멜로는 수학, 특히 집합론에 중요한 기여를 한 학자로, 그의 삶은 학문적 업적과 더불어 원칙 있는 결단으로도 잘 알려져 있다. 그는 1889년에 베를린의 루이젠슈테트 김나지움을 졸업한 후, 베를린 대학교, 할레 대학교, 그리고 프라이부르크 대학교에서 수학, 물리학, 철학을 공부했다.

그는 1894년에 베를린 대학교에서 변분법에 관한 연구로 박사 학위를 취득하였으며, 이후 베를린 대학교에 남아 물리학자 막스 플랑크의 조교로 활동하며 유체역학을 연구하기 시작했다. 1897년에는 당시 세계에서 가장 권위 있는 수학 연구 중심지로 평가받던 괴팅겐 대학교로 자리를 옮겼고, 1899년에 하빌리타치온 논문을 통해 학문적 자격을 인정받았다.

체르멜로는 1910년 취리히 대학교의 수학 교수로 임명되었으나, 1916년에 자리를 떠났다. 이후 1926년 프라이부르크 대학교에서 명예 교수직을 맡았으나, 1935년 나치 정권의 정책에 반대하며 사임했다. 그는 제2차 세계대전이 끝난 후 프라이부르크 대학교 명예 교수직에 복귀하여 학문적 활동을 이어갔다.

체르멜로의 삶은 수학에 대한 깊은 열정뿐만 아니라, 억압적인 정치 체제에 저항한 그의 신념을 잘 보여준다. 그의 학문적 여정과 윤리적 결단은 오늘날에도 많은 이들에게 깊은 영감을 주고 있다.

1.1 집합

집합이란 우리의 직관 또는 사고의 대상으로서 공통적인 성질을 지닌, 서로 명확히 구별되는 사물들의 모임이다. 집합을 이루는 사물들을 **원소**라 하며 보통 소문자 a, b, c, $\ldots$ 등으로 표시하고, 집합은 대문자 A, B, C, $\ldots$ 등으로 표시한다. a가 집합 A의 원소이면, a는 집합 A에 속한다라 말하고 다음과 같이 나타낸다.

$$a \in A$$

그리고 b가 집합 A의 원소가 아닌 경우는 $b \notin A$로 나타낸다.

정의 1.1.1

A, B를 두 집합이라 하자.

(1) A의 모든 원소와 B의 모든 원소가 같을 때 A와 B는 **같다** 또는 **동일하다**라 하고 $A = B$로 나타낸다. 즉, $A = B$는 다음을 의미한다.

$$x \in A \;\Leftrightarrow\; x \in B$$

A와 B가 같지 않을 때에는 $A \neq B$로 나타낸다.

(2) A의 모든 원소가 B의 원소일 때 A를 B의 **부분 집합**, B를 A의 **포함 집합**이라 하고 $A \subset B$ 또는 $B \supset A$로 나타낸다. 즉, $A \subset B$는 다음을 의미한다.

$$x \in A \;\Rightarrow\; x \in B$$

A가 B의 부분 집합이 아닐 때 이것을 $A \not\subset B$와 같이 나타낸다. 임의의 집합은 분명히 그 자신의 부분 집합이다. 두 집합 A, B에 대하여 $A \subset B$이고 $A \neq B$일 때 A를 B의 **진 부분 집합**이라 하고 $A \subsetneq B$로 나타낸다.

집합의 표시 방법은 **원소 나열법**과 **조건 제시법**이 있다. 예를 들어, A를 짝수인 자연수의 집합이라 할 때 A를 원소 나열법으로 표시하면 다음과 같다.

$$A = \{2,\ 4,\ 6,\ \ldots\}$$

그리고 A를 조건 제시법으로 표시하면 다음과 같다.

$$A = \{x \mid x\text{는 짝수인 자연수}\}$$

포함하는 원소의 개수가 유한 개인 집합을 **유한 집합**이라 하고, 유한 집합이 아닌 집합을 **무한 집합**이라 한다. 특히 한 개의 원소로 이루어진 집합을 **한 원소 집합**이라 한다. 편의상 원소를 하나도 갖지 않는 집합을 생각할 수 있는데 이 집합을 **공집합**이라 하고 $\varnothing$으로 나타낸다. 집합 중에는 집합을 원소로 하는 집합이 있다. 가령 주어진 집합 A의 모든 부분 집합을 원소로 갖는 집합이 있는데, 이 집합을 A의 **멱집합**이라 부르고, $\mathcal{P}(A)$ 또는 2^A로 표시한다.

정리 1.1.2

(a) 공집합 $\varnothing$은 모든 집합의 부분 집합이다.

(b) 세 집합 A, B, C에 대하여 $A \subset B$, $B \subset C$이면 $A \subset C$가 성립한다.

(c) 집합 A의 원소가 n개이면 A의 멱집합 $\mathcal{P}(A)$의 원소의 개수는 2^n이다.

증명 (a) 정의로부터 자명하다.

(b) $A \subset B$이므로 $x \in A$이면 $x \in B$이다. 또 $B \subset C$이므로 $x \in B$이면 $x \in C$이다. 따라서 $x \in A$이면 $x \in C$이다. 즉 $A \subset C$이다.

(c) 수학적 귀납법을 사용하여 증명할 수 있다. 독자에게 맡긴다. □

문제 1.1.1 정리 1.1.2의 (c)를 증명하여라.

정의 1.1.3

두 집합 A, B에 대하여 다음을 정의한다.

(1) A 또는 B에 속하는 모든 원소로 이루어진 집합을 A와 B의 **합집합**이라 하고 기호로는 $A \cup B$로 나타낸다. 즉 다음과 같다.

$$A \cup B = \{x \mid x \in A \quad \text{또는} \quad x \in B\}$$

(2) A에 속하고 동시에 B에도 속하는 모든 원소로 이루어진 집합을 A와 B의 **교집합**이라 하고 기호로는 $A \cap B$로 나타낸다. 즉 다음과 같다.

$$A \cap B = \{x \mid x \in A \quad \text{그리고} \quad x \in B\}$$

A와 B가 공통인 원소를 가지지 않을 경우, 즉 $A \cap B = \varnothing$일 때 A와 B는 **서로 소**라 한다.

정리 1.1.4

집합 A, B에 대하여 $A \subset B$일 때 다음이 성립한다.

$$A \cup B = B, \qquad A \cap B = A$$

문제 1.1.2 정리 1.1.4가 성립함을 보여라.

러셀의 역설에 의하면 엄밀한 의미에서 "모든 집합의 집합"인 **전체 집합**은 존재하지 않는다. 그러나 여기서는 집합들을 고정된 집합 U의 부분 집합인 것으로 간주한다. 이러한 경우 집합 U를 제한된 의미의 전체 집합으로 생각한다.

정리 1.1.5

집합 U의 부분 집합 A, B, C에 대하여 다음이 성립한다.

(a) $A \cup \varnothing = A, \quad A \cap U = A$ (b) $A \cup A = A, \quad A \cap A = A$

(c) $A \cup B = B \cup A, \quad A \cap B = B \cap A$

(d) $A \cup (B \cup C) = (A \cup B) \cup C, \quad A \cap (B \cap C) = (A \cap B) \cap C$

(e) $A \cap (B \cup C) = (A \cap B) \cup (A \cap C), \quad A \cup (B \cap C) = (A \cup B) \cap (A \cup C)$

증명 정리 1.1.4로부터 (a)와 (b)는 자명하다.

(c) 정의 1.1.3을 사용하여 다음과 같이 보일 수 있다.

$$A \cup B = \{x \mid x \in A \ \text{ 또는 } \ x \in B\} = \{x \mid x \in B \ \text{ 또는 } \ x \in A\} = B \cup A,$$

$$A \cap B = \{x \mid x \in A \ \text{ 그리고 } \ x \in B\} = \{x \mid x \in B \ \text{ 그리고 } \ x \in A\} = B \cup A$$

(d) $x \in A \cup (B \cup C)$라 하자. 그러면 $x \in A$ 또는 $x \in B \cup C$이다. 먼저 $x \in A$라 하면 $x \in A \cup B$ 이므로 $x \in (A \cup B) \cup C$이다. 이제, $x \in B \cup C$라 하면 $x \in B$ 또는 $x \in C$이다. $x \in B$인 경우, $x \in A \cup B$ 이므로 $x \in (A \cup B) \cup C$이고, $x \in C$인 경우 $x \in (A \cup B) \cup C$이다. 그러므로 $x \in A \cup (B \cup C)$이면 $x \in (A \cup B) \cup C$가 성립하고, 따라서 다음을 얻는다.

$$A \cup (B \cup C) \subset (A \cup B) \cup C$$

이제 $x \in (A \cup B) \cup C$라 하자. 위와 같은 방법으로 $x \in A \cup (B \cup C)$가 성립하고 첫 번째 등식이 증명되었다. 두 번째 등식도 비슷한 방법으로 증명된다.

(e) 독자에게 맡긴다. □

위 정리에서 (a)을 항등 법칙, (b)를 멱등 법칙, (c)을 교환 법칙, (d)를 결합 법칙, (e)를 분배 법칙이라 한다.

문제 1.1.3 정리 1.1.5의 증명을 완성하여라.

정의 1.1.6

(1) 전체 집합 U와 부분 집합 A에 대하여 U의 원소 중 A의 원소가 아닌 것들의 집합을 A의 **여집합**이라 하고 기호로는 A^c로 나타낸다. 즉, 다음이 성립한다.

$$A^c = \{x \in U \mid x \notin A\}$$

(2) 두 집합 A, B에 대하여 A의 원소 중 B의 원소가 아닌 것들의 집합을 A에 대한 B의 **차집합**이라 하고 기호로는 $A - B$로 나타낸다. 즉, 다음이 성립한다.

$$A - B = \{x \mid x \in A \ \text{ 그리고 } \ x \notin B\}$$

위 정의로부터 다음 두 정리를 얻는다.

정리 1.1.7

전체 집합 U와 두 부분 집합 A, B에 대하여 다음이 성립한다.

(a) $A - B = A \cap B^c$

(b) $(A^c)^c = A$

(c) $\varnothing^c = U, \quad U^c = \varnothing$

(d) $A \cap A^c = \varnothing, \quad A \cup A^c = U$

(e) $A \subset B \Leftrightarrow B^c \subset A^c$

|증명| (a) $x \in A - B$이라 하면 정의로부터 $x \in A$, $x \notin B$이다. 따라서 $x \in A \cap B^c$이다. 즉 $A - B \subset A \cap B^c$이다. 역으로 $x \in A \cap B^c$이라 하면, $x \in A$이고 $x \in B^c$, 즉 $x \notin B$이다. 따라서 $x \in A - B$이다. 그러므로 $A \cap B^c \subset A - B$이다.

(b) $x \in (A^c)^c$이라 하면 정의로부터 $x \notin A^c$이고 다시 정의로부터 $x \in A$이다. 역으로 $x \in A$이면 정의로부터 $x \notin A^c$이고 다시 정의로부터 $x \in (A^c)^c$이다.

(c) $\varnothing^c = U \cap \varnothing^c = U - \varnothing = U$이고 $U^c = U \cap U^c = U - U = \varnothing$이다.

(d) $A \cap A^c = A - A = \varnothing$이다. $A \cup A^c \subset U$는 당연하고, 임의의 $x \in U$에 대하여 $x \in A$이면 증명이 끝나고 $x \notin A$이면 $x \in A^c$이므로 증명이 끝났다.

(e) 독자에게 맡긴다. □

문제 1.1.4 정리 1.1.7의 증명을 완성하여라.

정리 1.1.8 드 모르간의 법칙

두 집합 A, B에 대하여 다음이 성립한다.

(a) $(A \cup B)^c = A^c \cap B^c$

(b) $(A \cap B)^c = A^c \cup B^c$

|증명| (a) $x \in (A \cup B)^c$인 것과 동치인 명제를 나열하면 다음과 같다,

$$\begin{aligned} x \in (A \cup B)^c &\Leftrightarrow x \notin A \cup B \quad \Leftrightarrow x \notin A \text{ 그리고 } x \notin B \\ &\Leftrightarrow x \in A^c \text{ 그리고 } x \in B^c \\ &\Leftrightarrow x \in A^c \cap B^c \end{aligned}$$

따라서 두 집합이 같음을 알 수 있다.

(b) 독자에게 맡긴다. □

문제 1.1.5 정리 1.1.8의 증명을 완성하여라.

보기 1.1.9

두 집합 A, B에 대하여 다음이 성립함을 보여라.

(1) $A - (B \cup C) = (A - B) \cap (A - C)$

(2) $A - (B \cap C) = (A - B) \cup (A - C)$

|풀이| $A - B = A \cap B^c$, $A - C = A \cap C^c$이므로 다음을 얻는다.

(1) $(A - B) \cap (A - C) \quad = (A \cap B^c) \cap (A \cap C^c) = A \cap B^c \cap C^c = A \cap (B^c \cap C^c)$

$$
\begin{aligned}
&= A \cap (B \cup C)^c = A - (B \cup C) \\
(2)\ (A - B) \cup (A - C) &= (A \cap B^c) \cup (A \cap C^c) = A \cap (B^c \cup C^c) = A \cap (B \cap C)^c \\
&= A - (B \cap C)
\end{aligned}
$$
□

보기 1.1.10

두 집합 A, B에 대하여 다음이 성립함을 보여라.

(1) $A - B = B^c - A^c$　　　(2) $A - B = A - (A \cap B)$

| 풀이 | (1) $A - B = A \cap B^c = B^c \cap A = B^c \cap (A^c)^c = B^c - A^c$

(2) $A - (A \cap B) = A \cap (A \cap B)^c = A \cap (A^c \cup B^c)$이므로 다음을 얻는다.

$$A - (A \cap B) = (A \cap A^c) \cup (A \cap B^c) = \varnothing \cup (A \cap B^c) = A \cap B^c = A - B$$
□

유한 개 집합들 사이의 연산을 임의 개 집합들로 다음과 같이 확장할 수 있다.

정의 1.1.11

(1) 집합 Γ의 각 원소 $\gamma \in \Gamma$에 대하여 집합 A_γ가 하나씩 대응할 때 모든 A_γ의 집합을 Γ에 의하여 **지표가 주어진 집합들의 모임**이라 하고 이것을 $\{A_\gamma \mid \gamma \in \Gamma\}$로 나타낸다. 이때 Γ를 **지표 집합**이라 한다.

(2) 임의 지표 집합 Γ와 $\mathcal{F} = \{A_\gamma \mid \gamma \in \Gamma\}$에 대하여, 적당한 $A_\gamma \in \mathcal{F}$에 속하는 원소 전체로 이루어진 집합을 $\mathcal{F}$에 속하는 집합의 **합집합**이라 하고, 기호로는 $\bigcup_{\gamma \in \Gamma} A_\gamma$ 또는 $\bigcup \mathcal{F}$로 나타낸다. 즉, 다음과 같다.

$$\bigcup \mathcal{F} = \bigcup_{\gamma \in \Gamma} A_\gamma = \{x \in U \mid x \in A_\gamma,\ \gamma \in \Gamma\}$$

(3) 임의 지표 집합 Γ와 $\mathcal{F} = \{A_\gamma \mid \gamma \in \Gamma\}$에 대하여, 모든 $A_\gamma \in \mathcal{F}$에 속하는 원소 전체로 이루어진 집합을 $\mathcal{F}$에 속하는 집합의 **교집합**이라 하고, 기호로는 $\bigcap_{A \in \mathcal{F}} A$ 또는 $\bigcap \mathcal{F}$로 나타낸다. 즉, 다음과 같다.

$$\bigcap \mathcal{F} = \bigcap_{A \in \mathcal{F}} A = \{x \in U \mid A \in \mathcal{F}\text{이면} \ \Rightarrow\ x \in A\}$$

$\Gamma = \{1,\ 2,\ \ldots,\ n\}$일 때에는 $\bigcup_{\gamma \in \Gamma} A_\gamma$를 $\bigcup_{i=1}^{n} A_i$ 또는 $A_1 \cup A_2 \cup \cdots \cup A_n$으로, $\bigcap_{\gamma \in \Gamma} A_\gamma$를 $\bigcap_{i=1}^{n} A_i$ 또는 $A_1 \cap A_2 \cap \cdots \cap A_n$으로 나타내기도 한다. $\Gamma = \{1,\ 2,\ \ldots,\ n, \ldots\} = \mathbb{N}$일 때에도 비슷하게 $\bigcup_{i=1}^{\infty} A_i$와 $\bigcap_{i=1}^{\infty} A_i$로 나타낸다.

정리 1.1.12

집합 G와 임의 집합들의 모임 $\{A_\gamma \mid \gamma \in \Gamma\}$에 대하여 다음이 성립한다.

(a) $\Gamma = \varnothing$일 때(U는 전체 집합)

$$\bigcup_{\gamma\in\varnothing} A_\gamma = \varnothing, \qquad \bigcap_{\gamma\in\varnothing} A_\gamma = U$$

(b) 일반 드 모르간 법칙

$$\Big(\bigcup_{\gamma\in\Gamma} A_\gamma\Big)^c = \bigcap_{\gamma\in\Gamma} A_\gamma^c, \qquad \Big(\bigcap_{\gamma\in\Gamma} A_\gamma\Big)^c = \bigcup_{\gamma\in\Gamma} A_\gamma^c$$

(c) 일반 분배 법칙

$$G \cap \Big(\bigcup_{\gamma\in\Gamma} A_\gamma\Big) = \bigcup_{\gamma\in\Gamma} (G \cap A_\gamma), \qquad G \cup \Big(\bigcap_{\gamma\in\Gamma} A_\gamma\Big) = \bigcap_{\gamma\in\Gamma} (G \cup A_\gamma)$$

증명 (a) $x \in \bigcup_{\gamma\in\varnothing} A_\gamma$이라 하면 정의로부터 $x \in A_\gamma$인 γ가 존재한다. 그런데 지표 집합이 공집합이므로 그러한 γ가 존재하지 않는다. 따라서 $\bigcup_{\gamma\in\varnothing} A_\gamma$는 어떤 원소로 포함하지 않으므로 $\bigcup_{\gamma\in\varnothing} A_\gamma = \varnothing$이다.

(b) 정의로부터 다음이 성립한다.

$$\begin{aligned} x \in \Big(\bigcup_{\gamma\in\Gamma} A_\gamma\Big)^c &\Leftrightarrow x \notin \bigcup_{\gamma\in\Gamma} A_\gamma \Leftrightarrow \text{모든 } \gamma \in \Gamma\text{에 대하여 } x \notin A_\gamma \\ &\Leftrightarrow \text{모든 } \gamma \in \Gamma\text{에 대하여 } x \in A_\gamma^c \\ &\Leftrightarrow x \in \bigcap_{\gamma\in\Gamma} A_\gamma^c \end{aligned}$$

$$\begin{aligned} x \in \Big(\bigcap_{\gamma\in\Gamma} A_\gamma\Big)^c &\Leftrightarrow x \notin \bigcap_{\gamma\in\Gamma} A_\gamma \Leftrightarrow x \notin A_\gamma\text{인 } \gamma \in \Gamma\text{가 존재한다.} \\ &\Leftrightarrow x \in A_\gamma^c\text{인 } \gamma \in \Gamma\text{가 존재한다.} \\ &\Leftrightarrow x \in \bigcup_{\gamma\in\Gamma} A_\gamma^c \end{aligned}$$

(c) 독자에게 맡긴다. □

문제 1.1.6 정리 1.1.12의 증명을 완성하여라.

곱 집합

정의 1.1.13

두 집합 A와 B의 **곱 집합** 또는 **데카르트 곱**을 $A \times B$로 나타내고 다음과 같이 정의한다.

$$A \times B = \{(x, y) \mid x \in A,\ y \in B\}$$

보기 1.1.14

$\mathbb{R}$의 두 부분 집합 $A = (1, \infty)$, $B = [1, 2)$에 대하여, $A \times B$는 그림 1.1과 같이 xy-평면에 놓인 판자형의 조각이다.

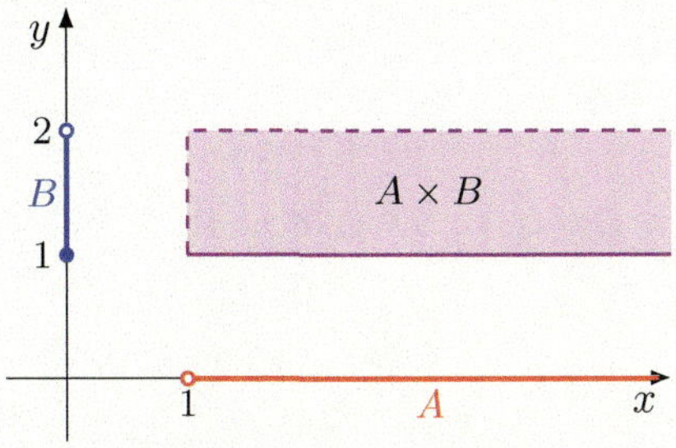

그림 1.1: $A \times B$

정리 1.1.15

세 집합 A, B, C에 대하여 다음이 성립한다.

(a) $A \times (B \cap C) = (A \times B) \cap (A \times C)$

(b) $A \times (B \cup C) = (A \times B) \cup (A \times C)$

(c) $A \times (B - C) = (A \times B) - (A \times C)$

|증명| (a) $(x, y) \in A \times (B \cap C)$인 것과 동치인 명제를 나열하면 다음과 같다,

$$\begin{aligned} (x,y) \in A \times (B \cap C) &\Leftrightarrow x \in A,\ y \in B \cap C \\ &\Leftrightarrow x \in A,\ (y \in B \text{ 그리고 } y \in C) \\ &\Leftrightarrow (x,y) \in A \times B \text{ 그리고 } (x,y) \in A \times C \\ &\Leftrightarrow (x,y) \in (A \times B) \cap (A \times C) \end{aligned}$$

따라서 두 집합이 같음을 알 수 있다.

(b) (c) 독자에게 맡긴다. □

문제 1.1.7 정리 1.1.15의 증명을 완성하여라.

보기 1.1.16

네 집합 A, B, C, D에 대하여 다음이 성립함을 보여라.

$$(A \times B) \cap (C \times D) = (A \cap C) \times (B \cap D)$$

|풀이| $(x, y) \in (A \times B) \cap (C \times D)$인 것과 동치인 명제를 나열하면 다음과 같다,

$$(x,y) \in (A \times B) \cap (C \times D) \Leftrightarrow (x,y) \in A \times B,\ (x,y) \in C \times D$$

$$\Leftrightarrow \; x \in A,\ y \in B,\ x \in C,\ y \in D$$
$$\Leftrightarrow \; x \in A \cap C,\ y \in B \cap D$$
$$\Leftrightarrow \; (x, y) \in (A \cap C) \times (B \cap D)$$

따라서 두 집합이 같다. □

문제 1.1.8 네 집합 A, B, C, D에 대하여 다음이 성립함을 보여라.

$$(A \times B) \cup (C \times D) \cup (A \times D) \cup (C \times B) = (A \cup C) \times (B \cup D)$$

n 개의 집합 A_1, A_2, …, A_n의 곱 집합은 다음과 같이 확장된다.

$$\prod_{i=1}^{n} A_i = A_1 \times A_2 \times \cdots \times A_n = \big\{(a_1, a_2, \ldots, a_n) \mid a_i \in A_i,\ i \in \{1, 2, \ldots, n\}\big\}$$

마찬가지로 임의의 집합들의 모임 $\{A_\alpha | \alpha \in \Lambda\}$의 곱 집합을 $\prod_{\alpha\in\Lambda} A_\alpha$로 나타내며 다음과 같이 정의한다.

$$\prod_{\alpha\in\Lambda} A_\alpha = \big\{(a_\alpha) \mid a_\alpha \in A_\alpha,\ \alpha \in \Lambda\big\}$$

특히, $\Lambda = \mathbb{N}$일 때 다음과 같이 나타낸다.

$$\prod_{n=1}^{\infty} A_n = \{(a_1, a_2, \ldots) \mid a_n \in A_n,\ n \in \mathbb{N}\}$$

문제 1.1.9 집합들의 모임 $\{A_\alpha \mid \alpha \in \Lambda\}$와 $\{B_\alpha \mid \alpha \in \Lambda\}$에 대하여 다음이 성립함을 보여라.

(1) $\left(\prod_{\alpha\in\Lambda} A_\alpha\right) \bigcap \left(\prod_{\alpha\in\Lambda} B_\alpha\right) = \prod_{\alpha\in\Lambda}(A_\alpha \cap B_\alpha)$

(2) $\left(\prod_{\alpha\in\Lambda} A_\alpha\right) \bigcup \left(\prod_{\alpha\in\Lambda} B_\alpha\right) \subset \prod_{\alpha\in\Lambda}(A_\alpha \cup B_\alpha)$

연습 문제 1.1

1. $A \subset B$이고 $C \subset D$일 때, 다음이 성립함을 보여라.
   (1) $(A \cup C) \subset (B \cup D)$ (2) $(A \cap C) \subset (B \cap D)$

2. 다음을 증명하여라.
   (1) $A \cap (B - C) = (A \cap B) - C$ (2) $(A \cup B) - C = (A - C) \cup (B - C)$
   (3) $A - \left(\bigcup_{\gamma \in \Gamma} B_\gamma \right) = \bigcap_{\gamma \in \Gamma} (A - B_\gamma)$ (4) $A - \left(\bigcap_{\gamma \in \Gamma} B_\gamma \right) = \bigcup_{\gamma \in \Gamma} (A - B_\gamma)$

3. 두 집합 A와 B의 **대칭 차집합** $A \Delta B$를 다음과 같이 정의한다.
$$A \Delta B = (A - B) \cup (B - A)$$
   이때 다음이 성립함을 보여라.(U는 전체 집합)
   (1) $A \Delta A = \varnothing$, $A \Delta \varnothing = A$ (2) $A \Delta B = B \Delta A$
   (3) $(A \Delta B) \Delta A = B$ (4) $A \Delta U = A^c$, $A \Delta A^c = U$

4. A와 B가 서로 소이기 위한 필요 충분 조건은 공집합이 아닌 임의의 집합 C에 대하여 $A \times C$와 $B \times C$가 서로 소인 것임을 보여라.

5. A 와 C가 공집합이 아닌 집합일 때 $A \subset B$와 $C \subset D$일 필요 충분 조건은 $A \times C \subset B \times D$인 것임을 보여라.

6. A가 X의 부분 집합이고 B가 Y의 부분 집합일 때 다음이 성립함을 보여라.
$$(A \times B)^c = (A^c \times Y) \cup (X \times B^c)$$

7. [2010학년도 임용고사 1차] 정수 전체의 집합을 $\mathbb{Z}$라 하고 모든 자연수 n에 대하여 집합 A_n과 B_n을 다음과 같이 정의하자.
$$A_n = \{x \in \mathbb{Z} \mid x \leq n\}, \qquad B_n = \{x \in \mathbb{Z} \mid x \geq -n\}$$
   <보기>에서 옳은 것을 모두 고른 것은?

ㄱ. $\bigcap_{n=1}^{\infty} (A_n \cap B_n) = \{-1, 0, 1\}$
ㄴ. $\mathbb{Z} \cap \left(\bigcap_{n=1}^{\infty} (A_n^c \cup B_n^c) \right) = \varnothing$
ㄷ. $\bigcup_{n=1}^{\infty} (A_n - B_n) = \{x \in \mathbb{Z} \mid x \leq -1\}$

① ㄱ ② ㄱ, ㄴ ③ ㄱ, ㄷ ④ ㄴ, ㄷ ⑤ ㄱ, ㄴ, ㄷ

1.2 이항 관계와 분할

이항 관계

정의 1.2.1

(1) 집합 A에서 집합 B로의 **이항 관계** $\mathcal{R}$은 곱 집합 $A \times B$의 부분 집합이다. 이항 관계를 간단히 **관계**라고도 한다. $(a,b) \in \mathcal{R}$을 $a\mathcal{R}b$로도 나타내고 "a는 b와 $\mathcal{R}$의 관계가 있다"라고 읽는다. 이때 $\mathcal{R}$의 **정의역** $\text{Dom}(\mathcal{R})$과 **치역** $\text{Ran}(\mathcal{R})$을 다음과 같이 정의한다.

$$\text{Dom}(\mathcal{R}) := \{a \in A \mid (a,b) \in \mathcal{R}\}, \quad \text{Ran}(\mathcal{R}) := \{b \in B \mid (a,b) \in \mathcal{R}\}$$

한편, $A = B = X$인 경우, $\mathcal{R}$을 간단히 X의 **이항 관계**라 한다.

(2) 집합 A, B에 대하여 A에서 B로의 이항 관계 $\mathcal{R}$의 **역 관계** $\mathcal{R}^{-1}$은 B에서 A로의 이항 관계로 다음을 만족하는 것이다.

$$(a,b) \in \mathcal{R} \iff (b,a) \in \mathcal{R}^{-1}$$

보기 1.2.2

$A = \{1,2,3\}$, $B = \{a,b\}$에 대해 $\mathcal{R} = \{(1,a),\ (2,b)\}$는 집합 A에서 집합 B로의 이항 관계이다. $1\mathcal{R}a$, $2\mathcal{R}b$이므로 1은 a와 $\mathcal{R}$의 관계가 있고, 2는 a와 $\mathcal{R}$의 관계가 없다. 이때 정의역과 치역 그리고 역 관계는 다음과 같다.

$$\text{Dom}(\mathcal{R}) = \{1,\ 2\}, \quad \text{Ran}(\mathcal{R}) = B, \quad \mathcal{R}^{-1} = \{(a,1),\ (b,2)\}$$

문제 1.2.1 자연수 집합 $\mathbb{N}$의 이항 관계 $\mathcal{R}$이 다음과 같이 정의되었다.

$$(x,y) \in \mathcal{R} \iff x + y = 10$$

이때 관계 $\mathcal{R}$과 $\mathcal{R}$의 정의역 그리고 $\mathcal{R}$의 치역을 찾아라.

정의 1.2.3

집합 X의 관계 $\mathcal{R}$에 대하여 다음을 정의한다.

(1) 임의의 $x \in X$에 대하여 $x\mathcal{R}x$이면 $\mathcal{R}$을 **반사 관계**라 한다.

(2) 모든 $x, y \in X$에 대하여 다음을 만족하면 $\mathcal{R}$을 **대칭 관계**라 한다.

$$x\mathcal{R}y \Rightarrow y\mathcal{R}x$$

(3) 모든 $x, y, z \in X$에 대하여 다음을 만족하면 $\mathcal{R}$을 **추이 관계**라 한다.

$$x\mathcal{R}y,\ y\mathcal{R}z \Rightarrow x\mathcal{R}z$$

(4) 모든 $x, y \in X$에 대하여 다음을 만족하면 $\mathcal{R}$을 **반대칭 관계**라 한다.

$$x\mathcal{R}y \ \text{그리고}\ y\mathcal{R}x \Rightarrow x = y$$

집합 X에서 $\mathcal{R}$이 반사 관계이면 $\mathcal{R}$은 다음과 같이 정의된 집합 Δ_X를 반드시 포함한다.

$$\Delta_X := \{(x, x) \mid x \in X\}$$

여기서 Δ_X를 X에서의 **대각 관계** 또는 **항등 관계**라 부른다(그림 1.2 참조). 한편, Δ_X를 포함하는 임의의 이항 관계는 반사 관계이다(정의 1.2.3). 그러므로 대각 관계 Δ_X는 스스로 X의 반사 관계이고 따라서 X의 이항 관계 중 Δ_X가 가장 작은 반사 관계이다.

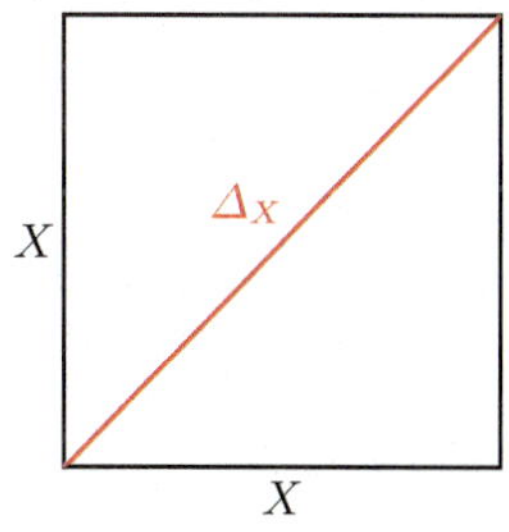

그림 1.2: 대각 관계

문제 1.2.2 집합 X의 관계 $\mathcal{R}$이 대칭 관계일 필요 충분 조건은 $\mathcal{R} = \mathcal{R}^{-1}$임을 보여라.

집합 X의 관계 $\mathcal{R}$이 반사, 대칭, 추이 관계이면 $\mathcal{R}$을 X의 **동치 관계**라 한다.

$X \neq \varnothing$인 경우 X의 동치 관계는 적어도 두 개가 존재한다. 그 중 하나는 $X \times X$이고 다른 하나는 위에서 정의한 대각 관계 Δ_X이다. 따라서 X의 동치 관계 중, Δ_X는 가장 작은 것이고, $X \times X$는 가장 큰 것이다.

보기 1.2.4

$X = \{1, 2, 3\}$에 대하여 모든 동치 관계를 찾아라.

| **풀이** | 먼저 $\Delta_X = \{(1,1), (2,2), (3,3)\}$과 $X \times X$는 동치 관계이다. 동치 관계가 $(1,2)$를 포함하면 대칭으로부터 $(2,1)$을 포함해야 한다. 따라서 다음은 동치 관계임을 확인할 수 있다.

$$\mathcal{R}_1 = \{(1,1), (2,2), (3,3), (1,2), (2,1)\}$$

마찬가지 다음 두 관계도 동치 관계이다.

$$\mathcal{R}_2 = \{(1,1), (2,2), (3,3), (1,3), (3,1)\}, \quad \mathcal{R}_3 = \{(1,1), (2,2), (3,3), (2,3), (3,2)\}$$

$\mathcal{R}_1$에 $(1,3)$을 추가하여 동치 관계를 만들면 추이 관계로부터 $(2,3)$도 포함하므로 $X \times X$가 된다. 따라서 X의 동치 관계는 위의 다섯 개가 전부이다. □

문제 1.2.3 (1) $X = \{1, 2\}$에 대하여 모든 동치 관계를 찾아라.
(2) $X = \{1, 2, 3, 4\}$에 대하여 모든 동치 관계를 찾아라.

보기 1.2.5

자연수 m에 대하여 정수의 집합 $\mathbb{Z}$에서 **m을 법으로 하는 합동 관계** $\equiv$를 다음과 같이 정의하면 이 합동 관계는 $\mathbb{Z}$의 동치 관계임을 보여라.

$$x \equiv y \mod m \ \Leftrightarrow\ x - y = km \text{ 인 } k \in \mathbb{Z}\text{가 존재}$$

| **풀이** | (1) 임의의 $x(\in \mathbb{Z})$에 대하여 $x - x = 0 \cdot m$이므로 $x \equiv x \mod m$이다. 따라서 주어진 관계는 반사이다.

(2) $x \equiv y \mod m$이면 적당한 k에 대하여 $x - y = km$이므로 $y - x = (-k)m$이고 $-k \in \mathbb{Z}$이다. 따라서 $y \equiv x \mod m$이 되고 주어진 관계는 대칭이다.

(3) $x \equiv y$, $y \equiv z \mod m$이면 적당한 k_1, k_2에 대하여 $x - y = k_1 m$, $y - z = k_2 m$이다. 그러므로 $x - z = (x - y) + (y - z) = k_1 m + k_2 m = (k_1 + k_2)m$이고 $k_1 + k_2 \in \mathbb{Z}$이므로 $x \equiv z \mod m$이 되고 따라서 주어진 관계는 추이이다.

(1), (2), (3)으로부터 m을 법으로 하는 합동 관계 $\equiv$는 동치 관계이다. □

문제 1.2.4 실수 집합 $\mathbb{R}$에서 등호 $=$는 동치 관계임을 보여라.

분할

정의 1.2.6

공집합이 아닌 X에 대하여 X의 **분할** $\mathcal{P}$는 공집합이 아닌 X의 부분 집합들 중 다음을 만족하는 집합들의 모임이다.

(1) 임의의 A, $B \in \mathcal{P}$에 대하여 $A \neq B$이면 $A \cap B = \varnothing$

(2) $\bigcup \mathcal{P} = X$

직관적으로 말하면 집합 X의 분할은 아래 그림과 같이 X를 공집합이 아니고, 또한 서로소인 부분 집합으로 갈라 놓은 것을 의미한다.

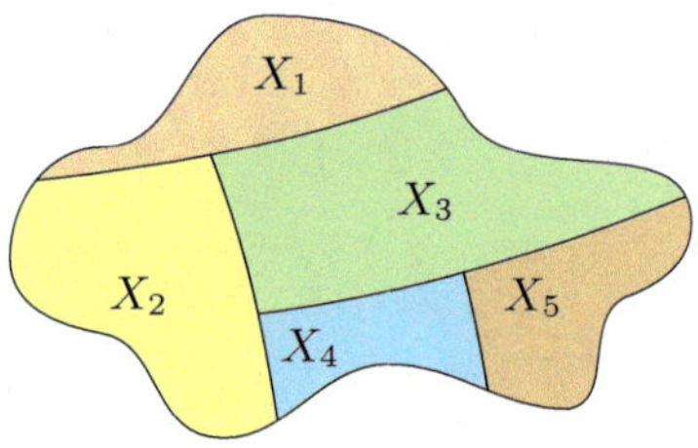

그림 1.3: X의 분할 $\{X_1, X_2, X_3, X_4, X_5\}$

보기 1.2.7

(1) 모든 집합 X는 분할 $\mathcal{P} = \{X\}$를 가진다. 이를 **자명 분할**이라 한다.

(2) 공집합이 아닌 진 부분 집합 $A \subset X$와 그 여집합 A^c는 X의 분할을 이룬다. 즉, $\mathcal{P} = \{A,\ A^c\}$는 X의 한 분할이다.

(3) $X = \{1,\ 2,\ 3\}$의 분할은 다음 5개이다.

$$\{X\},\ \{\{1\},\ \{2,3\}\},\ \{\{2\},\ \{3,1\}\},\ \{\{3\},\ \{1,2\}\},\ \{\{1\},\ \{2\},\ \{3\}\}$$

(4) m을 임의의 고정된 자연수라 하자. 각 정수 i $(0 \le i < m)$에 대하여 다음과 같이 $\mathbb{Z}_i$

를 정하자.

$$\mathbb{Z}_i := \{x \in \mathbb{Z} \mid \text{적당한} \quad k \in \mathbb{Z}\text{에 대하여} \quad x - i = km\}$$

그러면 $\{\mathbb{Z}_0,\ \mathbb{Z}_1,\ \ldots,\ \mathbb{Z}_{m-1}\}$은 집합 $\mathbb{Z}$의 한 분할이다. 특히, $m = 2$인 경우에 $\mathbb{Z}_0$과 $\mathbb{Z}_1$은 다음과 같다.

$$\mathbb{Z}_0 = \{x \in \mathbb{Z} \mid x\text{는 짝수}\}, \quad \mathbb{Z}_1 = \{x \in \mathbb{Z} \mid x\text{는 홀수}\}$$

문제 1.2.5 (1) $X = \{1, 2\}$의 모든 분할을 구하여라.
(2) $X = \{1, 2, 3, 4\}$의 모든 분할을 구하여라.

집합의 분할과 그 집합의 동치 관계는 서로 밀접한 관련이 있으며, 이것은 수학의 여러 분야에서 매우 중요한 역할을 하게 된다.

정의 1.2.8

$\mathcal{E}$가 집합 X의 동치 관계일 때, 각 $x \in X$에 대하여 다음과 같이 정의되는 집합 $[x]$ $(= [x]_{\mathcal{E}})$를 x에 의해 정해지는 **동치류**라고 한다.

$$[x] = \{y \in X \mid y\mathcal{E}x\}$$

그리고 모든 동치류의 집합을 $X/\mathcal{E}$로 나타낸다. 즉, 다음이 성립한다.

$$X/\mathcal{E} = \{[x] \mid x \in X\}$$

기호 $X/\mathcal{E}$는 "X 법 $\mathcal{E}$" 또는 "$X \mod \mathcal{E}$"라고 읽는다.

$\mathbb{Z}$에서 m을 법으로 하는 합동 관계 $\equiv$에 의한 동치류의 집합은 다음과 같다.(보기 1.2.5)

$$\mathbb{Z}/\equiv\ = \{\mathbb{Z}_0,\ \mathbb{Z}_1,\ \ldots,\ \mathbb{Z}_{m-1}\}$$

즉, $\mathbb{Z}/\equiv$는 보기 1.2.7 (4)에서 소개한 $\mathbb{Z}$의 한 분할이다. 일반적으로 다음이 성립한다.

정리 1.2.9

집합 X의 동치 관계 $\mathcal{E}$에 대하여 집합 $X/\mathcal{E}$는 X의 한 분할이다.

증명 임의의 $x \in X$에 대해 $x \in [x]$이고 따라서 $[x] \neq \varnothing$이다.

(1) $\bigcup_{x \in X}[x] = X$인 것은 분명하다.

(2) $[x] \neq [y]$이면 $[x] \cap [y] = \varnothing$인 것을 밝히기 위하여 다음 명제를 보이자.

$$[x] \cap [y] \neq \varnothing \ \Rightarrow\ [x] = [y]$$

$[x] \cap [y] \neq \varnothing$라 가정하면 $z \in [x]$, $z \in [y]$인 z가 존재한다. 따라서 다음이 성립한다.

$$z\mathcal{E}x \ \text{그리고}\ z\mathcal{E}y \ \Rightarrow\ x\mathcal{E}z \ \text{그리고}\ z\mathcal{E}y \ \Rightarrow\ x\mathcal{E}y$$

또한 임의의 $z \in [x]$에 대하여 $z\mathcal{E}x$이고, 가정에 의하여 $x\mathcal{E}y$이므로 $z\mathcal{E}y$이다. 따라서 $z \in [y]$이다. 그러므로 $[x] \subset [y]$가 성립한다. 같은 방법으로 $[y] \subset [x]$도 성립한다. 따라서 $[x] = [y]$이다.

그러므로 (1), (2)로부터 $X/\mathcal{E}$는 X의 한 분할이다. □

정리 1.2.9에서 집합 X의 동치 관계는 X의 분할을 만드는 것을 보았다. 역으로 다음 정의는 집합 X의 분할이 X의 동치 관계를 만들 수 있음을 보인다.

정의 1.2.10

$\mathcal{P}$가 집합 X의 분할일 때, X의 이항 관계 $X/\mathcal{P}$를 다음과 같이 정의한다.

$$x(X/\mathcal{P})y \;\Leftrightarrow\; x, y \in A \text{인 부분 집합 } A \in \mathcal{P} \text{가 존재}$$

문제 1.2.6 $\mathcal{P}$가 집합 X의 한 분할이면 이항 관계 $X/\mathcal{P}$는 X의 동치 관계임을 보여라.

정리 1.2.11

$\mathcal{P}$가 집합 X의 한 분할일 때, 동치 관계 $X/\mathcal{P}$에 의해 유도된 동치류들의 모임은 분할 $\mathcal{P}$를 이룬다. 이것을 기호로 나타내면 다음과 같다.

$$X/(X/\mathcal{P}) = \mathcal{P}$$

문제 1.2.7 정리 1.2.11이 성립함을 보여라.

연습 문제 1.2

1. 집합 $X = \mathbb{Z}\times(\mathbb{Z}-\{0\})$의 이항 관계 $\sim$을 다음과 같이 정의하면 $\sim$은 X의 동치 관계임을 보여라.

$$(a,b)\sim(c,d) \;\Leftrightarrow\; ad=bc$$

2. $X=\{a,b,c,d,e\}$, $\mathcal{T}=\{\{a,b\},\{c\},\{d,e\}\}$에 대하여 다음에 답하여라.
   (1) $\mathcal{T}$는 집합 X의 분할임을 보여라.
   (2) 순서쌍의 집합으로 X의 동치 관계 $X/\mathcal{T}$를 찾아라.
   (3) $\mathcal{E}=X/\mathcal{T}$라고 할 때 $[a]$, $[b]$, $[c]$, $[d]$, $[e]$를 찾아라.

3. 집합 $X\neq\varnothing$의 동치 관계 $\mathcal{E}$에 대하여 다음을 증명하여라.

$$X/(X/\mathcal{E})=\mathcal{E}$$

4. $\mathcal{U}$를 X에서 Y로의 이항 관계, $\mathcal{V}$를 Y에서 Z로의 이항 관계라 하자. 즉, $\mathcal{U}\subset X\times Y$이고 $\mathcal{V}\subset Y\times Z$라 하자. 이때 어떤 $y\in Y$에 대하여 다음을 만족하는 $(x,z)\in X\times Z$인 모든 순서쌍으로 이루어진 집합은 X에서 Z로의 관계이다.

$$(x,y)\in\mathcal{U},\quad (y,z)\in\mathcal{V}$$

이것을 $\mathcal{U}$와 $\mathcal{V}$의 **합성**이라 하고 $\mathcal{V}\circ\mathcal{U}$로 표현한다. $\mathcal{V}\circ\mathcal{U}$를 $X\times Z$의 부분 집합으로 나타내면 다음과 같다.

$$\mathcal{V}\circ\mathcal{U}=\{(x,z)|x\in X,\ z\in Z,\ (x,y)\in\mathcal{U}\text{이고 }(y,z)\in\mathcal{V}\text{인 }y\in Y\text{가 존재}\}$$

$\mathcal{R}$이 X의 관계일 때 다음이 성립함을 보여라.
   (1) $\mathcal{R}$이 추이 관계일 필요 충분 조건은 $\mathcal{R}\circ\mathcal{R}\subset\mathcal{R}$이다.
   (2) $\mathcal{R}$이 반사 관계이면 $\mathcal{R}\circ\mathcal{R}\supset\mathcal{R}$이고 $\mathcal{R}\circ\mathcal{R}$은 반사 관계이다.
   (3) $\mathcal{R}$이 대칭 관계이면 $\mathcal{R}\circ\mathcal{R}^{-1}=\mathcal{R}^{-1}\circ\mathcal{R}$이다.
   (4) $\mathcal{R}$이 추이 관계이면 $\mathcal{R}\circ\mathcal{R}$도 추이 관계이다.

5. [2012학년도 임용고사 1차] 실수 전체의 집합 $\mathbb{R}$의 멱집합(power set) $P(\mathbb{R})$에 대하여 $X=P(\mathbb{R})-\{\emptyset\}$이라 하자. 집합 X의 관계(relation) $\sim$을

$$A\sim B \;\Leftrightarrow\; A\cap B\neq\emptyset,\quad (A,B\in X)$$

로 정의할 때, 옳은 것만을 <보기>에서 있는 대로 고른 것은?

ㄱ. 관계 $\sim$은 반사(reflexive)이다.
ㄴ. 관계 $\sim$은 대칭(symmetric)이다.
ㄷ. 관계 $\sim$은 추이(transitive)이다.

① ㄱ　② ㄴ　③ ㄷ　④ ㄱ, ㄴ　⑤ ㄱ, ㄴ, ㄷ

6. [2009학년도 임용고사 1차]
두 집합 $X = \{1,2,3,4,5,6,7,8\}$와 $A = \{2,4,6\}$에 대하여

$$R = \{(a,b) \mid a,b \in A\} \cup \{(x,x) \mid x \in X\}$$

라 하자. 임의의 $x \in X$에 대하여 $[x] = \{y \in X \mid (x,y) \in R\}$라 할 때, 집합 $X/R = \{[x] \mid x \in X\}$의 원소의 개수는?

① 3 ② 4 ③ 5 ④ 6 ⑤ 7

1.3 함수

함수는 수학의 각 분야에서 가장 기본이 되는 개념 중 하나이다. 함수를 다음과 같이 특별한 성질을 만족하는 이항 관계로 정의한다.

정의 1.3.1

두 집합 X, Y에 대하여 다음을 만족하는 f를 X에서 Y로의 **함수**라 한다.

(1) f는 X에서 Y로의 이항 관계, 즉 $f \subset X \times Y$이다.

(2) $\mathrm{Dom}(f) = X$

(3) $(x, y) \in f$이고 $(x, z) \in f$이면 $y = z$이다.

이때 함수 f를 $f : X \to Y$로 나타낸다.

임의의 $x(\in X)$에 $(x, y) \in f$를 만족하는 $y(\in Y)$가 오직 하나 존재한다는 것을 나타내기 위하여 $(x, y) \in f$보다는 $y = f(x)$를 일반적으로 많이 사용한다.

함수 $f : X \to Y$에 대하여 $y = f(x)$일 때 y를 f에 의한 x의 **상**, x를 f에 의한 y의 **원 상**이라 한다. 그리고 Y를 f의 **공역**이라 한다. 함수의 공역이 함수의 치역 $\mathrm{Ran}(f) = \{f(x) | x \in X\}$와 같을 필요는 없음을 주목하여야 한다.

문제 1.3.1 그림 1.4에서 왼쪽 관계는 함수이고, 오른쪽 관계는 함수가 아님을 보여라.

그림 1.4: 이항 관계와 함수

주어진 함수의 정의역 X와 공역 Y를 분명히 알고 있을 때에는 함수 $f : X \to Y$를 간단히 함수 f로 나타내기도 한다.

보기 1.3.2

(1) 집합 X의 대각 관계 Δ_X가 정의 1.3.1의 세 조건을 모두 만족함을 쉽게 확인할 수 있다. 따라서 Δ_X는 집합 X에서 정의된 함수이다. Δ_X가 함수임을 강조하기 위하여 이것을 다음과 같이 쓰기로 한다.

$$1_X : X \to X$$

즉, Δ_X는 임의의 $x \in X$에 대하여 $1_X(x) = x$로 정의되는 함수이다. 이 함수 1_X를

집합 X의 **항등 함수**라 한다.

(2) X, Y가 공집합이 아닌 집합이고, Y의 고정된 원소 b에 대하여 이항 관계 $C_b = \{(x,b) \mid x \in X\}$는 정의 1.3.1의 세 조건을 모두 만족한다. 즉, C_b는 임의의 $x \in X$에 대하여 다음과 같이 정의되는 함수이다. 이 함수를 **상수 함수**라 한다.

$$C_b : X \to Y, \quad C_b(x) = b$$

한편, 위 정의로부터 함수 $f : X \to Y$에 대하여 W가 $\text{Ran}(f) \subset W$인 집합이면 $f : X \to W$도 함수임을 알 수 있다. 그리고 다음이 성립한다.

정리 1.3.3

두 함수 f, $g : X \to Y$가 주어졌을 때, $f = g$이기 위한 필요 충분 조건은 임의의 $x \in X$에 대해 $f(x) = g(x)$를 만족하는 것이다.

증명 ($\Rightarrow$) 임의의 $x \in X = \text{Dom}(f)$에 대하여 $f = g$이므로 다음이 성립한다.

$$y = f(x) \;\Leftrightarrow\; (x,y) \in f = g \;\Leftrightarrow\; y = g(x)$$

따라서 $f(x) = g(x)$이다.

($\Leftarrow$) 임의의 $x \in X$에 대해 $f(x) = g(x)$라 하자.

$$(x,y) \in f \;\Leftrightarrow\; y = f(x) = g(x) \;\Leftrightarrow\; (x,y) \in g$$

따라서 $f = g$이다.

□

함수 $f : X \to Y$에 대하여 $A \subset X$, $B \subset Y$일 때 다음과 같이 정의되는 $f(A)$를 f에 의한 집합 A의 **상**이라 하고, $f^{-1}(B)$를 f에 의한 집합 B의 **역 상**이라 한다.*

$$f(A) = \{f(x) \in Y \mid x \in A\}, \qquad f^{-1}(B) = \{x \in X \mid f(x) \in B\}$$

정리 1.3.4

함수 $f : X \to Y$에 대하여 다음이 성립한다.

(a) $f(\varnothing) = \varnothing$

(b) $f(\{x\}) = \{f(x)\}\ \forall x \in X$

(c) $A \subset B\,(\subset X)$이면 $f(A) \subset f(B)$

(d) $C \subset D\,(\subset Y)$이면 $f^{-1}(C) \subset f^{-1}(D)$

(e) X의 두 부분 집합 A, B에 대하여

$$f(A \cup B) = f(A) \cup f(B), \qquad f(A \cap B) \subset f(A) \cap f(B)$$

(f) Y의 두 부분 집합 C, D에 대하여

$$f^{-1}(C \cup D) = f^{-1}(C) \cup f^{-1}(D), \quad f^{-1}(C \cap D) = f^{-1}(C) \cap f^{-1}(D)$$

*여기서 f^{-1}은 f의 역 관계이다.

|증명| (a) 자명하다.

(b) $f(\{x\}) = \{y \in Y | f(x) = y\} = \{f(x)\}$이므로 성립한다.

(c) 임의의 $y\,(\in f(A))$에 대하여 $f(x) = y$인 A의 원소 x가 존재한다. 이때 $x \in A \subset B$이므로 $f(x) = y \in f(B)$이다.

(e) 첫 번째 식만 증명하자.

$$\begin{aligned} y \in f(A \cup B) &\Leftrightarrow A \cup B\text{의 원소 } x\text{가 존재하여} \quad y = f(x) \\ &\Leftrightarrow x \in A \text{ 또는 } x \in B\text{이고} \quad y = f(x) \\ &\Leftrightarrow y \in f(A) \text{ 또는 } y \in f(B) \\ &\Leftrightarrow y \in f(A) \cup f(B) \end{aligned}$$

위의 관찰로부터 두 집합이 같음을 알 수 있다. □

문제 1.3.2 정리 1.3.4에서 (d), (f), 그리고 (e)의 두 번째 식이 성립함을 보여라.

보기 1.3.5

$f(A \cap B) \subsetneq f(A) \cap f(B)$인 예를 찾아라.

|풀이| $C_b(x) = b$로 정의되는 상수 함수 $C_b : X \to X$와 $A, B \subset X$에 대해 $A \cap B = \varnothing$라 하면 다음을 얻는다.

$$C_b(A \cap B) = \varnothing, \qquad C_b(A) \cap C_b(B) = \{b\}$$

따라서 $C_b(A \cap B) \subsetneq C_b(A) \cap C_b(B)$이다. □

따름 정리 1.3.6

함수 $f : X \to Y$에 대하여 다음이 성립한다.

(a) X의 부분 집합들의 모임 $\{A_\gamma \mid \gamma \in \Gamma\}$에 대하여

$$f\big(\textstyle\bigcup_{\gamma\in\Gamma} A_\gamma\big) = \bigcup_{\gamma\in\Gamma} f(A_\gamma), \quad f\big(\bigcap_{\gamma\in\Gamma} A_\gamma\big) \subset \bigcap_{\gamma\in\Gamma} f(A_\gamma)$$

(b) Y의 부분 집합들의 모임 $\{B_\gamma \mid \gamma \in \Gamma\}$에 대하여

$$f^{-1}\big(\textstyle\bigcup_{\gamma\in\Gamma} B_\gamma\big) = \bigcup_{\gamma\in\Gamma} f^{-1}(B_\gamma), \quad f^{-1}\big(\bigcap_{\gamma\in\Gamma} B_\gamma\big) = \bigcap_{\gamma\in\Gamma} f^{-1}(B_\gamma)$$

|증명| (a) 첫 번째 식만 증명하자.

$$\begin{aligned} y \in f\big(\textstyle\bigcup_{\gamma\in\Gamma} A_\gamma\big) &\Leftrightarrow \textstyle\bigcup_{\gamma\in\Gamma} A_\gamma\text{의 원소 } x\text{가 존재하여} \quad y = f(x) \\ &\Leftrightarrow \Gamma\text{의 원소 } \gamma\text{가 존재하여} \quad x \in A_\gamma\text{이고} \quad y = f(x) \\ &\Leftrightarrow \Gamma\text{의 원소 } \gamma\text{가 존재하여 } y \in f(A_\gamma) \\ &\Leftrightarrow y \in \textstyle\bigcup_{\gamma\in\Gamma} f(A_\gamma) \end{aligned}$$

위의 관찰로부터 두 집합이 같음을 알 수 있다. □

문제 1.3.3 따름 정리 1.3.6에서 (b), 그리고 (a)의 두 번째 식이 성립함을 보여라.

정리 1.3.7

함수 $f : X \to Y$와 부분 집합 $A(\subset X)$, $B(\subset Y)$에 대하여 다음이 성립한다.

(a) $A \subset f^{-1}(f(A))$ (b) $f(f^{-1}(B)) \subset B$

증명 (a) 임의의 $x \in A$에 대하여 $f(x) \in f(A)$이다. 따라서 $f^{-1}(f(x)) \subset f^{-1}(f(A))$이다. 한편, $x \in f^{-1}(f(x))$이므로 $x \in f^{-1}(f(A))$이다.

(b) $y \in f(f^{-1}(B))$이면 $f(x) = y$인 $x \in f^{-1}(B)$가 존재한다. 그러면 $f(x) \in B$이므로 $y \in B$이다. □

문제 1.3.4 위 정리의 두 부등식에서 등호가 성립하지 않는 예를 찾아라.

정의 1.3.8

함수 $f : X \to Y$에 대해 다음을 정의한다.

(1) 모든 $x_1, x_2 \in X$에 대해 다음이 성립할 때 f를 **단사 함수** 또는 **일대일 함수**라 한다.

$$f(x_1) = f(x_2) \;\Rightarrow\; x_1 = x_2$$

(2) 임의의 $y \in Y$에 대하여 $f(x) = y$인 $x \in X$가 적어도 하나 존재할 때 f를 **전사 함수** 또는 **위로의 함수**라 한다.

(3) f가 전사이고 단사일 때, f를 **전단사 함수** 또는 **일대일 대응**이라 한다.

(4) $A \subset X$일 때 모든 $a \in A$에 대하여 $f|_A(a) = f(a)$로 정의되는 함수 $f|_A : A \to Y$를 f의 A로의 **제한 함수**라 한다.

문제 1.3.5 함수 $f : X \to Y$가 전단사일 때, 역 관계 f^{-1}은 함수가 됨을 보여라. 이때 $f^{-1} : Y \to X$도 전단사 함수임을 보여라.

위 문제에서와 같이 함수 $f : X \to Y$가 전단사일 때, 함수 $f^{-1} : Y \to X$를 f의 **역 함수**라고 한다.

정의 1.3.9

두 함수 $f : X \to Y$, $g : Y \to Z$가 주어졌을 때 임의의 $x \in X$에 대하여 $(g \circ f)(x) = g(f(x))$로 정의된 함수 $g \circ f : X \to Z$를 f와 g의 **합성**이라 한다. 즉 다음이 성립한다.

$$g \circ f = \{(x, z) \in X \times Z \mid (x, y) \in f\text{이고 } (y, z) \in g\text{인 } y \in Y\text{가 존재}\}$$

정리 1.3.10

함수 $f : X \to Y$에 대하여 다음이 성립한다.

(a) $g \circ f = 1_X$인 $g : Y \to X$가 존재하면 f는 단사 함수이다.

(b) $f \circ g = 1_Y$인 $g : Y \to X$가 존재하면 f는 전사 함수이다.

|증명| (a) 임의의 $x_1, x_2 \in X$에 대하여 $f(x_1) = f(x_2)$라 하면 다음을 얻는다.

$$x_1 = 1_X(x_1) = (g \circ f)(x_1) = g(f(x_1)) = g(f(x_2)) = (g \circ f)(x_2) = 1_X(x_2) = x_2$$

따라서 f는 단사이다.

(b) 임의의 $y \in Y$에 대하여 $g(y) = x \in X$가 존재하여 다음을 만족한다.

$$f(x) = f(g(y)) = (f \circ g)(y) = 1_Y(y) = y$$

따라서 f는 전사 함수이다. □

X의 부분 집합 A에 대하여 A에서 X로의 **포함 함수** ι는 모든 $a \in A$에 대하여 $\iota(a) = a$로 정의되고 다음과 같이 나타낸다.

$$\iota : A \hookrightarrow X$$

즉, $\iota = 1_X\big|_A$이다. 또한, 임의의 함수 $f : X \to Y$에 대하여 다음이 성립한다.

$$f|_A = f \circ \iota$$

한편, 두 집합 A, B의 곱 집합 $A \times B$에 대하여 그 원소 (a, b)를 다음과 같은 함수 f로 대응시킬 수 있다.

$$f : \{1, 2\} \to A \cup B, \quad f(1) = a, \ f(2) = b$$

거꾸로, $f(1) \in A,\ f(2) \in B$를 만족하는 함수 $f : \{1, 2\} \to A \cup B$는 $A \times B$의 원소 $(f(1), f(2))$에 대응시킬 수 있다. 즉, 다음이 성립한다.

$$A \times B = \{f : \{1, 2\} \to A \cup B \mid f(1) \in A, \ f(2) \in B\}$$

마찬가지로 다음이 성립한다.

$$\prod_{\alpha \in \Lambda} A_\alpha = \left\{f : \Lambda \to \textstyle\bigcup_{\alpha \in \Lambda} A_\alpha \mid f(\alpha) \in A_\alpha\right\} \tag{1.1}$$

연습 문제 1.3

1. 함수 $f: X \to Y$에 대하여 다음을 답하여라.
   (1) $B\,(\subset Y)$에 대하여 $f^{-1}(B^c) = [f^{-1}(B)]^c$가 성립함을 보여라.
   (2) $A\,(\subset X)$에 대하여 $f(A^c)$, $[f(A)]^c$ 사이에 포함 관계가 성립하지 않는 예를 찾아라.

2. 함수 $f: X \to Y$와 $A \subset X,\ B \subset Y$에 대하여 f가 전사이면 다음이 성립함을 보여라.
   (1) $[f(A)]^c \subset f(A^c)$ (2) $f(f^{-1}(B)) = B$

3. 함수 $f: X \to Y$가 단사 함수일 필요 충분 조건은 X의 모든 부분 집합 A에 대해서 $A = f^{-1}(f(A))$가 성립하는 것임을 보여라.

4. 함수 $f: X \to Y$가 전단사 함수일 필요 충분 조건은 X의 모든 부분 집합 A에 대해서 $f(A^c) = [f(A)]^c$가 성립하는 것임을 보여라.

5. 두 함수 $f: X \to Y,\ g: Y \to Z$가 전단사 함수이면 다음이 성립함을 증명하여라.
$$(g \circ f)^{-1} = f^{-1} \circ g^{-1}$$

6. 세 함수 $f: X \to Y,\ g: Y \to Z,\ h: Z \to W$에 대하여 $(h \circ g) \circ f = h \circ (g \circ f)$가 성립함을 보여라.

7. [2011학년도 임용고사 1차] 함수 $f: X \to Y$에 대하여 <보기>에서 옳은 것만을 모두 고른 것은?

ㄱ. 임의의 $B \subseteq Y$에 대하여 $f(f^{-1}(B)) \subseteq B$이다.
ㄴ. 임의의 $A \subseteq X$와 $B \subseteq Y$에 대하여 $f^{-1}(f(A) \cap B) = A \cap f^{-1}(B)$이다.
ㄷ. 임의의 $A \subseteq X$와 $B \subseteq Y$에 대하여 $f(A \cap f^{-1}(B)) = f(A) \cap B$이다.

① ㄱ ② ㄴ ③ ㄱ, ㄷ ④ ㄴ, ㄷ ⑤ ㄱ, ㄴ, ㄷ

1.4 집합의 크기

두 유한 집합에서 "원소의 개수가 같다"라고 하는 것은 두 집합 사이에 일대일 대응이 존재한다는 것이다. 무한 집합 중에는 셀 수 없는 것도 존재하므로 "원소의 개수가 같다"라고 말하는 것은 적절한 표현이라고 볼 수 없다. 오히려 "두 집합의 **크기**가 같다"라고 하는 것이 자연스럽다. 이것을 "대등"이란 용어를 사용하여 다음과 같이 정의한다.

정의 1.4.1

두 집합 X, Y에 대하여 전단사 함수 $f : X \to Y$가 존재하면 집합 X와 Y는 **대등**하다 말하고 $X \sim Y$로 나타낸다.

문제 1.4.1 $\sim$이 동치 관계임을 보여라.

보기 1.4.2

자연수의 집합 $\mathbb{N}$과 정수의 집합 $\mathbb{Z}$가 대등함을 보여라.

| 풀이 | 함수 $f : \mathbb{N} \to \mathbb{Z}$를 다음과 같이 정의하자.

$$f(2n) = n - 1, \qquad f(2n-1) = -n$$

그러면 f가 전단사임을 쉽게 확인할 수 있다. □

$X \sim Y$일 때 집합 X와 Y는 "같은 **농도**를 갖고 있다"고도 말하고 이러한 집합들을 대표하는 것으로서 **기수**를 정의하는데, 여기서는 생략한다.

보기 1.4.3

다음이 성립함을 보여라.

(1) $(0,1) \sim (-1,1)$ (2) $(-1,1) \sim \mathbb{R}$ (3) $(0,1) \sim \mathbb{R}$

| 풀이 | (1) $f(x) = 2x - 1$로 주어진 함수 $f : (0,1) \to (-1,1)$는 일대일 대응이다.

(2) $g(x) = \tan(\pi x/2)$로 주어진 함수 $g : (-1,1) \to \mathbb{R}$은 일대일 대응이다.

(3) 대등 관계 '$\sim$'은 추이이므로 (1), (2)에 의하여 $(0,1) \sim \mathbb{R}$을 얻는다. □

정의 1.4.4

집합 X에 대하여 $X \sim \mathbb{N}$일 때 X를 **번호 붙일 수 있는 집합** 또는 **가부번 집합**이라고 한다. 그리고 유한 집합이나 번호 붙일 수 있는 집합을 **셀 수 있는 집합** 또는 **가산 집합**이라 한다.

X가 번호 붙일 수 있는 집합이면 $X = \{x_1,\ x_2,\ x_3,\ \ldots\}$으로 나타낼 수 있다. 왜냐하면 X가 번호 붙일 수 있는 집합이면 전단사 함수 $f : \mathbb{N} \to X$가 존재하여 다음과 같다고 할 수

있기 때문이다.

$$f(1) = x_1,\ f(2) = x_2,\ f(3) = x_3,\ \ldots$$

보기 1.4.2로부터 정수의 집합은 가부번 집합임을 알 수 있다. 한편, 무한 집합으로 번호 붙일 수 없는 집합을 **셀 수 없는 집합** 또는 **비가산 집합**이라 한다.

정리 1.4.5

가부번 집합의 부분 집합으로서 무한 집합인 것은 가부번 집합이다.

증명 X가 가부번 집합이고 무한 집합인 Y가 X의 부분 집합이라 하자. $X = \{x_1, x_2, x_3, \ldots\}$라 하고 Y의 원소들 중 첨자 번호가 가장 작은 원소의 첨자를 k_1, 그 다음으로 첨자 번호가 가장 작은 원소의 첨자를 k_2, 이런 식으로 하면 부분 집합 Y를 다음과 같이 나타낼 수 있다.

$$Y = \{x_{k_1},\ x_{k_2},\ x_{k_3},\ \ldots\}$$

따라서 Y는 가부번 집합이다. □

문제 1.4.2 다음이 성립함을 보여라.

(1) 가산 집합의 부분 집합은 가산 집합이다.

(2) 두 가부번 집합의 합집합은 가부번 집합이다.

보기 1.4.6

집합 $\mathbb{N} \times \mathbb{N}$은 가부번 집합임을 보여라.

풀이 함수 $f : \mathbb{N} \times \mathbb{N} \to \mathbb{N}$을 임의의 $(j, k) \in \mathbb{N} \times \mathbb{N}$에 대하여 $f(j, k) = 2^j 3^k$로 정의하면 함수 f는 단사이므로 $\mathbb{N} \times \mathbb{N} \sim f(\mathbb{N} \times \mathbb{N}) \subset \mathbb{N}$이고, $\mathbb{N} \times \mathbb{N}$이 무한 집합이므로 $f(\mathbb{N} \times \mathbb{N})$도 무한 집합이다. 따라서 정리 1.4.5에 의하여 $f(\mathbb{N} \times \mathbb{N})$은 가부번 집합이고 이 집합과 대등한 $\mathbb{N} \times \mathbb{N}$도 가부번 집합이다. □

정리 1.4.7

임의의 $k \in \mathbb{N}$에 대하여 A_k가 가부번 집합이면 $\bigcup_{k \in \mathbb{N}} A_k$는 가부번 집합이다.

문제 1.4.3 정리 1.4.7이 성립함을 보여라.

보기 1.4.8

유리수 집합 $\mathbb{Q}$는 가부번 집합임을 보여라.

풀이 임의의 유리수는 $p \in \mathbb{Z}$, $q \in \mathbb{N}$이고 p와 q가 서로 소인 p/q로 나타낼 수 있다. $\mathbb{Q}_+$와 $\mathbb{Q}_-$를 다음과 같이 정의하면 $\mathbb{Q} = \mathbb{Q}_+ \cup \{0\} \cup \mathbb{Q}_-$이다.

$$\mathbb{Q}_+ = \{p/q \mid p > 0\}, \qquad \mathbb{Q}_- = \{p/q \mid p < 0\}$$

그런데 $\mathbb{Q}_+ \sim \mathbb{Q}_-$이므로 $\mathbb{Q}$가 가부번 집합임을 보이기 위해선, $\mathbb{Q}_+$가 가부번 집합임을 보이면 된다.(정리 1.4.7) 함수 $f : \mathbb{Q}_+ \to \mathbb{N} \times \mathbb{N}$을 $f(p/q) = (q, p)$로 정의하면 f는 단사이다. 따라서 다음을 얻는다.

$$\mathbb{Q}_+ \sim f(\mathbb{Q}_+) \subset \mathbb{N} \times \mathbb{N}$$

그리고 $\mathbb{N} \subset \mathbb{Q}_+$이므로 $\mathbb{Q}_+$는 무한 집합이고 $f(\mathbb{Q}_+)$도 무한 집합이다. 가부번 집합의 무한 부분 집합은 가부번 집합이므로(정리 1.4.5) $f(\mathbb{Q}_+)$도 가부번 집합이고, 이 집합과 대등한 $\mathbb{Q}_+$도 가부번 집합이다. □

정리 1.4.9

실수의 열린 단위 구간 $(0,1)$은 셀 수 없는 집합이다.

증명 임의의 $x\,(\in (0,1))$를 $0.x_1x_2x_3\cdots$와 같은 소수로 나타내자. 여기서 각 $n \in \mathbb{N}$에 대하여 $x_n \in \{0,1,2,\ldots,9\}$이다. 이 경우 x를 일의적인 무한 소수로 표시하기 위해 $1/4$는 $0.25000\cdots$이 아니고 $0.24999\cdots$로 나타내는 것으로 한다. 그러면 임의의 두 수 $x, y = 0.y_1y_2y_3\cdots \in (0,1)$에 대하여 다음이 성립한다.

$$x = y \quad \Leftrightarrow \quad \text{임의의} \quad n \in \mathbb{N}\text{에 대하여} \quad x_n = y_n$$

이제 $(0,1)$이 번호 붙일 수 있는 집합이라고 가정한다. 그러면 전단사 함수 $f : \mathbb{N} \to (0,1)$이 존재하여 $(0,1)$의 모든 원소는 다음과 같이 나열할 수 있다.

$$\begin{aligned} f(1) &= 0.a_{11}a_{12}a_{13}\cdots \\ f(2) &= 0.a_{21}a_{22}a_{23}\cdots \\ &\vdots \\ f(k) &= 0.a_{k1}a_{k2}a_{k3}\cdots \\ &\vdots \end{aligned}$$

여기서 모든 $k, j \in \mathbb{N}$에 대하여 $a_{kj} \in \{0,1,2,\ldots,9\}$이다. 그러면 임의의 $k \in \mathbb{N}$에 대하여 $a_{kk} \neq 5$이면 $z_k = 5$로, $a_{kk} = 5$이면 $z_k = 1$로 놓은 $z = 0.z_1z_2z_3\cdots$은 $z \in (0,1)$인데도 불구하고 위에 나열한 $f(k)$중에 있는 수는 아니다. 즉, $z \notin f(\mathbb{N}) = (0,1)$이다. 이것은 모순이므로 $(0,1)$은 셀 수 없는 집합이다. □

보기 1.4.10

실수 집합 $\mathbb{R}$은 셀 수 없는 집합이다.

풀이 $\mathbb{R}$이 번호 붙일 수 있는 집합이라면 $(0,1) \sim \mathbb{R}$, $\mathbb{R} \sim \mathbb{N}$이므로 $(0,1) \sim \mathbb{N}$이 되어 $(0,1)$은 가부번 집합이 된다. 이것은 정리 1.4.9에 모순이므로 $\mathbb{R}$은 셀 수 없는 집합이다. □

문제 1.4.4 멱집합 $\mathcal{P}(\mathbb{N})$은 셀 수 없는 집합임을 보여라.

한편, 보기 1.4.6을 일반화 하면 다음을 얻는다.

정리 1.4.11

두 가산 집합 X, Y의 곱 집합 $X \times Y$는 가산 집합이다.

보기 1.4.12

$A = \{0, 1\}$에 대하여 다음과 같이 주어지는 곱 집합 A^∞을 생각해 보자.

$$A^\infty = A \times A \times A \times \cdots = \prod_{n=1}^{\infty} A_n, \;\; A_n = A \;(n = 1, 2, \ldots)$$

이때 A^∞가 셀 수 없는 집합임을 보여라.

풀이 열린 구간 $I = (0, 1)$의 임의의 원소 x를 다음과 같이 2진법의 무한 소수로 나타낼 수 있다(정리 1.4.9의 증명 참조).

$$x = 0.x_1x_2x_3\cdots_{(2)}, \quad x_i \in A$$

예를 들어 $\frac{1}{2}\,(\in I)$은 다음과 같이 나타낼 수 있다.

$$\frac{1}{2} = 0.1_{(2)} = 0.01111\cdots_{(2)}$$

그러므로 다음과 같이 정의되는 함수 f는 단사이다.

$$f : I \to A^\infty, \quad x = 0.x_1x_2x_3\cdots_{(2)} \mapsto (x_1, x_2, x_3, \ldots)$$

따라서 $f(I) \sim I = (0, 1)$이므로 $f(I)$는 셀 수 없는 집합이다. 그런데 $f(I) \subset A^\infty$이므로 문제 1.4.2 (1)로부터 A^∞는 셀수 없는 집합이다. □

위 보기는 일반적으로 무한 개 가산 집합들의 곱 집합은 가산이 아님을 보여준다.

연습 문제 1.4

1. $0 < a < b$인 두 실수 a, b에 대하여 다음과 같이 주어지는 두 동심원 C_1과 C_2는 대등함을 보여라.

$$C_1 = \{(x, y) | x^2 + y^2 = a^2\}, \quad C_2 = \{(x, y) | x^2 + y^2 = b^2\}$$

2. 집합 X, Y, Z와 W에 대하여 다음이 성립함을 보여라.
   (1) $X \cap Z = \varnothing = Y \cap W$이고 $X \sim Y$, $Z \sim W$이면 $X \cup Z \sim Y \cup W$
   (2) $X \sim Y$, $Z \sim W$이면 $X \times Z \sim Y \times W$

3. 정수를 계수로 갖는 모든 다항식의 집합을 $\mathcal{P}$라 하면 $\mathcal{P}$는 가부번 집합임을 보여라.

4. 실수 r이 **대수적 수**란 것은 r이 정수 계수를 갖는 다항 방정식의 근이 된다는 것이다. 대수적 수의 집합 A가 가부번 집합임을 보여라.

5. 무리수의 집합은 셀 수 없는 집합임을 보여라.

6. 두 집합 $X = [0, 1]$, $Y = (0, 1)$에 대하여 $X \sim Y$임을 보여라.

7. 집합 $A = \{0, 1, \cdots, n\}$와 $X = \{0, 1\}$에 대하여 $\mathcal{P}(A) \sim X^n$임을 보여라.

8. 임의의 집합 A와 $X = \{0, 1\}$에 대하여 $\mathcal{P}(A) \sim X^A$임을 보여라. 여기서 $X^A = \{f \,|\, f : A \to X$는 함수$\}$이다.

1.5 선택 공리와 순서

집합론에서, **선택 공리**는 공집합이 아닌 집합에서 한 원소를 고를 수 있으며, 또한 이를 무한 번 반복할 수 있다는 공리이다. 직관적으로 자연스러워 보이지만, 비직관적인 결과를 함의한다.

정의 1.5.1

집합들의 모임 $\{S_\lambda\}_{\lambda\in\Lambda}$에 대하여 다음 성질을 만족시키는 함수 $f:\Lambda\to\bigcup_{\lambda\in\Lambda}S_\lambda$를 **선택 함수**라 한다.

$$\text{모든 } \lambda(\in\Lambda)\text{에 대해} \quad f(\lambda)\in S_\lambda$$

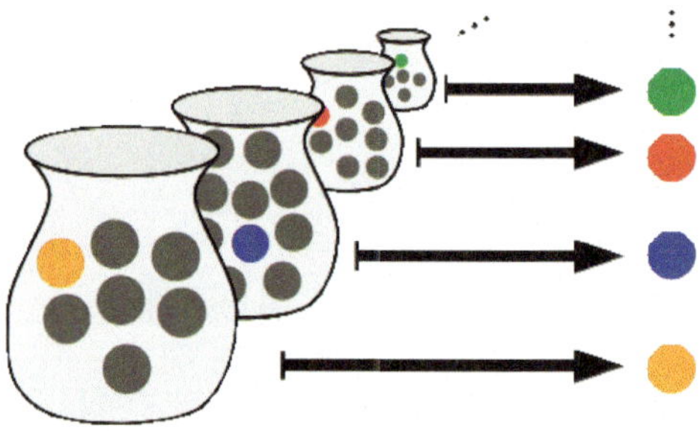

그림 1.5: 선택 공리

$\varnothing\in\{S_\lambda\}_{\lambda\in\Lambda}$인 경우 $\{S_\lambda\}_{\lambda\in\Lambda}$는 선택 함수를 가질 수 없다. 선택 공리는 다음과 같다.

선택 공리 : 각각의 원소가 공집합이 아닌 집합들의 모임은 늘 선택 함수를 갖는다.

선택 공리의 의미를 알아보기 위하여 집합의 순서에 대해 먼저 공부하자.

정의 1.5.2

집합 X의 이항 관계 $\le$에 대하여 $\le$가 다음 세 조건을 만족할 때 $\le$를 X의 **부분 순서**라 한다. 이때 $(X,\le)$를 **부분 순서 집합**이라 한다.

(1) 임의의 $x(\in X)$에 대해 $x\le x$이다. (반사)

(2) $x\le y\le z$이면 $x\le z$이다. (추이)

(3) $x\le y$ 이고 $y\le x$이면 $x=y$이다. (반대칭)

문제 1.5.1 $X\ne\varnothing$일 때, $(\mathcal{P}(X),\subset)$은 부분 순서 집합임을 보여라.

집합 X의 이항 관계 $\lesssim$가 정의 1.5.2에 있는 조건 (1) (2), 즉 반사와 추이 만을 만족할 때 $\lesssim$를 **미리 순서**라 한다. 이때 $(X,\lesssim)$를 **미리 순서 집합**이라 한다.

문제 1.5.2 미리 순서 집합 $(X, \lesssim)$에 대하여 이항 관계 $\sim$을 다음과 같이 정의하면 $\sim$은 X의 동치 관계임을 보여라.

$$x \sim y \ \Leftrightarrow\ x \lesssim y \text{ 이고 } y \lesssim x$$

정의 1.5.3

부분 순서 집합 X의 이항 관계 $\leq$가 다음을 만족할 때 $\leq$를 X의 **완전 순서** 또는 **선형 순서**라 한다. 이때 $(X, \leq)$를 **완전 순서 집합** 또는 **선형 순서 집합**이라 한다.

임의의 $x, y (\in X)$에 대해 $x \leq y$ 이거나 $y \leq x$이다. (강한 연결)

예를 들어, $(\mathbb{R}, \leq)$는 완전 순서 집합이다.

한편, 부분 순서 집합 $(X, \leq)$의 부분 집합 A에 대하여 다음과 같은 A의 이항 관계 $\leq_A$를 얻을 수 있다.

$$\leq_A := \leq|_{A \times A}$$

간단히 확인해 보면 $(A, \leq_A)$가 부분 순서 집합임을 알 수 있다. 어떤 경우에는 $(A, \leq_A)$가 완전 순서 집합일 수도 있는데 이 경우 $(A, \leq_A)$를 **사슬**이라고 한다.

보기 1.5.4

$X = \{a, b, c, d, e, f, g\}$의 이항 관계 $\leq$가 그림 1.6과 같이 주어졌다고 하자. 여기서, $x \leq y$는 $x = y$이거나 화살표 방향이 x에서 y로 향하는 것을 의미한다. 이때 $(X, \leq)$는 부분 순서 집합이고 부분 집합 $\{a, c, d, f\}$, $\{b, d, f\}$, $\{c, e\}$ 등은 사슬이다.

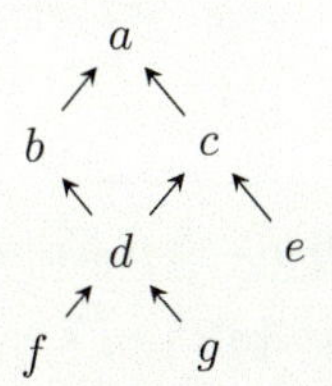

그림 1.6: $(X, \leq)$

문제 1.5.3 완전 순서 집합 $(X, \leq)$의 부분 집합 A에 대하여 $(A, \leq)$는 완전 순서 집합임을 보여라.

완전 순서 집합 $(X, \leq)$은 다음에 주어지는 단순 순서 집합으로 볼 수 있다.

정의 1.5.5

집합 X의 이항 관계 $<$에 대하여 $<$가 다음 세 조건을 만족할 때 $<$를 X의 **단순 순서**라 한다. 이때 X를 **단순 순서 집합**이라 하고 $(X, <)$로 나타낸다.

(1) $x \neq y$이면 $x < y$ 또는 $y < x$ (연결)

(2) 모든 $x \in X$에 대해 $x \not< x$ (비반사)

(3) $x < y$이고 $y < z$이면 $x < z$ (추이)

거꾸로 단순 순서 집합은 그 이항 관계를 변형하여 완전 순서 집합으로 볼 수 있다. 순서를 주로 다루는 이 절에서는 완전 순서만을 다룬다. 그러나 뒤에서 위상을 고려할 때에는 단순 순서를 사용하는 것이 여러모로 편리하다.†

정의 1.5.6

부분 순서 집합 $(X, \leq)$의 부분 집합 A에 대하여 다음을 정의한다.

(1) A의 모든 원소 a에 대하여 $a \leq u$가 성립할 때 u를 A의 **상계**라 한다.

(2) A의 모든 상계 u에 대하여 $u_0 \leq u$를 만족하는 A의 상계 u_0을 A의 **최소 상계** 또는 **상한**이라 하며 기호로는 다음과 같이 나타낸다.

$$u_0 = \sup A \quad \text{또는} \quad u_0 = \operatorname{lub} A$$

(3) A의 모든 원소 a에 대하여 $v \leq a$가 성립할 때 $v(\in X)$를 A의 **하계**라 한다.

(4) A의 모든 하계 v에 대하여 $v \leq v_0$를 만족하는 A의 하계 v_0을 A의 **최대 하계** 또는 **하한**이라 하며 기호로는 다음과 같이 나타낸다.

$$v_0 = \inf A \quad \text{또는} \quad v_0 = \operatorname{glb} A$$

보기 1.5.7

공집합이 아닌 집합 X에 대하여 $\mathcal{T}$를 부분 순서 집합 $(\mathcal{P}(X), \subset)$의 부분 집합이라 하면 $\bigcup_{A\in\mathcal{T}} A$는 $\mathcal{T}$의 최소 상계이고, $\bigcap_{A\in\mathcal{T}} A$는 $\mathcal{T}$의 최대 하계이다.

정의 1.5.8

부분 순서 집합 $(X, \leq)$에 대하여 다음을 정의한다.

(1) $x \in X$에 대하여 $m \leq x$이면 $x = m$이 성립할 때 $m(\in X)$을 X의 **극대 원소**라 한다.

(2) X의 모든 원소 x에 대하여 $x \leq \mu$를 만족시키는 $\mu(\in X)$를 X의 **최대 원소**라 한다.

(3) $x \in X$에 대하여 $x \leq n$이면 $x = n$이 성립할 때 $n(\in X)$을 X의 **극소 원소**라 한다.

(4) X의 모든 원소 x에 대하여 $\nu \leq x$를 만족시키는 $\nu(\in X)$를 X의 **최소 원소**라 한다.

보기 1.5.9

$X = \{a, b, c, d, e, f, g\}$의 관계를 그림 1.7과 같이 주었다고 하자.

(1) a는 극대 원소이고, e, f, g는 극소 원소이다.

(2) a는 최대 원소이고, 최소 원소는 존재하지 않는다.

(3) $B = \{b, c, d\}$일 때 a는 B의 상계이고 d, f, g는 B의 하계이다. 그리고 B의 하한은 d이고 상한은 a이다.

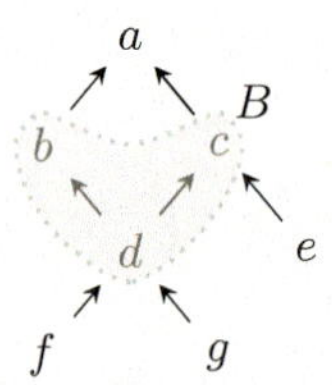

그림 1.7

† X의 단순 순서 $<$가 다음을 만족할 때 $<$를 X의 **순 완전 순서**라 한다.

$$x < y \text{이면 } y \not< x \qquad \text{(비대칭)}$$

문제 1.5.4 완전 순서 집합이 극대 원소를 가지면 유일함을 보여라.

정의 1.5.10

부분 순서 집합 $(X, \leq)$의 부분 집합 A가 상계와 하계를 가지면 A를 **유계 집합**이라 한다.

정리 1.5.11 체르멜로의 고정 점 정리

공집합이 아닌 부분 순서 집합 $(X, \leq)$의 모든 사슬들이 최소 상계를 갖는다고 하자. 이때 함수 $f : X \to X$가 모든 $x \in X$에 대하여 $x \leq f(x)$를 만족하면, $f(x_0) = x_0$인 f의 **고정 점** $x_0(\in X)$이 존재한다.

|증명| 참고 문헌 [6]을 참조. □

정리 1.5.12 하우스도르프 극대 원리

부분 순서 집합 $(X, \leq)$에 대하여 X의 모든 사슬들의 모임을 Φ라 할때 포함 관계가 주어진 부분 순서 집합 $(\Phi, \subset)$은 극대 원소를 가진다. 즉 부분 순서 집합 $(X, \leq)$은 **극대 사슬**을 가진다.

|증명| 부분 순서 집합 $(\Phi, \subset)$이 극대 원소를 갖지 않는다고 가정하자. 그리고 X의 사슬 $A \in \Phi$에 대하여 $A^* = \{B \in \Phi | A \subsetneq B\}$라 하자. 그러면 $A^* \neq \varnothing$이다. 왜냐하면, 만약 $A^* = \varnothing$이라 하면 $A \subset B$일 때 $A = B$가 되어 A는 Φ의 극대 원소가 되어 가정에 모순이기 때문이다. 한편, 선택 공리에 의해 다음과 같은 함수 g가 존재한다.

$$g : \{A^* \mid A \in \Phi\} \to \bigcup_{A \in \Phi} A^*, \quad g(A^*) \in A^* \quad \forall A \in \Phi$$

여기서 $g(A^*) \in A^*$이므로 $A \subsetneq g(A^*)$이다. 따라서 다음과 같이 주어지는 함수 f에 대하여 $A \subsetneq f(A)$ $(\forall A \in \Phi)$이다.

$$f : \Phi \to \Phi, \quad f(A) = g(A^*)$$

한편, $\mathcal{T}$를 Φ의 사슬이라 하면, 보기 1.5.7로부터 다음이 성립한다.

$$\sup \mathcal{T} = \bigcup_{A \in \mathcal{T}} A$$

그리고 $\bigcup_{A \in \mathcal{T}} A$은 X의 사슬이다. 따라서 $\sup \mathcal{T} \in \Phi$이고, 정리 1.5.11에 의해 $f(A) = A$를 만족하는 $A(\in \Phi)$가 존재한다. 이는 $A \subsetneq f(A)$라는 사실에 모순이다. □

문제 1.5.5 정리 1.5.12의 증명에서 $\bigcup_{A \in \mathcal{T}} A$은 X의 사슬임을 보여라.

보기 1.5.13

$\mathbb{R}^2$의 두 점 (x_0, y_0)과 (x_1, y_1)에 대하여 $y_0 = y_1$이고 $x_0 < x_1$일 때 $(x_0, y_0) < (x_1, y_1)$라 정의하자. 그러면 두 점이 동일한 수평선에 놓일 때에만 비교할 수 있게 되고 따라서 $(\mathbb{R}^2, <)$는 부분 순서 집합이다. 이때 수평선은 극대 사슬이 되고 또한 완전 순서 집합이 된다.

선택 공리와 동치인 것 중 가장 널리 이용되는 것으로는 1914년에 비로소 나타난 조른의 보조 정리이다.

정리 1.5.14 조른의 보조 정리

부분 순서 집합 $(X, \leq)$에 대하여 X의 모든 사슬이 상계를 가지면 X는 극대 원소를 가진다.

|증명| 참고 문헌 [6]을 참조. □

정의 1.5.15

부분 순서 집합 $(X, \leq)$에 대하여 공집합이 아닌 임의의 부분 집합 A가 최소 원소를 가지면 $(X, \leq)$를 **바른 순서 집합** 또는 **정렬 집합**이라 한다. 그리고 바른 순서 집합 $(X, \leq)$에 대하여 이항 관계 $\leq$를 **바른 순서** 또는 **정렬 순서**라 한다.

바른 순서 집합 $(X, \leq)$는 완전 순서 집합이다. 왜냐하면, 임의의 $a, b \in X$에 대하여 $\{a, b\}$는 최소 원소를 가지므로 $a \leq b$ 또는 $b \leq a$가 성립하기 때문이다. 그러나 $(\mathbb{R}, \leq)$는 완전 순서 집합이나 바른 순서 집합은 아니다. 한편, $(\mathbb{N}, \leq)$는 바른 순서 집합인 것은 명백하다.

문제 1.5.6 바른 순서 집합 $(X, \leq)$의 부분 집합 A에 대하여 $(A, \leq)$는 바른 순서 집합임을 보여라.

정리 1.5.16 바른 순서 정리(체르멜로의 정리)

공집합이 아닌 임의의 집합은 항상 바른 순서를 갖는다.

|증명| 참고 문헌 [6]을 참조. □

위 정리는 바른 순서를 줄 수 있는 구성적 방법은 제시하지 못하고 있다. 실제로 실수의 집합 $\mathbb{R}$에서조차 바른 순서를 줄 수 있는 방법은 알려져 있지 않다.

정리 1.5.17

바른 순서 정리는 선택 공리를 함의한다.

|증명| 참고 문헌 [6]을 참조. □

위에서 논의한 것을 도표로 나타내면 다음과 같다.

선택 공리 ⇒ 하우스도르프 극대 원리
⇒ 조른의 보조 정리
⇒ 바른 순서 정리
⇒ 선택 공리

위 과정의 성립을 증명함으로써 선택 공리와 나머지 세 원리가 서로 동치임을 알 수 있다.

1938년, 독일의 수학자 괴델은 기존 집합론의 공리계에 선택 공리를 더하여 생긴 모순은 기존의 공리계만으로도 그 모순이 유도된다는 것을 주장함으로써 선택 공리를 더하여도 기존의 집합 이론에는 아무런 모순도 야기되지 않는다는 것을 증명하였다.

연습 문제 1.5

1. $(X, \leq_X)$, $(Y, \leq_Y)$를 완전 순서 집합이라 하자.

   (1) 곱 집합 $X \times Y$에 **곱 순서** $\leq$를 다음과 같이 정의하자.

   $$(x_1, y_1) \leq (x_2, y_2) \;\Leftrightarrow\; x_1 \leq_X x_2,\ y_1 \leq_Y y_2$$

   이때 곱 순서가 부분 순서임을 보여라.

   (2) 곱 집합 $X \times Y$에 **사전식 순서** $\leq_d$를 다음과 같이 정의하자.

   $$(x_1, y_1) \leq_d (x_2, y_2) \;\Leftrightarrow\; \begin{cases} x_1 \leq_X x_2,\ x_1 \neq x_2 \\ x_1 = x_2,\ y_1 \leq_Y y_2 \end{cases}$$

   이때 사전식 순서가 완전 순서임을 보여라.

2. $A = \{2, 3, 4, \ldots\} = \mathbb{N} - \{1\}$에 "$x$로써 y가 나누어 떨어진다"로 순서를 준다 하자. 이때 A의 극소 원소와 극대 원소를 찾아라.

3. $\mathcal{A}$를 집합의 포함 관계에 의한 부분 순서 집합족이라 하고 $\mathcal{B}$를 $\mathcal{A}$의 부분족이라 하자. 이때 다음에 답하여라.

   (1) $A \in \mathcal{A}$가 $\mathcal{B}$의 상계이면 $\bigcup\{B : B \in \mathcal{B}\} \subset A$임을 보여라.

   (2) $\bigcup\{B : B \in \mathcal{B}\}$가 $\mathcal{B}$의 상계인지를 판별하여라.

4. $\mathcal{R}$을 X에서 Y로의 관계, 즉 $\mathcal{R} \subset X \times Y$라 하고 $\mathcal{R}$의 정의역을 X라 가정하자. 이때 $\mathcal{R}$의 부분 집합으로 X에서 Y로의 함수가 되는 f가 존재함을 보여라.

5. 군 G에 대해 A는 G의 항등원을 포함하는 G의 한 부분 집합이라 하자. 이때 A의 부분 집합인 G의 부분 군들 중에는 극대 부분 군이 존재함을 보여라.

제 2 장

위상 공간

이 장에서는 위상 공간을 정의한다. 그리고 위상 공간과 관련된 기본적인 개념들로 열린 집합과 닫힌 집합, 근방, 기저와 부분 기저, 도 집합, 닫힘, 내부, 외부, 경계 등을 정의하고 성질들을 알아본다.

차례

로버트 헨리 조르겐프라이(1915~1996)

미국의 수학자로, 위상 수학 분야에 독창적인 기여를 한 인물로 잘 알려져 있다. 그는 캘리포니아 대학교 로스앤젤레스에서 오랜 기간 교수로 재직하며 수학 연구와 교육에 헌신하였고, 은퇴 후 명예 교수로 활동했다.

조르겐프라이는 위상 수학에서 그의 이름을 딴 조르겐프라이 직선과 조르겐프라이 평면으로 널리 알려져 있다. 조르겐프라이 직선은 정규 공간이지만 자기 자신과의 곱에서는 정규가 아닌 특이한 공간의 예로 제시되었으며, 이는 위상 수학 연구에 큰 영향을 미쳤다. 조르겐프라이 평면은 이러한 개념을 2차원으로 확장한 것으로, 위상 수학에서 독특한 성질을 가진 공간으로 연구되고 있다.

그의 연구는 수학적 공간의 성질과 구조를 탐구하는 데 중요한 통찰을 제공하며, 정규성과 관련된 개념을 심화하는 데 기여했다. 조르겐프라이의 작업은 현대의 위상 수학 이론 발전에 큰 영향을 미쳤으며, 그의 이름은 이 분야에서 여전히 자주 언급되고 있다.

로버트 헨리 조르겐프라이는 수학적 업적뿐만 아니라 학문적 열정과 교육자로서의 헌신으로도 기억되고 있다. 그의 연구와 교육은 위상 수학의 발전에 기여하며 오늘날에도 많은 수학자들에게 영감을 주고 있다.

2.1 열린 집합

ℝ의 열린 집합

실수 집합 ℝ에서 다음과 같은 집합 (a,b)를 **열린 구간**이라 한다.

$$(a,b)=\{x\in\mathbb{R}\mid a<x<b,\quad a,b\in\mathbb{R}\}$$

그런데 $(1,2)\cup(3,4)$와 같이 열린 구간들의 합집합은 일반적으로 열린 구간이 아니다. 열린 구간들의 합집합을 ℝ의 **열린 부분 집합**, 간단히 ℝ의 **열린 집합**이라 정의하고, 열린 집합에 대하여 알아보자.(단, $\varnothing$는 열린 집합이라고 정의한다)

먼저, ℝ에 있는 열린 집합들의 합집합이 ℝ의 열린 집합인 것은 그 정의로부터 분명하다. 즉, 열린 집합들 $U_\gamma=\bigcup_\alpha(a_{\gamma,\alpha},b_{\gamma,\alpha})$에 대하여 이들의 합집합은 다음과 같이 열린 구간들의 합집합이다.

$$\bigcup_\gamma U_\gamma=\bigcup_\gamma\left[\bigcup\nolimits_\alpha(a_{\gamma,\alpha},b_{\gamma,\alpha})\right]=\bigcup_{\gamma,\alpha}(a_{\gamma,\alpha},b_{\gamma,\alpha})$$

보기 2.1.1

수직선 ℝ에서 $\mathbb{R}-\mathbb{Z}$가 ℝ의 열린 집합임을 보여라.

| 풀이 | $\mathbb{R}-\mathbb{Z}=\bigcup_{n\in\mathbb{Z}}(n,n+1)$이고 이는 열린 구간들의 합집합이므로 열린 집합이다. □

문제 2.1.1 다음 집합들이 ℝ의 열린 집합임을 보여라.

(1) ℝ

(2) $\mathbb{R}-\{1,2\}$

(3) $\{x\in\mathbb{R}\mid x^2>9\}$

(4) $\mathbb{R}-[0,\ 1]$

유리수의 집합 ℚ는 ℝ의 열린 집합인가? 이 질문에 답하기는 쉽지 않다. 일반적으로 어떤 집합이 열린 구간들의 합집합으로 표현할 수 없다는 것을 보이는 것은 쉽지 않다. 다음 정리는 이러한 어려움을 해결하는데 도움이 된다.

정리 2.1.2

ℝ의 부분 집합 U가 ℝ의 열린 집합일 필요 충분 조건은 임의의 $x(\in U)$에 대하여 열린 구간 (a,b)가 존재하여 $x\in(a,b)\subset U$를 만족하는 것이다.

| 증명 | $(\Rightarrow)$ U를 ℝ의 열린 집합이라 하면 $U=\bigcup_{\gamma\in\Gamma}(a_\gamma,b_\gamma)$와 같이 표현된다. 그러면 임의의 $x(\in U)$에 대하여 적당한 $\gamma_0(\in\Gamma)$가 존재해서 $x\in(a_{\gamma_0},b_{\gamma_0})$을 만족한다. 이 때 $(a_{\gamma_0},b_{\gamma_0})$는 열린 구간이고 $x\in(a_{\gamma_0},b_{\gamma_0})\subset U$가 성립한다.

$(\Leftarrow)$ 임의의 $x(\in U)$에 대해 $x\in(a_x,b_x)\subset U$인 열린 구간 (a_x,b_x)가 존재한다고 가정하자. 그러면 $U=\bigcup_{x\in U}(a_x,b_x)$로 쓸 수 있다. 따라서 U는 열린 구간들의 합집합이므로 ℝ의 열린 집합이다. □

보기 2.1.3

유리수의 집합 $\mathbb{Q}$는 $\mathbb{R}$의 열린 집합이 아님을 보여라.

| 풀이 | 실수의 완비성 공리에 의해 공집합이 아닌 임의의 열린 구간 (a, b)에는 무리수가 포함된다. 따라서 임의의 유리수 $x \in \mathbb{Q}$에 대하여 다음을 만족하는 열린 구간은 존재하지 않는다.

$$x \in (a,\ b) \subset \mathbb{Q}$$

그러므로 $\mathbb{Q}$는 정리 2.1.2에 의해 $\mathbb{R}$의 열린 집합이 아니다. □

문제 2.1.2 다음 집합이 $\mathbb{R}$의 열린 집합이 아님을 보여라.

(1) 무리수의 집합 $\mathbb{R} - \mathbb{Q}$

(2) $\bigcap_{n=1}^{\infty}\left(-1-\frac{1}{n},\ 1+\frac{1}{n}\right)$

위 문제 2.1.2의 (2)는 열린 집합들의 무한 교집합은 일반적으로 $\mathbb{R}$의 열린 집합이 아님을 보여준다.

문제 2.1.3 $\mathbb{R}$의 두 열린 집합 A, B에 대하여 $A \cap B$가 $\mathbb{R}$의 열린 집합임을 보여라.

위 문제를 유한 개로 확장하여 적용하면 유한 개인 열린 집합들의 교집합은 $\mathbb{R}$의 열린 집합임을 보일 수 있다.

위상 공간

이제까지 $\mathbb{R}$의 열린 집합들이 갖는 성질에 대하여 알아 보았다. 이를 바탕으로 임의의 집합 X에 대하여 다음을 정의하자.

정의 2.1.4

집합 X에 대해 X의 부분 집합들의 어떤 모임 $\mathcal{T}(\subset \mathcal{P}(X))$가 다음을 만족할 때 $\mathcal{T}$를 X의 **위상**이라 한다.

(1) $U, V \in \mathcal{T} \ \Rightarrow\ U \cap V \in \mathcal{T}$

(2) $V_\gamma \in \mathcal{T}\,(\gamma \in \Gamma) \ \Rightarrow\ \bigcup_{\gamma \in \Gamma} V_\gamma \in \mathcal{T}$

(3) $X, \varnothing \in \mathcal{T}$

이때, $(X,\ \mathcal{T})$를 **위상 공간**이라 한다. 그리고 $\mathcal{T}$에 속한 X의 부분 집합, 즉 $\mathcal{T}$의 원소를 위상 공간 X의 **열린 집합**이라 한다.

X의 위상이 $\mathcal{T}$로 명확한 경우에는 위상 공간 $(X,\ \mathcal{T})$를 간단히 X로 나타낸다.

보기 2.1.5

(1) 공집합 $\varnothing$는 $\{\varnothing\}$를 위상으로 갖는 위상 공간임을 쉽게 확인할 수 있다. 이때 $\{\varnothing\}$를 **공 위상**이라 하고, $(\varnothing, \{\varnothing\})$를 **공 위상 공간**이라 한다.

(2) $\mathcal{U} := \{U \subset \mathbb{R} \,|\, U = \varnothing$ 이거나 U는 $\mathbb{R}$의 열린 집합$\}$이라 하자. 그러면 $\mathbb{R}$의 열린 집합의 정의, 문제 2.1.3, 그리고 보기 2.1.1의 위에 있는 언급으로부터 $\mathcal{U}$는 $\mathbb{R}$의 위상임을 알 수 있다. 이때 $\mathcal{U}$를 $\mathbb{R}$의 **보통 위상**이라 부른다. 앞으로 특별한 언급이 없으면 $\mathbb{R}$은 **보통 위상 공간**으로 여긴다.

(3) 임의의 집합 X에 대하여 $\mathcal{D} = \mathcal{P}(X)$는 정의 2.1.4의 세 가지 조건을 모두 만족한다. 이때, $\mathcal{D}$를 X의 **이산 위상**이라 하고 $(X,\ \mathcal{D})$를 **이산 위상 공간** 또는 간단히 **이산 공간**이라 한다.

(4) 임의의 집합 X에 대하여 $\mathcal{I} = \{X, \varnothing\}$도 X의 위상이 됨을 쉽게 확인할 수 있다. 이때 $\mathcal{I}$를 X의 **자명 위상**(또는 **비이산 위상**)이라 하고 $(X,\ \mathcal{I})$를 **자명 위상 공간**(또는 **비이산 공간**)이라 한다.

이산 공간 $(X, \mathcal{D})$에서는 모든 부분 집합이 열린 집합이고, 자명 공간 $(X, \mathcal{I})$는 가장 간단한 위상 공간으로, 자명 공간에서는 공집합이 아닌 어떠한 진 부분 집합도 열린 집합이 될 수 없다.

보기 2.1.6

집합 $X = \{a, b, c, d, e\}$에 대하여 다음 부분 집합들의 모임이 X의 위상인지 아닌지를 밝혀라.

$$\mathcal{T}_1 = \big\{X, \varnothing, \{a\}\big\}, \qquad \mathcal{T}_2 = \big\{X, \varnothing, \{c, d\}\big\},$$
$$\mathcal{T}_3 = \big\{X, \varnothing, \{a\}, \{c, d\}, \{a, c, d\}, \{b, c, d, e\}\big\},$$
$$\mathcal{T}_4 = \big\{X, \varnothing, \{a\}, \{c, d\}, \{a, c, d\}, \{b, c, d\}\big\},$$
$$\mathcal{T}_5 = \big\{X, \varnothing, \{a\}, \{c, d\}, \{a, c, d\}, \{a, b, d, e\}\big\},$$
$$\mathcal{T}_6 = \big\{X, \varnothing, \{a\}, \{a, b\}, \{a, c, d\}, \{a, b, c, d\}\big\},$$
$$\mathcal{T}_7 = \{X, \varnothing, \{c\}, \{d\}, \{c, d\}, \{d, e\}, \{a, b, c\}, \{c, d, e\}, \{a, b, c, d\}\}$$

풀이 $\mathcal{T}_1, \mathcal{T}_2, \mathcal{T}_3, \mathcal{T}_6, \mathcal{T}_7$은 정의 2.1.4의 세 조건을 모두 만족하는 것을 쉽게 확인할 수 있다. 따라서 이들은 X의 위상이다.
한편, $\{a, c, d\} \cup \{b, c, d\} = \{a, b, c, d\} \notin \mathcal{T}_4$이므로 $\mathcal{T}_4$는 X의 위상이 아니다.
또 $\{a, c, d\} \cap \{a, b, d, e\} = \{a, d\} \notin \mathcal{T}_5$이므로 $\mathcal{T}_5$도 X의 위상이 아니다. □

보기 2.1.7

$X = \{0,1\}$에 정의될 수 있는 모든 위상은 다음과 같다.

$$\mathcal{I},\quad \mathcal{D},\quad \mathcal{T}_0 = \{X, \varnothing, \{0\}\},\quad \mathcal{T}_1 = \{X, \varnothing, \{1\}\}$$

한편, $\mathcal{T}_0$ 또는 $\mathcal{T}_1$을 위상으로 갖는 X를 **시어핀스키 공간**이라 한다.

문제 2.1.4 집합 $X = \{1,2,3\}$의 위상을 모두 구하라.

참고로, 유한 집합에 정의되는 위상의 개수에 대해 다음이 알려져 있다([1]).

집합의 크기	2	3	4	5	6	7
위상의 개수	4	29	355	6,942	209,527	9,535,241

표 2.1: 위상의 개수

보기 2.1.8

X가 임의의 집합이라 할 때 다음이 X의 위상임을 보여라.

(1) $\mathcal{T}_f := \{U \subset X \mid U = \varnothing$ 이거나 $X - U$가 유한 집합$\}$

(2) $\mathcal{T}_c := \{U \subset X \mid U = \varnothing$ 이거나 $X - U$가 가산 집합$\}$

(3) $x \in X$에 대하여 $\mathcal{T}_x := \{U \subset X \mid U = \varnothing$ 이거나 $x \in U\}$

여기서 $\mathcal{T}_f$를 X의 **여유한 위상**, $\mathcal{T}_c$를 X의 **여가산 위상**, $\mathcal{T}_x$를 X의 **특수점 위상**이라 한다.

| **풀이** | 각각의 경우에 정의 2.1.4의 세 조건을 만족함을 보이자.

(1) (a) 정의에 의해 $\varnothing \in \mathcal{T}_f$이고, $X - X = \varnothing$는 유한 집합이므로 $X \in \mathcal{T}_f$이다.

(b) 두 열린 집합 $U, V\,(\in \mathcal{T}_f)$에 대하여, $U = \varnothing$이거나 $V = \varnothing$일 때, $U \cap V = \varnothing \in \mathcal{T}_f$이다. 한편, $U \neq \varnothing$이고 $V \neq \varnothing$이면 $X - U$와 $X - V$는 유한 집합이므로 다음 집합 또한 유한 집합이다.(보기 1.1.9 참조)

$$X - (U \cap V) = (X - U) \cup (X - V)$$

따라서 $U \cap V \in \mathcal{T}_f$이다.

(c) 한 첨자 집합 Γ에 대하여 $\gamma \in \Gamma$이고 $U_\gamma \in \mathcal{T}_f$라 하자. 모든 $\gamma \in \Gamma$에 대해 $U_\gamma = \varnothing$이면 $\bigcup_{\gamma \in \Gamma} U_\gamma = \varnothing \in \mathcal{T}_f$이다. 만약 어떤 $\gamma_0 \in \Gamma$에 대해 $U_{\gamma_0} \neq \varnothing$라 가정하면 $X - U_{\gamma_0}$는 유한 집합이고 다음이 성립한다(연습 문제 1.1의 2(3) 참조).

$$X - \bigcup_{\gamma \in \Gamma} U_\gamma = \bigcap_{\gamma \in \Gamma} (X - U_\gamma) \subset X - U_{\gamma_0}$$

그러므로 $X - \bigcup_{\gamma \in \Gamma} U_\gamma$는 유한 집합이고, 따라서 $\bigcup_{\gamma \in \Gamma} U_\gamma \in \mathcal{T}_f$이다.

세 조건을 모두 만족하므로 $\mathcal{T}_f$는 X의 위상이다.

(2) (a) 정의에 의해 $\varnothing \in \mathcal{T}_c$이고, $X - X = \varnothing$는 가산 집합이므로 $X \in \mathcal{T}_c$이다.

(b) $U = \varnothing$이거나 $V = \varnothing$일 때, $U \cap V = \varnothing \in \mathcal{T}_c$이다. 한편, $U \neq \varnothing$이고 $V \neq \varnothing$이면 $X - U$와 $X - V$는 가산 집합이므로 $X - (U \cap V) = (X - U) \cup (X - V)$도 가산 집합이다. 따라서 $U \cap V \in \mathcal{T}_c$이다.

(c) 모든 $\gamma \in \Gamma$에 대해 $U_\gamma = \varnothing$이면 $\bigcup_{\gamma \in \Gamma} U_\gamma = \varnothing \in \mathcal{T}_c$이다. 만약 어떤 $\gamma_0 \in \Gamma$에 대해 $U_{\gamma_0} \neq \varnothing$라 가정하면 $X - U_{\gamma_0}$는 가산 집합이고 다음이 성립하므로 $X - \bigcup_{\gamma \in \Gamma} U_\gamma$는 가산 집합이다.(문제 1.4.2 (1) 참조)

$$X - \bigcup_{\gamma \in \Gamma} U_\gamma = \bigcap_{\gamma \in \Gamma} (X - U_\gamma) \subset X - U_{\gamma_0}$$

따라서 $\bigcup_{\gamma \in \Gamma} U_\gamma \in \mathcal{T}_c$이다.

세 조건을 모두 만족하므로 $\mathcal{T}_c$는 X의 위상이다.

(3) (a) 정의에 의해 $\varnothing \in \mathcal{T}_x$이고, $x \in X$이므로 $X \in \mathcal{T}_x$이다.

(b) $U = \varnothing$이거나 $V = \varnothing$일 때, $U \cap V = \varnothing \in \mathcal{T}_x$이다. 한편, $U \neq \varnothing$이고 $V \neq \varnothing$이면 $x \in U$이고 $x \in V$이므로 $x \in U \cap V$이다. 따라서 $U \cap V \in \mathcal{T}_x$이다.

(c) 모든 $\gamma \in \Gamma$에 대해 $U_\gamma = \varnothing$이면 $\bigcup_{\gamma \in \Gamma} U_\gamma = \varnothing \in \mathcal{T}_x$이다. 만약 어떤 $\gamma_0 \in \Gamma$에 대해 $U_{\gamma_0} \neq \varnothing$라 가정하면 $x \in U_{\gamma_0}$이므로 $x \in \bigcup_{\gamma \in \Gamma} U_\gamma$이다. 따라서 $\bigcup_{\gamma \in \Gamma} U_\gamma \in \mathcal{T}_x$이다. □

세 조건을 모두 만족하므로 $\mathcal{T}_x$는 X의 위상이다.

문제 2.1.5 위상 공간들 $(\mathbb{R}, \mathcal{T}_f)$, $(\mathbb{R}, \mathcal{T}_c)$, $(\mathbb{R}, \mathcal{T}_1)$에서 각각 열린 집합의 보기를 들어라.

문제 2.1.6 X가 유한 집합일 때, 여유한 위상은 이산 위상과 일치함을 보여라.

위 문제로부터, 다음 명제도 성립함을 알 수 있다.

"X가 가산 집합이면 X의 여가산 위상은 이산 위상과 일치한다."

정리 2.1.2를 일반화하여 위상 공간에서 어떤 집합이 열린 집합인지를 판별하는 것을 알아보면 다음과 같다.

정리 2.1.9

위상 공간 $(X, \mathcal{T})$의 부분 집합 U에 대해 다음 두 명제가 동치이다.

(a) U가 열린 집합이다.

(b) 임의의 $x(\in U)$에 대해 적당한 열린 집합 G가 있어서 $x \in G \subset U$가 성립한다.

증명 (a) ⇒ (b): $G = U$라 하면 임의의 $x \in U$에 대해 $x \in G \subset U$이다.

(b) ⇒ (a): 임의의 $x(\in U)$에 대해 $x \in G_x \subset U$인 열린 집합 G_x가 존재한다. 이때 $U = \bigcup_{x \in U} G_x$, 즉 열린 집합들의 합집합이므로 U는 열린 집합이다. □

정의 2.1.10

$\mathcal{T}_1, \mathcal{T}_2$가 X의 위상으로 $\mathcal{T}_1 \subset \mathcal{T}_2$일 때 $\mathcal{T}_2$를 $\mathcal{T}_1$보다 **더 섬세한 위상** 또는 **더 큰 위상**, $\mathcal{T}_1$을 $\mathcal{T}_2$보다 **더 엉성한 위상** 또는 **더 작은 위상**이라 한다.

임의의 위상 공간 $(X, \mathcal{T})$에 대하여 $\mathcal{I} \subset \mathcal{T} \subset \mathcal{D}$가 성립한다. 즉, 자명 위상이 가장 엉성하고 이산 위상이 가장 섬세하다.

보기 2.1.11

$\mathbb{R}$에서 $\mathcal{T}_f \subset \mathcal{U}$, 즉 여유한 위상이 보통 위상보다 엉성함을 보여라.

| 풀이 | 임의의 $U(\in \mathcal{T}_f)$에 대하여, $U = \varnothing$ 또는 $\mathbb{R} - U$는 유한 집합이다. $\varnothing \in \mathcal{U}$이므로 $U \neq \varnothing$이라 하자. 이때 $\mathbb{R} - U$는 다음과 같이 나타낼 수 있다.

$$\mathbb{R} - U = \{x_1,\ x_2,\ \ldots,\ x_n\}, \qquad x_1 < x_2 < \cdots < x_n$$

이로부터 $U = (-\infty, x_1) \cup (x_1, x_2) \cup \cdots \cup (x_{n-1}, x_n) \cup (x_n, \infty)$임을 알 수 있고, 따라서 U는 $\mathbb{R}$의 열린 집합, 즉 $U \in \mathcal{U}$이다. 그러므로 $\mathcal{T}_f \subset \mathcal{U}$이다. □

문제 2.1.7 $\mathbb{R}$에서 $\mathcal{T}_f$와 $\mathcal{T}_c$ 사이의 포함 관계를 밝혀라.

일반적으로 같은 집합에 정의된 모든 위상의 모임은 포함 관계에 대하여 완전 순서 집합은 아니다.(정의 1.5.3 참조)

위상들 사이의 포함 관계 $\mathcal{T}_i \subset \mathcal{T}_j$를 $\mathcal{T}_i \to \mathcal{T}_j$로 바꾸어서, 보기 2.1.7에서 집합 $X = \{0, 1\}$에 주어진 위상 $\mathcal{I}, \mathcal{D}, \mathcal{T}_0, \mathcal{T}_1$에 대하여 부분 순서 관계를 도표(하세 도형)로 나타내면 다음과 같다.

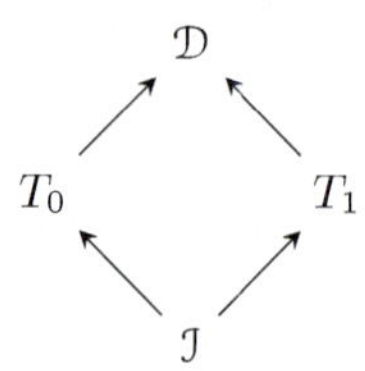

그림 2.1: $X = \{0, 1\}$에 주어진 위상들의 부분 순서 관계

문제 2.1.8 보기 2.1.6에서 집합 X에 주어진 위상 $\mathcal{T}_1, \mathcal{T}_2, \mathcal{T}_3, \mathcal{T}_6, \mathcal{T}_7$ 그리고 $\mathcal{I}, \mathcal{D}$에 대하여 부분 순서 관계를 하세 도형으로 나타내어라.

연습 문제 2.1

1. $\{\mathcal{T}_\alpha \mid \alpha \in \Lambda\}$가 집합 X의 위상들의 모임이면 $\mathcal{T} = \bigcap_{\alpha\in\Lambda}\mathcal{T}_\alpha$도 X의 위상임을 보여라. 또 일반적으로 $\mathcal{S} = \bigcup_{\alpha\in\Lambda}\mathcal{T}_\alpha$는 X의 위상이 아님을 보여라.

2. 다음 집합의 모임 중 어느 것이 $\mathbb{R}$의 위상인가? 만약 위상이 아니라면 그 이유를 설명하여라.

   (1) $\{\mathbb{R},\ \varnothing,\ (-\infty,0],\ (0,\infty)\}$ (2) $\{\mathbb{R},\ \varnothing,\ (-\infty,1),\ (0,\infty)\}$

3. (1) 자연수 집합 $\mathbb{N}$의 부분 집합 $U_n = \{1,\ 2,\ \ldots,\ n\}$에 대하여 다음과 같이 주어지는 $\mathcal{T}$가 $\mathbb{N}$의 위상임을 보여라.

$$\mathcal{T} = \{\mathbb{N},\ \varnothing,\ U_1,\ U_2,\ \ldots\}$$

   (2) 유리수 집합 $\mathbb{Q}$의 부분 집합 $V_r = \{x \in \mathbb{Q} \mid x < r\}$에 대하여 다음과 같이 주어지는 $\mathcal{T}$가 $\mathbb{Q}$의 위상이 될 수 없음을 보여라.

$$\mathcal{T} = \{\mathbb{Q},\ \varnothing\} \cup \{V_r \mid r \in \mathbb{Q}\}$$

4. 위상 공간 $(X,\mathcal{T})$에 대하여 $Y = X \cup \{y\}$라 할 때 다음과 같이 주어지는 $\tilde{\mathcal{T}}$가 Y의 위상임을 보여라.

$$\tilde{\mathcal{T}} = \mathcal{T} \cup \{V \cup \{y\} \mid V^c\text{는 유한 집합, } V \in \mathcal{T}\}$$

5. 문제 2.1.4에서 찾은 $X = \{1,2,3\}$의 모든 위상들에 대하여 부분 순서 관계를 하세 도형으로 나타내어라.

6. 집합 $X(\neq \varnothing)$와 위상 공간 $(Y,\mathcal{T}_Y)$, 그리고 함수 $f : X \to Y$에 대하여 다음과 같이 주어지는 $\mathcal{T}$가 X의 한 위상임을 보여라.

$$\mathcal{T} = \{f^{-1}(U) \mid U \in \mathcal{T}_Y\}$$

   이때, $\mathcal{T}$를 f에 의한 X의 **역 상 위상**이라 한다.

7. 정수 집합 $\mathbb{Z}$에서 $U_n := \{n, n+1, \ldots\} \subset \mathbb{Z}$라 할때, 다음과 같이 주어지는 $\mathcal{T}$가 $\mathbb{Z}$의 위상인지를 판별하여라.

$$\mathcal{T} = \{\mathbb{Z}, \varnothing\} \bigcup \{U_n \mid n \in \mathbb{Z}\}$$

2.2 근방과 닫힌 집합

근방

위상 공간 $(X, \mathcal{T})$와 한 원소 $x \in X$에 대하여 부분 집합 N이 x의 **근방**이라는 것은 적당한 열린 집합 U가 있어서 $x \in U \subset N$을 만족하는 것이다(그림 2.2).

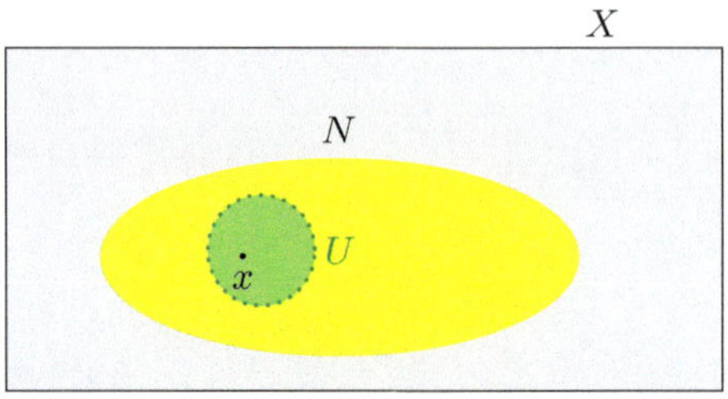

그림 2.2: 근방

$(\mathbb{R}, \mathfrak{U})$의 어떤 부분 집합 N이 한 점 x를 포함하는 열린 구간을 적어도 하나 포함할 때 N은 x의 근방이 된다.

보기 2.2.1

$(\mathbb{R}, \mathfrak{U})$의 한 점 x의 근방에 대해 다음이 성립함을 보여라.

(1) x의 근방 두 개의 교집합은 다시 x의 근방이 된다. 따라서 x의 근방들 유한 개의 교집합은 다시 x의 근방이 된다.

(2) x의 근방들 임의의 합집합은 다시 x의 근방이 된다.

풀이 (1) N_1, N_2를 x의 근방이라 하자. 그러면 x를 포함하는 두 열린 구간 (a_1, b_1), (a_2, b_2)이 존재하여 다음을 만족한다.

$$x \in (a_1, b_1) \subset N_1, \quad x \in (a_2, b_2) \subset N_2$$

이때 $a = \max\{a_1, a_2\}$, $b = \min\{b_1, b_2\}$이라 하면 다음이 성립한다.

$$x \in (a, b) = (a_1, b_1) \cap (a_2, b_2) \subset N_1 \cap N_2$$

이는 $N_1 \cap N_2$가 x의 근방임을 말한다.

일반적으로, x의 근방 $N_1, \ldots, N_n$에 대하여도 비슷한 방법으로 설명할 수 있다.

(2) N_i를 x의 근방이라 하고$(i \in \Gamma)$, 이들의 합집합을 N이라 하자. 그러면 각각의 $i \in \Gamma$에 대하여 x를 포함하는 열린 구간 $(a_i, b_i)(\subset N_i)$이 존재하여 다음을 만족한다.

$$x \in (a_1, b_1) \subset N = \bigcup_{i \in \Gamma} N_i$$

따라서 N은 x의 한 근방이다. □

위에서 살펴본 $\mathbb{R}$의 근방에 대한 성질들은 일반적인 집합 X의 근방에 대해서도 성립한다(연습 문제 2.2의 2번).

보기 2.2.2

보기 2.1.6에서 주어진 $X = \{a, b, c, d, e\}$와 위상 $\mathcal{T}_1 = \{X, \varnothing, \{a\}\}$에 대해 $\{a, b\}$는 a의 근방이나 b의 근방은 아니다.

위 보기로부터 x를 포함하는 임의의 열린 집합은 x의 근방이지만 일반적으로 x의 근방이 열린 집합이 아닐 수 있음을 알 수 있다.

문제 2.2.1 $X = \{a, b, c, d, e\}$와 특수점 위상 $\mathcal{T}_a$에 대하여 b의 근방을 모두 찾아라.

정리 2.1.9는 근방을 사용하여 다음과 같이 확장될 수 있다.

정리 2.2.3

위상 공간 $(X, \mathcal{T})$의 부분 집합 U에 대해 다음 두 명제가 동치이다.

(a) U가 열린 집합이다.

(b) 모든 $x(\in U)$에 대해 적당한 근방 N이 있어서 $x \in N \subset U$가 성립한다.

증명 (a) $\Rightarrow$ (b): $N = U$라 하면 임의의 $x(\in U)$에 대해 $x \in N \subset U$이다.

(b) $\Rightarrow$ (a): 모든 $x \in U$에 대해 $x \in N_x \subset U$인 x의 근방 N_x가 존재한다. 또한 근방의 정의로부터 $x \in G_x \subset N_x$인 열린 집합 G_x가 존재한다. 이때 $U = \bigcup_{x \in U} G_x$이므로 U는 열린 집합이다. □

닫힌 집합

이제 열린 집합과 대칭되는 개념인 닫힌 집합에 대하여 알아보자.

정의 2.2.4

위상 공간 $(X, \mathcal{T})$와 부분 집합 $A(\subset X)$에 대하여 여집합 A^c이 열린 집합일 때, 즉 $A^c \in \mathcal{T}$일 때 A를 **닫힌 집합**이라 한다.

보통 위상 공간 $\mathbb{R}$에서 닫힌 구간 $[a, b]$는 닫힌 집합이다. 그러나 $\mathbb{R}$의 다른 위상 공간 $(\mathbb{R}, \mathcal{T})$에서는 일반적으로 닫힌 구간이 닫힌 집합이 아니다. 예를 들어 여유한 위상 공간 $(\mathbb{R}, \mathcal{T}_f)$에서 닫힌 구간 $[1, 2]$가 닫힌 집합이 아니다.

보기 2.2.5

$X = \{a, b, c\}$에 대하여

(1) X의 위상이 $\mathcal{T}_1 = \{X, \varnothing, \{a\}, \{a, b\}\}$ 일 때 닫힌 집합은 $X, \varnothing, \{b, c\}, \{c\}$이다. 여기서 X와 $\varnothing$은 열린 집합이면서 닫힌 집합이고, $\{a, c\}$는 열린 집합도 닫힌 집합도 아닌 집합임을 알 수 있다.

(2) X의 위상이 $\mathcal{T}_2 = \{X, \varnothing, \{a\}, \{b\}, \{a,b\}, \{b,c\}\}$ 일 때 닫힌 집합은 $X, \varnothing$, $\{b,c\}$, $\{a,c\}$, $\{c\}, \{a\}$이다.

문제 2.2.2 보통 위상 공간 $\mathbb{R}$에서 다음이 닫힌 집합인지를 판별하여라.

(1) $\mathbb{Z}$

(2) $\mathbb{Q}$

(3) $\mathbb{R} - \mathbb{Q}$

(4) $A = \{\frac{1}{n} \mid n = 1, 2, 3, \cdots\}$

열린 집합에 대한 정의 2.1.4와 닫힌 집합에 대한 정의 2.2.4로부터 닫힌 집합에 대한 다음 정리를 얻는다.

정리 2.2.6

위상 공간 X에 대하여 $\mathcal{F}$를 닫힌 집합들의 모임이라 하면 다음이 성립한다.

(a) $X \in \mathcal{F}, \quad \varnothing \in \mathcal{F}$

(b) $A_\gamma \in \mathcal{F}(\gamma \in \Gamma) \;\Rightarrow\; \bigcap_{\gamma \in \Gamma} A_\gamma \in \mathcal{F}$

(c) $A, B \in \mathcal{F} \;\Rightarrow\; A \cup B \in \mathcal{F}$

증명 (a) $\varnothing$과 X가 열린 집합이므로 $X = \varnothing^c$, $\varnothing = X^c$은 닫힌 집합이다.

(b) 모든 $\gamma \in \Gamma$에 대해 $A_\gamma \in \mathcal{F}$이면 $X - A_\gamma$는 열린 집합이므로 $\bigcup_{\gamma \in \Gamma}(X - A_\gamma)$ 또한 열린 집합이다. 한편 다음이 성립한다.

$$\bigcup_{\gamma \in \Gamma}(X - A_\gamma) = X - \bigcap_{\gamma \in \Gamma} A_\gamma$$

따라서 $\bigcap_{\gamma \in \Gamma} A_\gamma \in \mathcal{F}$이다.

(c) $A, B \in \mathcal{F}$이면 $X - A, X - B$는 열린 집합이므로 $(X - A) \cap (X - B)$ 또한 열린 집합이다. 그런데 다음이 성립하므로 $A \cup B \in \mathcal{F}$이다.

$$(X - A) \cap (X - B) = X - (A \cup B)$$

□

위 정리의 (c)로부터 유한 개 닫힌 집합들의 합집합은 닫힌 집합이다. 그러나 일반적으로 무한 개 닫힌 집합들의 합집합은 다음 보기와 같이 닫힌 집합이 되지 않을 수도 있다.

보기 2.2.7

보통 위상 공간 $\mathbb{R}$에서 부분 집합 $A_n = [0,\ 1 - \frac{1}{n}]$에 대해 다음이 성립한다.

$$\bigcup_{n \in \mathbb{N}} A_n = [0, 1)$$

따라서 $\bigcup_{n \in \mathbb{N}} A_n$은 $\mathbb{R}$의 닫힌 집합이 아님을 알 수 있다.

닫열 집합

위에서 살펴본 것처럼 위상 공간 X에 대하여 X와 $\varnothing$은 열린 집합이면서 동시에 닫힌 집합이다. 이를 바탕으로 다음을 정의하자.

정의 2.2.8

위상 공간 $(X, \mathcal{T})$와 부분 집합 $A(\subset X)$에 대하여, A가 열린 집합이면서 닫힌 집합일 때 A를 **닫열 집합**이라 한다.

위상 공간 X의 부분 집합 A가 닫열 집합이면 A^c도 닫열 집합인 것은 분명하다.

문제 2.2.3 보기 2.1.6에서 주어진 집합 $X = \{a, b, c, d, e\}$와 위상 $\mathcal{T}_3$에 대해 닫열 집합을 찾아라. 또, 열린 집합도 닫힌 집합도 아닌 집합을 찾아라.

연습 문제 2.2

1. 여유한 위상 공간 X에 대하여 점 $p(\in X)$의 모든 근방은 열린 집합임을 보여라.

2. 위상 공간 $(X, \mathcal{T})$의 한 점 x의 근방에 대해 다음이 성립함을 보여라.
   (1) x의 근방 두 개의 교집합은 다시 x의 근방이 된다. 따라서 x의 근방들 유한 개의 교집합은 다시 x의 근방이 된다.
   (2) x의 근방들 임의의 합집합은 다시 x의 근방이 된다.

3. 보통 위상 공간 $\mathbb{R}$에서 유한 집합은 닫힌 집합임을 보여라.

4. 이산 공간에서 닫힌 집합을 설명하여라.

5. 보기 2.1.6에서 주어진 X의 위상 $\mathcal{T}_1, \mathcal{T}_2, \mathcal{T}_6, \mathcal{T}_7$에 대하여 각 위상 공간 $(X, \mathcal{T}_i)$의 닫열 집합을 모두 찾아라.

6. 문제 2.1.4에서 $\varnothing, X$ 이외의 닫열 집합이 있는 위상을 모두 찾아라.

7. [2009학년도 임용고사 1차] 집합 $X = \{a, b, c, d\}$에 대하여 $(X, \mathcal{T})$를 위상 공간이라 하고, 임의의 $x \in X$에 대하여

$$N(x) = \{V \subseteq X \mid V\text{는 } (X, \mathcal{T})\text{에서 } x\text{의 근방}\}$$

이라 할 때, 다음이 성립한다고 하자.

$$N(a) = \{V \subseteq X \mid \{a, c\} \subseteq V\}$$
$$N(b) = \{V \subseteq X \mid \{b, c\} \subseteq V\}$$
$$N(c) = \{V \subseteq X \mid \{c\} \subseteq V\}$$
$$N(d) = \{X\}$$

단, "V는 $(X, \mathcal{T})$에서 x의 근방"이란 $x \in U \subseteq V$를 만족시키는 $U \in \mathcal{T}$가 존재함을 의미한다. <보기>에서 $\mathcal{T}$의 원소를 모두 고른 것은?

ㄱ. $\{a, b\}$	ㄴ. $\{a, c\}$	ㄷ. $\{a, b, c\}$	ㄹ. $\{a, c, d\}$

① ㄱ　　② ㄴ, ㄷ　　③ ㄴ, ㄹ　　④ ㄱ, ㄷ, ㄹ　　⑤ ㄴ, ㄷ, ㄹ

2.3 기저와 부분 기저

기저

앞 절에서 위상과 그 예들을 살펴보았다. 그리고 몇몇 위상에서는 모든 열린 집합들을 구체적으로 설명하였다. 그러나 일반적으로 이러한 방법은 실현 가능하지 않고 또 적당하지도 않다. 이러한 이유로 한 위상의 모든 열린 집합을 묘사할 다른 쉬운 방법을 찾아야 한다. 위상 공간 $(\mathbb{R}, \mathcal{U})$에서 열린 집합은 열린 구간들의 합집합임을 기억하자.

정의 2.3.1

위상 공간 $(X, \mathcal{T})$에 대하여 X의 열린 집합들의 모임 $\mathcal{B}$가 다음을 만족할 때 $\mathcal{B}$를 위상 $\mathcal{T}$의 **기저**라 한다.*

$$U \in \mathcal{T} \;\Rightarrow\; U = \bigcup_{\alpha} B_\alpha, \quad B_\alpha \in \mathcal{B}$$

이 때, $\mathcal{B}$의 원소들을 **기본 열린 집합**이라 한다.

위상 공간 X와 기저 $\mathcal{B}$에 대하여 X 자신도 열린 집합이므로 다음을 만족한다.

$$X = \bigcup \{B \mid B \in \mathcal{B}\}$$

위 등식을 만족할 때 일반적으로 $\mathcal{B}$를 X의 **덮개**라 한다. 즉, 한 위상 공간의 기저는 그 공간의 덮개임을 알 수 있다.

보기 2.3.2

(1) 위상 공간 $(\mathbb{R}, \mathcal{U})$에 대하여 열린 구간들의 모임을 $\mathcal{B}$라 하면 $\mathcal{B}$는 $\mathcal{U}$의 기저이다.

(2) 위상 공간 $(X, \mathcal{T})$에 대하여 $\mathcal{T}$는 위상 $\mathcal{T}$에 대한 기저이다.

(3) 임의의 집합 X에 대해 다음과 같은 $\mathcal{B}$는 이산 공간 $(X, \mathcal{D})$의 기저이다.

$$\mathcal{B} = \big\{\{x\} \mid x \in X\big\}$$

위상 공간 $(X, \mathcal{T})$에 대하여 기저를 다룰 때에는 위상을 생성하는 모임이라는 의미에서 가능한 한 원소의 개수가 작은 기저를 택하는 것이 효율적이다.

문제 2.3.1 $X = \{a, b, c, d, e\}$에 주어진 다음 위상 $\mathcal{T}$의 가장 작은 기저를 찾아라.

$$\mathcal{T} = \{X,\ \varnothing,\ \{c\},\ \{c, d\},\ \{a, b, c\},\ \{c, d, e\},\ \{a, b, c, d\},\ \{a, b, c, e\}\}$$

*정리 1.1.12의 (a)로부터 공집합 $\varnothing$는 기본 열린 집합들의 합집합으로 나타낼 수 있다.

정리 2.3.3

위상 공간 $(X, \mathcal{T})$에 대하여 어떤 $\mathcal{B}(\subset \mathcal{T})$가 위상 $\mathcal{T}$에 대한 기저일 필요 충분 조건은 임의의 열린 집합 U와 임의의 $x(\in U)$에 대하여 적당한 $B(\in \mathcal{B})$가 존재하여 $x \in B \subset U$가 성립하는 것이다.

|증명| 먼저 어떤 첨자 집합 Λ에 대하여 $\mathcal{B} = \{B_\alpha \mid B_\alpha,\ \alpha \in \Lambda\}$로 나타내자.

($\Rightarrow$) $\mathcal{B}$가 기저라 가정하면, 임의의 열린 집합 U에 대하여 $U = \bigcup_{\alpha \in \Lambda' \subset \Lambda} B_\alpha$이다. 그러므로 모든 $x(\in U)$에 대해 $x \in B_{\alpha_0}$인 $\alpha_0(\in \Lambda')$가 존재한다. 따라서 $x \in B_{\alpha_0} \subset U$가 성립한다.

($\Leftarrow$) 임의의 열린 집합 U와 모든 $x \in U$에 대하여 $x \in B_{\alpha_x} \subset U$인 $\alpha_x(\in \Lambda)$가 존재하므로 $U = \bigcup_{x \in U} B_{\alpha_x}$이다. 따라서 $\mathcal{B}$는 $\mathcal{T}$의 기저이다. □

보기 2.3.4

다음 집합들의 모임이 보통 위상 공간 $(\mathbb{R}, \mathfrak{U})$에 대한 기저임을 보여라.

(1) $\mathcal{B}_1 = \{(a, b) \mid a, b \in \mathbb{Q}\}$ (2) $\mathcal{B}_2 = \{(x - \frac{1}{n}, x + \frac{1}{n}) \mid x \in \mathbb{R}, n \in \mathbb{N}\}$

|풀이| 먼저 $\mathcal{B}_1, \mathcal{B}_2$가 모두 열린 구간들의 모임이므로 $(\mathbb{R}, \mathfrak{U})$의 열린 집합들로 이루어진 모임이다. 이들이 $\mathfrak{U}$의 기저임을 보이기 위해 각각 정리 2.3.3의 조건을 만족함을 보이자.

(1) $\mathfrak{U}$의 임의의 열린 집합 U와 임의의 $x \in U$에 대해, 어떤 열린 구간 (a, b)가 있어서 $x \in (a, b) \subset U$이다. 한편, 유리수의 조밀성에 의해 어떤 $r_1, r_2 \in \mathbb{Q}$가 존재해서 $a < r_1 < x$이고 $x < r_2 < b$이다. 따라서 $(r_1, r_2) \in \mathcal{B}_1$이고 다음이 성립한다.

$$x \in (r_1, r_2) \subset (a, b) \subset U$$

(2) $\mathfrak{U}$의 임의의 열린 집합 U와 $x \in U$에 대해, 보기 2.3.2 (1)과 정리 2.3.3에 의하여 어떤 열린 구간 (a, b)가 존재하여 다음을 만족한다.

$$x \in (a, b) \subset U$$

$\min\{x - a,\ b - x\} > \frac{1}{n}$인 $n \in \mathbb{N}$을 선택하면 $(x - \frac{1}{n},\ x + \frac{1}{n}) \in \mathcal{B}_2$이고, 다음이 성립한다.

$$x \in \left(x - \frac{1}{n},\ x + \frac{1}{n}\right) \subset (a, b) \subset U$$ □

문제 2.3.2 다음 집합들의 모임이 보통 위상 공간 $\mathbb{R}$에 대한 기저임을 보여라.

(1) $\mathcal{B}_1 = \{(a, b) \mid a, b \in \mathbb{R} - \mathbb{Q}\}$ (2) $\mathcal{B}_2 = \{(a, b) \mid a, b \in \mathbb{R},\ 0 < b - a < 1\}$

가산 기저†를 갖는 위상 공간을 **제2 가산 공간**이라 한다. 위 보기 2.3.4 (2)는 보통 위상 공간 $(\mathbb{R}, \mathfrak{U})$가 제2 가산 공간임을 알려 준다. 수학의 여러 분야에서 위상 공간을 다룰 때 제2 가산일 것을 요구한다. 제2 가산 공간에 대하여 그 성질을 알아 보는 것이 필요하다.

†집합의 크기가 가산인 기저를 **가산 기저**라 한다.

자명 공간 $(X, \mathcal{T})$은 가능한 기저가 $\mathcal{T}$뿐이므로 제2 가산 공간임은 분명하다. 또, 보기 2.3.2 (3)으로부터 X가 가산인 이산 공간 $(X, \mathcal{D})$는 제2 가산 공간임을 알 수 있다. 그러나 일반적으로 어떤 위상 공간이 제2 가산 공간인지 아닌지를 밝히는 것은 쉽지 않다. 여기서는 우선 제2 가산 공간의 정의를 그리고 위상 공간을 분류하는 한 방법으로 가산 공리이라는 것이 있음을 기억하자.

집합 X의 부분 집합들의 모임 중 어떤 것은 X의 한 위상의 기저가 될 수 있고, 어떤 것은 X의 어느 위상의 기저도 될 수 없다. 다음 정리는 부분 집합의 모임이 어떤 위상의 기저가 될 조건을 알려준다.

정리 2.3.5

X를 한 집합이라 하자.

(a) $\mathcal{T}$가 X의 한 위상이고 $\mathcal{B}$가 $\mathcal{T}$의 기저라 하면 다음이 성립한다.

(i) $X = \bigcup\{B \mid B \in \mathcal{B}\}$

(ii) $B_1, B_2 \in \mathcal{B}$이고 $x \in B_1 \cap B_2$이면 적당한 $B \in \mathcal{B}$가 존재하여

$$x \in B \subset B_1 \cap B_2$$

(b) X의 부분 집합들의 모임 $\mathcal{B}(\subset 2^X)$가 위의 두 조건을 만족하면 $\mathcal{B}$는 X의 어떤 위상에 대한 기저가 된다. 이때, $\mathcal{B}$를 기저로 가지는 위상 $\mathcal{T}(\mathcal{B})$는 유일하게 결정되고, $\mathcal{B}$를 포함하는 가장 작은 위상이다.

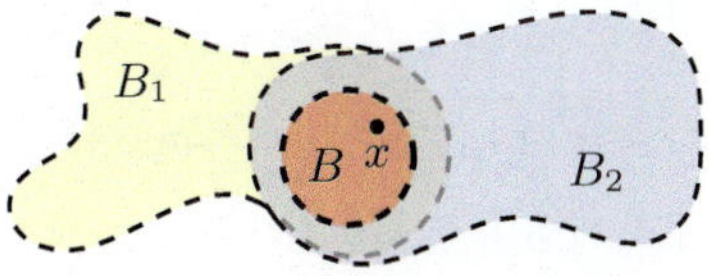

그림 2.3: 두 기본 열린 집합의 교집합

증명 (a) X가 열린 집합이고, 정의 2.3.1에 의해 열린 집합은 기본 열린 집합들의 합집합으로 표현되므로 첫 번째 조건이 성립한다. 이제 $B_1, B_2 \in \mathcal{B}$이고 $x \in B_1 \cap B_2$라 하면 $B_1 \cap B_2$는 열린 집합이므로 정리 2.3.3에 의해 적당한 $B \in \mathcal{B}$가 존재하여 $x \in B \subset B_1 \cap B_2$를 만족하므로 두 번째 조건도 성립한다.

(b) (a)의 두 조건을 만족하는 $\mathcal{B}$에 대하여 다음과 같이 정의된 $\mathcal{T}(\mathcal{B})$는 X의 위상이 되고 $\mathcal{B}$는 $\mathcal{T}(\mathcal{B})$의 기저가 된다.

$$\mathcal{T}(\mathcal{B}) := \{U \subset X \mid U = \textstyle\bigcup_\gamma B_\gamma,\ B_\gamma \in \mathcal{B}\} \cup \{\varnothing\} \tag{2.1}$$

$\mathcal{T}'$을 $\mathcal{B}$를 기저로 갖는 위상이라 하면 정의 2.3.1로부터 $\mathcal{T}' \subset \mathcal{T}(\mathcal{B})$가 성립한다. 한편, $\mathcal{B} \subset \mathcal{T}'$이고 열린 집합들의 합집합은 열린 집합이므로 $\mathcal{T}' \supset \mathcal{T}(\mathcal{B})$가 성립한다. 따라서 $\mathcal{T}' = \mathcal{T}(\mathcal{B})$이다. 그러므로 $\mathcal{B}$를 기저로 갖는 위상 $\mathcal{T}(\mathcal{B})$는 유일하다. 이제 $\mathcal{T}''$이 $\mathcal{B}$를 포함하는 위상이라 하면 위와 같은 이유로 $\mathcal{T}'' \supset \mathcal{T}(\mathcal{B})$가 성립한다. 따라서 $\mathcal{T}(\mathcal{B})$는 $\mathcal{B}$를 포함하는 가장 작은 위상이다. □

문제 2.3.3 정리 2.3.5의 증명에서 (2.1)로 정의한 $\mathcal{T}(\mathcal{B})$가 X의 위상임을 보여라.

보기 2.3.6

평면 $\mathbb{R}^2 = \mathbb{R}\times\mathbb{R}$에 대하여 다음의 $\mathcal{B}$가 정리 2.3.5 (a)의 두 조건을 만족하는 것을 보여라.

$$\mathcal{B} = \{(a,b)\times(c,d) \mid a<b,\ c<d,\ a,b,c,d\in\mathbb{R}\}$$

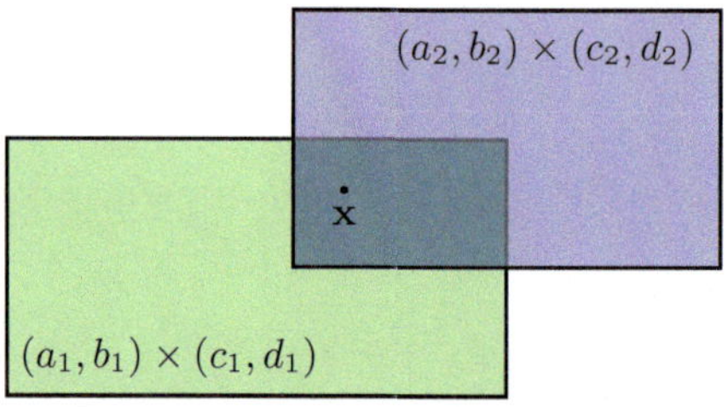

그림 2.4: 두 직사각형의 교집합

| **풀이** | 먼저 다음이 성립하므로 $\mathbb{R}^2 = \bigcup\{B \mid B\in\mathcal{B}\}$이다.

$$\mathbb{R}^2 = \bigcup_{n\in\mathbb{N}}(-n,n)\times(-n,n) \subset \bigcup\{B=(a,b)\times(c,d) \mid B\in\mathcal{B}\}$$

$B_1 = (a_1,b_1)\times(c_1,d_1)$, $B_2 = (a_2,b_2)\times(c_2,d_2)$라 하고 $\mathbf{x}=(x,y)\in B_1\cap B_2$라 하자.(그림 2.4 참조) 이때

$$a=\max\{a_1,a_2\},\ b=\min\{b_1,b_2\},\ c=\max\{c_1,c_2\},\ d=\min\{d_1,d_2\}$$

라 하면 $(a,b)\times(c,d)\in\mathcal{B}$이고 다음이 성립한다.

$$\mathbf{x}\in(a,b)\times(c,d) = B_1\cap B_2$$

여기서 $B = B_1\cap B_2$라 하면 정리 2.3.5 (a)의 두 번째 조건을 만족한다. □

위 보기에서 $\mathcal{B}$는 $\mathbb{R}^2$의 유일한 위상을 결정함을 알 수 있다. 이 위상을 $\mathbb{R}^2$의 **보통 위상**이라 하고 $\mathcal{U}$로 나타낸다.

문제 2.3.4 $\mathcal{B} = \{[a,b)\subset\mathbb{R} \mid a,b\in\mathbb{R},\ a<b\}$는 실수 집합 $\mathbb{R}$의 어떤 위상에 대한 기저가 됨을 보여라.

문제 2.3.4에서 주어진 $\mathcal{B}$를 기저로 갖는 $\mathbb{R}$의 위상을 **아래끝 위상**이라 하고 $\mathcal{H}$로 나타낸다.‡ 또한, 아래끝 위상이 주어진 실수 공간 $(\mathbb{R},\mathcal{H})$를 $\mathbb{R}_l$로 표시하고 **조르겐프라이 직선**이라 한다.

‡마찬가지로 $\mathcal{B}' = \{(a,b]\subset\mathbb{R} \mid a,b\in\mathbb{R},\ a<b\}$를 기저로 갖는 $\mathbb{R}$의 위상을 **위끝 위상**이라 한다.

한편, 정리 2.3.5는 X의 부분 집합들의 모임 $\mathcal{B}$가 두 조건을 만족하는 것이 $\mathcal{B}$가 X의 어떤 위상의 기저가 될 필요 충분 조건임을 말하고 있다. 따라서 열린 구간의 모임 $\{(n,\ n+1) | n \in \mathbb{Z}\}$는 $\mathbb{R}$의 어느 위상에 대해서도 기저가 될 수 없다. 왜냐하면 다음과 같이 기저의 두 조건 중 첫 번째를 만족하지 않기 때문이다.

$$\bigcup\{(n,\ n+1) \mid n \in \mathbb{Z}\} = \mathbb{R} - \mathbb{Z} \neq \mathbb{R}$$

문제 2.3.5 열린 구간의 모임 $\{(x-1,\ x+1) \mid x \in \mathbb{R}\}$은 $\mathbb{R}$의 어느 위상에 대해서도 기저가 아님을 보여라.

공간 X의 두 위상 $\mathcal{T}_1, \mathcal{T}_2$에 대하여 각각의 기저를 $\mathcal{B}_1, \mathcal{B}_2$라 하자. 이때 $\mathcal{B}_1 \subset \mathcal{T}_2$이면 정의 2.3.1로부터 $\mathcal{T}_1 \subset \mathcal{T}_2$임은 명백하다.

정리 2.3.7

$\mathcal{B}_1$과 $\mathcal{B}_2$를 각각 X의 위상 $\mathcal{T}_1$과 $\mathcal{T}_2$에 대한 기저라 하자. $\mathcal{T}_1 \subset \mathcal{T}_2$이기 위한 필요 충분 조건은 임의의 점 $x(\in X)$와 x를 포함하는 임의의 집합 $B_1(\in \mathcal{B}_1)$에 대하여 적당한 $B_2(\in \mathcal{B}_2)$가 존재하여 $x \in B_2 \subset B_1$이 성립하는 것이다.

증명 ($\Rightarrow$) $\mathcal{T}_1 \subset \mathcal{T}_2$라 가정하자. $\mathcal{B}_1$이 $\mathcal{T}_1$에 대한 기저이므로 임의의 $x\,(\in X)$에 대하여 $x \in B_1$인 $B_1\,(\in \mathcal{B}_1)$이 존재한다. $B_1 \in \mathcal{B}_1 \subset \mathcal{T}_1$이므로 $B_1 \in \mathcal{T}_2$이다. 따라서 정리 2.3.3에 의해 적당한 $B_2 \in \mathcal{B}_2$가 존재해서 $x \in B_2 \subset B_1$이다.

($\Leftarrow$) U를 $\mathcal{T}_1$의 한 원소, 즉 열린 집합이라 하자. $\mathcal{B}_1$이 $\mathcal{T}_1$의 기저이므로 임의의 $x\,(\in U)$에 대해 적당한 $B_1(\in \mathcal{B}_1)$이 존재해서 $x \in B_1 \subset U$를 만족한다. 그런데 조건에 의해 $x \in B_{2,x} \subset B_1$를 만족하는 $B_{2,x}(\in \mathcal{B}_2)$가 존재하므로 $x \in B_{2,x} \subset U$이다. 따라서 다음을 얻는다.

$$U = \bigcup_{x \in U} B_{2,x} \in \mathcal{T}_2$$

그러므로 $\mathcal{T}_1 \subset \mathcal{T}_2$이다. □

보기 2.3.8

$\mathbb{R}^2$에서 열린 원판들의 모임은 $\mathbb{R}^2$의 보통 위상 $\mathcal{U}$에 대한 기저임을 보여라.

풀이 먼저 $\mathbb{R}^2$의 위상 $\mathcal{U}$는 기저 $\mathcal{B}_1 = \{(a,b) \times (c,d) \mid a < b,\ c < d,\ a,b,c,d \in \mathbb{R}\}$로부터 생성된 위상이다(보기 2.3.6). 열린 원판들의 모임을 $\mathcal{B}_2$라 하면 $\mathcal{B}_2$가 정리 2.3.5 (a)의 두 조건을 모두 만족하는 것을 쉽게 확인할 수 있다.(문제 2.3.6) 그러므로 $\mathbb{R}^2$의 유일한 위상 $\mathcal{T}(\mathcal{B}_2)$가 결정된다.

이제 임의의 $B_1 = (a,b) \times (c,d)[\in \mathcal{B}_1]$과 임의의 $(x_1, y_1)[\in B_1]$에 대하여 $r(\in \mathbb{R})$을 다음과 같이 잡자.

$$r = \min\left\{\frac{x_1 - a}{2},\ \frac{b - x_1}{2},\ \frac{y_1 - c}{2},\ \frac{d - y_1}{2}\right\}$$

그러면 $B_2 = \{(x,y)|(x-x_1)^2+(y-y_1)^2<r^2\}$은 $\mathcal{B}_2$의 원소이고 다음이 성립한다.

$$(x_1, y_1) \in B_2 \subset B_1$$

왜그런지 살펴보면, $(x,y) \in B_2$일때 $|x-x_1|<r$, 즉 $x_1-r<x<x_1+r$이고 $a<x_1<b$이므로 다음이 성립한다(그림 2.5 참조).

$$a < x_1 - r < x < x_1 + r < b \;\Rightarrow\; a < x < b$$

마찬가지로 $c<y<d$를 얻는다. 그러므로 $(x,y) \in B_1$이고 이는 $B_2 \subset B_1$임을 말한다. 따라서 정리 2.3.7로부터 다음이 성립함을 알 수 있다.

$$\mathcal{U} \subset \mathcal{T}(\mathcal{B}_2) \tag{2.2}$$

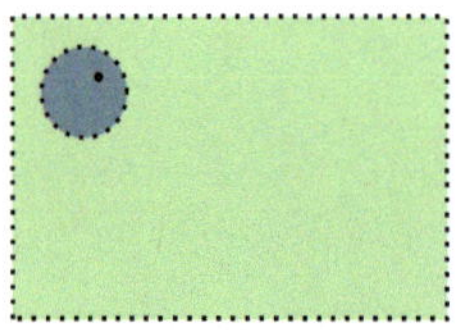

그림 2.5: 작은 열린 원판

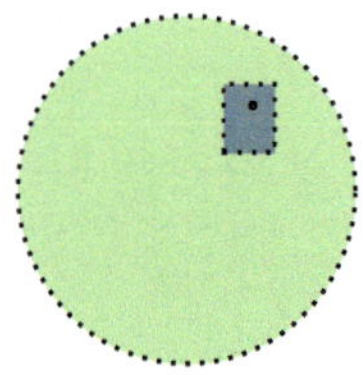

그림 2.6: 임의의 열린 원판

다음으로 임의의 $B_2 = \{(x,y)|(x-x_1)^2+(y-y_1)^2<r^2\}[\in \mathcal{B}_2]$와 임의의 $(x_2,y_2)[\in B_2]$에 대하여 $a(\in \mathbb{R})$를 다음과 같다고 하자.

$$a = \frac{r - \sqrt{(x_2-x_1)^2+(y_2-y_1)^2}}{\sqrt{2}}$$

그러면 $B_1 = (x_2-a,\ x_2+a) \times (y_2-a,\ y_2+a) \in \mathcal{B}_1$이고 다음이 성립한다.

$$(x_2, y_2) \in B_1 \subset B_2$$

왜그런지 살펴보면, $(x,y) \in B_1$일때 $|x-x_2|<a$, $|y-y_2|<a$이므로 삼각 부등식으로부터 다음이 성립한다(그림 2.6 참조).

$$\begin{aligned}\sqrt{(x-x_1)^2+(y-y_1)^2} &\le \sqrt{(x-x_2)^2+(y-y_2)^2}+\sqrt{(x_2-x_1)^2+(y_2-y_1)^2}\\ &< \sqrt{2}a+\sqrt{(x_2-x_1)^2+(y_2-y_1)^2}=r\end{aligned}$$

그러므로 $(x,y) \in B_2$이고, 이는 $B_1 \subset B_2$임을 말한다. 따라서 정리 2.3.7로부터 다음이 성립함을 알 수 있다.

$$\mathcal{U} \supset \mathcal{T}(\mathcal{B}_2) \tag{2.3}$$

(2.2), (2.3)으로부터 $\mathcal{U} = \mathcal{T}(\mathcal{B}_2)$, 즉 $\mathcal{B}_2$는 보통 위상 $\mathcal{U}$의 기저이다. □

문제 2.3.6 보기 2.3.8에서 열린 원판들의 모임을 $\mathcal{B}_2$가 정리 2.3.5 (a)의 두 조건을 모두 만족하는 것을 보여라.

위 보기에서와 같이 서로 다른 두 기저가 동일한 위상을 생성할 때 두 기저는 **동치**라 한다.

문제 2.3.7 정리 2.3.7을 참조하여, $\mathbb{R}$에서 $\mathcal{U} \subsetneq \mathcal{H}$임을 보여라.

부분 기저

위상을 생성하는 모임으로 기저를 살펴보았다. 이제 기저보다 더 작은 모임인 부분 기저에 대하여 알아보자.

정의 2.3.9

위상 공간 $(X, \mathcal{T})$와 열린 집합들의 모임 $\Sigma(\subset \mathcal{T})$에 대하여, Σ에 속하는 유한 개 원소의 교집합들의 모임이 $\mathcal{T}$의 기저가 될 때 Σ를 위상 $\mathcal{T}$의 **부분 기저**라 한다.

위 정의와 정리 2.3.5로부터 Σ가 $(X, \mathcal{T})$의 부분 기저이면 다음이 성립한다.

$$\bigcup\{A | A \in \Sigma\} = X$$

즉, 부분 기저 Σ는 X의 덮개이다.

보기 2.3.10

(1) 어떤 위상의 각 기저는 그 위상의 부분 기저이다.

(2) $\Sigma = \{(-\infty, a),\ (b, \infty) | a, b \in \mathbb{R}\}$은 보통 위상 $\mathcal{U}$의 부분 기저이다. 왜냐하면 $(a, b) = (-\infty, b) \cap (a, \infty)$로 Σ가 열린 구간을 생성하기 때문이다.

(3) $\mathbb{R}^2$에서 $\Sigma = \{(a, b) \times \mathbb{R},\ \mathbb{R} \times (c, d) \mid a < b,\ c < d,\ a, b, c, d \in \mathbb{R}\}$은 보통 위상 $\mathcal{U}$의 부분 기저이다. 왜냐하면 다음과 같이 Σ가 $\mathbb{R}^2$의 직사각형을 생성하기 때문이다.(보기 2.3.6 참조)

$$(a, b) \times (c, d) = [(a, b) \times \mathbb{R}] \bigcap [\mathbb{R} \times (c, d)]$$

문제 2.3.8 조르겐프라이 직선 $\mathbb{R}_l$의 한 부분 기저를 찾아라.

정리 2.3.11

집합 X에 대하여 $\bigcup_{A \in \Sigma} A = X$인 임의의 부분 집합들의 모임 $\Sigma(\subset \mathcal{P}(X))$는 유일하게 결정되는 한 위상의 부분 기저가 된다.
이 위상은 Σ를 포함하는 위상 중에서 가장 작은 위상이다. 이러한 이유로 이 위상을 Σ**에 의해 생성된 위상**이라 부르고 $\mathcal{T}(\Sigma)$로 나타낸다.

증명 $\mathcal{B}$를 Σ에 속하는 유한 교집합들의 모임이라 하자. 먼저 $\Sigma \subset \mathcal{B}$이므로 가정으로부터 다음이 성립한다.

$$X = \bigcup\{B \in \mathcal{B}\}$$

다음과 같은 $A, B \in \mathcal{B}$에 대하여 $x \in A \cap B$라 하자.

$$A = A_1 \cap \cdots \cap A_n, \qquad B = B_1 \cap \cdots \cap B_m$$

이때 $A_i \in \Sigma$ $(i = 1, \ldots, n)$이고 $B_j \in \Sigma$ $(j = 1, \ldots, m)$이므로 $C = A \cap B \in \mathcal{B}$이다. 그러므로 $x \in C \subset A \cap B$인 $\mathcal{B}$의 원소 C가 존재한다. 따라서 정리 2.3.5로부터 $\mathcal{B}$는 어떤 위상의 기저이고, 유일한 위상 $\mathcal{T}(\Sigma) = \mathcal{T}(\mathcal{B})$가 결정된다. □

문제 2.3.9 정리 2.3.11에서 $\mathcal{T}(\Sigma)$가 Σ를 포함하는 위상 중에서 가장 작은 위상임을 보여서 증명을 완성하여라.

보기 2.3.12

$X = \{a, b, c, d, e\}$, $\Sigma = \{\{a, b, c\},\ \{c, d\},\ \{d, e\}\}$일 때 Σ에 의해 생성된 위상 $\mathcal{T}(\Sigma)$를 찾아라.

| 풀이 | 먼저, $\bigcup\{A | A \in \Sigma\} = X$임은 자명하다. Σ에 속하는 집합들에 대한 유한 교집합들의 모임 $\mathcal{B}$는 다음과 같다.

$$\mathcal{B} = \{\{a, b, c\},\ \{c, d\},\ \{d, e\},\ \{c\},\ \{d\}\}$$

$\mathcal{T}(\Sigma)$는 $\mathcal{B}$에 속하는 원소들의 합집합의 모임이므로 다음과 같다.

$$\mathcal{T}(\Sigma) = \{X, \varnothing, \{c\}, \{d\}, \{c, d\}, \{d, e\}, \{a, b, c\}, \{c, d, e\}, \{a, b, c, d\}\}$$

여기서 $\mathcal{T}(\Sigma)$는 보기 2.1.6에서 주어진 $\mathcal{T}_7$과 같다. □

보기 2.3.13

$(X, <)$를 단순 순서 집합이라 하고(정의 1.5.5 참조), 모든 $p \in X$에 대해 두 부분 집합 E_p, F_p를 다음과 같이 정하자.

$$E_p = \{x \in X \mid x < p\}, \quad F_p = \{x \in X \mid p < x\}$$

$\Sigma = \{E_p,\ F_p \mid p \in X\}$라 하면 $\left(\bigcup E_p\right) \cup \left(\bigcup F_p\right) = X$임을 알 수 있다. 이 때 Σ에 의해 생성된 위상 $\mathcal{T}(\Sigma)$를 X의 **순서 위상**이라 한다.

$\mathbb{R}$에서는 $E_p = (-\infty, p)$, $F_p = (p, \infty)$이므로 보기 2.3.10 (2)로부터 보통 위상 $\mathcal{U}$는 단순 순서 집합 $(\mathbb{R}, <)$의 순서 위상과 동일함을 알 수 있다.

문제 2.3.10 집합 $X = \{1, 2, 3\}$과 다음과 같이 주어진 X의 부분 집합들의 모임 Σ_i $(i = 1, 2, 3, 4)$에 대해 $\mathcal{T}(\Sigma_i)$를 찾아라.

$$\Sigma_1 = \{\varnothing, X\}, \qquad \Sigma_2 = \{\{1\}, X\},$$
$$\Sigma_3 = \{\{1\}, \{1, 2\}, \{2, 3\}\}, \qquad \Sigma_4 = \{\{1\}, \{2\}, \{1, 2\}, X\}$$

연습 문제 2.3

1. $X = \{1, 2, 3\}$의 위상 $\mathcal{T}_1 = \{X, \varnothing, \{1\}, \{1, 2\}\}$, $\mathcal{T}_2 = \{X, \varnothing, \{1\}, \{2, 3\}\}$에 대해 다음을 답하여라.
   (1) $\mathcal{T}_1, \mathcal{T}_2$를 포함하는 가장 작은 위상을 찾아라.
   (2) $\mathcal{T}_1, \mathcal{T}_2$에 포함되는 가장 큰 위상을 찾아라.

2. 무한 집합 X에 대하여 다음은 여유한 위상 $\mathcal{T}_f$의 기저임을 보여라.

$$\mathcal{B} = \{B \subset X | X - B\text{의 원소의 개수는 짝수}\}$$

3. 평면($\mathbb{R}^2$)에서 모든 직선들의 모임 Σ에 의해 생성되는 $\mathbb{R}^2$의 위상을 찾아라.

4. 보통 위상 공간 $(\mathbb{R}, \mathcal{U})$의 기저 중 교집합 연산에 대하여 닫혀 있지 않는 것을 찾아라(교집합이 공집합인 경우는 제외).

5. 닫힌 구간들의 모임 $\{[x,\ x+1] | x \in \mathbb{R}\}$이 $\mathbb{R}$의 어느 위상에 대해서도 기저가 아님을 보여라.

6. $\mathcal{B} = \{(-x, x) \mid x \in \mathbb{R}^+\}$는 $\mathbb{R}$의 어떤 위상에 대한 기저임을 보여라. $\mathcal{B}$는 $\mathcal{U}$의 기저인가?

7. 길이가 1인 모든 닫힌 구간 $[a, a+1]$들의 모임 Σ에 의해 생성되는 $\mathbb{R}$의 위상 $\mathcal{T}(\Sigma)$를 찾아라.

8. $X = \{a, b, c, d, e\}$의 이산 위상 $\mathcal{D}$에 대해 어떠한 한 원소 집합도 포함하지 않는 $\mathcal{D}$의 부분 기저를 찾아라.

9. 집합 $X = \{a, b, c, d, e\}$와 X의 부분 집합들의 모임 $\Sigma = \{\{a, b, c\}, \{c, d\}, \{c, e\}\}$에 대해 $\mathcal{T}(\Sigma)$를 찾아라.

10. 집합 $X = \{a, b, c, d\}$와 X의 부분 집합들의 모임 $\Sigma = \{\{a, b, c\}, \{b, c, d\}\}$에 대해 $\mathcal{T}(\Sigma)$를 찾아라.

11. 단순 순서 집합 $(\mathbb{N}, <)$에 대하여 다음을 답하여라.
    (1) 순서 위상의 부분 기저 Σ를 찾아라.
    (2) 순서 위상이 이산 위상과 동일함을 보여라.

2.4 거리 공간

$\mathbb{R}^n$에서의 거리

$\mathbb{R}^n$은 벡터 공간으로 임의의 두 벡터 $\mathbf{x} = (x_1, \cdots, x_n)$와 $\mathbf{y} = (y_1, \cdots, y_n)$에 대하여 다음과 같은 **유클리드 내적**이 정의되어 있다.

$$\mathbf{x} \cdot \mathbf{y} = x_1 y_1 + \cdots + x_n y_n$$

또, $\|\mathbf{x}\| = \sqrt{\mathbf{x} \cdot \mathbf{x}}$를 $\mathbf{x}$의 **노옴**이라 하면 다음이 성립한다.

$$\|\mathbf{x}\| \geq 0, \quad \|\mathbf{x}\| = 0 \Leftrightarrow \mathbf{x} = \mathbf{0} \tag{2.4}$$

이를 이용하여 두 점 $\mathbf{x}$와 $\mathbf{y}$ 사이의 거리 $d_E(\mathbf{x}, \mathbf{y})$를 다음과 같이 정의하고 $\mathbb{R}^n$의 **유클리드 거리**라 한다.

$$d_E(\mathbf{x}, \mathbf{y}) = \|\mathbf{x} - \mathbf{y}\| = \sqrt{(x_1 - y_1)^2 + \cdots + (x_n - y_n)^2}$$

$n \geq 2$인 경우 $\mathbb{R}^n$의 서로 다른 세 점 $\mathbf{x}$, $\mathbf{y}$, $\mathbf{z}$는 한 평면에 놓여진다. 이 세 점은 삼각형을 만들거나 또는 한 직선에 놓인다. 그러므로 삼각형에서 한 변의 길이가 다른 두 변의 길이의 합보다 작다는 사실로부터, 다음이 성립함을 알 수 있다.

$$d_E(\mathbf{x}, \mathbf{z}) \leq d_E(\mathbf{x}, \mathbf{y}) + d_E(\mathbf{y}, \mathbf{z})^*$$

이를 **삼각 부등식**이라 하는데 다음 정리를 이용하면 유도할 수 있다.

정리 2.4.1 코시-슈바르츠 부등식

임의의 $\mathbf{x}, \mathbf{y} \in \mathbb{R}^n$에 대하여 다음 부등식이 성립한다.

$$|\mathbf{x} \cdot \mathbf{y}| \leq \|\mathbf{x}\| \|\mathbf{y}\|$$

등호는 $\mathbf{y} = \mathbf{0}$(또는 $\mathbf{x} = \mathbf{0}$)이거나 $\mathbf{x} + c\mathbf{y} = \mathbf{0}$을 만족하는 c가 존재할 때 성립한다.

문제 2.4.1 위 정리를 증명하여라.

코시-슈바르츠 부등식을 이용하여 다음 부등식들을 유도할 수 있다.

문제 2.4.2 임의의 $\mathbf{x}, \mathbf{y} \in \mathbb{R}^n$에 대하여 다음 부등식이 성립함을 보여라.

(1) $\|\mathbf{x} + \mathbf{y}\| \leq \|\mathbf{x}\| + \|\mathbf{y}\|$

(2) $d_E(\mathbf{x}, \mathbf{z}) \leq d_E(\mathbf{x}, \mathbf{y}) + d_E(\mathbf{y}, \mathbf{z})$ (삼각 부등식)

유클리드 거리 d_E는 삼각 부등식 외에 다음 정리에서 주어지는 두 가지 사실을 만족하는 것을 쉽게 확인할 수 있다.

---

*등호는 세 점이 한 직선에 놓일 때 성립한다.

정리 2.4.2

함수 $d_E : \mathbb{R}^n \times \mathbb{R}^n \to \mathbb{R}$은 다음을 만족한다.

(a) $d_E(\mathbf{x}, \mathbf{y}) \geq 0$이고 $d_E(\mathbf{x}, \mathbf{y}) = 0$과 $\mathbf{x} = \mathbf{y}$는 서로 동치이다.

(b) $d_E(\mathbf{x}, \mathbf{y}) = d_E(\mathbf{y}, \mathbf{x})$

(c) $d_E(\mathbf{x}, \mathbf{z}) \leq d_E(\mathbf{x}, \mathbf{y}) + d_E(\mathbf{y}, \mathbf{z})$

거리 공간

$\mathbb{R}^n$에서의 유클리드 거리를 일반화하여 임의의 집합 X에 다음과 같이 거리 개념을 도입할 수 있다.

정의 2.4.3

공집합이 아닌 집합 X에 대하여 함수 $d : X \times X \to \mathbb{R}$이 임의의 $x, y, z \in X$에 대하여 다음을 만족하면 d를 X의 **거리**(또는 **거리 함수**)라 한다.

(1) $d(x, y) \geq 0$이고, $d(x, y) = 0$은 $x = y$일 필요 충분 조건이다.

(2) $d(x, y) = d(y, x)$

(3) $d(x, z) \leq d(x, y) + d(y, z)$

이때 (X, d)를 **거리 공간**이라 한다.

거리 d가 무엇인지 분명한 경우는 d를 생략하고 X를 거리 공간이라 부르기로 하자.

보기 2.4.4

$\mathbb{R}^n$에서 임의의 두 점 $\mathbf{x} = (x_1, \cdots, x_n)$, $\mathbf{y} = (y_1, \cdots, y_n)$에 대하여 다음과 같이 정의된 함수는 거리임을 보여라.

$$d_S(\mathbf{x}, \mathbf{y}) = \max\{|x_i - y_i| \mid 1 \leq i \leq n\}$$

이때 d_S를 **정사각 거리**라 한다.

| 풀이 | 다음과 같이 조건 별로 확인해 보자.

(1) $d_S(\mathbf{x}, \mathbf{y}) \geq 0$은 분명하다. $d_S(\mathbf{x}, \mathbf{y}) = 0$이라 하면 모든 i $(1 \leq i \leq n)$에 대해 $x_i = y_i$이므로 $\mathbf{x} = \mathbf{y}$이다. 거꾸로 $\mathbf{x} = \mathbf{y}$이면 $d_S(\mathbf{x}, \mathbf{y}) = 0$임이 명백하다. 따라서 $d_S(\mathbf{x}, \mathbf{y}) = 0$과 $\mathbf{x} = \mathbf{y}$은 서로 동치이다.

(2) 모든 i에 대해 $|x_i - y_i| = |y_i - x_i|$이므로 $d_S(\mathbf{x}, \mathbf{y}) = d_S(\mathbf{y}, \mathbf{x})$이다.

(3) $|x_i - y_i| \leq d_S(\mathbf{x}, \mathbf{y})$이고 $|y_i - z_i| \leq d_S(\mathbf{y}, \mathbf{z})$이므로 다음을 얻는다.

$$|x_i - y_i| \leq d_S(\mathbf{x}, \mathbf{y}) + d_S(\mathbf{y}, \mathbf{z}), \quad i \in \{1, 2, \ldots, n\}$$

따라서 다음이 성립한다.

$$d_S(\mathbf{x}, \mathbf{z}) \leq d_S(\mathbf{x}, \mathbf{y}) + d_S(\mathbf{y}, \mathbf{z})$$

위와 같이 세 조건을 모두 만족하므로 d_S는 $\mathbb{R}^n$의 거리 함수이다. □

문제 2.4.3 $\mathbb{R}^n$의 임의의 두 점 $\mathbf{x} = (x_1, \cdots, x_n)$, $\mathbf{y} = (y_1, \cdots, y_n)$에 대하여 다음과 같이 정의된 함수는 거리임을 보여라.

$$d_T(\mathbf{x}, \mathbf{y}) = |x_1 - y_1| + \cdots + |x_n - y_n|$$

이때 d_T를 **택시 거리**라 한다.

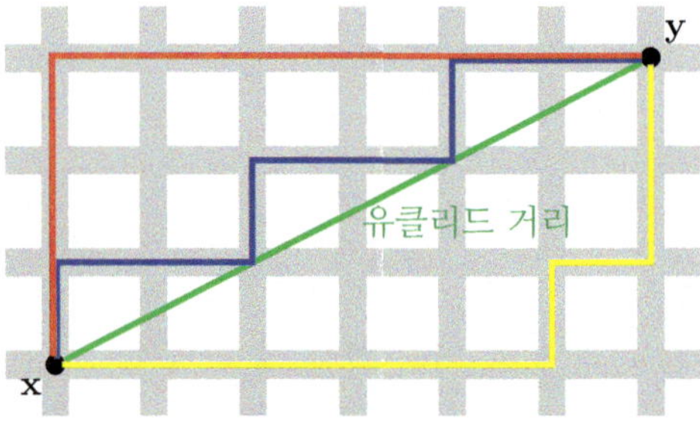

그림 2.7: 택시 거리

보기 2.4.5

함수 $d((x_1, y_1), (x_2, y_2)) = x_1 + x_2 - y_1 - y_2$는 $\mathbb{R}^2$의 거리가 아님을 보여라.

| **풀이** | $(2, 1) \neq (1, 2)$이지만 $d((2, 1), (1, 2)) = 2 + 1 - 1 - 2 = 0$이다. 따라서 거리 함수가 아니다. □

문제 2.4.4 다음 함수들은 $\mathbb{R}^2$의 거리가 아님을 보여라.

(1) $d_1((x_1, y_1), (x_2, y_2)) = |x_1 - x_2|$ (2) $d_2((x_1, y_1), (x_2, y_2)) = |x_1 y_1 - x_2 y_2|$

문제 2.4.5 함수 $d : \mathbb{R} \times \mathbb{R} \to \mathbb{R}$이 $d(x, y) = |x^2 - y^2|$으로 정의되었다고 할때, d가 $\mathbb{R}$의 거리 함수인지를 판별하여라.

문제 2.4.6 다음과 같이 정의된 함수 $d : X \times X \to \mathbb{R}$은 X의 거리임을 보여라.

$$d(x, y) = \begin{cases} 0 & (x = y), \\ 1 & (x \neq y), \end{cases} \qquad (x, y \in X)$$

이 거리를 **이산 거리**라 한다.

위 문제로부터 임의의 집합 X는 **이산 거리 공간**으로 볼 수 있다.

한편, 주어진 두 거리 공간으로부터 새로운 거리 공간을 얻는 방법 중의 하나가 다음 정리와 같이 곱 집합을 택하는 것이다.

정리 2.4.6

(X, d_X)와 (Y, d_Y)가 거리 공간일 때 다음과 같이 정의된 함수는 $X \times Y$의 거리이다.

$$d((x_1, y_1), (x_2, y_2)) = \sqrt{d_X(x_1, x_2)^2 + d_Y(y_1, y_2)^2} \tag{2.5}$$

|증명| (1) $d((x_1, y_1), (x_2, y_2)) \geq 0$임은 분명하다. 그리고 $d((x_1, y_1), (x_2, y_2)) = 0$인 것은 $d_X(x_1, x_2) = 0$, $d_Y(y_1, y_2) = 0$과 동치이다. 한편, $d_X(x_1, x_2) = 0$은 $x_1 = x_2$와, $d_Y(y_1, y_2) = 0$은 $y_1 = y_2$와 각각 동치이므로 다음을 얻는다.

$$d((x_1, y_1), (x_2, y_2)) = 0 \;\Leftrightarrow\; (x_1, y_1) = (x_2, y_2)$$

(2) $d_X(x_1, x_2) = d_X(x_2, x_1)$, $d_Y(y_1, y_2) = d_Y(y_2, y_1)$이므로 (2.5)로부터 다음이 성립한다.

$$d((x_1, y_1), (x_2, y_2)) = d((x_2, y_2), (x_1, y_1))$$

(3) $A_1 = d_X(x_1, x_2)$, $A_2 = d_X(x_2, x_3)$, $A_3 = d_X(x_1, x_3)$ 그리고 $B_1 = d_Y(y_1, y_2)$, $B_2 = d_Y(y_2, y_3)$, $B_3 = d_Y(y_1, y_3)$라 하면 다음을 얻는다.

$$A_1 + A_2 \geq A_3, \;\; B_1 + B_2 \geq B_3$$

이제 다음 부등식이 참임을 보이면 충분하다.

$$\sqrt{A_1^2 + B_1^2} + \sqrt{A_2^2 + B_2^2} \geq \sqrt{A_3^2 + B_3^2} \tag{2.6}$$

위 식의 좌변을 제곱하면 다음과 같다.

$$\begin{aligned}&\left(\sqrt{A_1^2 + B_1^2} + \sqrt{A_2^2 + B_2^2}\right)^2 \\ &\qquad = A_1^2 + B_1^2 + A_2^2 + B_2^2 + 2\sqrt{A_1^2 + B_1^2}\sqrt{A_2^2 + B_2^2}\end{aligned}$$

한편, 코시-슈바르츠 부등식으로부터 다음을 얻는다.

$$\sqrt{A_1^2 + B_1^2}\sqrt{A_2^2 + B_2^2} \geq A_1A_2 + B_1B_2$$

그러므로 다음이 성립한다.

$$\left(\sqrt{A_1^2 + B_1^2} + \sqrt{A_2^2 + B_2^2}\right)^2 \geq (A_1 + A_2)^2 + (B_1 + B_2)^2 \geq A_3^2 + B_3^2$$

이로부터 (2.6)이 성립함을 알 수 있다.

따라서 (1), (2), (3)으로부터 식 (2.5)로 정의된 d는 $X \times Y$의 거리이다. □

실제로 $\mathbb{R}^n$의 유클리드 거리 d_E는 $\mathbb{R}$의 유클리드 거리로부터 정리 2.4.6을 반복 사용하여 얻은 것이다.

문제 2.4.7 (X, d_X)와 (Y, d_Y)가 거리 공간일 때 다음과 같이 정의된 함수 d는 $X \times Y$의 거리임을 보여라. ($(x_1, y_1), (x_2, y_2) \in X \times Y$)

$$d((x_1, y_1), (x_2, y_2)) = d_X(x_1, x_2) + d_Y(y_1, y_2)$$

실제로 $\mathbb{R}^n$의 택시 거리 d_T는 $\mathbb{R}$의 유클리드 거리로부터 문제 2.4.7을 반복 사용하여 얻은 것이다.

거리 위상

거리 공간 (X, d)에서, 실수 $r(\geq 0)$에 대해 다음과 같이 정의되는 부분 집합 $B(x_1, r)$(또는 $B_{x_1}(r)$)을 중심이 x_1이고 반지름이 r인 **열린 공**이라 한다.

$$B(x_1, r) := \{x \in X \mid d(x, x_1) < r\} \ \big(= B_{x_1}(r)\big)$$

보기 2.4.7

평면 $\mathbb{R}^2$의 거리 d_E, d_T, d_S에 대해 중심이 $\mathbf{0} = (0, 0)$이고 반지름이 $r = 1$인 열린 공 $B(\mathbf{0}, 1)$은 그림 2.8과 같이 각각 열린 원판, 열린 마름모, 열린 정사각형이 된다.

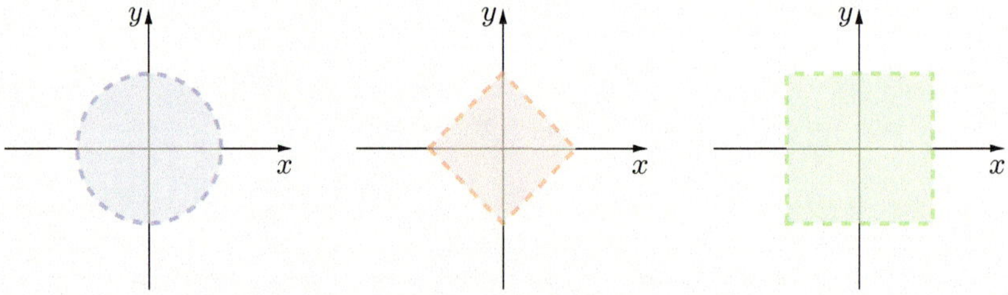

그림 2.8: 평면의 열린 공

거리 공간 X에서 열린 공들의 합집합으로 표현되는 집합을 열린 집합이라 하면 다음 정리와 같이 X의 위상을 정의할 수 있다.

정리 2.4.8

거리 공간 (X, d)에서 모든 열린 공의 모임을 기저로 하는 X의 위상을 정의할 수 있다. 즉 다음 집합은 X의 어떤 위상 $\mathcal{T}_d$에 대한 기저가 된다.

$$\mathcal{B} = \{B(x, r) \mid x \in X,\ r > 0\}$$

이때 위상 $\mathcal{T}_d$를 거리 d로부터 유도되는 **거리 위상**이라 한다.

증명 임의의 $x \in X$에 대해 $x \in B(x, 1)$이므로 $X = \bigcup_{\mathcal{B}} B(x, r)$이다. 어떤 $x_1, x_2 \in X$, $r_1, r_2 \in \mathbb{R}_+$에 대해 $x \in B(x_1, r_1) \cap B(x_2, r_2)$라 하면 다음이 성립한다.

$$d(x_1, x) < r_1, \quad d(x_2, x) < r_2$$

$r = \min\{r_1 - d(x_1, x),\ r_2 - d(x_2, x)\}$라 하고 $\mathcal{B}$의 원소 $B(x, r)$을 생각해 보자. 임의의 $y \in B(x, r)$에 대해 $d(x, y) < r$이므로 다음을 얻는다.

$$d(x_1, y) \leq d(x_1, x) + d(x, y) < d(x_1, x) + r_1 - d(x_1, x) = r_1,$$

$$d(x_2, y) \leq d(x_2, x) + d(x, y) < d(x_2, x) + r_2 - d(x_2, x) = r_2$$

그러므로 $y \in B(x_1, r_1) \cap B(x_2, r_2)$이다. 이로부터 다음을 얻는다.

$$x \in B(x, r) \subset B(x_1, r_1) \cap B(x_2, r_2)$$

정리 2.3.5의 두 조건을 모두 만족하므로 $\mathcal{B}$는 어떤 위상 $\mathcal{T}_d$에 대한 기저가 된다. □

문제 2.4.8 거리 공간 (X, d)의 거리 위상 $\mathcal{T}_d$에 대해 다음이 동치임을 보여라.

(1) U가 열린 집합이다.

(2) 각 $x \in U$에 대하여 $B(x, r) \subset U$인 열린 공 $B(x, r)$가 존재한다.

앞으로 다른 언급이 없으면 거리 공간이라 하면 거리로부터 유도되는 위상이 주어져 있는 위상 공간으로 간주한다.

보기 2.4.9

(1) 공집합이 아닌 임의의 집합 X에 대하여 이산 거리로부터 유도되는 위상은 이산 위상이다. 왜냐하면 한 원소 집합이 기본 열린 집합이 되기 때문이다.

(2) 거리 공간 $(\mathbb{R}, d_E)$는 보통 위상 공간이다. 왜냐하면 임의의 열린 구간 (a, b)는 중심이 $\frac{a+b}{2}$인 열린 공 $B\left(\frac{a+b}{2}, \frac{b-a}{2}\right)$으로 표현되기 때문이다. 즉, $\mathbb{R}$에서 열린 공들의 모임과 열린 구간들의 모임은 같기 때문이다.

한편, 정리 2.3.7을 거리 공간에 적용하면 다음 정리를 얻는다.

정리 2.4.10

X의 두 거리 d_1, d_2로부터 유도되는 거리 위상 $\mathcal{T}_{d_1}$, $\mathcal{T}_{d_2}$가 주어졌을 때, $\mathcal{T}_{d_2}$가 $\mathcal{T}_{d_1}$ 보다 더 섬세할, 즉 $\mathcal{T}_{d_1} \subset \mathcal{T}_{d_2}$일 필요 충분 조건은 임의의 점 $p(\in X)$와 임의의 양수 ϵ에 대하여 다음을 만족하는 양수 δ가 존재하는 것이다.

$$B_2(p, \delta) \subset B_1(p, \epsilon)$$

여기서 $B_i(x, r)$은 거리 d_i에 대한 열린 공이다$(i = 1, 2)$.

문제 2.4.9 다음이 성립함을 보여라.

(1) 임의의 $\mathbf{x} \in \mathbb{R}^n$에 대하여

$$d_S(\mathbf{0}, \mathbf{x}) \leq d_E(\mathbf{0}, \mathbf{x}) \leq d_T(\mathbf{0}, \mathbf{x}) \leq n d_S(\mathbf{0}, \mathbf{x})$$

(2) $n = 2$일 때 d_T, d_S, d_E로부터 유도되는 위상이 모두 같다.

문제 2.4.10 거리 공간 (X, d)에서 다음과 같이 주어지는 **닫힌 공** $B[p, r]$(또는 $B_p[r]$은 닫힌 집합임을 보여라.

$$B[p, r] := \{x \in X \mid d(x, p) \leq r\} \ \ (= B_p[r])$$

위 문제에서 $r = 0$인 닫힌 공을 생각하면 다음을 얻는다.

정리 2.4.11

거리 공간에서 한 원소 집합은 닫힌 집합이다.

모든 거리 함수는 거리 위상을 유도한다. 거꾸로 주어진 위상 공간에서 어울리는 거리 함수가 존재하는 지에 대한 질문으로부터 다음을 정의하자.

정의 2.4.12

위상 공간 X에 대하여 X의 위상을 유도하는 거리 함수 d가 존재할 때, X를 **거리를 줄 수 있는 공간**이라 한다.

거리 공간 X는 주어진 거리 d가 X의 위상을 유도하는 거리를 줄 수 있는 공간이다. 또한, 보기 2.4.9로부터 이산 공간 $(X, \mathcal{D})$와 보통 위상 공간 $(\mathbb{R}, \mathcal{U})$는 거리를 줄 수 있는 공간임을 알 수 있다.

보기 2.4.13

보기 2.1.7에서 주어진 시어핀스키 위상 공간 $(X, \mathcal{T}_0)$은 거리를 줄 수 있는 공간이 아님을 보여라.

| 풀이 | $(X, \mathcal{T}_0)$가 거리를 줄 수 있는 공간이면, 정리 2.4.11로부터 한 원소 집합이 닫힌 집합이어야 한다. 그런데 $\{1\} \notin \mathcal{T}_0$이므로 $\{0\}$은 닫힌 집합이 아니다. 그러므로 시어핀스키 위상과 어울리는 거리 함수가 존재하지 않는다. □

문제 2.4.11 자명 공간 $(X, \mathcal{I})$은 거리를 줄 수 있는 공간이 아님을 보여라.

연습 문제 2.4

1. 다음 집합을 구하고 평면에 나타내어라.

(1) $\{(x,y)\in\mathbb{R}^2 \mid d_S((x,y),(0,0)) = d_S((x,y),(1,0))\}$

(2) $\{(x,y)\in\mathbb{R}^2 \mid d_T((x,y),(0,0)) = d_T((x,y),(1,1))\}$

2. X의 거리 d에 대해 $d_1, d_2 : X\times X\to\mathbb{R}$을 다음과 같이 정의하자.

$$d_1(x,y) := \frac{d(x,y)}{1+d(x,y)}, \qquad d_2(x,y) := \min\{d(x,y),\ 1\}$$

d_1, d_2가 X의 거리임을 보이고 $d,\ d_1,\ d_2$로부터 유도되는 X의 거리 위상이 일치함을 보여라.

3. X를 닫힌 구간 $[0,1]$로부터 $[0,1]$로의 모든 함수들로 이루어진 집합이라 하고 $f, g\in X$에 대해 $d(f,g)$를 다음과 같이 정의하자.

$$d(f,g) = \sup\{|f(x)-g(x)| \mid x\in[0,1]\}$$

모든 $x\in[0,1]$에 대하여 $0\le|f(x)-g(x)|\le 1$이므로 $d(f,g)$는 잘 정의된다. 이때 d가 X의 거리임을 보여라.

4. 구간 $[0,1]$에서 정의된 함수들의 집합을 $\mathcal{F} := \mathcal{F}[0,1]$이라 할 때, 다음과 같이 주어진 $d : \mathcal{F}\times\mathcal{F}\to\mathbb{R}$이 $\mathcal{F}$의 거리 함수인지를 판별하여라.

$$d(f,g) = \inf\{|f(x)-g(x)| \mid x\in[0,1]\}$$

5. (X,d)를 거리 공간이라 하자. 다음 중 X의 거리가 되는 것은 어느 것인가?

(1) $d_1(x,y) = kd(x,y)$, k는 양의 실수

(2) $d_2(x,y) = kd(x,y)$, k는 실수

(3) $d_3(x,y) = (d(x,y))^n$, n은 2보다 크거나 같은 양의 정수

(4) $d_4(x,y) = (d(x,y))^{\frac{1}{n}}$, n은 2보다 크거나 같은 양의 정수

6. 유한 집합으로 이루어진 위상 공간 X가 거리를 줄 수 있는 공간이면 X는 이산 공간임을 보여라.

7. [2023학년도 임용고사] 좌표 평면 $\mathbb{R}^2$에서 거리 함수 $d : \mathbb{R}^2\times\mathbb{R}^2\to\mathbb{R}$을 다음과 같이 정의하자.

$$d(P,Q) = \begin{cases} ||P||+||Q||, & ||P||\ne||Q|| \\ ||P-Q||, & ||P||=||Q|| \end{cases}$$

거리 공간 $(\mathbb{R}^2, d)$에서 열린 집합(open set) $A = \{P\in\mathbb{R}^2 \,|\, d(P,(2,0)) < 4\}$, $B = \{P\in\mathbb{R}^2 \,|\, d(P,(2,0)) < 1\}$을 좌표 평면에 그림으로 순서대로 나타내시오.(단, $||(x,y)|| = \sqrt{x^2+y^2}$이다.)

8. [2020학년도 임용고사] 좌표 평면 $\mathbb{R}^2$의 거리 함수 $d((x,y),(a,b)) = |x-a| + |y-b|$와 원점 O에 대하여, $\mathbb{R}^2$에서 거리 함수 ρ를 다음과 같이 정의하자.

$$\rho(P,Q) = \begin{cases} d(O,P) + d(O,Q), & P \neq Q \\ 0, & P = Q \end{cases}$$

거리 공간 $(\mathbb{R}^2, \rho)$에서 두 점 $(1,3)$과 $(-1, \frac{1}{2})$ 사이의 거리를 구하시오. 또한 열린 집합 $\{(x,y) \in \mathbb{R}^2 \,|\, \rho((x,y),(1,3)) < 9\}$에 속하고 각 좌표가 모두 정수인 원소의 개수를 구하시오.

2.5 도 집합과 닫힘

위상 공간의 주어진 부분 집합으로부터 얻어지는 여러 가지 집합이 있는데, 이 절에서는 주어진 집합의 도 집합과 닫힘에 대하여 알아보자.

도 집합

정의 2.5.1

A는 위상 공간 X의 부분 집합이고 $x \in X$라 하자. x의 임의의 근방(또는 x를 포함하는 열린 집합) N에 대하여 다음을 만족하면 x를 A의 **집적 점** 또는 **극한 점**이라 한다.(그림 2.9 참조)

$$(N \cap A) - \{x\} \neq \varnothing$$

A의 모든 집적 점들의 집합을 A의 **도 집합**이라 하고 A'으로 나타낸다.

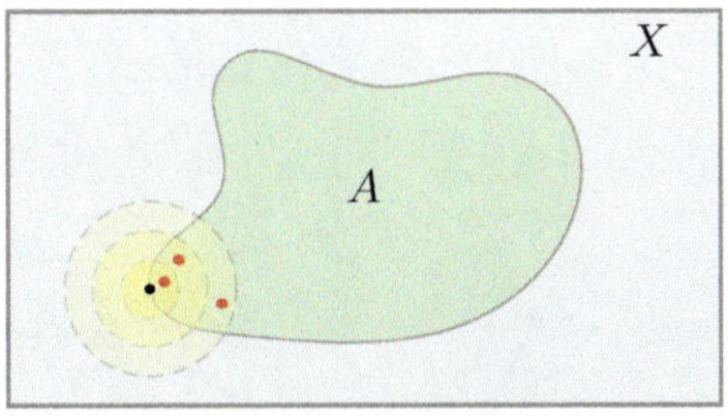

그림 2.9: 집적 점

보기 2.5.2

위상 공간 $(\mathbb{R}, \mathfrak{U})$에서 다음을 알 수 있다.

(1) 정수 집합 $\mathbb{Z}$에 대하여, $x \in \mathbb{Z}$일 때 $U = (x-1, x+1)$이라 하면 $U \cap \mathbb{Z} - \{x\} = \varnothing$이다. $x \notin \mathbb{Z}$일 때에는 $n < x < n+1$인 $n(\in \mathbb{Z})$에 대하여 $U = (n, n+1)$이라 하면 $U \cap \mathbb{Z} = \varnothing$이다. 따라서 $\mathbb{Z}' = \varnothing$이다.

(2) 유리수의 조밀성으로부터 $\mathbb{Q}' = \mathbb{R}$이다.

(3) $B = [0,1) \cup \{2\}$에 대하여 $B' = [0,1]$이다.

보기 2.5.3

보통 위상 공간 $\mathbb{R}$의 부분 집합 $A = \{\frac{1}{n} \mid n \in \mathbb{N}\}$에 대해 A의 도 집합을 찾아라.

| 풀이 | 실수의 각 점에 대해 조사하면 다음과 같다.

(i) $0(\notin A)$을 포함하는 임의의 열린 집합 U에 대하여 $U \cap A \neq \varnothing$이다. 그러므로 0은 A의 집적 점이다.

(ii) $x = \frac{1}{n}(\in A)$에 대하여 U를 $n=1$인 경우 $U = (\frac{1}{2}, 2)$, $n > 1$이면 $U = (\frac{1}{n+1}, \frac{1}{n-1})$이라 하면, $U \cap A - \{x\} = \varnothing$이다. 이로부터 $x = \frac{1}{n}$는 A의 집적 점이 아니다.

(ⅲ) $x \notin A$이고 $x \neq 0$이면 $d(\in \mathbb{R}_+)$를 다음과 같이 정하자.

$$d = \begin{cases} |x|, & x < 0 \\ \min\{x - \frac{1}{n+1},\ \frac{1}{n} - x\}, & \frac{1}{n+1} < x < \frac{1}{n},\ n \in \mathbb{N} \\ x - 1, & x > 1 \end{cases}$$

이제 $U = (x - d,\ x + d)$라 하면 $U \cap A = \varnothing$이다. 그러므로 x는 A의 집적 점이 아니다. 따라서 0이 유일한 집적 점이므로 A의 도 집합은 다음과 같다.

$$A' = \{0\}$$ □

문제 2.5.1 $A = \{\frac{1}{n} \mid n \in \mathbb{N}\}$에 대하여 $\mathbb{R}$의 위상이 다음과 같을 때 A'을 찾아라.
(1) $\mathcal{H}$: 아래끝 위상 (2) $\mathcal{T}_0 = \{U \subset \mathbb{R} \mid U = \varnothing$ 또는 $0 \in U\}$

보기 2.5.4

$X = \{a, b, c, d, e\}$의 위상 $\mathcal{T}$가 다음과 같다.

$$\mathcal{T} = \{X, \varnothing, \{a\}, \{b, c, d, e\}\}$$

(1) $S = \{a, b, c\}$의 도 집합을 찾아라. (2) $T = \{a, b\}$의 도 집합을 찾아라.

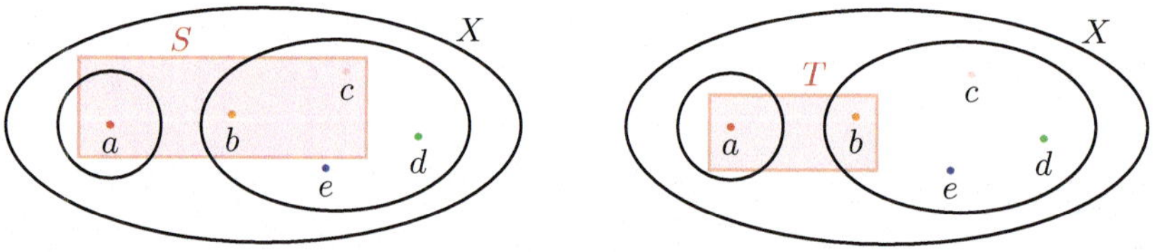

그림 2.10: 집합 S와 T

| 풀이 | (1) a를 포함하는 열린 집합 $\{a\}$에 대해, $\{a\}$는 a와 다른 S의 점을 포함하지 않으므로 a는 S의 집적 점이 아니다.(그림 2.10 참조) 그러나 b를 포함하는 열린 집합이 $\{b, c, d, e\}$와 X뿐이므로 b는 S의 집적 점이다. 마찬가지로 c, d, e도 S의 집적 점이다. 좀더 살펴보면, b에 대하여는 이들 두 열린 집합과 S의 교집합은 b와 다른 c를 포함한다. 마찬가지로 c에 대하여는 b를 포함, d와 e에 대하여는 b, c를 포함한다. 따라서 다음을 얻는다.

$$S' = \{b, c, d, e\}$$

(2) a를 포함하는 열린 집합 $\{a\}$에 대해, $\{a\}$는 a와 다른 T의 점을 포함하지 않으므로 마찬가지로 a는 T의 집적 점이 아니다.(그림 2.10 참조) b를 포함하는 열린 집합 $\{b, c, d, e\}$와 T의 교집합은 b이외의 점을 포함하지 않는다. 그러므로 b도 T의 집적 점이 아니다. 그러나 c를 포함하는 열린 집합은 $\{b, c, d, e\}$와 X뿐이고 이들 두 열린 집합과 T와의 교집합은 b를 포함하므로 c는 T의 집적 점이다. 마찬가지로 d, e도 T의 집적 점이다. 따라서 다음을 얻는다.

$$T' = \{c, d, e\}$$ □

공집합 $\varnothing$의 도 집합이 $\varnothing$인 것은 정의로부터 자명하다. 한편, 이산 공간 X에서 임의의 부분 집합 A의 도 집합은 공집합이다. 왜냐하면, 한 원소 집합 $\{x\}$가 열린 집합이므로 다음이 성립하기 때문이다.

$$\{x\} \bigcap A - \{x\} = \varnothing, \qquad \forall x \in X$$

문제 2.5.2 자명 공간 $(X, \mathfrak{I})$에서 임의의 부분 집합 A에 대한 도 집합을 찾아라.

문제 2.5.3 X가 여유한 위상 공간일 때 다음을 보여라.
(1) $A(\subset X)$가 무한 집합이면 $A' = X$이다.
(2) $B(\subset X)$가 유한 집합이면 $B' = \varnothing$이다.

보기 2.5.5

A가 거리 공간 (X, d)의 부분 집합일 때, 다음 세 명제가 동치임을 보여라.
(1) x_0이 A의 집적 점이다.
(2) 임의의 열린 공 $B(x_0, r)$ $(r > 0)$은 A의 점을 무한 개 포함한다.
(3) 다음을 만족하는 A의 점열 $x_1, x_2, x_3, \ldots$이 존재한다.

$$\lim_{n\to\infty} d(x_0, x_n) = 0 \tag{2.7}$$

| 풀이 | (1) ⇒ (2): 어떤 열린 공 $B(x_0, r_0)$이 존재해서 A의 점을 유한 개 포함한다고 가정하자. 즉 다음과 같다고 하자.

$$B(x_0, r_0) \cap A = \{x_1, x_2, \cdots, x_n\}$$

이때 $\min_{1\le i\le n} d(x_0, x_i) = r_1$이라 하면 $B\left(x_0, \frac{r_1}{2}\right) \cap A - \{x\} = \varnothing$이므로 x_0이 A의 집적 점이라는 것에 모순이다. 따라서 임의의 열린 공은 A의 점을 무한 개 포함한다.

(2) ⇒ (3): x_0과 다른 점 $x_1 \in A \cap B(x_0, 1)$을 택하자. 또 x_1과 다른 점 $x_2 \in A \cap B\left(x_0, \frac{1}{2}\right)$를 택하자. 이러한 방법으로 모든 자연수 m에 대하여 다음을 만족하는 점열 $x_1, x_2, x_3, \ldots$을 선택할 수 있다.

$$x_m \in A \cap B\left(x_0, \frac{1}{m}\right) - \{x_1, x_2, \ldots, x_{m-1}\}$$

이것이 가능한 이유는 모든 $m(\in \mathbb{N})$에 대해 $A \cap B(x_0, \frac{1}{m})$이 무한 집합이기 때문이다. 이제 임의의 양의 실수 ϵ에 대해 $\frac{1}{N} < \epsilon$인 자연수 N이 존재한다. 이때 $n \ge N$이면 $x_n \in B\left(x_0, \frac{1}{n}\right)$이므로 $d(x_0, x_n) < \frac{1}{n} \le \frac{1}{N} < \epsilon$이다. 따라서 다음을 얻는다.

$$\lim_{n\to\infty} d(x_0, x_n) = 0$$

(3) ⇒ (1): x를 포함하는 열린 집합 U에 대하여 $x \in B(y, r) \subset U$인 $B(y, r)$이 존재한다. 이때 $r_1 = r - d(x, y)$라 하면 $x \in B(x, r_1) \subset B(y, r)$이다. 이제 임의의 $\epsilon > 0$에 대해 어떤

$N \in \mathbb{N}$이 존재해서 $n \geq N$이면 $d(x_0, x_n) < \epsilon$이라 하자. $x_n \in B(x_0, \epsilon)$이고 $\{x_n\} \subset A$이므로 $B(x_0, 1/n) \cap A - \{x_0\} \neq \varnothing$이 성립한다. 따라서 x_0는 A의 집적 점이다. □

보기 2.5.4에서 보듯이 일반적으로 부분 집합 A의 도 집합 A'은 닫힌 집합이 아니다. 그러나 다음 정리와 같이 닫힌 집합과 관련이 많다.

정리 2.5.6

위상 공간 X의 부분 집합 A, B에 대하여 다음이 성립한다.

(a) A가 닫힌 집합일 필요 충분 조건은 $A' \subset A$이다.

(b) $A \cup A'$은 닫힌 집합이다.

(c) $A \subset B$이면 $A' \subset B'$이다.

증명 (a) ($\Rightarrow$) A가 닫힌 집합이라 가정하자. 먼저, $A = X$이면 자명하다. 이제 $x \notin A$라 하면 $x \in A^c$이므로 $A^c \cap A - \{x\} = \varnothing$이다. 그런데 A^c가 열린 집합이므로 $x \notin A'$이다. 따라서 $A' \subset A$이다.

($\Leftarrow$) $A' \subset A$가 성립한다고 가정하자. 이때 $x \in A^c$라 하면 $x \notin A'$이다. 그러면 $x \in U$인 X의 열린 집합 U가 존재해서 $U \cap A - \{x\} = \varnothing$을 만족한다. 그런데 $x \notin A$이므로 $U \cap A = \varnothing$이다. 그러므로 $x \in U \subset A^c$이다. 따라서 A^c는 열린 집합이고 A는 닫힌 집합이다.

(b) (c) 독자에게 맡긴다. □

문제 2.5.4 정리 2.5.6의 증명을 완성하여라.

보기 2.5.7

위상 공간 X의 부분 집합 A, B에 대해 다음이 성립함을 보여라.

$$(A \cup B)' = A' \cup B'$$

풀이 ($\subset$) $A \subset A \cup B$, $B \subset A \cup B$이므로 정리 2.5.6 (c)에 의해 $A' \subset (A \cup B)'$, $B' \subset (A \cup B)'$이다. 따라서 $A' \cup B' \subset (A \cup B)'$이다.

($\supset$) $x \notin A' \cup B'$이면 x를 포함하는 열린 집합 U와 V가 존재해서 $A \cap U - \{x\} = \varnothing$, $B \cap V - \{x\} = \varnothing$이다. $U \cap V$는 x를 포함하는 열린 집합이고 다음을 만족한다.

$$(A \cup B) \cap (U \cap V) - \{x\} = \varnothing$$

따라서 $x \notin (A \cup B)'$이므로 $(A \cup B)' \subset A' \cup B'$이다. □

문제 2.5.5 위상 공간 X의 부분 집합 A, B에 대하여 다음이 성립함을 보여라.

$$(A \cap B)' \subset A' \cap B'$$

그리고 $(A \cap B)' \supset A' \cap B'$이 성립하지 않는 예를 찾아라.

문제 2.5.6 위상 공간 X의 두 부분 집합 A, B에 대하여 $(A-B)'$와 $A'-B'$의 포함 관계를 조사하여라.

닫힘

정의 2.5.8

위상 공간 X의 부분 집합 A에 대하여 A'과 A의 합집합을 A의 **닫힘** 또는 **폐포**라 하고 $\overline{A}$로 나타낸다.(그림 2.11) 즉 다음과 같이 정의한다.

$$\overline{A} := A \cup A'$$

그림 2.11: 집합 A의 닫힘 $\overline{A}$

정리 2.5.6 (b)으로부터 $\overline{A}$는 X의 닫힌 집합이다. 보기 2.5.2와 보기 2.5.3의 각 부분 집합에 대한 닫힘은 다음과 같다.

$$\overline{\mathbb{Z}} = \mathbb{Z}, \quad \overline{\mathbb{Q}} = \mathbb{R}, \quad \overline{B} = [0,1] \cup \{2\}, \quad \overline{A} = \{1/n \mid n \in \mathbb{N}\} \cup \{0\}$$

또한, 보기 2.5.4에서 부분 집합 S, T의 닫힘은 다음과 같다.

$$\overline{S} = X = \overline{T}$$

보기 2.5.9

$X = \{a,b,c,d,e\}$의 위상이 다음과 같다.

$$\mathcal{T} = \{X, \varnothing, \{a\}, \{c,d\}, \{a,c,d\}, \{b,c,d,e\}\}$$

$A = \{a,b,c\}$라 하면 다음을 얻는다.

$$\{a\} \cap A - \{a\} = \varnothing, \quad \{c,d\} \cap A - \{c\} = \varnothing$$

이로부터 $A' = \{b,d,e\}$임을 알 수 있고, 따라서 다음을 얻는다.

$$\overline{A} = A \cup A' = X$$

문제 2.5.7 위상 공간 X의 부분 집합 A에 대해 다음 두 명제가 동치임을 보여라.

(1) $x \in \overline{A}$

(2) x를 포함하는 임의의 열린 집합 U에 대하여 $U \cap A \neq \varnothing$이다.

정리 2.5.10

위상 공간 X의 부분 집합 A, B에 대하여 다음이 성립한다.

(a) $\overline{A}$는 A를 포함하는 가장 작은 닫힌 집합이다.

(b) A가 닫힌 집합일 필요 충분 조건은 $A = \overline{A}$이다.

(c) $A \subset B$이면 $\overline{A} \subset \overline{B}$이다.

|증명| (a) $\overline{A}$는 닫힌 집합이므로 A를 포함하는 가장 작은 닫힌 집합을 B라 하면 $B \subset \overline{A}$이다. 왜냐하면 만약 $B \not\subset \overline{A}$이면, $B \cap \overline{A}$가 A를 포함하고 B 보다 더 작은 닫힌 집합이기 때문이다. 이제 $x \in \overline{A} - B$라 하면 $A \subset B$이므로 $x \notin A$이고, 따라서 $x \in A'$이다. 이때 $x \in B^c$이고 $A \cap B^c = \varnothing$이다. 그러면 $A \cap B^c - \{x\} = \varnothing$이고 B^c은 열린 집합이다. 이것은 $x \in A'$에 모순이다. 그러므로 $x \notin \overline{A} - B$, 즉 $\overline{A} - B = \varnothing$이므로 $\overline{A} = B$이다.

(b) 정리 2.5.6 (a)에 의해 A가 닫힌 집합일 필요 충분 조건은 $A' \subset A$이고, 이때 $\overline{A} = A \cup A'$이므로 $A' \subset A$인 것은 $\overline{A} = A$인 것과 동치이다.

(c) $A \subset B$이므로 정리 2.5.6 (c)에 의해 $A' \subset B'$이다. 따라서 $A \cup A' \subset B \cup B'$, 즉 $\overline{A} \subset \overline{B}$이다. □

정리 2.5.10의 (a)는 다음 명제와 동치이다.

"$\overline{A}$는 A를 포함하는 모든 닫힌 집합들의 교집합이다."

다른 책([2], [3], [6], [9] 등)에서는 위 명제를 닫힘의 정의로 사용한다.

보기 2.5.11

$X = \{a, b, c\}$의 위상이 다음과 같다고 하자.

$$\mathcal{T} = \{X, \varnothing, \{a\}, \{b\}, \{a, b\}\}$$

$A = \{a\}$이면 A를 포함하는 닫힌 집합은 X, $\{a, c\}$이므로 $\overline{A} = \{a, c\}$이다. 한편, $a \notin A'$이다. 따라서 $A' = \{c\}$임을 알 수 있다. 마찬가지로 $B = \{b\}$에 대하여 다음을 얻는다.

$$\overline{B} = \{b, c\}, \qquad B' = \{c\}$$

보기 2.5.12

$\mathbb{R}$의 부분 집합 $A = (0, 1)$에 대하여 위상 공간 $(\mathbb{R},\ \mathcal{U})$에서 $\overline{A} = [0, 1]$이고, 위상 공간 $(\mathbb{R},\ \mathcal{H})$에서 $\overline{A} = [0, 1)$이다.

보기 2.5.13

다음이 성립함을 보여라.

(1) $\overline{A \cap B} \subset \overline{A} \cap \overline{B}$ (2) $\overline{(\overline{A})} = \overline{A}$

|풀이| (1) $A \cap B \subset \overline{A} \cap \overline{B}$임은 자명하다. 그리고 $\overline{A} \cap \overline{B}$는 닫힌 집합이다. 따라서 정리 2.5.10 (a)로부터 $A \cap B$의 닫힘 $\overline{A \cap B}$는 $\overline{A} \cap \overline{B}$에 포함된다.

(2) $\overline{A}$가 닫힌 집합이므로 정리 2.5.10 (b)로부터 $\overline{(\overline{A})} = \overline{A}$이다. □

문제 2.5.8 $\overline{A \cap B} \subsetneq \overline{A} \cap \overline{B}$인 예를 찾아라.

문제 2.5.9 다음이 성립함을 보여라.
(1) $\overline{A - B} \supset \overline{A} - \overline{B}$ (2) $\overline{A \cup B} = \overline{A} \cup \overline{B}$

정의 2.5.14

(X, d)가 거리 공간일 때, 부분 집합 $A(\subset X)$와 한 점 $x(\in X)$에 대해 다음과 같이 주어지는 $d(x, A)$를 **점 x로부터 집합 A까지의 거리**라 한다.

$$d(x, A) := \inf\{d(a, x) \mid a \in A\} \tag{2.8}$$

또한 두 부분 집합 A와 B **사이의 거리** $d(A, B)$를 다음과 같이 정의한다.

$$d(A, B) := \inf\{d(a, B) \mid a \in A\} = \inf\{d(a, b) \mid a \in A,\ b \in B\}$$

정리 2.5.15

거리 공간 (X, d)의 부분 집합 A에 대해 다음이 성립한다.

$$\overline{A} = \{x \in X \mid d(x, A) = 0\}$$

|증명| $d(x, A) = 0$이라 하자. 그러면 x의 임의의 근방 U에 대하여 적당한 자연수 n이 존재해서 $x \in B\left(x, \frac{1}{n}\right) \subset U$이다. 이때 $B(x, \frac{1}{n}) \cap A \neq \varnothing$이다. 왜냐하면 $B(x, \frac{1}{n}) \cap A = \varnothing$이면 $d(x, A) > 0$이 되어 가정에 모순이기 때문이다. 따라서 $U \cap A \neq \varnothing$이고, $x \in \overline{A}$이다.

거꾸로 $x \in \overline{A}$라 하자. 그러면 임의의 자연수 n에 대하여 $B(x, \frac{1}{n}) \cap A \neq \varnothing$이다. 이때 $B(x, \frac{1}{n}) \cap A$에 속하는 한 점 a_n를 선택하면 다음이 성립한다.

$$0 \leq d(x, A) \leq d(x, a_n) < \frac{1}{n}$$

따라서 $d(x, A) = 0$이다. □

보기 2.5.16

거리 공간 (X, d)의 두 부분 집합 A와 B에 대하여 $d(A, B) \neq 0$이면 $A \cap B = \varnothing$임을 보여라.

|풀이| $A \cap B \neq \varnothing$이면 $x \in A \cap B$인 원소 $x \in X$가 존재한다. 그러면 $d(A, B) = d(x, x) = 0$이다. 따라서 대우 명제가 참이므로 주어진 명제가 성립한다. □

문제 2.5.10 위 보기에 주어진 명제의 역이 성립하지 않는 예를 들어라.

조밀 집합

보통 위상 공간 $\mathbb{R}$에서 유리수 집합 $\mathbb{Q}$의 조밀성을 일반화하여 다음을 정의하자.

정의 2.5.17

A를 위상 공간 X의 부분 집합이라 하자. 만일 $\overline{A} = X$이면 A는 X에서 **조밀하다**라고 한다. 이때 A를 X의 **조밀 (부분) 집합**이라 한다.

그림 2.12: 조밀 집합

위 정의와 문제 2.5.7로부터 다음을 얻는다.

보조 정리 2.5.18

위상 공간 X의 부분 집합 A가 조밀할 필요 충분 조건은 A가 공집합이 아닌 X의 어떤 열린 집합과도 서로 소가 아닌 것이다. 즉, 공집합이 아닌 임의의 열린 집합 U에 대하여 $A \cap U \neq \varnothing$인 것이다.

보기 2.5.19

앞에서 언급한 명제, 보기, 문제들로부터 다음을 얻는다.

(1) $\mathbb{Q}$와 $\mathbb{R} - \mathbb{Q}$는 $\mathbb{R}$의 조밀 부분 집합이다.

(2) 보기 2.5.9에서 A는 위상 공간 $(X, \mathfrak{T})$에서 조밀하다.

(3) 이산 공간 $(X, \mathfrak{D})$에서 조밀 집합은 X뿐이다.

(4) 자명 공간 $(X, \mathfrak{I})$에서 공집합이 아닌 임의의 부분 집합은 조밀하다.

보기 2.5.20

여유한 위상 공간 X의 무한 부분 집합은 X에서 조밀함을 보여라.

풀이 | X의 무한 부분 집합을 A라 하면 문제 2.5.3의 (1)에 의해 $A' = X$이고 $\overline{A} = A \cup A'$이므로 $\overline{A} = X$이다. 따라서 A는 X에서 조밀하다. □

문제 2.5.11 비가산 집합 X에 여가산 위상이 주어진 공간 $(X, \mathcal{T}_c)$에서 비가산 부분 집합은 조밀함을 보여라.

가산인 조밀 부분 집합을 포함하는 위상 공간을 **분리 가능 공간**이라 한다. 그리고 그러한 공간을 **분리 가능**이라고 한다.

보기 2.5.21

(1) 위상 공간 X가 가산이면 X가 가산인 조밀 집합이므로 X는 분리 가능이다.

(2) $(\mathbb{R}, \mathcal{U})$는 분리 가능이지만 $(\mathbb{R}, \mathcal{D})$는 분리 가능이 아니다. 왜냐하면 유리수 집합 $\mathbb{Q}$는 가산 집합이고 $(\mathbb{R}, \mathcal{U})$에서 조밀하다. 또한 $(\mathbb{R}, \mathcal{D})$에서 조밀 집합은 비가산인 $\mathbb{R}$ 자신뿐이기 때문이다.

(3) 마찬가지로 $\mathbb{Q}^n$이 $\mathbb{R}^n$의 가산 조밀 집합이므로 $(\mathbb{R}^n, \mathcal{U})$는 분리 가능 공간이다.

(4) X가 자명 공간이면 X는 분리 가능이다.

(5) X가 여유한 위상 공간이면 X는 분리 가능이다.

문제 2.5.12 비가산 집합 X에 여가산 위상이 주어진 공간 $(X, \mathcal{T}_c)$는 분리 가능 공간이 될 수 없음을 보여라.

문제 2.5.13 조르겐프라이 직선 $\mathbb{R}_l$이 분리 가능 공간임을 보여라.

가산 기저를 갖는 위상 공간은 다음 정리와 같이 가산 조밀 부분 집합을 가진다.

정리 2.5.22

위상 공간 $(X, \mathcal{T})$가 제2 가산 공간이면 분리 가능이다.

증명 제2 가산 공간 $(X, \mathcal{T})$에 대하여 $\mathcal{B} = \{B_1, B_2, \ldots\}$를 $\mathcal{T}$의 가산 기저라 하자. 여기서 가산 기저 $\mathcal{B}$는 $\mathcal{B} = \varnothing$, 또는 유한 개의 원소만 포함, 또는 가산인 무한 개의 원소를 포함한다. 그런데 $X \neq \varnothing$이면 $\mathcal{B} \neq \varnothing$이다. 그리고 $\mathcal{B}$가 유한 개의 원소만 포함하는 경우에는 유한 조밀 집합을 얻을 수 있다. 따라서 X는 분리 가능이다.

이제 $\mathcal{B}$가 가산인 무한 개의 원소를 포함한다고 생각하자. 이때 각 $B_n \in \mathcal{B}$에 대하여 한 원소 x_n을 선택하여 부분 집합 A를 다음과 같이 정하자.

$$A := \{x_n \mid x_n \in B_n,\ B_n \in \mathcal{B}\}$$

공집합이 아닌 임의의 열린 집합 U는 기저에 있는 원소들의 합집합으로 나타낼 수 있다. 그러므로 $B_k \subset U$인 자연수 k가 존재하여, $x_k \in U \cap A$이다. 따라서 $U \cap A \neq \varnothing$이다. 즉, A가 가산 조밀 집합이므로 X는 분리 가능 공간이다. □

문제 2.5.14 위 정리의 증명에서 가산 기저 $\mathcal{B}$가 유한 개 원소만 포함하는 경우에 유한 조밀 집합 A를 찾아라. 또 집합 A가 조밀 부분 집합임을 보여라.

정리 2.5.22의 역은 일반적으로 참이 아니다. 다음 보기를 보자.(문제 2.5.13 참조)

보기 2.5.23

조르겐프라이 직선 $\mathbb{R}_l$이 제2 가산 공간이 아님을 보여라.

풀이 $\mathcal{B}$를 아래끝 위상 $\mathcal{H}$의 한 기저라 하자. 그러면 정의에 의하여 임의의 열린 집합 $U(\in \mathcal{H})$와 $x(\in U)$에 대하여 다음을 만족하는 기본 열린 집합 $B(\in\mathcal{B})$가 존재한다.

$$x \in B \subset U$$

이제 모든 $x(\in\mathbb{R})$에 대하여, 열린 집합 $[x, x+\epsilon)(\in\mathcal{H})$을 선택하자. 이때 ϵ은 적당한 양수이다. 그러면 다음을 만족하는 $B_x(\in\mathcal{B})$가 존재한다.

$$x \in B_x \subset [x, x+\epsilon)$$

이러한 B_x는 $[x, x+\epsilon)$의 하한 x를 포함한다. 그러므로 서로 다른 x에 대하여 대응하는 B_x는 서로 달라야 한다. 따라서 $\mathcal{B}$의 크기는 적어도 $\mathbb{R}$의 크기보다도 크거나 같아야 한다. 이는 $\mathcal{B}$가 가산이 아님을 말한다. □

한편, 거리 공간에서는 다음 정리와 같이 가산 조밀 집합으로부터 가산 기저를 얻을 수 있다.

정리 2.5.24

거리 공간 (X, d)에 대해 X가 제2 가산 공간, 분리 가능 공간인 것은 서로 동치이다.

증명 거리 공간 X가 분리 가능이라 하고 A를 X의 가산 조밀 집합이라 하자. 그러면 다음과 같이 정의되는 열린 공들의 모임 $\mathcal{B}$는 가산이다.(따름 정리 1.4.11)

$$\mathcal{B} = \left\{ B\left(a, \frac{1}{n}\right) \mid a \in A, n \in \mathbb{N} \right\}$$

이제 $\mathcal{B}$가 X의 기저임을 보이자. 임의의 점 $x \in X$와 x의 열린 근방 U에 대해 $x \in B(x,\epsilon) \subset U$를 만족하는 $\epsilon > 0$이 존재한다. $\frac{1}{k} < \frac{\epsilon}{2}$를 만족시키는 자연수 k를 택하자. 그러면 $\overline{A} = X$이므로 $A \cap B(x, \frac{1}{k}) \neq \varnothing$이다. $a \in A \cap B(x, \frac{1}{k})$라 하면 삼각 부등식에 의해 다음이 성립한다.

$$x \in B\left(a, \frac{1}{k}\right) \subset B(x,\epsilon) \subset U$$

이로부터 $\mathcal{B}$가 X의 가산 기저이므로 X는 제2 가산 공간이다. 이제 정리 2.5.22를 이용하면 두 성질은 동치임을 알 수 있다. □

위 정리와 보기 2.5.23으로부터 조르겐프라이 직선은 거리를 줄 수 있는 공간이 아님을 유추할 수 있다.

연습 문제 2.5

1. 위상 공간 X의 부분 집합 A에 대하여 $x(\in X)$가 A의 집적 점일 필요 충분 조건은 $x \in \overline{A - \{x\}}$임을 보여라.

2. 위상 공간 X가 이산 공간일 필요 충분 조건은 X의 어떤 부분 집합도 집적 점을 갖지 않는 것임을 보여라.

3. $A = \{-\frac{1}{n} \mid n \in \mathbb{N}\}$에 대하여 $\mathbb{R}$의 위상이 $\mathcal{H}$일 때 A'을 찾아라.

4. 위상 공간 X의 부분 집합 A_γ $(\gamma \in \Gamma)$에 대해 다음이 성립함을 보이고 그 역은 성립하지 않음을 보여라.
$$\bigcup_{\gamma \in \Gamma} \overline{A_\gamma} \subset \overline{\bigcup_{\gamma \in \Gamma} A_\gamma}$$

5. 위상 공간 X의 두 부분 집합 A, B에 대하여 다음이 성립함을 보여라.
   (1) A가 열린 집합일 때 $A \cap \overline{B} \subset \overline{A \cap B}$이다.
   (2) A가 열린 집합이고 B가 조밀 집합일 때 $\overline{A \cap B} \subset \overline{A}$이다.

6. [2015학년도 임용고사] 실수 전체의 집합 $\mathbb{R}$에 다음 조건 ①, ②에 의해 정의되는 부분 집합족(family of subsets) $\mathcal{B}$를 기저로 하는 위상 $\mathcal{T}$가 주어졌다고 하자.

① 모든 정수 m에 대하여, $\{m\} \in \mathcal{B}$이다. ② 모든 정수 n과 음이 아닌 모든 정수 k에 대하여, $(n, n+2^{-k}) \in \mathcal{B}$이다.

위상 공간 $(\mathbb{R}, \mathcal{T})$에서 집합 $A = \{\frac{1}{2}\}$의 도 집합(derived set) A'을 구하시오.

7. [2008학년도 임용고사] 공집합이 아닌 위상 공간 X의 두 부분 집합 A와 B가 각각 X에서 조밀(dense)하다고 하자. 이 때, B가 X에서 열린 집합이면 $A \cap B$가 X에서 조밀함을 증명하시오.

8. [2004학년도 임용고사] 실수 전체 집합 $\mathbb{R}$의 멱집합(power set)의 부분 집합
$$\mathcal{F} = \{\mathbb{R} - \{p\} \mid p \in \mathbb{R}\}$$
에 대하여 다음 물음에 답하시오.
   (1) $\mathcal{F}$를 부분 기저(subbasis)로 갖는 위상(topology) $\mathcal{T}$를 구하시오.
   (2) 위상 공간 $(\mathbb{R}, \mathcal{T})$에서 자연수 전체 집합 $\mathbb{N}$의 도 집합(derived set)을 구하시오.

2.6 내부, 외부 그리고 경계

A를 위상 공간 X의 부분 집합이라 하자. 그러면 X의 각 원소 x는 다음 세 경우 중에서 오직 한 경우에 해당된다.

(i) x를 포함하는 열린 집합 U가 존재하여 $U \subset A$를 만족한다.

(ii) x를 포함하는 열린 집합 U가 존재하여 $U \subset A^c$를 만족한다.

(iii) 위의 두 경우 모두에 해당되지 않는다. 즉 x를 포함하는 임의의 열린 집합 U에 대하여 다음을 만족한다.

$$U \cap A \neq \varnothing, \quad U \cap A^c \neq \varnothing$$

(i)의 경우에 x를 A의 **내 점**, (ii)의 경우에 x를 A의 **외 점**, (iii)의 경우에 x를 A의 **경계 점**이라 한다.

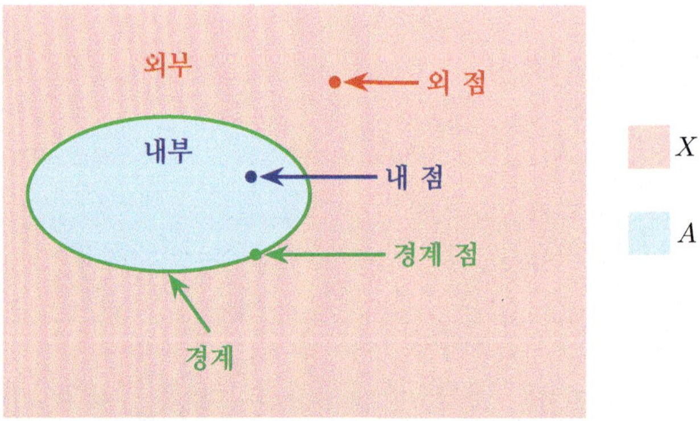

그림 2.13: 내 점, 외 점, 경계 점

이들 점에 대한 정의를 바탕으로 부분 집합 A로부터 얻는 집합들은 다음과 같다.

정의 2.6.1

A가 위상 공간 X의 부분 집합이라 하자.

(1) 모든 A의 내 점들의 집합을 A의 **내부**라 하고 $\text{Int}(A)$ 또는 A°로 나타낸다.

(2) 모든 A의 외 점들의 집합을 A의 **외부**라 하고 $\text{Ext}(A)$로 나타낸다.

(3) 모든 A의 경계 점들의 집합을 A의 **경계**라 하고 ∂A로 나타낸다.

위 정의에서 $x \in \text{Int}A$일 필요 충분 조건은 $x \in U \subset A$를 만족하는 열린 집합 U가 존재하는 것임을 알 수 있다.

보기 2.6.2

(1) $X = \{a, b, c, d, e\}$의 위상 $\mathcal{T}$가 다음과 같고 $A = \{a, b, c\}$라 하자.

$$\mathcal{T} = \{X, \varnothing, \{a\}, \{c, d\}, \{a, c, d\}, \{b, c, d, e\}\}$$

이때 $a \in \{a\} \subset A$이므로 a는 A의 내 점이다. b를 포함하는 열린 집합은 $\{b, c, d, e\}$와 X이다. 그런데 이들 열린 집합에 대하여 다음이 성립한다.

$$\{b, c, d, e\} \cap A = \{b, c\} \neq \varnothing, \quad \{b, c, d, e\} \cap A^c = \{d, e\} \neq \varnothing$$

$$X \cap A = A \neq \varnothing, \quad X \cap A^c = A^c \neq \varnothing$$

따라서 b는 A의 경계 점이다. 그리고 c, d, e도 A의 경계 점임을 마찬가지로 확인할 수 있다. 그러므로 다음을 얻는다.

$$\mathrm{Int}(A) = \{a\}, \ \mathrm{Ext}(A) = \varnothing, \ \partial A = \{b, c, d, e\}$$

(2) 자명 공간 $(X, \mathcal{I})$에 대하여 $\varnothing \neq A \subsetneq X$이면 임의의 원소 x를 포함하는 열린 집합이 X 밖에 없으므로, 다음을 얻는다.

$$\mathrm{Int}(A) = \varnothing, \quad \mathrm{Ext}(A) = \varnothing, \quad \partial A = X$$

문제 2.6.1 위 보기 (1)에서 c, d, e가 A의 경계 점임을 설명하여라.

한편, 임의의 위상 공간 X에 대해 다음이 성립함을 쉽게 확인할 수 있다.

$$\mathrm{Int}(\varnothing) = \varnothing, \qquad \mathrm{Ext}(\varnothing) = X, \qquad \partial\varnothing = \varnothing$$

$$\mathrm{Int}(X) = X, \qquad \mathrm{Ext}(X) = \varnothing, \qquad \partial X = \varnothing$$

보기 2.6.3

위상 공간 $(\mathbb{R}, \mathcal{U})$에서 끝 점이 a와 b인 네 개의 구간 $[a, b]$, (a, b), $(a, b]$, $[a, b)$를 생각하자. 각각의 내부는 열린 구간 (a, b)이고 각각의 경계는 끝 점들의 집합, 즉 $\{a, b\}$이다. 그리고 각 구간의 외부는 $(-\infty, a) \cup (b, \infty)$이다.

문제 2.6.2 유클리드 평면 $\mathbb{R}^2$의 부분 집합 $A = \{(x, y) \mid xy > 0\}$에 대하여 $\mathrm{Int}(A)$, $\mathrm{Ext}(A)$, ∂A를 구하라.

한편, 위상 공간의 각 원소가 세 경우 중 오직 한 경우에만 반드시 해당한다는 언급으로부터 다음 정리를 얻는다.

정리 2.6.4

위상 공간 X의 부분 집합 A에 대하여 $\mathrm{Int}(A)$, $\mathrm{Ext}(A)$, $\partial(A)$는 서로 소이고 다음이 성립한다.

$$X = \mathrm{Int}(A) \cup \mathrm{Ext}(A) \cup \partial(A)$$

보기 2.6.5

(1) $\mathbb{R}$의 위상이 $\mathcal{T} = \{U \subset \mathbb{R} \,|\, U = \varnothing \text{ 또는 } 1 \in U\}$일 때 $A = \{2, 3\}$에 대하여 $\mathrm{Int}(A) = \varnothing$이고 $\mathrm{Ext}(A) = \mathbb{R} - A$이다. 따라서 $\partial(A) = A$이다.

(2) 이산 공간 $(X, \mathcal{D})$에 대하여 $A \subset X$이면 $\partial A = \varnothing$이고 $\mathrm{Ext}(A) = A^c$이므로 $\mathrm{Int}(A) = A$이다.

보기 2.6.6

$\mathbb{R}$의 위상이 다음과 같이 주어지는 **반무한 위상** $\mathcal{C}$일 때 부분 집합 $A = [0,\ 1)$의 내부, 외부, 경계를 찾아라.

$$\mathcal{C} = \{(a, \infty) | a \in \mathbb{R}\} \cup \{\mathbb{R}, \varnothing\}$$

| 풀이 | 어떤 열린 집합도 A에 포함되지 않으므로 $\mathrm{Int}(A) = \varnothing$이다. 그리고 A^c에 포함되는 가장 큰 열린 집합, 즉 $\mathrm{Ext}(A) = (1, \infty)$이다. 따라서 $\partial A = (-\infty, 1]$이다. □

문제 2.6.3 $\mathbb{R}$의 위상이 $\mathcal{H}$일 때 부분 집합 $A = [0,\ 1)$와 $B = (0, 1)$의 내부, 외부, 경계를 찾아라.

보기 2.6.7

보통 위상 공간 $\mathbb{R}$에서 유리수의 집합 $\mathbb{Q}$를 생각하자. $\mathbb{R}$의 모든 열린 집합에는 반드시 유리수와 무리수를 포함하는 까닭에 $\mathbb{Q}$의 내 점 또는 외 점이 존재하지 않는다. 따라서 다음을 얻는다.

$$\mathrm{Int}(\mathbb{Q}) = \varnothing, \quad \mathrm{Ext}(\mathbb{Q}) = \mathrm{Int}(\mathbb{Q}^c) = \varnothing, \quad \partial\,\mathbb{Q} = \mathbb{R}$$

문제 2.6.4 위상 공간 $(\mathbb{R}, \mathcal{H})$와 $(\mathbb{R}, \mathcal{C})$에서 유리수의 집합 $\mathbb{Q}$에 대하여 그 내부, 외부, 경계를 찾아라.

정의 2.6.1을 이용하면 다음 정리가 성립하는 것을 알 수 있다.

정리 2.6.8

A가 위상 공간 X의 부분 집합이라 하자.

(a) A의 모든 열린 부분 집합들의 합집합은 A의 내부이다. 즉, 다음과 같다.

$$\text{Int}(A) = \bigcup\{U \subset A \mid U\text{는 열린 집합}\}$$

(b) A^c의 모든 열린 부분 집합들의 합집합은 A의 외부이다. 즉, 다음과 같다.

$$\text{Ext}(A) = \text{Int}(A^c)$$

증명 (a) $x \in \text{Int}(A)$이면 정의에 의해 $x \in U$인 열린 집합 U가 존재해서 $U \subset A$이다. 따라서 $x \in \bigcup\{U \subset A \mid U\text{는 열린 집합}\}$이다. 즉, 다음이 성립한다.

$$\text{Int}(A) \subset \bigcup\{U \subset A \mid U\text{는 열린 집합}\}$$

거꾸로, A에 포함되는 열린 집합 U에 대하여 $x \in U$이면 $x \in U \subset A$이므로 $x \in \text{Int}(A)$이다. 따라서 다음이 성립한다.

$$\text{Int}(A) \supset \bigcup\{U \subset A \mid U\text{는 열린 집합}\}$$

(b) (a)에서의 증명 과정을 A^c에 적용하면 원하는 결과를 얻을 수 있다. □

A에 포함되는 모든 열린 집합의 합집합 $\bigcup\{U \subset A \mid U\text{는 열린 집합}\}$은 A에 포함되는 가장 큰 열린 집합을 나타낸다. 그러므로 다음을 얻는다.

따름 정리 2.6.9

위상 공간 X의 부분 집합 A에 대하여 다음이 성립한다.

(a) $\text{Int}(A)$는 A에 포함되는 가장 큰 열린 집합이다.

(b) $\text{Ext}(A)$는 A^c에 포함되는 가장 큰 열린 집합이다.

(c) A가 열린 집합 $\Leftrightarrow$ $A = \text{Int}(A)$

(d) A가 닫힌 집합 $\Leftrightarrow$ $A^c = \text{Ext}(A)$ ($\Leftrightarrow$ A^c가 열린 집합)

한편, 정리 2.5.10 (a)는 다음 정리와 동치이다.

정리 2.6.10

위상 공간 X의 부분 집합 A에 대하여 $(\overline{A})^c$은 A^c에 포함되는 가장 큰 열린 집합이다.

위 정리로부터 다음이 성립한다.

$$\text{Ext}(A) = (\overline{A})^c \tag{2.9}$$

또한 위 등식을 A^c에 적용하면 다음을 얻는다.

$$\text{Int}(A) = (\overline{A^c})^c \tag{2.10}$$

정리 2.6.11

A가 위상 공간 X의 부분 집합일 때 다음이 성립한다.

$$\partial A = \overline{A} \cap \overline{A^c} \tag{2.11}$$

|증명| 식 (2.9)와 (2.10)을 적용하여 다음을 얻는다.

$$\partial A = (\mathrm{Int}(A) \cup \mathrm{Ext}(A))^c = \left[\left(\overline{A^c}\right)^c \cup \left(\overline{A}\right)^c\right]^c = \overline{A^c} \cap \overline{A}$$

□

따름 정리 2.6.12

위상 공간 X의 부분 집합 A에 대하여 ∂A는 닫힌 집합이고, 다음이 성립한다.

$$\partial A = \partial(A^c)$$

한편, ∂A는 $\overline{A}$의 부분 집합이고 $\mathrm{Int}(A)$와는 서로 소이므로 다음이 성립한다.

$$\partial A = \overline{A} - \mathrm{Int}(A) = \overline{A^c} - \mathrm{Ext}(A) \tag{2.12}$$

정리 2.6.4와 등식 (2.12)로부터 다음을 알 수 있다.

$$\overline{A} = \mathrm{Int}(A) \cup \partial A$$

보기 2.6.13

위상 공간 X의 부분 집합 A, B에 대해 다음이 성립함을 보여라.

(1) $A \subset B \ \Rightarrow \ \mathrm{Int}(A) \subset \mathrm{Int}(B)$ (2) $\mathrm{Int}(A \cap B) = \mathrm{Int}(A) \cap \mathrm{Int}(B)$

|풀이| (1) $x \in \mathrm{Int}(A)$이면 $x \in U \subset A$인 열린 집합 U가 존재한다. 이때 $A \subset B$이므로 $x \in U \subset B$이고, 따라서 $x \in \mathrm{Int}(B)$이다.. 즉, $\mathrm{Int}(A) \subset \mathrm{Int}(B)$이다.

(2) (1)로부터 $\mathrm{Int}(A \cap B) \subset \mathrm{Int}(A)$, $\mathrm{Int}(A \cap B) \subset \mathrm{Int}(B)$이므로 다음을 얻는다.

$$\mathrm{Int}(A \cap B) \subset \mathrm{Int}(A) \cap \mathrm{Int}(B)$$

$x \in \mathrm{Int}(A) \cap \mathrm{Int}(B)$라 하면 $x \in \mathrm{Int}(A)$, $x \in \mathrm{Int}(B)$이므로 $x \in U_A \subset A$, $x \in U_B \subset B$를 만족하는 열린 집합 U_A와 U_B가 존재한다. 그러면 $U = U_A \cap U_B$는 열린 집합이고 $x \in U \subset A \cap B$를 만족한다. 따라서 $x \in \mathrm{Int}(A \cap B)$이므로 다음이 성립한다.

$$\mathrm{Int}(A \cap B) \supset \mathrm{Int}(A) \cap \mathrm{Int}(B)$$

□

문제 2.6.5 위상 공간 X의 부분 집합 A, B에 대하여 다음이 성립함을 보여라.

$$\mathrm{Int}(A \cup B) \supset \mathrm{Int}(A) \cup \mathrm{Int}(B)$$

또, 다음 포함 관계가 성립하지 않는 예를 찾아라.

$$\mathrm{Int}(A \cup B) \subset \mathrm{Int}(A) \cup \mathrm{Int}(B)$$

한편, 보조 정리 2.5.18로부터 다음이 성립함을 알 수 있다.

보조 정리 2.6.14
위상 공간 X의 부분 집합 A가 조밀할 필요 충분 조건은 $\mathrm{Int}(A^c) = \varnothing$이다.

문제 2.6.6 위 보조 정리를 증명하여라.

조밀한 곳이 없는 집합

정의 2.6.15
위상 공간 X의 부분 집합 A의 닫힘이 내 점을 갖지 않을 때, 즉 $\mathrm{Int}(\overline{A}) = \varnothing$일 때 A는 X에서 **조밀한 곳이 없는** 집합이라고 한다.

보기 2.6.16
보통 위상 공간 $\mathbb{R}$에서 다음과 같이 주어지는 두 집합 A와 B를 생각하자.

$$A = \left\{1, \frac{1}{2}, \frac{1}{3}, \frac{1}{4}, \dots\right\}, \qquad B = \{x | x \in \mathbb{Q},\ 0 < x < 1\}$$

보기 2.5.3에서 살펴본 바와 같이 A는 유일한 집적 점 0을 갖는다. 따라서 $\overline{A}$는 다음과 같으므로 $\overline{A}$의 내 점이 존재하지 않는다.

$$\overline{A} = \left\{0, 1, \frac{1}{2}, \frac{1}{3}, \frac{1}{4}, \dots\right\}$$

그러므로 A는 $\mathbb{R}$에서 조밀한 곳이 없는 집합이다.
한편, B는 내 점을 갖지 않는다. 즉, $\mathrm{Int}(B) = \varnothing$이다. 그러나 $\overline{B} = [0, 1]$이므로 $\mathrm{Int}(\overline{B}) = (0, 1)$이다. 즉, B의 닫힘이 공집합이 아니므로 B는 조밀한 곳이 없는 집합이 아니다.

위 보기에서 주어진 집합 A와 같이, 조밀한 곳이 없는 집합은 일반적으로 닫힌 집합이 아니다. 또한, 위 보기에서 주어진 집합 B는 조밀한 곳이 없는 집합인 한 원소 집합 $\{x \in Q | 0 < x < 1\}$들의 가산 개 합집합이다. 따라서 일반적으로 조밀한 곳이 없는 집합들의 가산 개 합집합은 조밀한 곳이 없은 집합일 필요가 없다. 그리고 정리 2.5.10 (c)로부터, 조밀한 곳이 없는 집합의 부분 집합은 조밀한 곳이 없는 집합임을 알 수 있다.

문제 2.6.7 여유한 위상 공간 $(\mathbb{R}, \mathcal{T}_f)$에서 자연수의 집합 $\mathbb{N}$이 조밀한 곳이 없는 집합인지를 판별하여라.

$(\mathbb{R}, \mathcal{U})$에서 $\mathbb{Q}$와 $\mathbb{Q}^c$이 모두 조밀 부분 집합이므로 다음 보조 정리가 의미가 있다.

보조 정리 2.6.17

위상 공간 X의 부분 집합 A가 조밀한 곳이 없는 집합일 필요 충분 조건은 $(\overline{A})^c$이 조밀 집합인 것이다.

문제 2.6.8 위 보조 정리를 증명하여라.

문제 2.6.9 위상 공간 X에서 조밀한 곳이 없는 집합들의 유한 개 합집합은 조밀한 곳이 없는 집합임을 보여라.

연습 문제 2.6

1. 위상 공간 X의 부분 집합 A에 대해 다음이 성립함을 보여라.
   (1) $\mathrm{Ext}(A) = \mathrm{Ext}(\mathrm{Ext}(A)^c) = \mathrm{Ext}\big(\mathrm{Ext}(A^c)\big)$
   (2) $\mathrm{Int}(A) = A - \partial A$
   (3) A가 닫힌 집합일 필요 충분 조건은 $\partial A \subset A$이다.
   (4) A가 열린 집합일 필요 충분 조건은 $A \cap \partial A = \varnothing$이다.
   (5) $p \in \mathrm{Int}(A) \;\Leftrightarrow\; A$가 p의 근방

2. 위상 공간 X의 부분 집합 A, B에 대하여 다음이 성립함을 보여라.
   (1) $A \subset B \;\Rightarrow\; \mathrm{Ext}(A) \supset \mathrm{Ext}(B)$
   (2) $\partial(A \cup B) \subset \partial A \cup \partial B$
   (3) $\mathrm{Ext}(A \cup B) = \mathrm{Ext}(A) \cap \mathrm{Ext}(B)$
   (4) $\mathrm{Ext}(A \cap B) \supset \mathrm{Ext}(A) \cup \mathrm{Ext}(B)$
   (5) $\mathrm{Int}(A - B) \subset \mathrm{Int}(A) - \mathrm{Int}(B)$
   (6) $\mathrm{Ext}(A - B) \supset \mathrm{Ext}(A) - \mathrm{Ext}(B)$

3. $X = \{a, b, c\}$의 위상이 $\mathcal{T} = \big\{X, \varnothing, \{a\}, \{b\}, \{a, b\}\big\}$이고 $A = \{b\}$일 때, $\overline{A}$, A', ∂A, $\mathrm{Int}(A)$, $\mathrm{Ext}(A)$를 찾아라.

4. $\partial A = \varnothing$이면 A는 닫열 집합임을 보여라.

5. 위상 공간 X의 두 부분 집합 A, B가 다음을 만족하면 $A = B$이고 A(즉 B)는 닫열 집합임을 보여라.

$$A \subset B, \qquad \overline{B} \subset \mathrm{Int}(A)$$

6. 위상 공간에서 열린 집합의 경계 그리고 닫힌 집합의 경계가 모두 조밀한 곳이 없는 집합들임을 보여라.

7. [칸토어 집합] 보통 위상 공간 $\mathbb{R}$에서 $I_0 = [0, 1]$이라 하고, 중간에서 $\frac{1}{3}$ 길이의 열린 구간을 제거하여 I_1이라 하자. 즉, I_1은 다음과 같다.

$$I_1 = \left[0, \frac{1}{3}\right] \cup \left[\frac{2}{3}, 1\right]$$

I_1에서 남아 있는 구간의 중간에서 각각 그 구간의 $\frac{1}{3}$ 길이의 열린 구간을 제거하여 I_2라 하자. 즉, I_2는 다음과 같다.

$$I_2 = \left[0, \frac{1}{9}\right] \cup \left[\frac{2}{9}, \frac{1}{3}\right] \cup \left[\frac{2}{3}, \frac{7}{9}\right] \cup \left[\frac{8}{9}, 1\right]$$

이와 같이 I_n은 I_{n-1}에서 남아 있는 구간의 중간에서 각각 그 구간의 $\frac{1}{3}$ 길이의 열린 구간을 제거하여 얻은 것으로 다음과 같이 쓸 수 있다.

$$I_n = I_{n-1} - \bigcup_{k=0}^{3^{n-1}-1} \left(\frac{3k+1}{3^n}, \frac{3k+1}{3^n}\right)$$

이때 다음과 같이 정의되는 집합 C를 **칸토어 집합**이라 한다.

$$C = \bigcap_{n \in \mathbb{N}} I_n$$

칸토어 집합 C는 조밀한 곳이 없는 집합이다. 이를 증명하여라.

8. [2013학년도 임용고사] 실수 전체의 집합 $\mathbb{R}$에 대하여 $\{[a,b) | a,b \in \mathbb{R}\}$를 기저로 하는 $\mathbb{R}$ 위의 위상을 $\mathfrak{T}$라 하자. 함수 $f : \mathbb{R} \to \mathbb{R}$을 $f(x) = |x|$로 정의하고, $\mathfrak{T}_1 = \{f^{-1}(G) | G \in \mathfrak{T}\}$라 하자. 위상 공간 $(\mathbb{R}, \mathfrak{T}_1)$에서 집합 $(-2,1)$의 내부(interior) A와 집합 $[1,2)$의 내부 B를 옳게 나타낸 것은? (단, $|x|$는 x의 절댓값이고, $(a,b) = \{x \in \mathbb{R} | a < x < b\}$, $[a,b) = \{x \in \mathbb{R} | a \le x < b\}$ 이다.)

① $A = \varnothing, B = \varnothing$
② $A = \varnothing, B = (1,2)$
③ $A = (-1,1), B = \varnothing$
④ $A = (-1,1), B = (1,2)$
⑤ $A = (-1,1), B = [1,2)$

9. [2012학년도 임용고사 1차] 위상 공간 X에서 부분 집합 A의 내부(interior)와 폐포(closure)를 각각 $int(A)$, $\bar{A}$로 나타낼 때, 옳은 것만을 <보기>에서 있는 대로 고른 것은?

ㄱ. $int(X - A) = X - \bar{A}$
ㄴ. $\overline{int(\bar{A})} = \bar{A}$
ㄷ. $X - \overline{A \cap B} = (X - \bar{A}) \cup (X - \bar{B})$

① ㄱ　② ㄴ　③ ㄱ, ㄷ　④ ㄴ, ㄷ　⑤ ㄱ, ㄴ, ㄷ

10. [2012학년도 임용고사 1차] 실수 전체의 집합 $\mathbb{R}$에서 함수 $f : \mathbb{R} \to \mathbb{R}$를

$$f(x) = \begin{cases} x, & x \in Q \\ 0, & x \in \mathbb{R} - \mathbb{Q} \end{cases}$$

로 정의하자. $\mathbb{R}$위의 보통 위상(usual topology) $\mathfrak{T}$에 대하여

$$\{f^{-1}(G) \mid G \in \mathfrak{T}\}$$

로 정의된 $\mathbb{R}$위의 위상을 $\mathfrak{T}_0$이라 하자. 위상공간 $(\mathbb{R}, \mathfrak{T}_0)$에 대하여 옳지 <u>않은</u> 것은?(단, $\mathbb{Q}$는 유리수 전체의 집합이다.)[2.5점]

① $(\mathbb{R}, \mathfrak{T}_0)$에서 $\sqrt{2}$는 $\mathbb{R} - \mathbb{Q}$의 내 점(interior point)이다.
② $(\mathbb{R}, \mathfrak{T}_0)$에서 $\mathbb{Q}$의 경계(boundary)는 $(\mathbb{R} - \mathbb{Q}) \cup \{0\}$이다.
③ 구간 $(-1,1)$에 대하여 $(-1,1) \cup (\mathbb{R} - \mathbb{Q})$는 $(\mathbb{R}, \mathfrak{T}_0)$에서 열린 집합(open set)이다.
④ 구간 $[-1,1]$에 대하여 $[-1,1] \cup (\mathbb{R} - \mathbb{Q})$는 $(\mathbb{R}, \mathfrak{T}_0)$에서 닫힌 집합(closed set)이다.

⑤ $(\mathbb{R}, \mathcal{T}_0)$에서 0은 $\mathbb{R}-\mathbb{Q}$의 집적 점(극한 점, accumulation point, cluster point, limit point)이다.

11. [2011학년도 임용고사 1차] 실수 전체의 집합 $\mathbb{R}$의 임의의 부분 집합 A에 대하여

$$c(A) = \begin{cases} A, & A\text{는 가산(countable)집합} \\ \mathbb{R}, & A\text{는 비가산(uncountable)집합} \end{cases}$$

로 정의할때, 다음 조건을 만족시키는 $\mathbb{R}$위의 위상(topology)을 $\mathcal{T}$라 하자.

임의의 $A \subseteq \mathbb{R}$에 대하여 위상 공간 $(\mathbb{R}, \mathcal{T})$에서 A의 폐포(closure)는 $c(A)$이다.

$int(\mathbb{Z})$, $int([0,1])$, $int(\mathbb{R}-\mathbb{Z})$를 옳게 나타낸 것은? (단, $int(A)$는 $(\mathbb{R}, \mathcal{T})$에서 A의 내부(interior), $\mathbb{Z}$는 정수 전체의 집합, $[0,1] = \{x \in \mathbb{R} \mid 0 \le x \le 1\}$이다.)

	$int(\mathbb{Z})$	$int([0,1])$	$int(\mathbb{R}-\mathbb{Z})$
①	$\emptyset$	$\emptyset$	$\mathbb{R}-\mathbb{Z}$
②	$\emptyset$	$[0,1]$	$\emptyset$
③	$\emptyset$	$[0,1]$	$\mathbb{R}-\mathbb{Z}$
④	$\mathbb{Z}$	$\emptyset$	$\emptyset$
⑤	$\mathbb{Z}$	$[0,1]$	$\emptyset$

12. [2008학년도 임용고사] $\mathbb{R}$을 실수 집합이라 하고, $\mathcal{T}$를 $\mathbb{R}$위에서의 여가산 위상(cocountable topology)이라 하자. 즉

$$\mathcal{T} = \{U \subset \mathbb{R} \mid \mathbb{R}-U\text{는 가산 집합(countable set)}\} \cup \{\emptyset\}$$

이다. $\mathbb{Q}$를 유리수 집합이라 하고 $A = \mathbb{R}-\mathbb{Q}$를 무리수 집합이라 할 때, A의 내부(interior), 유도 집합(derived set), 폐포(closure), 경계(boundary)를 증명 없이 각각 구하시오.

- A의 내부 : ______________________
- A의 유도 집합 : ______________________
- A의 폐포 : ______________________
- A의 경계 : ______________________

제 3 장

연속 함수

이 장에서는 두 위상 공간 사이의 연속 함수를 정의하고 기본적인 성질들을 다룬다. 또한 주어진 위상 공간의 부분 집합의 위상을 정의하는 개념인 부분 위상을 학습한 후, 두 위상 공간이 위상적으로 같다는 개념인 위상 동형을 공부한다. 마지막으로 두 위상 공간이 주어졌을 때, 곱 공간에 위상을 주는 방법에 대하여 공부한다.

차례

제임스 워델 알렉산더 2세(1888~1971)

1888년 9월 19일에 태어났다. 아버지 존 화이트 알렉산더는 화가였으며, 어머니는 엘리자베스 알렉산더였다. 알렉산더 가문은 프린스턴에서 오래된 부유한 가문이었고, 알렉산더의 부계 할아버지 제임스 워델 알렉산더 1세는 보험 회사의 사장이었다.

1917년에 러시아인 나탈리아 레비츠카야와 결혼하였고, 알렉산더 부부는 프랑스에서 여가를 자주 즐겼다.

위상 수학의 각종 분야에 공헌하였고, 최초의 매듭 다항식인 알렉산더 다항식을 발견하였다. 또한, 알렉산더는 이름있는 산악가였고, 스위스 알프스산맥과 콜로라도주 로키산맥을 즐겨 등반하였다. 프린스턴 대학교에서는 학교 건물을 자주 즐겨 등반하였고, 출근할 때 개인 사무실을 벽을 타서 들어갔다고 한다.

말년에는 은둔자가 되었다. 정치적으로 사회주의적인 성향을 가졌던 알렉산더는 매카시즘에 휘말려 비난받게 되었고, 1954년 이후에는 집 밖을 나가지 않았다. 1971년 9월 23일 사망하였다.

3.1 연속 함수

한 점에서 연속

함수 $f : \mathbb{R} \to \mathbb{R}$이 점 x_0에서 연속이라는 것은 다음을 만족하는 것이다.

$$\lim_{x \to x_0} f(x) = f(x_0)$$

이를 좀 더 엄밀하게 표현하면 임의의 양수 ϵ에 대하여 어떤 양수 δ가 존재하여 다음을 만족하는 것을 뜻한다.

$$|x - x_0| < \delta \;\Rightarrow\; |f(x) - f(x_0)| < \epsilon$$

즉, 임의의 열린 구간 $V = (f(x_0) - \epsilon,\ f(x_0) + \epsilon)$에 대하여 열린 구간 $U = (x_0 - \delta,\ x_0 + \delta)$가 존재하여 $f(U) \subset V$를 만족하는 것이다. 이 정의는 다음과 같이 표현할 수 있다.

"주어진 $f(x_0)$의 근방 V에 대해 $f(U) \subset V$인 x_0의 근방 U가 존재한다."

이와 같은 표현을 위상 공간에 적용하면 다음을 얻는다.

정의 3.1.1

X와 Y가 위상 공간이고 $f : X \to Y$는 함수라 하자. $f(x_0)$의 근방 $V(\subset Y)$에 대하여 $f(U) \subset V$인 x_0의 근방 U가 존재할 때 f는 x_0**에서 연속**이라 한다(그림 3.1). 연속이 아닐 때, f는 x_0**에서 불연속**이라 한다.

위 정의에서 근방을 열린 집합으로 바꾸어도 된다.

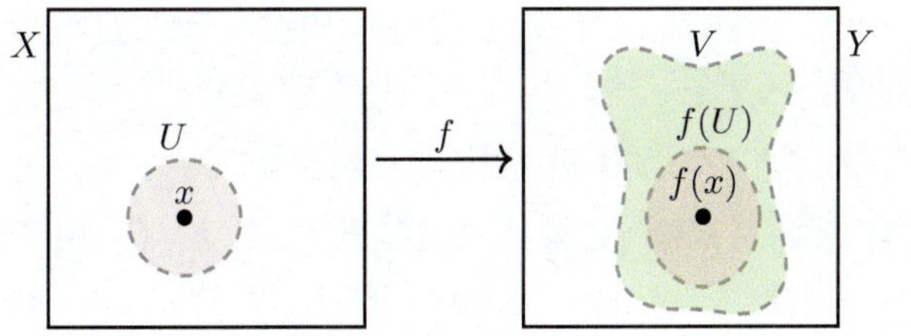

그림 3.1: x에서의 연속

보기 3.1.2

집합 $X = \{a, b, c\}$에 위상 $\mathcal{T}$가 다음과 같이 주어져 있다.

$$\mathcal{T} = \{X, \varnothing, \{a\}, \{c\}, \{a, b\}, \{a, c\}\}$$

그리고 함수 $f : X \to X$는 다음과 같이 정의되어 있다.

$$f(a) = b, \quad f(b) = c, \quad f(c) = c$$

이 때, f는 점 a에서는 연속이고, 점 b에서는 불연속임을 보여라.

풀이 $f(a) = b$를 포함하는 열린 집합은 $\{a, b\}$와 X뿐이다. 이때 a를 포함하는 열린 집합 $\{a\}$에 대하여 다음이 성립한다.

$$f(\{a\}) = \{b\} \subset \{a, b\} \subset X$$

따라서 정의 3.1.1을 만족하므로 f는 a에서 연속이다.
한편, $f(b) = c$를 포함하는 열린 집합 중에 $\{c\}$가 있는데 b를 포함하는 열린 집합 $\{a, b\}$, X 모두에 대해 다음과 같기 때문에 f는 b에서 불연속이다.

$$f(\{a, b\}) = \{b, c\} \not\subset \{c\}, \qquad f(X) = \{b, c\} \not\subset \{c\}$$ □

문제 3.1.1 위 보기에서 f가 점 c에서 연속임을 보여라.

문제 3.1.2 $X = \{1, 2, 3, 4, 5\}$, $Y = \{a, b, c, d, e\}$에 대하여 다음과 같이 주어진 $\mathcal{B}_X$, $\mathcal{B}_Y$는 각각 X와 Y에 정의된 어떤 위상의 기저이다.

$$\mathcal{B}_X = \big\{\{1\}, \{1, 3\}, \{1, 2, 3\}, \{1, 4, 5\}\big\},\ \mathcal{B}_Y = \big\{\{c\}, \{b, c\}, \{c, d\}, \{b, c, d\}, \{a, c, d, e\}\big\}$$

함수 $f : X \to Y$를 다음과 같이 정할 때 f가 연속인 점을 찾아라.

$$f(1) = c,\ f(2) = b,\ f(3) = a,\ f(4) = e,\ f(5) = b$$

연속

미적분학에서 함수 $f : \mathbb{R} \to \mathbb{R}$이 연속이라는 것은 f가 모든 점에서 연속인 것이다.

이제 위상 공간에서의 함수 $f : X \to Y$가 모든 점에서 연속이라 가정하자. 그리고 $V(\subset Y)$를 임의의 열린 집합이라 하자. f가 모든 점에서 연속이므로 $f(x) \in V$인 각 점 $x(\in X)$에 대하여 다음을 만족한는 열린 집합 $U_x(\subset X)$가 존재한다.

$$f(U_x) \subset V, \qquad x \in U_x$$

이때 정리 1.3.4 (d)와 정리 1.3.7의 첫 째 식으로부터 $U_x \subset f^{-1}(V)$이므로 다음이 성립한다.

$$f^{-1}(V) = \bigcup\{U_x \subset X \mid x \in f^{-1}(V),\ U_x\left(\subset f^{-1}(V)\right) \text{는 열린 집합}\}$$

따라서 $f^{-1}(V)$는 열린 집합이다. 역으로 Y의 열린 집합 V에 대해 $f^{-1}(V)$가 열린 집합인 함수 $f : X \to Y$는 모든 점에서 연속임을 쉽게 보일 수 있다.

위 논의를 바탕으로 위상 공간에서 연속 함수를 다음과 같이 정의한다.

정의 3.1.3

함수 $f : X \to Y$에 대하여 Y의 임의의 열린 집합 V에 대하여 그 역 상 $f^{-1}(V)$가 X에서 열린 집합이면 f를 **연속 함수**라 한다(그림 3.2).

사실 $f : X \to Y$가 연속 함수라는 것은 앞의 설명과 다음 문제로부터 f가 X의 모든 점에서 연속이라는 것과 동치이다.

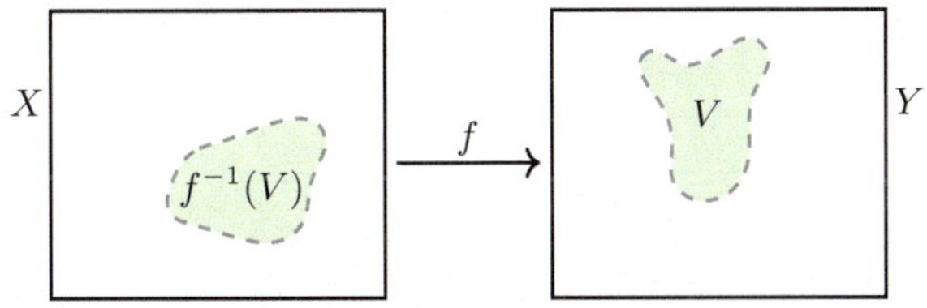

그림 3.2: 연속 함수 f

문제 3.1.3 $f : X \to Y$가 연속 함수이면 f는 X의 모든 점에서 연속임을 보여라.

보기 3.1.4

X와 Y의 임의의 위상 $\mathcal{T}_X$, $\mathcal{T}_Y$에 대해 다음이 성립한다.

(1) 임의의 함수 $f : (X, \mathcal{D}) \to (Y, \mathcal{T}_Y)$는 연속 함수이다. 왜냐하면 이산 공간 $(X, \mathcal{D})$에서는 임의의 집합이 열린 집합이기 때문이다.

(2) 임의의 함수 $f : (X, \mathcal{T}_X) \to (Y, \mathcal{I})$는 연속 함수이다. 왜냐하면 자명 공간 $(Y, \mathcal{I})$에서 열린 집합은 Y와 $\varnothing$ 뿐이고, $f^{-1}(Y) = X$, $f^{-1}(\varnothing) = \varnothing$이기 때문이다.

X의 동일한 위상에 대한 항등 함수가 연속인 것은 자명하다. 그러나 동일한 위상이 아닐 경우에는 항등 함수도 $1_{\mathbb{R}} : \mathbb{R} \to \mathbb{R}_l$과 같이 연속이 아닐 수 있다.

보기 3.1.5

다음과 같이 정의된 함수 f에 대해 생각해보자(그림 3.3 참조).

$$f(x) = \begin{cases} x+1, & x \geq 0 \\ x, & x < 0 \end{cases}$$

(1) $f^{-1}((0,3)) = [0,2)$이므로 $f : \mathbb{R} \to \mathbb{R}$은 연속 함수가 아니다.

(2) $(0,3) \in \mathcal{H}$이므로 $f : \mathbb{R} \to \mathbb{R}_l$은 연속 함수가 아니다.

(3) $f^{-1}((0,\infty)) = [0,\infty)$이므로 $f : \mathbb{R}_\infty \to \mathbb{R}_\infty$는 연속 함수가 아니다.

$f : X \to Y$가 상수 함수라 하자. f의 치역을 $\{y_0\}$이라 할 때 Y의 임의의 열린 집합 V에 대해 $f^{-1}(V)$는 $y_0 \in V$이면 X이고 $y_0 \notin V$이면 공집합이다. 어느 경우나 $f^{-1}(V)$가 열린 집합이므로 f는 연속 함수이다. 따라서 다음 명제를 얻는다.

"상수 함수는 연속 함수이다."

다음 정리는 연속 함수의 정의에서 열린 집합을 기저 또는 부분 기저의 원소로 제한할 수 있음을 보여준다.

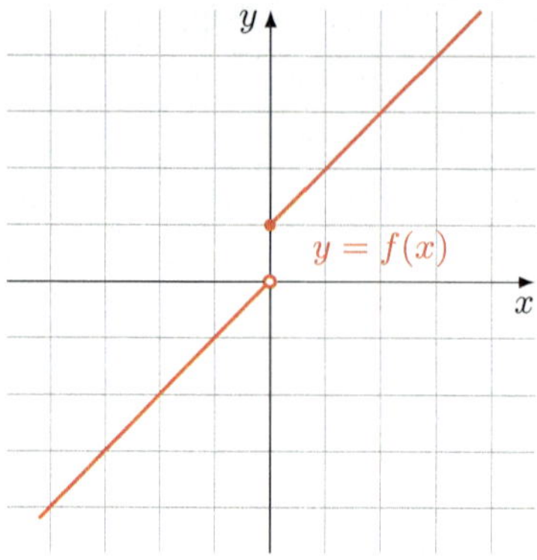

그림 3.3: 보기 3.1.5의 함수 f

정리 3.1.6

위상 공간 사이의 함수 $f : X \to Y$에 대한 다음 세 명제는 서로 동치이다.

(a) f는 연속 함수이다.

(b) $\mathcal{B}$가 위상 공간 Y의 기저일 때 각 $B \in \mathcal{B}$에 대해 $f^{-1}(B)$는 X의 열린 집합이다.

(c) Σ가 위상 공간 Y의 부분 기저일 때 각 $S \in \Sigma$에 대하여 $f^{-1}(S)$는 X에서 열린 집합이다.

증명 (a) ⇒ (b), (c): 정의로부터 자명하다.

(b) ⇒ (a): 임의의 열린 집합 $V(\subset Y)$에 대하여 V는 다음과 같이 기본 열린 집합들의 합집합으로 나타낼 수 있다.

$$V = \bigcup_\alpha B_\alpha$$

그러면 정리 1.3.4 (f)로부터 다음을 얻는다.

$$f^{-1}(V) = \bigcup_{\alpha} f^{-1}(B_\alpha)$$

여기서 모든 $f^{-1}(B_\alpha)$가 X의 열린 집합이므로 $f^{-1}(V)$도 열린 집합이다. 따라서 f는 연속이다.

(c) ⇒ (b): 독자에게 맡긴다. □

문제 3.1.4 정리 3.1.6의 증명을 완성하여라.

보기 3.1.7

보기 3.1.5의 함수 f에 대하여 $f : \mathbb{R}_l \to \mathbb{R}$이 연속임을 보여라.

풀이 정리 3.1.6에 의해 보통 위상 $\mathcal{U}$의 기본 열린 집합인 열린 구간 $V = (a, b)$에 대하여 $f^{-1}(V)$가 아래끝 위상 $\mathcal{H}$의 열린 집합임을 보이면 된다. 경우를 나누어 계산하면 다음과 같다.

(1) $b \le 0$이면 $f^{-1}(V) = (a, b)$
(2) $a < 0 < b \le 1$이면 $f^{-1}(V) = (a, 0)$
(3) $a < 0 < 1 < b$이면 $f^{-1}(V) = (a, 0) \cup [0, b-1) = (a, b-1)$
(4) $0 \le a < b \le 1$이면 $f^{-1}(V) = \varnothing$
(5) $0 \le a \le 1 < b$이면 $f^{-1}(V) = [0, b-1)$
(6) $1 < a < b$이면 $f^{-1}(V) = (a-1, b-1)$

위 경우 모두 $f^{-1}(V)$가 $\mathcal{H}$의 열린 집합이다. 따라서 $f : \mathbb{R}_l \to \mathbb{R}$은 연속이다. □

문제 3.1.5 보기 3.1.5의 함수 f에 대하여 $f : \mathbb{R}_l \to \mathbb{R}_l$이 연속임을 보여라.

보기 3.1.8

함수 $f,\ g : \mathbb{R}_l \to \mathbb{R}_l$을 다음과 같이 정의하자.

$$f(x) = x + 1, \qquad g(x) = -x$$

f는 연속 함수이고 g는 연속 함수가 아니다. 그 이유는 $f^{-1}([a, b)) = [a-1, b-1)$은 열린 집합이고 $g^{-1}([a, b)) = (-b, -a]$는 열린 집합이 아니기 때문이다.*

문제 3.1.6 (1) $f(x) = 2x + 1$로 정의된 함수 $f : \mathbb{R} \to \mathbb{R}$이 연속임을 보여라.
(2) $g(x) = x^2$으로 정의된 함수 $g : \mathbb{R} \to \mathbb{R}$이 연속임을 보여라.

한편, 연속 함수 f에 대해 열린 집합의 상은 열린 집합일 필요가 없다. 예를 들어 $f(x) = x^2$으로 정의된 연속 함수 $f : \mathbb{R} \to \mathbb{R}$에 대하여 열린 구간 $(-1, 1)$의 상은 $[0, 1)$로 열린 구간이 아니다.

연속 함수들의 합성은 어떨가? 다음 정리를 보자.

정리 3.1.9

연속 함수의 합성 함수는 연속이다.

|증명| $f : X \to Y$와 $g : Y \to Z$를 연속 함수라 하자. 그러면 임의의 열린 집합 $V \subset Z$에 대해 $g^{-1}(V)$는 Y에서 열린 집합이다. 또한 f가 연속이므로 $f^{-1}\big(g^{-1}(V)\big)$는 X에서 열린 집합이다. 즉, $(g \circ f)^{-1}(V) = (f^{-1} \circ g^{-1})(V)$는 X의 열린 집합이다. 따라서 $g \circ f$는 연속 함수이다. □

주어진 함수가 연속 함수인지 여부를 판정하는 방법은 여러 가지가 있다. 다음 정리는 그 중 몇 가지를 소개한 것이다.

*일반적으로 구간 $(a, b]$에서 b가 $(a, b]$의 내 점이 아니므로 $(a, b]$는 열린 집합이 아니다.

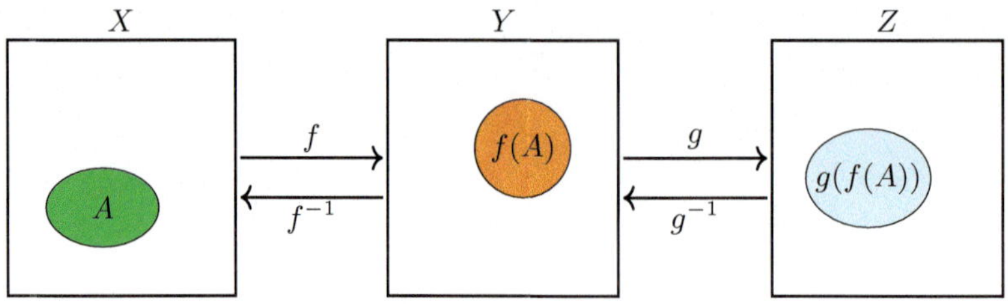

그림 3.4: 연속 함수의 합성

정리 3.1.10

위상 공간 사이의 함수 $f : X \to Y$에 대한 다음 명제들은 서로 동치이다.

(a) f는 연속 함수이다.

(b) X의 부분 집합 A에 대하여 $f(\overline{A}) \subset \overline{f(A)}$이다.

(c) Y의 부분 집합 C에 대하여 $\overline{f^{-1}(C)} \subset f^{-1}\left(\overline{C}\right)$이다.

(d) Y의 닫힌 집합 C에 대하여 $f^{-1}(C)$는 닫힌 집합이다.

증명 (a) $\Rightarrow$ (b): $p \in \overline{A}$라 하자. $f(p)$를 포함한 열린 집합 U에 대하여 $f^{-1}(U)$는 열린 집합이고 p를 포함한다. 그런데 $p \in \overline{A}$이므로 $f^{-1}(U) \cap A \neq \varnothing$이다. 그러면 정리 1.3.4와 정리 1.3.7의 두 번째 식에 의해 다음이 성립한다.

$$U \cap f(A) \neq \varnothing$$

즉, $U \cap f(A) \neq \varnothing$이므로 $f(p) \in \overline{f(A)}$이고, 따라서 $f\left(\overline{A}\right) \subset \overline{f(A)}$이다.

(b) $\Rightarrow$ (c): $p \in \overline{f^{-1}(C)}$라 하자. (b)에 의하면 $f(p) \in \overline{f(f^{-1}(C))}$이다. 그런데 $f(f^{-1}(C)) \subset C$이므로 $f(p) \in \overline{C}$이다. 따라서 $p \in f^{-1}\left(\overline{C}\right)$이다. 그러므로 $\overline{f^{-1}(C)} \subset f^{-1}\left(\overline{C}\right)$이다.

(c) $\Rightarrow$ (d): C를 Y에서 임의의 닫힌 집합이라 하자. 그러면 $\overline{C} = C$이므로 (c)에 의해 $\overline{f^{-1}(C)} \subset f^{-1}\left(\overline{C}\right) = f^{-1}(C)$이므로 $f^{-1}(C)$는 닫힌 집합이다.

(d) $\Rightarrow$ (a): Y의 임의의 열린 집합 V에 대해 $Y - V$는 닫힌 집합이고 $f^{-1}(Y - V)$ 또한 닫힌 집합이다. 그런데 $f^{-1}(Y - V) = X - f^{-1}(V)$이므로 $f^{-1}(V)$는 열린 집합이다(연습 문제 1.3의 1(1) 참조). 따라서 f는 연속 함수이다. □

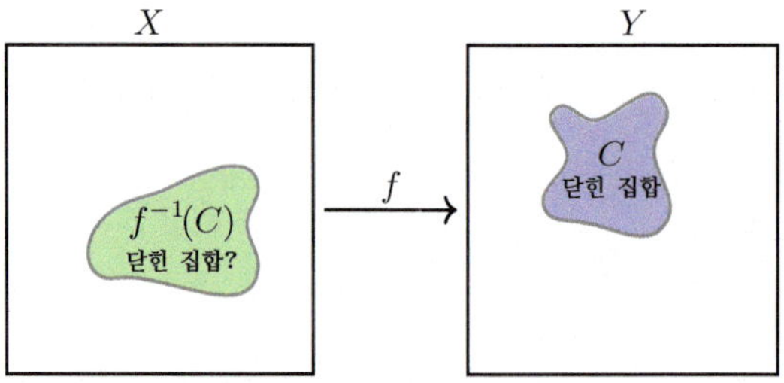

그림 3.5: 닫힌 집합의 역 상

문제 3.1.7 두 공간 X, Y 사이의 함수 $f : X \to Y$가 연속이기 위한 필요 충분 조건은 Y의 부분 집합 C에 대하여 다음이 성립하는 것임을 보여라.

$$f^{-1}(\mathrm{Int}(C)) \subset \mathrm{Int}\left(f^{-1}(C)\right)$$

다음 보기는 정리 3.1.10의 한 응용이다.

보기 3.1.11

A가 위상 공간 X의 조밀 부분 집합이고 $f : X \to Y$가 전사인 연속 함수이면 $f(A)$는 Y에서 조밀함을 보여라.

| **풀이** | f가 연속이므로 정리 3.1.10의 (b)에 의해 $f\left(\overline{A}\right) \subset \overline{f(A)}$이다. 또한 A는 X의 조밀 부분 집합이므로 $\overline{A} = X$이다. 그런데 f가 전사이므로 $f(X) = Y$이고 $f\left(\overline{A}\right) = f(X) = Y \subset \overline{f(A)}$이다. $\overline{f(A)} \subset Y$는 자명하므로 $\overline{f(A)} = Y$이다. 따라서 $f(A)$는 Y에서 조밀하다. □

위 보기에서 A가 가산이면 $f(A)$가 가산이므로 다음을 얻는다.

정리 3.1.12

$f : X \to Y$가 전사인 연속 함수이고 X가 분리 가능이면 Y도 분리 가능이다.

연습 문제 3.1

1. 두 위상 공간 X와 Y에 대하여 함수 $f: X \to Y$가 a에서 연속일 필요 충분 조건은 $a \in \overline{A}$인 X의 부분 집합 A에 대해 $f(a) \in \overline{f(A)}$를 만족하는 것임을 보여라.

2. 함수 $f: X \to Y$에 대해 다음 명제가 참이면 증명, 거짓이면 반례를 들어라.
   (1) f가 연속 함수이면, X의 부분 집합 A에 대해 x가 A의 집적 점일 때 $f(x)$가 $f(A)$의 집적 점이다.
   (2) f가 전사인 연속 함수이고 Y가 이산 공간이면 X도 이산 공간이다.
   (3) f가 전사인 연속 함수이고 X가 제2 가산 공간이면 Y도 제2 가산 공간이다.
   (4) f가 연속 함수이면 X의 부분 집합 A에 대하여 $\mathrm{Int}(f(A)) \subset f(\mathrm{Int}(A))$이다.
   (5) X의 부분 집합 A에 대하여 $\mathrm{Int}(f(A)) \subset f(\mathrm{Int}(A))$이면 f는 연속 함수이다.

3. f가 위상 공간 X로부터 보통 위상 공간 $(\mathbb{R}, \mathcal{U})$로의 함수일 때 f가 연속 함수이기 위한 필요 충분 조건은 임의의 $a, b \in \mathbb{R}$에 대하여 다음 집합이 열린 집합임을 보여라.

$$\{x \in X \mid f(x) > a\}, \qquad \{x \in X \mid f(x) < b\}$$

4. 거리 공간 (X, d_X)와 (Y, d_Y)에 대해 다음 명제를 증명하여라.
   "함수 $f: X \to Y$가 연속이기 위한 필요 충분 조건은 임의의 $x_0(\in X)$와 임의의 $\epsilon(>0)$에 대하여 적당한 δ가 존재하여 $d_X(x_0, x) < \delta$이면 $d_Y(f(x_0), f(x)) < \epsilon$이 성립하는 것이다."

5. (X, d)가 거리 공간일 때, 부분 집합 $A(\subset X)$와 한 점 $x(\in X)$에 대해 다음과 같이 주어지는 함수 D_A가 연속임을 보여라.(식 (2.8) 참조)

$$D_A : X \to \mathbb{R}, \quad D_A(x) = d(x, A)$$

6. [2014학년도 임용고사]
   자연수 전체의 집합 $\mathbb{N}$에서 위상 $\mathcal{T}$를 $\mathcal{T} = \{G \subset \mathbb{N} \mid \mathbb{N} - G\text{는 유한 집합}\} \cup \{\varnothing\}$으로, 함수 $f: \mathbb{N} \to \mathbb{N}$을 $f(n) = \begin{cases} 1, & 1 \le n < 5 \\ 2, & 5 \le n < 10 \\ 3, & 10 \le n \end{cases}$ 으로 정의하자. $\mathcal{T}_d$를 $\mathbb{N}$에서 이산 위상이라 하고, 집합 A를 $A = \{n \in \mathbb{N} \mid f: (\mathbb{N}, \mathcal{T}) \to (\mathbb{N}, \mathcal{T}_d)\text{는 불연속}\}$이라 할 때, 집합 A의 원소의 개수를 구하시오.

7. [2010학년도 임용고사 1차] 자연수 전체의 집합을 $\mathbb{N}$이라 하자. 집합 $X = \{n \in \mathbb{N} \mid n \ge 2\}$의 각 원소 n에 대하여 $B_n = \{k \in X \mid k\text{는 } n\text{의 약수}\}$라 하고, $\{B_n \mid n \in X\}$를 기저로 하는 X위에서의 위상을 $\mathcal{T}$라 하자. 다음 중 옳지 않은 것은? [2.5점]

   ① 집합 $\{2, 4, 6, 8, 10\}$은 열린 집합이다.
   ② 소수 전체의 집합은 열린 집합이다.

③ 소수 전체의 집합은 X에서 조밀(dense)하다.

④ 집합 X의 모든 원소 x에 대하여 $\{x\}$의 폐포(closure)는 $\{nx \mid n \in \mathbb{N}\}$이다.

⑤ 함수 $f:(X,\mathcal{T}) \to (X,\mathcal{T}')$을 $f(x)=x$로 정의할 때, f는 $x=2$에서 연속이다. 여기서 $\mathcal{T}'$은 X위에서의 이산 위상(discrete topology)이다.

8. [2002학년도 임용고사] $X=\{1,\ 2,\ 3,\ 4,\ 5\}$이고

$$\mathcal{T}=\{X,\ \emptyset,\ \{1,2\},\ \{2\},\ \{3,4,5\},\ \{2,3,4,5\},\ \{4\},\ \{1,2,4\},\ \{2,4\}\}$$

이라 하자. 함수 $f:X \to X$를 아래와 같이 정의할 때, 다음 물음에 답하시오.

$$f(1)=1=f(2),\quad f(3)=3=f(4)=f(5)$$

(1) $f:(X,\mathcal{T}) \to (X,2^X)$가 연속임을 보이시오.

(2) $(X,\mathcal{T})$에서 $\{2\}$와 $\{4\}$의 폐포(closure)를 각각 구하시오.

(3) 집합

$$\{h \mid h:(X,\mathcal{T}) \to (X,2^X)\text{는 연속},\ \ h(2)=1,\ \ h(4)=3\}$$

의 원소의 개수를 구하고, 그 이유를 설명하시오.

3.2 부분 위상

주어진 위상 공간으로부터 새로운 위상 공간을 만드는 방법 중 하나가 부분 집합을 위상 공간으로 만드는 것인데, 이때 부분 집합에 주어질 위상이 전체 공간의 위상과 조화를 이루어야 한다.

정리 3.2.1

위상 공간 $(X, \mathcal{T})$에 대하여 Y가 공집합이 아닌 X의 부분 집합일 때, 다음 집합은 Y의 위상이다.

$$\mathcal{T}_Y := \{Y \cap U \mid U\text{는 } X\text{의 열린 부분 집합 }\}$$

증명 $Y = Y \cap X$이고 $\varnothing = Y \cap \varnothing$이므로 $Y, \varnothing \in \mathcal{T}_Y$이다. $O_i = Y \cap U_i$ $(i = 1, 2)$라 하면 $O_1 \cap O_2 = Y \cap (U_1 \cap U_2)$이고 $U_1 \cap U_2 \in \mathcal{T}$이므로 다음을 얻는다.

$$O_1 \bigcap O_2 \in \mathcal{T}_Y$$

첨자 집합 Λ에 대해 $O_\alpha = Y \cap U_\alpha$ $(\alpha \in \Lambda)$라면 $\bigcup_{\alpha \in \Lambda} O_\alpha = \bigcup_{\alpha \in \Lambda}(Y \cap U_\alpha) = Y \cap (\bigcup_{\alpha \in \Lambda} U_\alpha)$이고(정리 1.1.12 참조) $\bigcup_{\alpha \in \Lambda} U_\alpha \in \mathcal{T}$이므로 다음을 얻는다.

$$\bigcup_{\alpha \in \Lambda} O_\alpha \in \mathcal{T}_Y$$

따라서 $\mathcal{T}_Y$는 Y의 위상이다. □

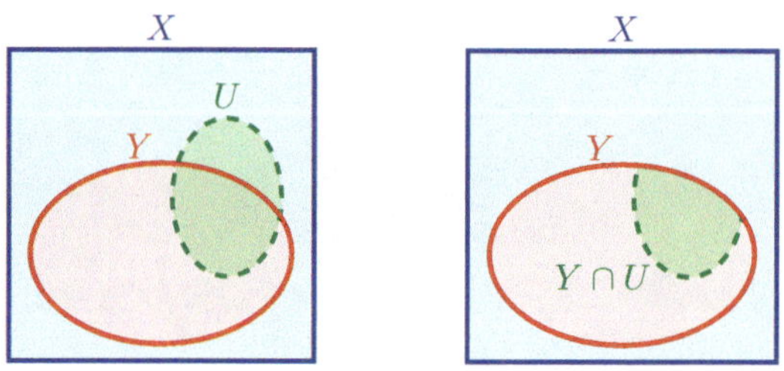

그림 3.6: 부분 집합에서의 위상

보기 3.2.2

$X = \{a, b, c\}$의 위상이 $\mathcal{T} = \{X, \varnothing, \{a\}, \{a, b\}\}$일 때 $Y = \{a, c\}$에 대해 $\mathcal{T}_Y = \{Y, \varnothing, \{a\}\}$이다. 또 $Z = \{a, b\}$에 대해 $\mathcal{T}_Z = \{Z, \varnothing, \{a\}\}$이다.

문제 3.2.1 $X = \{a, b, c, d, e\}$의 위상이 $\mathcal{T} = \{X, \varnothing, \{a\}, \{c, d\}, \{a, c, d\}, \{b, c, d, e\}\}$이고 $Y = \{a, b, c\}$라 하자. 이때 $\mathcal{T}_Y$를 찾아라.

정의 3.2.3

Y가 위상 공간 $(X, \mathcal{T})$의 부분 집합일 때, Y의 위상 $\mathcal{T}_Y$를 **부분 위상**이라 한다. 또 위상 공간 $(Y, \mathcal{T}_Y)$를 X의 **부분 공간**이라 하고, $W \in \mathcal{T}_Y$를 Y**의 열린 집합** 또는 Y**에서 상대적으로 열린 집합**이라 한다.

Y가 X의 부분 공간이고 O가 Y의 열린 집합이면, 즉 O가 Y에서 상대적으로 열린 집합이면 $O = Y \cap U$인 X의 열린 집합 U가 존재한다.

정리 3.2.4

$\mathcal{B}$가 위상 공간 X의 기저이면 다음과 같은 $\mathcal{B}_Y$는 부분 공간 Y의 기저이다.

$$\mathcal{B}_Y = \{B \cap Y \mid B \in \mathcal{B}\}$$

증명 X의 열린 집합 U와 원소 $y(\in U \cap Y)$에 대하여, $y \in B \subset U$인 기본 열린 집합 $B(\in \mathcal{B})$가 존재한다. 따라서 다음을 얻는다.

$$y \in B \cap Y \subset U \cap Y$$

이로부터 $\mathcal{B}_Y$는 부분 공간 Y의 기저임을 알 수 있다. □

위 정리는 다음 명제가 참임을 말한다.

"제2 가산 공간의 부분 공간은 제2 가산 공간이다."

한편, Y가 X의 부분 공간이고, Y의 부분 집합 A가 Y**의 닫힌 집합**이라 하면 $Y - A$가 Y의 열린 집합이므로 $Y - A = Y \cap U$인 X의 열린 집합 U가 존재한다. 따라서 다음을 얻는다.

$$A = Y \cap U^c$$

즉, 다음 명제가 성립한다.

"Y의 닫힌 집합 A는 X의 어떤 닫힌 집합과 Y의 교집합이다."

보기 3.2.2에서 Y의 닫힌 집합은 Y, $\varnothing$, $\{c\}$로 $\{c\}$는 X의 닫힌 집합 $\{b, c\}$와 Y의 교집합이다. 또, Z의 닫힌 집합은 Z, $\varnothing$, $\{b\}$로 $\{b\}$는 X의 닫힌 집합 $\{b, c\}$와 Z의 교집합이다.

보기 3.2.5

$Y = [0, 1) \cup \{2\}$를 보통 위상 공간 $\mathbb{R}$의 부분 공간이라 하자. $[0, 1) = Y \cap (-1, 1)$이고 $(-1, 1)$은 $\mathbb{R}$의 열린 집합이므로 $[0, 1)$은 Y의 열린 집합이다. 또, $\{2\} = Y \cap (1, 3)$이고 $(1, 3)$이 $\mathbb{R}$의 열린 집합이므로 $\{2\}$도 Y의 열린 집합이다.

한편, $[0, 1) = Y \cap [-1, 3/2]$, $\{2\} = Y \cap [1, 3]$이므로 $[0, 1)$과 $\{2\}$는 또한 Y의 닫힌 집합이다. 즉, $[0, 1)$과 $\{2\}$는 Y의 닫열 집합이다.

문제 3.2.2 보통 위상 공간 $\mathbb{R}$의 부분 공간으로서 $\mathbb{Z}$는 이산 공간임을 보여라.

위 보기들에서 보듯이 위상 공간 X에 대하여 부분 공간 Y의 열린 집합이 X의 열린 집합일 필요는 없다.

보조 정리 3.2.6

Y가 위상 공간 X의 부분 공간일 때, O가 Y의 열린 집합이고 Y가 X의 열린 집합이면 O가 X의 열린 집합이다.

증명 O가 Y의 열린 집합이므로 $O = U \cap Y$를 만족하는 X의 열린 집합 U가 존재한다. 그런데 U와 Y 모두 X의 열린 집합이므로 O는 X의 열린 집합이다. □

문제 3.2.3 Y가 위상 공간 X의 부분 공간일 때, 다음이 성립함을 보여라.

(1) A가 Y의 닫힌 집합, Y가 X의 닫힌 집합이면 A가 X의 닫힌 집합이다.

(2) $f : X \to Z$가 연속 함수이면 Y로의 **제한 함수** $f|_Y : Y \to Z$도 연속이다.

Y가 X의 부분 공간일 때, **포함 함수** $\iota : Y \to X$는 연속 함수이다.(23쪽 참조) 왜냐하면 X의 열린 집합 U에 대해 $\iota^{-1}(U) = Y \cap U$가 Y의 열린 집합이기 때문이다. 또한 Y의 다른 위상 $\mathcal{T}'_Y$가 주어져 있을 때 $\iota : (Y, \mathcal{T}'_Y) \to X$가 연속이면 $\mathcal{T}_Y \subset \mathcal{T}'_Y$이다. 따라서 다음과 같은 참인 명제를 얻는다.

"부분 위상은 포함 함수가 연속이 되게 하는 위상 중 가장 작은 것이다."

보기 3.2.7

$X = (\mathbb{R}^2, \mathcal{U})$의 부분 집합 $Y = \{(x, 0) \in \mathbb{R}^2 \mid x \in \mathbb{R}\}$을 생각하자. Y를 실수 집합과 동일하게 여기면 보통 위상 공간 $(\mathbb{R}, \mathcal{U}_{\mathbb{R}})$로 간주할 수 있다. 이때 포함 함수 $\iota : (Y, \mathcal{U}_{\mathbb{R}}) \to X$가 연속임을 보일 수 있다. 따라서 Y의 두 위상 $\mathcal{U}_{\mathbb{R}}$과 $\mathcal{T}_Y$ 사이에 다음을 얻는다.

$$\mathcal{T}_Y \subset \mathcal{U}_{\mathbb{R}}$$

문제 3.2.4 위 보기에서 $\iota : (Y, \mathcal{U}_{\mathbb{R}}) \to X$가 연속임을 보여라.

때때로 부분 공간에서 정의된 연속 함수를 결합하여 전체 공간에서 정의된 연속 함수를 얻을 수 있다. 다음 정리는 부분적으로 정의된 연속 함수로부터 전체 공간에서 정의된 연속 함수를 얻는 방법을 알려준다.

정리 3.2.8 붙임 보조 정리

A와 B가 위상 공간 X에서 닫힌 집합으로 $X = A \cup B$라 하자. $f : A \to Y$와 $g : B \to Y$가 연속 함수이고 모든 $x \in A \cap B$에 대하여 $f(x) = g(x)$이면 다음과 같이 정의되는 함수 $h : X \to Y$는 연속 함수이다.

$$h(x) = \begin{cases} f(x), & x \in A \\ g(x), & x \in B \end{cases}$$

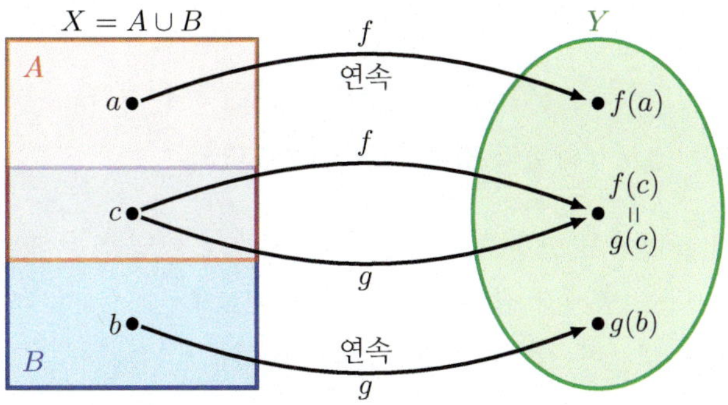

그림 3.7: 붙임 보조 정리

증명 C를 Y에서 임의의 닫힌 집합이라 하자. f가 연속이므로 $f^{-1}(C)$는 A의 닫힌 집합이다. A가 X의 닫힌 집합이므로 $f^{-1}(C)$도 X의 닫힌 집합이다. 마찬가지로 $g^{-1}(C)$도 X의 닫힌 집합이다. 한편 h의 정의로부터 다음을 얻는다.

$$h^{-1}(C) = f^{-1}(C) \cup g^{-1}(C) \tag{3.1}$$

그러므로 $h^{-1}(C)$가 닫힌 집합이고, 따라서 h는 연속 함수이다. □

문제 3.2.5 위 증명에서 (3.1)이 성립함을 보여라.

보기 3.2.9

다음과 같이 정의되는 함수 $h : \mathbb{R} \to \mathbb{R}$은 연속임을 보여라.

$$h(x) = \begin{cases} x + 1, & x \le 0, \\ -x + 1, & x \ge 0 \end{cases}$$

풀이 $f(x) = x + 1$로 정의된 함수 $f : (-\infty, 0] \to \mathbb{R}$과 $g(x) = -x + 1$로 정의된 함수 $g : [0, \infty) \to \mathbb{R}$이 연속 함수이다. 또한, $(-\infty, 0]$과 $[0, \infty)$는 닫힌 집합이다. 그리고 $\{0\} = (-\infty, 0] \cap [0, \infty)$에서 f와 g의 함수 값은 $f(0) = 1 = g(0)$이므로 일치한다. 따라서 붙임 보조 정리에 의해 h는 연속 함수이다. □

보기 3.2.10

$f, g : [0,1] \to X$를 $f(1) = g(0)$인 두 경로(즉, 연속 함수)라 하자. 이때 다음과 같이 f_1, g_1을 정의하자.

$$f_1 : [0, \tfrac{1}{2}] \to X, \quad f_1(t) = f(2t),$$
$$g_1 : [\tfrac{1}{2}, 1] \to X, \quad g_1(t) = g(2t-1)$$

이 두 함수 f_1, g_1은 각각 연속 함수의 합성이므로 연속 함수이다. 또한, $\{\frac{1}{2}\} = [0, \frac{1}{2}] \cap [\frac{1}{2}, 1]$에서 $f_1(\frac{1}{2}) = f(1) = g(0) = g_1(\frac{1}{2})$이므로 붙임 보조 정리로부터 다음과 같이 주어지는 연속 함수 $f * g : [0,1] \to X$를 얻는다.

$$(f * g)(t) = \begin{cases} f_1(t), & 0 \le t \le \frac{1}{2}, \\ g_1(t), & \frac{1}{2} \le t \le 1 \end{cases}$$

연속 함수 $f * g$를 두 경로 f와 g의 **경로 결합**이라 한다.

붙임 보조 정리의 증명에서 닫힌 집합을 모두 열린 집합으로 바꾸어 전개해도 논리가 틀리지 않는다. 따라서, 다음 명제가 참이다.(정리 3.2.13 참조)

"붙임 보조 정리는 두 부분 집합 A와 B가 모두 열린 집합이어도 성립한다."

그러나 하나는 열린 집합, 다른 것은 닫힌 집합인 경우, 다음 보기와 같이 일반적으로 붙임 보조 정리가 성립하지 않는다.

보기 3.2.11

두 집합 $A = (-\infty, 0]$, $B = (0, \infty)$에 대하여 $\mathbb{R} = A \cup B$이다. 이때 다음 함수 $f : \mathbb{R} \to \mathbb{R}$는 연속이 아니다.(그림 3.8 참조)

$$f(x) = \begin{cases} 0, & x \in A, \\ 1, & x \in B \end{cases}$$

그러나 두 제한 함수 $f|_A$, $f|_B$는 상수 함수로 연속이다. 그러므로 이 경우 붙임 보조 정리가 성립하지 않음을 알 수 있다. 여기서 주어진 함수 f를 **단위 계단 함수**라 한다.

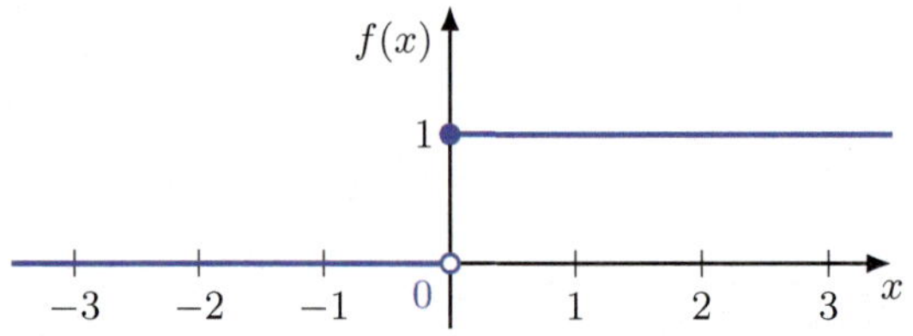

그림 3.8: 단위 계단 함수

붙임 보조 정리를 다음과 같이 유한 개 닫힌 집합에 정의된 연속 함수들로 확장할 수 있다.

따름 정리 3.2.12

$A_i\ (i=1,2,\ldots,n)$가 위상 공간 X에서 닫힌 집합으로 $X=\bigcup_{i=1}^{n}A_i$라 하자. $f_i : A_i \to Y\ (i=1,2,\ldots,n)$가 모든 $x\in A_i\cap A_j$에 대하여 $f_i(x)=f_j(x)$인 연속 함수라면 다음과 같이 정의되는 함수 $h : X\to Y$는 연속 함수이다.

$$h(x)=f_i(x),\quad x\in A_i\ (i=1,2,\ldots,n)$$

무한 개의 닫힌 집합으로 확장하면 다음(문제 3.2.6)과 같이 성립하지 않을 수 있다.

문제 3.2.6 $X=\{0\}\cup\{\frac{1}{n}|n\in\mathbb{N}\}$을 $\mathbb{R}$의 부분 공간이라 하고 $A_0=\{0\}$, $A_n=\{\frac{1}{n}\}\ (n\in\mathbb{N})$이라 하자. $f_i : A_i\to\mathbb{R}\ (i=0,1,2,\ldots)$를 다음과 같이 정의하자.

$$f_0(0)=1,\quad f_i\left(\frac{1}{i}\right)=0\ (i=1,2,\ldots)$$

이때 $h(x)=f_i(x)\ (x\in A_i,\ i=0,1,2,\ldots)$로 정의되는 $h : X\to\mathbb{R}$은 연속 함수가 아님을 보여라.

한편, 다음 정리와 같이 (무한 개) 열린 집합들에서 정의된 연속 함수들로부터 이들의 합집합 전체에서 정의된 연속 함수를 얻을 수 있다.

정리 3.2.13

$X=\bigcup_{\alpha\in\Lambda}U_\alpha$이고 각 U_α가 X에서 열린 집합인 부분 공간이라 하자. 각 $\alpha\in\Lambda$에 대하여 연속 함수 $f_\alpha : U_\alpha\to Y$가 주어져 있고 다음을 만족한다.

$$x\in U_\alpha\cap U_\beta\ \Rightarrow\ f_\alpha(x)=f_\beta(x),\quad \alpha,\beta\in\Lambda$$

이 때, 각 $x\in X$에 대하여 x를 포함하는 U_α를 택하여 $f(x)=f_\alpha(x)$로 함수 $f : X\to Y$를 정의하면 f는 연속 함수이다.

증명 V가 Y에서 열린 집합이라 하자. 그러면 각 $\alpha\in\Lambda$에 대하여 $f_\alpha^{-1}(V)$는 U_α에서 열린 집합이고, 또 X에서 열린 집합이다. 따라서 다음을 만족함을 보이면 충분하다.

$$f^{-1}(V)=\bigcup_{\alpha\in\Lambda}f_\alpha^{-1}(V)$$

$x\in f^{-1}(V)$는 $f(x)\in V$와 동치이다. 한편, $f(x)=f_\alpha(x)$인 $\alpha\in\Lambda$가 존재하므로 $x\in f_\alpha^{-1}(V)$와도 동치이다. □

보기 3.2.14

특수점 위상 $\mathcal{T}_0=\{U\subset\mathbb{R}\mid 0\in U\ \text{ 또는 }\ U=\varnothing\}$이 주어진 실수 공간 $\mathbb{R}_0$에 대하여 $\{0\}$는 조밀 집합이다. 따라서 $\mathbb{R}_0$은 분리 가능 공간이다. 한편, 부분 공간 $\mathbb{R}_0\setminus\{0\}$은 이산 공간이다. 왜냐하면 임의의 $x(\in\mathbb{R}\setminus\{0\})$에 대하여 $\{x,0\}$이 $\mathbb{R}_0$의 열린 집합이므로, 한 원소 집합 $\{x\}$는 $\mathbb{R}_0\setminus\{0\}$의 열린 집합이기 때문이다. 셀 수 없는 이산 공간은 분리 가능일 수 없으므로 $\mathbb{R}_0$의 부분 공간 $\mathbb{R}_0\setminus\{0\}$은 분리 가능이 아니다.

문제 3.2.7 위 보기에서 $\{0\}$이 $\mathbb{R}_0$의 조밀 집합임을 보여라.

위 보기는 일반적으로 분리 가능 공간의 부분 공간이 분리 가능 공간일 필요가 없음을 알려준다.

정리 3.2.15

X가 분리 가능 공간이고 Y가 X의 열린 집합이면 부분 공간 Y도 분리 가능이다.

문제 3.2.8 위 정리를 증명하여라.

연습 문제 3.2

1. 위상 공간 $(X, \mathcal{T})$의 부분 공간 $(Y, \mathcal{T}_Y)$에 대하여 $A \subset Y$일 때 다음이 성립함을 보여라.
   (1) A의 $\mathcal{T}_Y$에 관한 도 집합을 A'_Y로 나타내면 $A'_Y = A' \cap Y$이다.
   (2) A의 $\mathcal{T}_Y$에 관한 닫힘을 $\overline{A}_Y$로 나타내면 $\overline{A}_Y = \overline{A} \cap Y$이다.
   (3) A의 $\mathcal{T}_Y$에 관한 내부를 $\text{Int}(A)_Y$로 나타내면 $\text{Int}(A)_Y \supset \text{Int}(A) \cap Y$이다.
   (4) A의 $\mathcal{T}_Y$에 관한 경계를 ∂A_Y로 나타내면 $\partial A_Y \subset \partial A \cap Y$이다.

2. 위 문제 1의 (3)과 (4)에서 $\text{Int}(A)_Y \not\subset \text{Int}(A) \cap Y$인 예와 $\partial A_Y \not\supset \partial A \cap Y$인 예를 찾아라.

3. $(Y, \mathcal{T}_Y)$가 $(X, \mathcal{T})$의 부분 공간이고 $(Z, \mathcal{T}_Z)$가 $(Y, \mathcal{T}_Y)$의 부분 공간이면 $(Z, \mathcal{T}_Z)$는 $(X, \mathcal{T})$의 부분 공간임을 보여라.

4. 보통 위상 공간 $\mathbb{R}$의 부분 공간 $\mathbb{Q}$에 대하여 다음을 답하라.
   (1) $\mathbb{Q}$는 이산 공간이 아님을 보여라.
   (2) $a, b \in \mathbb{R} - \mathbb{Q}$에 대하여 $(a, b) \cap \mathbb{Q}$는 $\mathbb{Q}$의 닫열 집합임을 보여라.

5. Y가 X의 부분 공간이고 $\iota : Y \hookrightarrow X$를 포함 함수라 하자. 위상 공간 Z에 대하여 $f : Z \to Y$가 연속 함수일 필요 충분 조건은 합성 함수 $\iota \circ f$가 연속인 것임을 보여라.

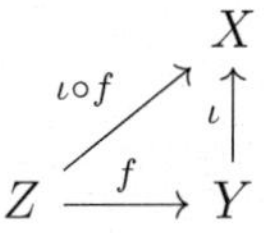

6. 다음에 답하여라.
   (1) 거리를 줄 수 있는 공간의 부분 공간이 거리를 줄 수 있는 공간임을 보여라.
   (2) 분리 가능한 거리 공간의 부분 공간이 분리 가능임을 보여라.

7. A가 위상 공간 X의 조밀 집합이라 하자. 연속 함수 $f : X \to \mathbb{R}$에 대하여 $f(A) = \{0\}$일 때 f의 치역을 찾아라.

8. Y를 순서 위상이 주어진 순서 집합이라 하고, $f, g : X \to Y$는 연속 함수라 하자.
   (1) $\{x \mid f(x) \le g(x)\}$가 X의 닫힌 집합임을 보여라.
   (2) $h : X \to Y$를 다음과 같이 주어진 함수라 하자.
   $$h(x) = \min\{f(x),\ g(x)\}$$
   이때 h가 연속임을 보여라. ([도움말]: 붙임 보조 정리를 활용하여라.)

9. [2018학년도 임용고사] 위상 공간 $(\mathbb{R}^2, \mathcal{T}_u)$의 부분 공간(subspace) $A = \{(x, y) \in \mathbb{R}^2 \,|x^2 + y^2 < 4\}$와 집합 $X = \{-3, -2, -1, 0, 1, 2, 3\}$에 대하여 함수 $f : A \to X$를 $f(x, y) = [x^2 + y^2]$

으로 정의하자. 집합 X 위의 위상 $\mathcal{T}$를 $\mathcal{T} = \{U \subset X | f^{-1}(U) \in \mathcal{T}_u\}$으로 정의할 때, 3을 원소로 갖는 X의 모든 열린 집합의 개수를 풀이 과정과 함께 쓰시오. 또 위상 공간 $(X, \mathcal{T})$에서 집합 $B = \{1, 2\}$의 도 집합 B'을 구하시오.(단, $\mathcal{T}_u$는 $\mathbb{R}^2$위의 보통 위상이고, $[x]$는 x를 넘지 않는 최대 정수이다.)

3.3 위상 동형

아래 그림에서 도넛을 연속적으로 변형시키면 커피잔이 된다. 이와 같은 연속적 변형을 나타내는 위상 동형 함수에 대하여 알아보자.

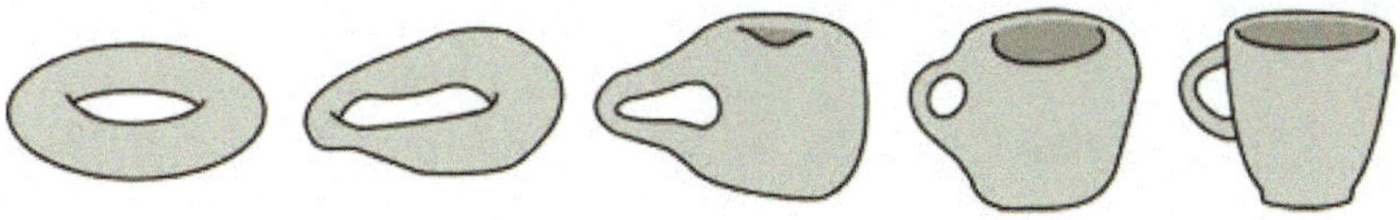

그림 3.9: 도넛과 커피잔

정의 3.3.1

두 위상 공간 사이의 함수 $f : X \to Y$에 대하여 f가 전단사인 연속 함수이고 f^{-1}도 연속 함수이면 f를 **위상 동형 함수**라 한다. 이 때, X와 Y는 **위상 동형**이라 하고 다음과 같이 나타낸다.

$$X \cong Y$$

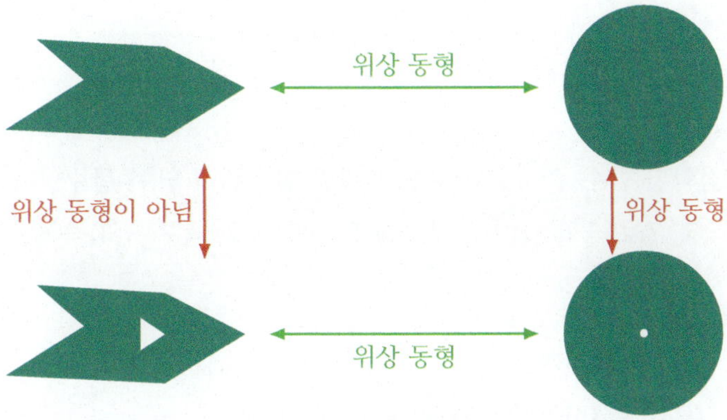

그림 3.10: 위상 동형

문제 3.3.1 다음을 보여라.

(1) $X \cong X$이다.

(2) $X \cong Y$이면 $Y \cong X$이다.

(3) $X \cong Y$이고 $Y \cong Z$이면 $X \cong Z$이다.

문제 3.3.1로부터 모든 위상 공간으로 이루어진 집합에서 위상 동형 $\cong$는 동치 관계임을 알 수 있다.

보기 3.3.2

(1) 보통 위상 공간 $(\mathbb{R}, \mathcal{U})$의 부분 공간으로서 임의의 열린 구간 (a, b)와 열린 구간 $(0, 1)$은 위상 동형이다. 왜냐하면 다음과 같은 함수 $f : (0,1) \to (a,b)$가 위상 동형 함수이기 때문이다.

$$f(x) = (1-x)a + xb$$

(2) $g(x) = \tan x$ 로 정의된 함수 $g : \left(-\frac{\pi}{2}, \frac{\pi}{2}\right) \to \mathbb{R}$이 위상 동형 함수이므로 열린 구간 $\left(-\frac{\pi}{2}, \frac{\pi}{2}\right)$와 $\mathbb{R}$은 위상 동형이다.

위 보기는 임의의 열린 구간은 $\mathbb{R}$과 위상 동형임을 알려준다. 이제 위상 동형에 대하여 좀 더 알아보기 위해 다음을 정의하자.

정의 3.3.3

두 위상 공간 X, Y에 대해 $f : X \to Y$를 함수라 하자.

(1) 임의의 열린 집합 $U(\subset X)$에 대하여 $f(U)$가 열린 집합일 때 f를 **열린 함수**라 한다.

(2) 임의의 닫힌 집합 $C(\subset X)$에 대하여 $f(C)$가 닫힌 집합일 때 f를 **닫힌 함수**라 한다.

보기 3.3.4

$X = \{1, 2, 3\}$, $Y = \{5, 6, 7\}$에 대해 위상은 각각 다음과 같다.

$$\mathfrak{T}_X = \{X,\ \varnothing,\ \{1\},\ \{2\},\ \{1,2\}\}, \quad \mathfrak{T}_Y = \{Y,\ \varnothing,\ \{5\},\ \{6\},\ \{5,6\},\ \{5,7\}\}$$

이때 다음과 같이 정의된 함수 $f,\ g : X \to Y$가 열린 함수인지 닫힌 함수인지를 밝혀라.

$$f(1) = 5,\ f(2) = 6,\ f(3) = 6, \quad g(1) = 5,\ g(2) = 7,\ g(3) = 6$$

| **풀이** | f는 다음을 만족한다.

$$f(X) = \{5,6\} \in \mathfrak{T}_Y,\ f(\varnothing) = \varnothing \in \mathfrak{T}_Y,\ f(\{1\}) = \{5\} \in \mathfrak{T}_Y,$$
$$f(\{2\}) = \{6\} \in \mathfrak{T}_Y,\ f(\{1,2\}) = \{5,6\} \in \mathfrak{T}_Y$$

그러므로 f는 열린 함수이다. 그런데, $g(\{2\}) = \{7\}$이 열린 집합이 아니므로 g는 열린 함수가 아니다.

한편, 닫힌 집합 $\{1,3\}$에 대하여 $f(\{1,3\}) = \{5,6\}$이 닫힌 집합이 아니므로 f는 닫힌 함수가 아니다. 마찬가지로 $g(\{1,3\}) = \{5,6\}$이 닫힌 집합이 아니므로 g도 닫힌 함수가 아니다. □

정리 3.3.5

함수 $f : X \to Y$가 전단사일 때 f가 열린 함수인 것은 f가 닫힌 함수인 것과 동치이다.

| **증명** | $(\Rightarrow)$ A를 X의 닫힌 집합이라 하면 어떤 열린 집합 U가 존재해서 $A = X - U$이다. f가 전단사이므로 $f(A) = f(X-U) = Y - f(U)$이고(연습 문제 1.3의 4번) $f(A)$는 닫힌 집합이다. 따라서 f는 닫힌 함수이다.

(⇐) B를 X의 열린 집합이라 하면 어떤 닫힌 집합 V가 존재해서 $B = X - V$이다. 그러므로 $f(B) = f(X - V) = Y - f(V)$이고 $f(B)$는 열린 집합이다. 따라서 f는 열린 함수이다. □

문제 3.3.2 함수 $f : X \to Y$가 전사일 때 f가 열린 함수이고 닫힌 함수가 아닌 예와 닫힌 함수이고 열린 함수가 아닌 예를 찾아라.

보기 3.3.6

항등 함수 $1_X : (X, \mathcal{T}) \to (X, \mathcal{T}')$에 대해 다음이 성립한다.

(1) 1_X가 열린 함수(닫힌 함수)일 필요 충분 조건은 $\mathcal{T} \subset \mathcal{T}'$이다.

(2) 1_X가 연속 함수일 필요 충분 조건은 $\mathcal{T}' \subset \mathcal{T}$이다.

위 보기는 전단사인 함수가 열린 함수라는 것은 연속이라는 것과 서로 독립적인 개념임을 보여 준다.

만일 함수 $f : X \to Y$가 전단사이면 임의의 $A \subset X$에 대해 다음이 성립한다.

$$(f^{-1})^{-1}(A) = f(A)$$

따라서 이 경우 f가 열린 함수라는 것과 그 역 함수 f^{-1}가 연속이라는 것은 서로 동치이다. 그러므로 다음 정리가 성립한다.

정리 3.3.7

함수 $f : X \to Y$가 위상 동형 함수일 필요 충분 조건은 f가 전단사이고 연속인 열린 함수인 것이다.

보기 3.3.8

$X = \{a, b, c\}$의 위상이 $\{X, \varnothing, \{a\}, \{b\}, \{a, b\}\}$이고 $Y = \{x, y, z\}$의 위상이 $\{Y, \varnothing, \{x\}, \{y\}, \{x, y\}\}$일 때 전단사인 두 함수 $f, g : X \to Y$를 다음과 같이 정의하자.

$$f(a) = y, \ f(b) = x, \ f(c) = z, \qquad g(a) = x, \ g(b) = z, \ g(c) = y$$

그러면 f는 연속인 열린 함수이다. 그러므로 f는 위상 동형 함수이다. 한편 $g(\{a, b\}) = \{x, z\}$는 Y의 열린 집합이 아니므로 g는 열린 함수가 아니다. 따라서 g는 위상 동형 함수가 아니다.

문제 3.3.3 보기 3.3.8에서 f가 연속인 열린 함수임을 보여라.

문제 3.3.4 단위원 S^1을 다음과 같이 주어지는 $\mathbb{R}^2$의 부분 공간이라 하자.

$$S^1 = \{(x, y) \in \mathbb{R}^2 \mid x^2 + y^2 = 1\}$$

이때 다음과 같이 정의된 함수 $f : [0, 2\pi) \to S^1$가 연속이고 전단사임을 보이고, 위상 동형 함수가 아님을 보여라.(구간 $[0, 2\pi)$는 $\mathbb{R}$의 부분 공간)

$$f(\theta) = (\cos\theta,\ \sin\theta)$$

다음 정리는 정리 3.1.10, 문제 3.1.7, 연습 문제 3.1의 2 (4),(5)와 비교해 볼 수 있다.

정리 3.3.9

위상 공간 X, Y에 대하여 다음이 성립한다.

(a) 함수 $f : X \to Y$가 열린 함수일 필요 충분 조건은 임의의 부분 집합 $A(\subset X)$에 대해 $f(\mathrm{Int}A) \subset \mathrm{Int}\big(f(A)\big)$가 성립하는 것이다.

(b) 함수 $f : X \to Y$가 닫힌 함수일 필요 충분 조건은 임의의 부분 집합 $A(\subset X)$에 대해 $\overline{f(A)} \subset f(\overline{A})$가 성립하는 것이다.

|증명| (a) ($\Rightarrow$) 임의의 집합 $A(\subset X)$에 대해 $f(\mathrm{Int}(A)) \subset f(A)$이고 f가 열린 함수이므로 $f(\mathrm{Int}(A))$는 열린 집합이다. 따라서 $f(\mathrm{Int}(A)) \subset \mathrm{Int}(f(A))$이다.

($\Leftarrow$) X의 임의의 열린 집합 U에 대해 $f(U) = f(\mathrm{Int}(U)) \subset \mathrm{Int}(f(U)) \subset f(U)$이므로 $f(U) = \mathrm{Int}\,(f(U))$이다. 따라서 $f(U)$는 열린 집합이고, f는 열린 함수이다.

(b) 독자에게 맡긴다. □

문제 3.3.5 정리 3.3.9의 증명을 완성하여라.

위상 동형 함수는 두 공간의 원소들 사이에서 일대일 대응일 뿐만 아니라 열린 집합들 사이에서도, 즉 두 공간의 위상 사이에서도 일대일 대응이 됨을 쉽게 확인할 수 있다. 따라서 위상 동형 함수는 위상 구조를 보존하고, 아울러 열린 집합을 통해 정의된 성질들은 위상 동형인 두 공간에서 동일하게 성립한다. 그 때문에 위상 동형인 두 공간은 위상의 관점에서 동일한 것으로 본다.

정의 3.3.10

P를 위상 공간 X의 어떤 성질이라고 할 때, X와 위상 동형인 모든 위상 공간이 성질 P를 갖는다면 이 성질 P를 **위상적 성질** 또는 **위상 불변량**이라 한다.

보기 3.3.2에서 살펴 본 바와 같이 임의의 열린 구간이 $\mathbb{R}$과 위상 동형이므로 길이, 유계는 위상적 성질이 아니다. 그러나 열린 구간과 $\mathbb{R}$은 분리되지 않고 연결되어 있으므로 연결성은 위상적 성질이다.*

문제 3.3.6 닫열 집합의 개수는 위상적 성질임을 보여라.

보기 3.3.11
두 위상 공간 X와 Y에 대하여 $f : X \to Y$가 위상 동형 함수라 하자. 이때 X가 제2 가산 공간이면 Y도 제2 가산 공간임을 보여라.

| 풀이 | $\mathcal{B}$를 X의 가산 기저라 하자. 그러면 f가 열린 함수이므로 다음과 같이 주어지는 $\tilde{\mathcal{B}}$는 Y에서 가산인 열린 집합들의 모임이다.

$$\tilde{\mathcal{B}} = \{f(B) \mid B \in \mathcal{B}\}$$

f가 전사이므로 임의의 열린 집합 $V\ (\subset Y)$와 $y(\in V)$에 대하여 다음을 만족하는 $x(\in X)$가 존재한다.

$$x \in f^{-1}(V) \quad \text{그리고} \quad f(x) = y$$

이때 f가 연속이므로 $f^{-1}(V)$는 X의 열린 집합이다. 따라서 $\mathcal{B}$의 원소 B가 존재하여 다음을 만족한다.

$$x \in B \subset f^{-1}(V)$$

이로부터 f가 전사이므로 다음을 얻는다.

$$f(x) = y \in f(B) \subset V = f\left(f^{-1}(V)\right)$$

그러므로 $\tilde{\mathcal{B}}$는 Y의 가산 기저이다. 즉, Y는 제2 가산 공간이다. □

위 보기는 제2 가산 공리가 위상적 성질임을 말한다. 한편, 보기의 풀이에서 f가 연속, 열린 그리고 전사라는 성질만 사용한 것을 볼 수 있다.

문제 3.3.7 분리 가능성이 위상적 성질임을 보여라.

한편, 문제 3.3.1에서 살펴본 것처럼 위상 동형은 동치 관계이다. 따라서 위상적 성질은 동치류에 속하는 위상 공간들이 지니는 공통의 성질이다. 그러므로 두 위상 공간이 동형이 아니라는 것은 한 공간에서는 만족되지만 다른 공간에서는 만족되지 않는 어떤 위상적 성질을 찾으면 충분하다.

보기 3.3.12
$\mathbb{R}$과 $\mathbb{R}_l$은 위상 동형이 아니다. 왜냐하면 $\mathbb{R}$에는 닫열 집합이 공집합과 $\mathbb{R}$ 이외에 존재하지 않는데 조르겐프라이 직선에서는 $[0, 1)$이 닫열 집합이기 때문이다.

*연결성에 관해서는 6장에서 엄밀히 다룬다.

정의 3.3.13

$f : X \to Y$가 연속이고 단사 함수라 하자. $f(X)$를 Y의 부분 공간으로 여겨 $f : X \to f(X)$가 위상 동형 함수이면 f를 **매립**이라 한다.†

A가 X의 부분 공간일 때, 포함 함수 $\iota : A \hookrightarrow X$는 매립이다. 그러므로 매립 f를 다음과 같이 표현하기도 한다.

$$f : X \xrightarrow{\cong} f(X) \hookrightarrow Y$$

보기 3.3.14

문제 3.3.4에서 $f(t) = (\cos t,\ \sin t)$로 주어진 함수 $f : [0, 2\pi) \to \mathbb{R}^2$는 연속이고 단사이지만 매립은 아니다. 왜냐하면 $[0, 2\pi)$와 $f([0, 2\pi)) = S^1$이 위상 동형이 아니기 때문이다.

문제 3.3.8 보기 3.3.14에서 제한 함수 $f|_{(0,2\pi)}$는 매립임을 보여라.

주어진 공간 Y에 대하여 매립 $f : X \to Y$의 존재는 X의 위상적 불변량이다. 즉, 두 위상 공간 중 한 공간은 주어진 공간에 매립 가능하고 다른 공간은 매립이 존재하지 않으면 두 공간은 위상 동형이 아니다.‡

보기 3.3.15

임의의 자연수 n에 대하여 보통 위상 공간 $\mathbb{R}^n$으로 매립할 수 없는 공간을 찾아라.

풀이 이산 공간 $\mathbb{R}_d = (\mathbb{R}, \mathcal{D})$에 대하여 $f : \mathbb{R}_d \to \mathbb{R}^n$을 매립이라 하면 $f(\mathbb{R}_d)$는 이산 집합이어야 한다. 그리고 $f(\mathbb{R}_d)$는 셀 수 없는 집합이다. 그런데 $\mathbb{R}^n$의 **이산 집합**§은 셀 수 있는 집합이다. 이는 f가 매립이라는 사실, 즉 $\mathbb{R}_d$와 $f(\mathbb{R}_d)$가 위상 동형이라는 사실에 위배된다. 따라서 $\mathbb{R}_d$는 $\mathbb{R}^n$에 매립되지 않는다. □

문제 3.3.9 $\mathbb{R}^n$의 이산 집합은 셀 수 있는 집합임을 보여라.

문제 3.3.10 다음을 만족하는 연속 함수 $f : X \to Y$는 매립임을 보여라.

(i) f는 단사이다. (ii) f는 열린 또는 닫힌 함수이다.

---

† 비슷한 개념으로 **몰입**이 있다

‡ 예를 들어 클라인 병은 $\mathbb{R}^3$에 매립할 수 없다는 것이 알려져 있다. 그러므로 클라인 병은 원환면과 위상 동형일 수가 없다.

§ 위상 공간 X의 한 부분 집합 D가 **이산**이라는 것은 임의의 점 $x \in D$에 대하여 x의 열린 근방 U가 존재하여 $U \cap D = \{x\}$를 만족하는 것이다.

연습 문제 3.3

1. 두 위상 공간 X와 Y에 대하여 $f : X \to Y$가 위상 동형 함수라 하자. 또 다른 위상 공간 Z에 대하여 함수 $g : Y \to Z$가 연속일 필요 충분 조건은 $g \circ f$가 연속임을 보여라.

2. $\mathcal{B}$가 위상 공간 X의 기저일 때 $f : X \to Y$가 열린 함수일 필요 충분 조건은 임의의 $B \in \mathcal{B}$에 대하여 $f(B)$가 열린 집합인 것임을 보여라.

3. 위상 공간 X, Y에 대하여 $f : X \to Y$가 전단사일 때 다음 명제가 서로 동치임을 보여라.
   (1) f는 위상 동형 함수이다.
   (2) f는 연속인 열린 함수이다.
   (3) f는 연속인 닫힌 함수이다.
   (4) 임의의 $A \subset X$에 대해 $\overline{f(A)} = f(\overline{A})$이다.
   (5) 임의의 $A \subset X$에 대해 $\mathrm{Int}\big(f(A)\big) = f\big(\mathrm{Int}(A)\big)$이다.

4. $[0, 1]$과 $(0, 1)$은 위상 동형이 아님을 보여라.

5. 거리를 줄 수 있음은 위상적 성질임을 보여라.

6. 두 거리 공간 (X, d_X)와 (Y, d_Y)에 대하여 함수 $f : X \to Y$가 다음을 만족하면 f가 매립임을 보여라.

$$d_Y\big(f(x_1), f(x_2)\big) = d_X(x_1, x_2), \quad x_1, x_2 \in X$$

   이 때 f를 **등거리 매립**이라 한다.

7. 두 위상 공간 X와 Y에 대하여 $f : X \to Y$가 전사이고 연속인 열린 함수라 하자. 이때 X가 제2 가산 공간이면 Y도 제2 가산 공간임을 보여라.

3.4 곱 위상

집합 X와 Y의 곱 집합 $X \times Y$는 다음과 같이 정의된다.(정의 1.1.13)

$$X \times Y = \{(x, y) \mid x \in X,\ y \in Y\}$$

X와 Y가 위상 공간일 때 다음과 같이 정의되는 $X \times Y$의 부분 집합의 모임 $\mathcal{B}$는 $X \times Y$의 위상이 아니다.

$$\mathcal{B} = \{U \times V \mid U\text{와 } V\text{는 각각 } X\text{와 } Y\text{에서 열린 집합}\} \tag{3.2}$$

왜냐하면, 그림 3.11에서와 같이 두 직사각형 $U_1 \times V_1$과 $U_2 \times V_2$의 합집합이 직사각형이 아니기 때문이다.

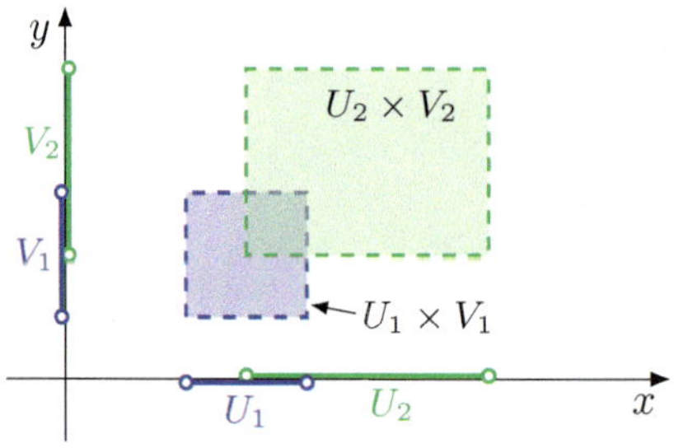

그림 3.11: 두 직사각형의 합집합과 교집합

보조 정리 3.4.1

X와 Y를 위상 공간이라 하면 (3.2)로 주어진 $\mathcal{B}$는 $X \times Y$의 어떤 위상에 대한 기저이다.

증명 $X \times Y \in \mathcal{B}$이므로 $X \times Y = \bigcup_{\mathcal{B}} U \times V$임은 명백하다. 한편, $U_1 \times V_1,\ U_2 \times V_2 \in \mathcal{B}$에 대하여 다음이 성립한다.(보기 1.1.16)

$$(U_1 \times V_1) \bigcap (U_2 \times V_2) = (U_1 \bigcap U_2) \times (V_1 \bigcap V_2)$$

$U_1 \bigcap U_2$와 $V_1 \bigcap V_2$가 각각 열린 집합이므로 $(U_1 \times V_1) \bigcap (U_2 \times V_2) \in \mathcal{B}$이다. 따라서 $\mathcal{B}$는 $X \times Y$의 어떤 위상에 대한 기저이다. □

정의 3.4.2

(3.2)의 $\mathcal{B}$를 기저로 갖는 위상을 $X \times Y$의 **곱 위상**이라 한다. 그리고 곱 위상이 주어진 곱 집합 $X \times Y$를 X와 Y의 **곱 공간**이라 한다.

O를 $X \times Y$의 부분 집합이라 하자. 곱 위상의 정의로부터 임의의 점 $(a, b) \in O$에 대하여 다음을 만족하는 열린 집합 U와 V가 존재하면 O는 곱 공간 $X \times Y$의 열린 집합이다.

$$(a, b) \in U \times V \subset O$$

보기 3.4.3

$X = \{a, b\}$의 위상이 $\mathcal{T} = \{X,\ \varnothing,\ \{a\}\}$라 하자. 이때 $X \times X$의 기저와 곱 위상은 각각 다음과 같다.

$$\mathcal{B}_{X\times X} = \{X \times X,\ \varnothing,\ \{(a,a)\},\ \{(a,a),(a,b)\},\ \{(a,a),(b,a)\}\}$$
$$\mathcal{T}_{X\times X} = \{X \times X,\ \varnothing,\ \{(a,a)\},\ \{(a,a),(a,b)\},\ \{(a,a),(b,a)\},\ \{(a,a),(a,b),(b,a)\}\}$$

여기서 $\{(a,a),(a,b),(b,a)\}$는 기본 열린 집합이 아니다.

문제 3.4.1 X, Y가 이산 공간이면 곱 공간 $X \times Y$도 이산 공간이고, X, Y가 자명 공간이면 곱 공간 $X \times Y$도 자명 공간임을 보여라.

A와 B가 각각 X와 Y의 닫힌 집합이라 하자. 먼저 연습 문제 1.1의 6으로부터 다음을 얻는다.

$$(A \times B)^c = (A^c \times Y) \cup (X \times B^c)$$

여기서 $A^c \times Y$와 $X \times B^c$가 열린 집합이므로 $(A \times B)^c$는 열린 집합이다. 따라서 다음 명제가 성립한다.

"두 닫힌 집합의 곱 집합 $A \times B$는 곱 공간 $X \times Y$의 닫힌 집합이다."

정리 3.4.4

두 위상 공간 X, Y에 대하여 $A \subset X$이고 $B \subset Y$일 때 다음이 성립한다.

(a) $\overline{A} \times \overline{B} = \overline{A \times B}$ (b) $\operatorname{Int}(A) \times \operatorname{Int}(B) = \operatorname{Int}(A \times B)$

|증명| 여기서는 (a)만 증명하고 (b)는 독자에게 맡긴다.

($\subset$) $(x, y) \in \overline{A} \times \overline{B}$라 하면 $x \in \overline{A}$이고, $y \in \overline{B}$이다. $X \times Y$에서 (x, y)를 포함하는 임의의 열린 집합을 O라 하자. 그러면 곱 공간의 기본 열린 집합 $U \times V$가 존재해서 $(x, y) \in U \times V \subset O$이다. 그런데 $x \in \overline{A}$이므로 $U \cap A \neq \varnothing$이고, $y \in \overline{B}$이므로 $V \cap B \neq \varnothing$이다. 한편 $(U \times V) \cap (A \times B) = (U \cap A) \times (V \cap B)$이고 $(U \times V) \cap (A \times B) \subset [O \cap (A \times B)]$이므로 다음을 얻는다.

$$O \cap (A \times B) \neq \varnothing$$

따라서 $(x, y) \in \overline{A \times B}$이다. 즉 $\overline{A} \times \overline{B} \subset \overline{A \times B}$이다.

($\supset$) $A \subset \overline{A}$, $B \subset \overline{B}$이므로 $A \times B \subset \overline{A} \times \overline{B}$이다. 한편 $\overline{A} \times \overline{B}$가 닫힌 집합이고, $\overline{A \times B}$가 $A \times B$를 포함하는 가장 작은 닫힌 집합이므로 $\overline{A \times B} \subset \overline{A} \times \overline{B}$이다. □

문제 3.4.2 정리 3.4.4의 증명을 완성하여라.

문제 3.4.3 $\mathcal{B}_X$가 위상 공간 X의 기저이고, $\mathcal{B}_Y$가 위상 공간 Y의 기저일 때 다음과 같이 주어지는 부분 집합들의 모임은 곱 공간 $X \times Y$의 기저임을 보여라.

$$\tilde{\mathcal{B}} = \{U \times V \mid U \in \mathcal{B}_X,\ V \in \mathcal{B}_Y\} \tag{3.3}$$

보기 3.4.5

(1) $(\mathbb{R}, \mathcal{U})$에 대하여 $\mathbb{R}^2 = \mathbb{R} \times \mathbb{R}$의 곱 위상은 문제 3.4.3에 의해 다음의 $\mathcal{B}$를 기저로 갖는다.

$$\mathcal{B} := \{(a, b) \times (c, d) \mid a < b,\ c < d,\ a, b, c, d \in \mathbb{R}\}$$

따라서 보기 2.3.6으로부터 $\mathbb{R}^2$의 곱 위상이 바로 $\mathbb{R}^2$의 보통 위상이다.

(2) 곱 공간 $\mathbb{R}_l \times \mathbb{R}_l$의 전형적인 기본 열린 집합은 그림 3.12과 같이 $[a, b) \times [c, d)$ 형태의 **반-열린 직사각형**이다.

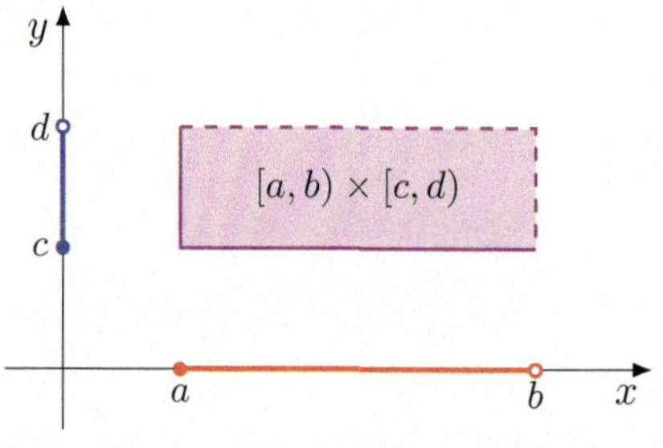

그림 3.12: 반-열린 직사각형

곱 공간 $X \times Y$에 대하여 다음과 같이 정의된 함수 $p_1 : X \times Y \to X,\ p_2 : X \times Y \to Y$를 **사영 함수**라 한다.

$$p_1(x, y) = x, \qquad p_2(x, y) = y$$

X의 임의의 열린 집합 U에 대하여 $p_1^{-1}(U) = U \times Y$는 $X \times Y$의 열린 집합이므로 p_1은 연속 함수이다. 마찬가지로 p_2도 연속 함수이다.

두 위상 공간 X, Y의 곱 공간에 대해 (3.2) 또는 (3.3)에서 주어진 기저의 원소 $U \times V$를 사영을 이용하여 나타내면 다음과 같다(그림 3.13 참조).

$$U \times V = (U \times Y) \cap (X \times V) = p_1^{-1}(U) \cap p_2^{-1}(V)$$

따라서 다음과 같이 주어지는 Σ는 $X \times Y$의 곱 위상에 대한 부분 기저이다.

$$\Sigma = \{p_1^{-1}(U),\ p_2^{-1}(V) \mid U\text{와 } V\text{는 각각 } X\text{와 } Y\text{에서 열린 집합}\}$$

문제 3.4.4 다음 부분 집합들의 모임 $\tilde{\Sigma}$가 곱 공간 $X \times Y$의 부분 기저인지를 밝혀라.

$$\tilde{\Sigma} = \{p_1^{-1}(U),\ p_2^{-1}(V) \mid U \in \mathcal{B}_X, V \in \mathcal{B}_Y,\ \mathcal{B}_X\text{와 } \mathcal{B}_Y\text{는 각각 } X\text{와 } Y\text{의 기저}\}$$

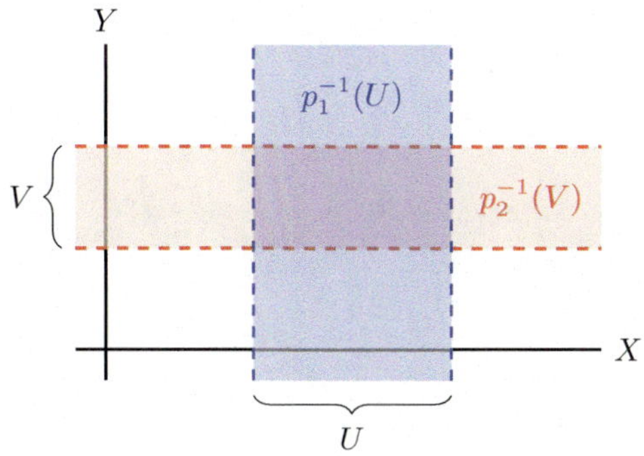

그림 3.13: 곱 공간의 부분 기저

보기 3.4.6

$X = \{a, b, c\}$의 위상 $\mathcal{T}_1 = \{X, \varnothing, \{a\}, \{b, c\}\}$와 $Y = \{u, v\}$의 위상 $\mathcal{T}_2 = \{Y, \varnothing, \{u\}\}$에 대해 곱 공간 $X \times Y$의 부분 기저와 기저를 구하라.

| 풀이 | 비자명 열린 집합에 대한 사영 함수의 역 상을 구하면 다음과 같다.

$$p_1^{-1}(\{a\}) = \{(a, u), (a, v)\}, \quad p_1^{-1}(\{b, c\}) = \{(b, u), (b, v), (c, u), (c, v)\}$$
$$p_2^{-1}(\{u\}) = \{(a, u), (b, u), (c, u)\}$$

그러므로 $X \times Y$의 부분 기저는 다음과 같다.

$$\Sigma = \{X \times Y,\ \varnothing,\ \{(a, u), (a, v)\},$$
$$\{(b, u), (b, v), (c, u), (c, v)\},\ \{(a, u), (b, u), (c, u)\}\}$$

이로부터 곱 공간의 기저는 다음과 같다.

$$\mathcal{B} = \{X \times Y,\ \varnothing,\ \{(a, u), (a, v)\},\ \{(b, u), (b, v), (c, u), (c, v)\},$$
$$\{(a, u), (b, u), (c, u)\},\ \{(a, u)\},\ \{(b, u), (c, u)\}\}$$

□

문제 3.4.5 $X = \{a, b, c\}$의 위상 $\mathcal{T}_1 = \{X, \varnothing, \{a\}, \{a, b\}\}$와 $Y = \{u, v, w\}$의 위상 $\mathcal{T}_2 = \{Y, \varnothing, \{u\}, \{u, v\}\}$에 대하여 곱 공간 $X \times Y$의 부분 기저와 기저를 구하라.

다음 정리에서 알 수 있듯이 곱 위상은 p_1과 p_2가 연속이 되게 하는 $X \times Y$의 위상 중 가장 작은 것이다.

정리 3.4.7

곱 공간 $X \times Y$에 정의된 사영 함수는 모두 열린 함수이다. 또 곱 위상은 p_1과 p_2가 연속이 되게 하는 $X \times Y$의 위상 중 가장 작은 위상이다.

증명 O를 곱 공간 $X \times Y$의 열린 집합이라 하면 다음을 만족하는 X의 열린 집합 U_α와 Y의 열린 집합 V_β들이 존재한다.

$$O = \bigcup_{(\alpha,\beta)} U_\alpha \times V_\beta$$

$p_1(U_\alpha \times V_\beta) = U_\alpha$이므로 정리 1.3.4로부터 $p_1(O) = p_1(\bigcup_{(\alpha,\beta)} U_\alpha \times V_\beta) = \bigcup_\alpha U_\alpha$이고 이는 열린 집합이다. 따라서 p_1은 열린 함수이다. 마찬가지로 p_2도 열린 함수이다.
다음으로 $\mathcal{T}$를 p_1과 p_2가 연속이 되게 하는 곱 집합 $X \times Y$의 위상이라 하고, U와 V를 각각 X와 Y의 열린 집합이라 하자. 그러면 $p_1^{-1}(U)$와 $p_2^{-1}(V)$가 모두 $\mathcal{T}$의 원소이다. 그런데 $U \times V = p_1^{-1}(U) \cap p_2^{-1}(V)$이므로 $U \times V \in \mathcal{T}$이다. 따라서 $\mathcal{T}$는 곱 위상을 포함한다. □

한편, 다음 문제와 같이 일반적으로 사영 함수는 닫힌 함수가 아니다.

문제 3.4.6 평면 전체로부터 x축으로의 사영 함수 $p_x : \mathbb{R}^2 \to \mathbb{R}$이 닫힌 함수가 아님을 보여라.

정리 3.4.8

위상 공간 X, Y, Z에 대한 다음 두 명제는 동치이다.
(a) 함수 $f : Z \to X \times Y$가 연속이다.
(b) 합성 함수 $p_1 \circ f : Z \to X$와 $p_2 \circ f : Z \to Y$가 연속이다.

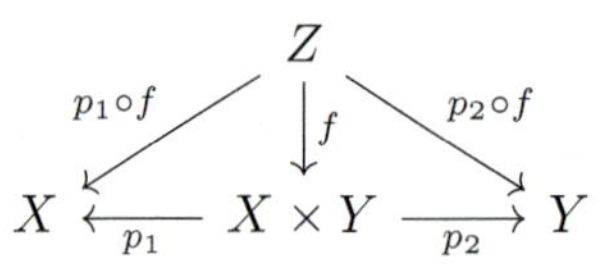

그림 3.14

증명 (a) ⇒ (b): $p_1 \circ f$와 $p_2 \circ f$는 연속 함수의 합성이므로 연속이다.
(b) ⇒ (a): U와 V가 각각 X와 Y의 열린 집합이라 하면 다음을 얻는다.

$$f^{-1}(U \times V) = f^{-1}(p_1^{-1}(U) \cap p_2^{-1}(V)) = (p_1 \circ f)^{-1}(U) \cap (p_2 \circ f)^{-1}(V)$$

가정에 의하여 $(p_1 \circ f)^{-1}(U)$와 $(p_2 \circ f)^{-1}(V)$는 Z에서 열린 집합이므로 $f^{-1}(U \times V)$는 Z에서 열린 집합이다. 따라서 f는 연속 함수이다. □

위 정리에서 $p_1 \circ f = f_1$, $p_2 \circ f = f_2$라 하면 함수 $f : Z \to X \times Y$는 다음과 같이 **벡터 함수**로 나타낼 수 있다.

$$f(z) = (f_1(z), f_2(z)) \in X \times Y, \quad z \in Z$$

이때 f_i $(i = 1, 2)$를 f의 **성분 함수**라 한다. 정리 3.4.8은 벡터 함수가 연속일 필요 충분 조건이 모든 성분 함수들의 연속인 것임을 말한다.

보기 3.4.9

단위 원 $S^1 = \{(x,y) \in \mathbb{R}^2 \mid x^2+y^2=1\}$에서 점 $\mathbf{n}=(0,1)$을 뺀 공간 $S^1\backslash\{\mathbf{n}\}$을 고려해보자. $S^1\backslash\{\mathbf{n}\}$의 임의의 점 $\mathbf{x}=(x,y)$에 대하여 $\mathbf{x}$와 $\mathbf{n}$을 연결한 직선이 x-축과 만나는 점을 $h(\mathbf{x})$라 하자(그림 3.15 참조). 이렇게 정의된 함수 $h : S^1\backslash\{\mathbf{n}\} \to \mathbb{R}$은 위상 동형 함수임을 보여라.

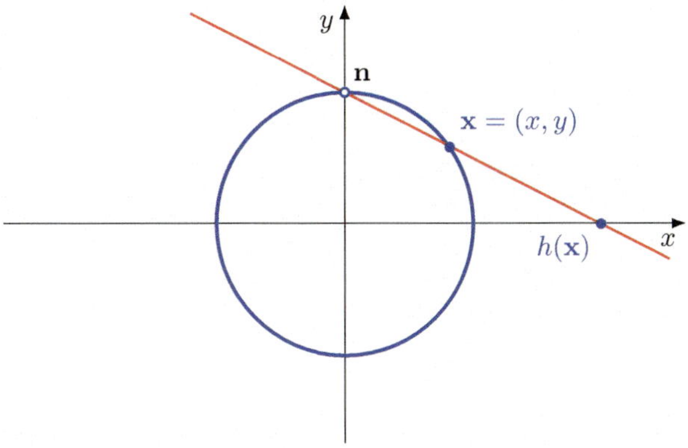

그림 3.15: 입체 사영

풀이 먼저 h를 구체적으로 표현해보자. S^1의 임의의 점 $\mathbf{x}=(x,y)$에 대하여 $\mathbf{n}$과 $\mathbf{x}$를 지나는 직선 l의 점은 $\mathbf{n}+t(\mathbf{x}-\mathbf{n})$으로 다음과 같이 좌표로 나타낼 수 있다.

$$\mathbf{n}+t(\mathbf{x}-\mathbf{n}) = (tx,\ 1+t(y-1))$$

l과 x-축이 만나는 점에서는 두 번째 좌표가 0이므로, $t=\frac{1}{(1-y)}$이다. 따라서 다음을 얻는다.

$$h(\mathbf{x}) = h(x,y) = \frac{x}{1-y}$$

그러면 $S^1\backslash\{\mathbf{n}\}$에서는 $y<1$이므로 유리 함수 h는 연속이다.*

반대로 x-축의 임의의 점 $\mathbf{p}=(x,0)$에 대해 $\mathbf{p}$와 $\mathbf{n}$을 연결한 직선이 단위 원 S^1과 만나는 점을 $g(x)$라 하자. 이렇게 정의된 함수 $g : \mathbb{R} \to S^1\backslash\{\mathbf{n}\}$이 h의 역 함수임은 분명하다. g를 구체적으로 계산해보자. $\mathbb{R}$의 임의의 점 $\mathbf{p}=(x,0)$에 대해 $\mathbf{p}$와 $\mathbf{n}$을 연결한 직선 l'의 점을 $\mathbf{n}+t(\mathbf{p}-\mathbf{n})$의 형태로 나타내면 다음과 같다.

$$(tx,\ 1-t)$$

l'이 원 S^1과 만나는 점에서 $(tx)^2+(1-t)^2=1$이므로 $t=\frac{2}{x^2+1}$이다. 따라서 다음을 얻는다.

$$g(x) = \left(\frac{2x}{x^2+1}, \frac{x^2-1}{x^2+1}\right)$$

각 성분 함수는 분모가 0보다 큰 유리 함수이므로 모두 연속이다. 그러므로 정리 3.4.8로부터 g는 연속 함수이다.† 따라서 h는 위상 동형 함수이다. □

---

*$\hat{\mathbb{R}}^2 := \mathbb{R}^2 - \{(x,y) | y \geq 1\}$이라 하면 h는 $\hat{\mathbb{R}}^2$에서 연속이다.

†$g : \mathbb{R} \to \mathbb{R}^2$가 연속이므로 $g : \mathbb{R} \to S^1\backslash\{\mathbf{n}\}$도 연속이다.

위 예제에서 주어진 위상 동형 함수 $h : S^1 \backslash \{\mathbf{n}\} \to \mathbb{R}$을 **입체 사영**이라 한다.

문제 3.4.7 구면 $S^2 = \{\mathbf{x} \in \mathbb{R}^3 \mid \|\mathbf{x}\| = 1\}$과 S^2의 북극점 $\mathbf{n} = (0, 0, 1)$을 고려해 보자. 보기 3.4.9에서와 같이 정의된 함수 $h : S^2 \backslash \{\mathbf{n}\} \to \mathbb{R}^2$는 위상 동형 함수임을 보여라.

연습 문제 3.4

1. 위상 공간 X, Y에 대하여 두 곱 공간 $X \times Y$와 $Y \times X$가 위상 동형임을 보여라.

2. A와 B가 각각 위상 공간 X와 Y의 부분 공간이라 하자. 이때 $A \times B$의 곱 위상과 $X \times Y$의 부분 공간으로서의 부분 위상이 일치함을 보여라.

3. $A \subset X$이고 $B \subset Y$일 때 다음이 성립함을 보여라.
   (1) $(\partial A \times \overline{B}) \bigcup (\overline{A} \times \partial B) = \partial(A \times B)$ (2) $(A' \times \overline{B}) \bigcup (\overline{A} \times B') = (A \times B)'$

4. $n \in \mathbb{N}$에 대하여 $S^n = \{\mathbf{x} \in \mathbb{R}^n \mid \|\mathbf{x}\| = 1\}$이고 $\mathbf{n} = (0, \cdots, 0, 1)(\in S^n)$이라 하자. 함수 $h : S^n \backslash \{\mathbf{n}\} \to \mathbb{R}^n$은 위상 동형 함수임을 보여라.

5. 위상 공간 X, Y에 대하여 다음이 성립함을 보여라.
   (1) X, Y가 모두 제2 가산 공간 $\Leftrightarrow$ $X \times Y$가 제2 가산 공간
   (2) X, Y가 모두 분리 가능 $\Leftrightarrow$ $X \times Y$가 분리 가능

6. [2016학년도 임용고사] 실수 전체의 집합 $\mathbb{R}$에서 두 위상 공간 $X_1 = (\mathbb{R}, L)$, $X_2 = (\mathbb{R}, U)$에 대하여 곱 공간 $X = X_1 \times X_2$의 부분 집합 $A = \{(x, y) \in \mathbb{R} \times \mathbb{R} | x^2 + y^2 \leq 1\}$의 내부를 풀이 과정과 함께 쓰시오. 또한 A의 폐포 $\overline{A}$와 경계 $b(A)$를 구하여라.(단, L은 하극한위상(lower limit topology)이고, U는 상극한위상(upper limit topology)이다.)

7. [2014학년도 임용고사] $\mathbb{R}$ 위의 보통 위상을 $\mathcal{T}$, 함수 $f : \mathbb{Z} \to \mathbb{R}$을 $f(n) = n^2$이라 하고, $\mathbb{Z}$ 위의 위상 $\mathcal{T}_1$을 $\mathcal{T}_1 = \{f^{-1}(G) | G \in \mathcal{T}\}$라 하자. $A = \{0\} \cup \mathbb{N}$, $B = \{-1, 1\}$이라 할 때, 곱 공간 $(\mathbb{Z}, \mathcal{T}_1) \times (\mathbb{Z}, \mathcal{T}_1)$에서 $A \times B$의 폐포 $\overline{A \times B}$와 $A \times B$의 내부 $(A \times B)^o$를 구하시오. 이를 이용하여 $(\mathbb{Z}, \mathcal{T}_1) \times (\mathbb{Z}, \mathcal{T}_1)$에서 $A \times B$의 경계 $b(A \times B)$를 구하는 과정을 쓰시오.(단, $\mathbb{N}$은 자연수 전체의 집합, $\mathbb{Z}$는 정수 전체의 집합, $\mathbb{R}$는 실수 전체의 집합이다.)

8. [2007학년도 임용고사] 실수 전체의 집합 $\mathbb{R}$에 대하여

$$X_1 = (\mathbb{R}, \mathcal{U}), \quad X_2 = (\mathbb{R}, \mathcal{D})$$

라고 하자. 여기서 $\mathcal{U}$는 보통 위상(usual topology)이고 $\mathcal{D}$는 이산 위상(discrete topology)이다. $X = X_1 \times X_2$를 X_1과 X_2의 곱 공간이라 하자. X의 부분 집합 $A = (-1, 1) \times (-1, 1)$에 대하여 A의 폐포(closure)와 경계(boundary)를 (증명없이) 각각 그림으로 나타내시오.

9. [2006학년도 임용고사] 위상 공간 X, Y에 대하여 사상 $f : X \to Y$가 다음 조건을 만족할 때, f를 폐사상(closed map)이라 한다.

임의의 폐집합(closed set) $A(\subset X)$에 대하여, $f(A)$는 폐집합이다.

보통 위상(usual topology) 공간 $\mathbb{R}$에 대하여 사상 $f : \mathbb{R} \times \mathbb{R} \to \mathbb{R}$을 $f(x, y) = x$로 정의할 때, f는 연속 사상임을 보이고 폐사상은 아님을 보이시오.

3.5 곱 위상의 응용, 상자 위상

보기 3.5.1

Y의 한 원소 y_0에 대하여 곱 공간 $X \times Y$의 부분 집합 $X \times \{y_0\}$에 주어지는 부분 위상은 $i_1(x) = (x, y_0)$로 주어지는 함수 $i_1 : X \to X \times \{y_0\}$을 연속이 되게 함을 보여라.

| 풀이 | X의 한 부분 집합 A에 대하여 $A \times \{y_0\}$가 $X \times \{y_0\}$의 열린 집합이라 가정하자. 그러면 $X \times Y$의 어떤 열린 집합 O가 존재하여 다음을 만족한다.

$$A \times \{y_0\} = (X \times \{y_0\}) \cap O$$

임의의 $x \in A$에 대하여 $(x, y_0) \in O$이므로 기본 열린 집합 $U \times V$가 존재하여 다음을 만족한다.

$$(x, y_0) \in U \times V \subset O$$

여기서 U는 x를 포함하는 X의 열린 집합이고, $U \times \{y_0\} \subset O$이므로 $U \subset A$이다. 즉, $x \in \text{Int}A$이고, 따라서 A는 열린 집합이다. 이는 i_1이 연속임을 말한다. □

위 보기에서 $p_1|_{X \times \{y_0\}}$는 i_1의 역 함수로 연속이므로 i_1은 위상 동형이다. 마찬가지로 한 점 $x_0(\in X)$에 대해 $i_2 : Y \to \{x_0\} \times Y$, $i_2(y) = (x_0, y)$는 위상 동형 함수이다. 즉, $i_1 : X \to X \times Y$와 $i_2 : Y \to X \times Y$는 매립이다. 그러므로 두 매립 i_1과 i_2를 통해 X와 Y를 곱 공간 $X \times Y$의 부분 공간처럼 생각할 수 있다.

문제 3.5.1 $X = (0,1)$이 $\mathbb{R}$의 부분 공간일 때 $i : X \to \mathbb{R}^2$, $i(x) = (x, 0)$은 연속인 매립임을 보여라. 그리고 i는 열린 함수도 아니고 닫힌 함수도 아님을 보여라.

위 문제는 3.3절의 문제 3.3.10에서 주어진 명제의 역 명제가 참이 아님을 알려준다.

두 거리 공간 (X, d_X)와 (Y, d_Y)의 곱 집합에 다음과 같이 d를 정의하면 $(X \times Y, d)$는 거리 공간이 된다.(정리 2.4.6 참조)

$$d((x_1, y_1), (x_2, y_2)) = \sqrt{d_X(x_1, x_2)^2 + d_Y(y_1, y_2)^2},$$
$$(x_1, y_1), (x_2, y_2) \in X \times Y$$

이 거리 공간과 곱 공간 $X \times Y$사이에 어떤 관계가 있을까? 결론부터 말하자면 이 둘은 서로 위상 동형이다. 즉, 거리 위상과 곱 위상은 동일하다. 그 근본적인 이유는 문제 3.4.3에 의해 $B_r(x_0) \times B_s(y_0)$형태의 곱 집합의 모임이 곱 공간 $X \times Y$의 기저이기 때문이다.

문제 3.5.2 두 거리 공간 (X, d_X)과 (Y, d_Y)에 대하여 위에서 정의한 거리 공간 $(X \times Y, d)$의 거리 위상과 곱 위상이 동일함을 보여라.(보기 2.3.8 참조)

거리 공간 (X, d)의 곱 공간 $X \times X$에서 곱 위상이 $B_r(x_0) \times B_s(y_0)$형태의 모임을 기저로 갖는다는 것을 이용하면 다음 정리를 쉽게 보일 수 있다.

정리 3.5.2

거리 공간 (X, d)에 대하여, 거리 함수 $d : X \times X \to \mathbb{R}$은 연속 함수이다.

|증명| 거리 함수 d가 $X \times X$의 임의의 점 (x_0, y_0)에서 연속임을 보이면 충분하다. 이를 위해 양수 ϵ이 주어졌을 때 (x_0, y_0)를 포함하는 열린 집합

$$U = B_{\frac{\epsilon}{2}}(x_0) \times B_{\frac{\epsilon}{2}}(y_0)$$

이 존재하여 임의 점 $(x, y) \in U$에 대해 다음이 성립함을 보이면 된다.(연습 문제 3.1의 4번)

$$|d(x, y) - d(x_0, y_0)| < \epsilon \tag{3.4}$$

그런데 $d(x, x_0) < \frac{\epsilon}{2}$, $d(y, y_0) < \frac{\epsilon}{2}$이므로 다음이 성립한다.

$$d(x, y) \leq d(x, x_0) + d(x_0, y_0) + d(y_0, y) < d(x_0, y_0) + \epsilon$$

$$d(x_0, y_0) \leq d(x_0, x) + d(x, y) + d(y, y_0) < d(x, y) + \epsilon$$

따라서 위의 두 식으로부터 (3.4)를 얻는다. □

보기 3.5.3

$\mathbb{R}$에서의 이항 연산 $+$는 $\mathbb{R} \times \mathbb{R}$에서 $\mathbb{R}$로의 연속 함수임을 보여라.

|풀이| 이항 연산 $+$는 다음과 같은 함수로 나타낼 수 있다.

$$\alpha : \mathbb{R} \times \mathbb{R} \to \mathbb{R}, \quad \alpha(x, y) = x + y$$

그러면 임의의 열린 구간 (a, b)에 대해 다음이 성립한다.

$$\alpha^{-1}((a, b)) = \{(x, y) \mid -x + a < y < -x + b\}$$

위 집합은 열린 집합이므로 이항 연산 $+ : \mathbb{R} \times \mathbb{R} \to \mathbb{R}$은 연속 함수이다. □

문제 3.5.3 보기 3.5.3에서 $\alpha^{-1}((a, b))$가 열린 집합임을 보여라.

문제 3.5.4 실수 집합 $\mathbb{R}$에서의 이항 연산 $-, \times, \div$는 $\mathbb{R} \times \mathbb{R}$($\div$의 경우엔 $\mathbb{R} \times (\mathbb{R} \setminus \{0\})$)에서 $\mathbb{R}$로의 연속 함수임을 보여라.

닫힌 단위 원판 $D^2 = \{(x, y) \in \mathbb{R}^2 \mid x^2 + y^2 \leq 1\}$과 위상 동형인 공간은 모두 **원판**이라 한다. 즉, 공간 A가 원판이라 하면 위상 동형 함수 $h : A \to D^2$가 존재한다. 이때 D^2의 경계인 $S^1 = \{(x, y) \in \mathbb{R}^2 \mid x^2 + y^2 = 1\}$의 역 상 $h^{-1}(S^1)$은 A의 경계 ∂A이다.

보조 정리 3.5.4 알렉산더의 요술

한 원판의 경계에서 자기 자신으로의 위상 동형 함수는 원판 전체에서의 위상 동형 함수로 확장될 수 있다.

|증명| A를 주어진 원판이라 하고 $h : A \to D^2$를 위상 동형 함수라 하고, 경계로의 제한 함수 $h|_{\partial A}$와 $h^{-1}|_{S^1}$을 동일하게 h와 h^{-1}로 나타내자. $g : \partial A \to \partial A$를 주어진 동형 함수라 하면, $h \circ g \circ h^{-1}$

는 S^1에서 S^1으로의 위상 동형 함수이다. 이제 $f : D^2 \to D^2$를 다음과 같이 정의하자.

$$f(\mathbf{x}) = \begin{cases} \|\mathbf{x}\|(h \circ g \circ h^{-1})\left(\dfrac{\mathbf{x}}{\|\mathbf{x}\|}\right), & \mathbf{x} \neq (0,0) \\ (0,0), & \mathbf{x} = (0,0) \end{cases}$$

그러면 f는 위상 동형 함수로 $\mathbf{x} \in S^1$에 대해 $f(\mathbf{x}) = h \circ g \circ h^{-1}(\mathbf{x})$를 만족한다. 따라서 $h^{-1} \circ f \circ h$가 우리가 원하는 위상 동형 함수이다. □

문제 3.5.5 위 보조 정리의 증명에서 f가 위상 동형 함수임을 보여라.

따름 정리 3.5.5

두 원판 A, B에 대하여 경계들 사이의 위상 동형 함수 $h : \partial A \to \partial B$는 A, B 사이의 위상 동형 함수로 확장될 수 있다.

열린 구간 또는 닫힌 구간과 위상 동형인 곡선을 **호**라 한다.

정리 3.5.6

A와 B가 원판으로 $A \cap B$가 각 경계의 일부인 한 호일 때, $A \cup B$는 원판이다.

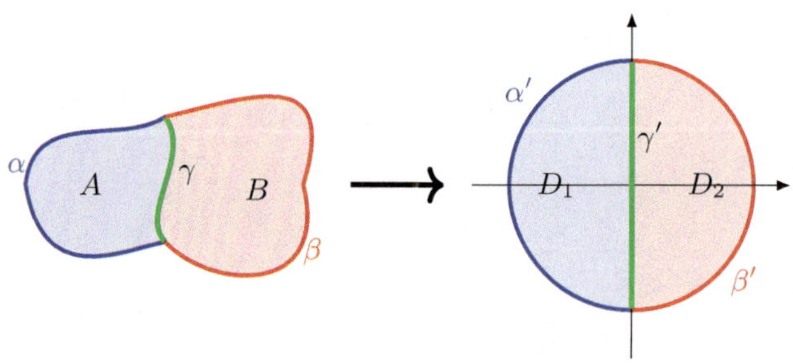

그림 3.16: 두 원판의 결합

증명 $\gamma = A \cap B$라 하면 다음을 만족하고 그림 3.16에서와 같이 γ와 각각 양 끝 점에서 만나는 호 α와 β가 존재한다. α', β', γ'을 다음과 같이 정의하자.

$$\begin{aligned} \alpha' &= \{(x,y) \mid x^2+y^2=1,\ x \le 0\} \\ \beta' &= \{(x,y) \mid x^2+y^2=1,\ x \ge 0\} \\ \gamma' &= \{(x,y) \mid x=0,\ -1 \le y \le 1\} \end{aligned}$$

$\alpha, \alpha', \beta, \beta', \gamma, \gamma'$이 모두 호이고, α, β와 γ에서 α', β'과 γ'으로의 위상 동형 함수가 있다. 따라서 붙임 보조 정리를 이용하면 위상 동형 함수 $h_1 : \partial A \to (\alpha' \cup \gamma')$을 얻는다. 보조 정리 3.5.4를 이용하면 h_1을 확장하여 위상 동형 함수 $f_1 : A \to D_1$을 얻을 수 있다. 여기서 $D_1 = \{(x,y)|x^2+y^2 \le 1,\ x \le 0\}$이다. 비슷하게 $D_2 = \{(x,y)|x^2+y^2 \le 1,\ x \ge 0\}$라 하면 위상 동형 함수 $f_2 : B \to D_2$를 얻는다(그림 3.16 참조). f_1과 f_2의 정의로부터 임의의 $x \in A \cap B$에 대하여 $f_1(x) = f_2(x)$임을 알 수 있다. 다시 한번 더 붙임 보조 정리를 사용하면

$A \cup B$에서 $D_1 \cup D_2$로의 위상 동형 함수를 얻는다. 그런데 $D_1 \cup D_2 = D^2$이므로 $A \cup B$는 원판이다. □

상자 위상

앞에서 살펴 본 두 공간의 곱 집합에 주어진 곱 위상에 관한 정의와 성질들은 유한 개 위상 공간들의 곱 집합으로 확장된다. 그런데 무한 개 위상 공간들의 곱 집합은 조금 다르다.

임의의 첨자 집합 $\Lambda \neq \varnothing$에 대해 $\{(X_\alpha, \mathcal{T}_\alpha) \mid \alpha \in \Lambda\}$를 위상 공간의 모임이라 하자. 그리고 곱 집합 $X = \prod_{\alpha\in\Lambda} X_\alpha = \{x = (x_\alpha) \mid \alpha \in \Lambda\}$에 대하여 α**-사영 함수** p_α를 다음과 같이 정의하자.

$$p_\alpha : X \to X_\alpha, \qquad p_\alpha(x) = x_\alpha$$

정리 3.5.7

곱 집합 $X = \prod_{\alpha\in\Lambda} X_\alpha$에 대해 다음이 성립한다.

(a) 다음과 같이 주어지는 Σ가 X의 어떤 위상의 부분 기저이다.

$$\Sigma = \{p_\alpha^{-1}(U_\alpha) \mid U_\alpha \in \mathcal{T}_\alpha, \alpha \in \Lambda\}$$

여기서 Σ가 생성하는 위상을 X의 **곱 위상**이라 하고 $(X, \mathcal{T}(\Sigma))$을 X_α들의 **곱 공간**이라 한다.

(b) 다음과 같이 주어지는 $\mathcal{B}$가 X의 어떤 위상의 기저이다.

$$\mathcal{B} = \{\prod_{\alpha\in\Lambda} U_\alpha \mid U_\alpha\text{는 } X_i\text{의 열린 집합}\}$$

여기서 $\mathcal{B}$가 생성하는 위상을 X의 **상자 위상**이라 한다.

문제 3.5.6 정리 3.5.7을 증명하여라.

첨자 집합 Λ가 유한인 경우에는 곱 위상과 상자 위상이 동일하다. 그러나 Λ가 무한인 경우에는 일반적으로 $\prod_{\alpha\in\Lambda} U_\alpha \notin \mathcal{B}(\Sigma)$이고 $p_\alpha^{-1}(U_\alpha) \in \mathcal{B}$이므로 상자 위상이 곱 위상보다 더 섬세하다.

문제 3.5.7 곱 공간 $X = \prod_{\alpha\in\Lambda} X_\alpha$의 곱 위상 $\mathcal{T}$와 상자 위상 $\mathcal{T}_b$에 대하여 $\mathcal{T}_b \not\subset \mathcal{T}$인 예를 찾아라.

문제 3.5.8 곱 공간 $X = \prod_{\alpha\in\Lambda} X_\alpha$의 한 점 x^0을 고정하고 임의의 $\beta \in \Lambda$에 대하여 $S(x^0, \beta)$를 다음과 같이 정의하자.

$$S(x^0, \beta) = \{x \in X \mid x_\alpha = x_\alpha^0,\ \alpha \neq \beta\}$$

이때 $S(x^0, \beta)$는 X의 부분 공간으로 X_β와 위상 동형임을 보여라.
여기서 $S(x^0, \beta)$를 x^0을 지나고 X_β에 평행인 **얇은 조각**이라 한다.

연습 문제 3.5

1. 두 단순 순서 집합 $(X,<),(Y,<)$에 대해 다음과 같이 정의된 순서 $<$를 곱 집합 $X\times Y$의 **사전식 순서**라 한다.[‡]

$$(x_1,y_1)<(x_2,y_2) \;\Leftrightarrow\; x_1<x_2 \;\; \text{또는} \;\; x_1=x_2,\; y_1<y_2$$

사전식 순서에 의해 정의된 순서 위상을 $X\times Y$의 **사전식 순서 위상**이라 한다. 이때 다음에 답하라.

(1) $\mathbb{R}\times\mathbb{R}$의 사전식 순서 위상과 $\mathbb{R}_d\times\mathbb{R}$의 곱 위상이 일치함을 보여라.

(2) $\mathbb{R}\times\mathbb{R}$의 사전식 순서 위상과 $\mathbb{R}^2$의 곱 위상 사이의 관계를 밝혀라.

(3) $I=[0,1]$일 때, $I\times I$의 곱 위상, 사전식 순서 위상 그리고 $\mathbb{R}^2$의 부분 공간으로서의 부분 위상 사이의 관계를 밝혀라.

2. $\mathbb{R}^2$의 부분 공간 S^1과 $\mathbb{R}$의 부분 공간 $I=[0,1]$에 대하여 다음을 답하라.

(1) 곱 공간 $S^1\times I$에 대하여 매립 $f: S^1\times I\to\mathbb{R}^2$을 찾아라. 이때 $f(S^1\times I)$를 **고리**라 한다.

(2) 곱 공간 $S^1\times S^1$에 대하여 매립 $f: S^1\times S^1\to\mathbb{R}^3$을 찾아라. 이때 $f(S^1\times S^1)$을 **원환면**이라 한다.

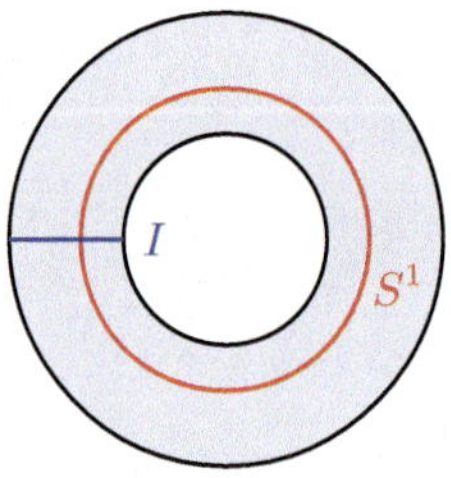

그림 3.17: 고리

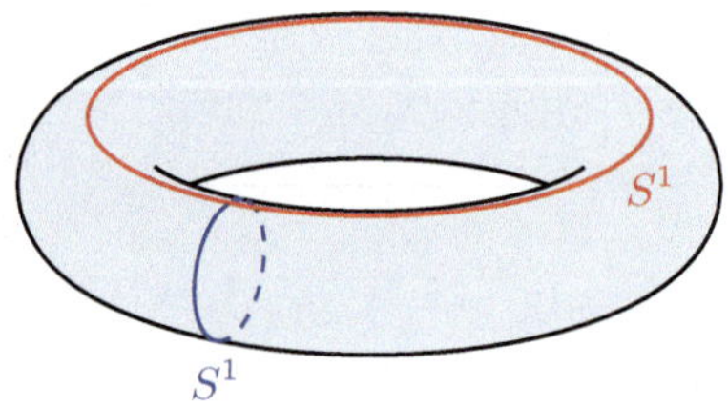

그림 3.18: 원환면

3. 두 거리 공간 (X,d_1), (Y,d_2)가 주어졌다. 곱 집합 $X\times Y$에 다음을 정의하자.

$$d_S\big((x_1,y_1),(x_2,y_2)\big)=d_1(x_1,x_2)+d_2(y_1,y_2),$$
$$d_M\big((x_1,y_1),(x_2,y_2)\big)=\max\{d_1(x_1,x_2),\; d_2(y_1,y_2)\}$$

이때 다음에 답하여라.

(1) d_S와 d_M은 $X\times Y$의 거리 함수임을 보여라.

(2) d_S에 의해 유도되는 거리 위상 $\mathcal{T}_S$는 곱 위상과 동일함을 보여라.

(3) d_M에 의해 유도되는 거리 위상 $\mathcal{T}_M$은 곱 위상과 동일함을 보여라.

[‡]연습 문제 1.5 1.에 주어진 정의와 동일.

4. 위상 공간 X에 대하여 두 함수 $f, g : X \to \mathbb{R}$이 연속이다. 이때 다음과 같이 정의되는 함수 $h : X \to \mathbb{R}$이 연속임을 보여라.

$$h(x) = f(x)g(x), \quad \forall x \in X$$

5. 위상 공간 X_k $(k \in \mathbb{N})$에 대하여 다음이 성립함을 보여라.

(1) X_k가 모두 제2 가산 공간 $\Leftrightarrow$ $\prod_{k\in\mathbb{N}} X_k$가 제2 가산 공간

(2) X_k가 모두 분리 가능 $\Leftrightarrow$ $\prod_{k\in\mathbb{N}} X_k$가 분리 가능

제 4 장

분리 공리와 가산 공리

위상 공간에서 정의되는 분리 공리와 가산 공리에 대하여 공부한다. 분리 공리에서는 하우스도르프, 정칙, 정규 공간 등을 정의하고 그 성질들을 알아본다. 또한 이와 관련된 유명한 정리인 유리손 보조 정리와 티체 확장 정리도 공부한다. 가산 공리에서는 제1 가산 공간, 제2 가산 공간, 린델레프 공간, 분리 가능 공간 등에 대하여 학습한다.

차례

펠릭스 하우스도르프(1868~1942)

펠릭스 하우스도르프는 독일의 수학자로, 현대 위상 수학의 창시자 중 한 명으로 꼽힌다. 그는 집합론과 위상 수학, 함수 해석학, 기하학 분야에서 중요한 연구를 남겼다. 특히 "하우스도르프 공간"으로 알려진 개념을 정의하여 위상 수학의 기초를 다졌으며, 1914년 출판된 저서 Grundzüge der Mengenlehre를 통해 위상 수학의 체계화를 이끌었다.

수학 외에도 그는 문학과 철학에 관심이 많아, 'Paul Mongré'라는 필명으로 문학적 에세이와 철학적 논문을 발표하며 다방면에서 활동했다. 하지만 유대계 출신으로, 나치 정권의 박해를 받으며 학문적 활동에서 배제되었다. 1942년, 게슈타포에 체포될 위기에 처하자 아내와 함께 자살로 생을 마감했다.

하우스도르프의 업적은 오늘날 위상 수학과 집합론에서 필수적인 기반으로 남아 있다. 그의 연구는 "하우스도르프 공간"과 "하우스도르프 거리" 같은 개념을 통해 수학 전반에 걸쳐 널리 응용되고 있으며, 그의 삶은 학문적 열정과 동시에 반유대주의 시대의 비극을 상징적으로 보여준다.

4.1 하우스도르프 공간

보통 위상 공간 $\mathbb{R}$의 두 점 a, b $(a < b)$에 대하여 하나는 a를 포함하고 다른 하나는 b를 포함하는 두 열린 집합이 존재하는가? 그 답은 물론 참이다. 두 점이 얼마나 가까이 있는지와 무관하게 두 점 사이를 "확대"할 수 있고, 각 점을 포함하는 열린 구간으로 분리시킬 수 있다. 좀 더 확실하게 $r = b - a$라 하면 다음 두 구간은 서로 소이고 a와 b를 각각 포함한다.

$$\left(a - \frac{r}{2},\ a + \frac{r}{2}\right), \quad \left(b - \frac{r}{2},\ b + \frac{r}{2}\right)$$

모든 위상 공간에서 서로 다른 두 점에 대하여 이와 같이 할 수 있다고 단순하게 생각할 수 있다. 즉 두 점이 아무리 가까워도 이들을 열린 집합으로 분리할 수 있다고 생각할 수 있다. 여기서 두 점 a, b가 **열린 집합으로 분리**된다는 것은 두 열린 집합 U, V가 존재하여 다음을 만족한다는 것이다.

$$a \in U,\ b \in V \quad \text{그리고} \quad U \cap V = \varnothing \tag{4.1}$$

그러나 우리의 직관에 반하는 경우가 종종 일어난다. 다음 보기를 보자.

보기 4.1.1

실수 집합에 주어진 여유한 위상 공간 $(\mathbb{R}, \mathcal{T}_f)$를 생각하자. 그리고 위에서와 같이 임의의 두 원소를 열린 집합으로 분리할 수 있다고 하자. 그러면 서로 다른 실수 a, b에 대하여 두 열린 집합 U, V가 존재하여 (4.1)을 만족하여야 한다. 그런데 U와 V가 열린 집합이므로 U^c와 V^c는 유한 집합이다. 즉 다음과 같다고 할 수 있다.

$$U^c = \{x_1,\ x_2,\ \ldots,\ x_m\}, \qquad V^c = \{y_1,\ y_2,\ \ldots,\ y_n\}$$

그러므로 $(U \cap V)^c = U^c \cup V^c$는 기껏해야 $m + n$ 개의 원소를 갖는 유한 집합이다. 이는 $U \cap V$가 공집합이라는 가정에 위배된다.

위 보기에서와 같이 일반적으로 주어진 위상 공간에서 임의의 두 점을 열린 집합으로 분리할 수 있다는 것을 가정할 수 없다.

문제 4.1.1 위상 공간 X의 두 열린 집합 U, V에 대하여 $U \cap V = \varnothing$이면 $\overline{U} \cap V = \varnothing$임을 보여라.

한편, 위상 공간 X에서 두 점 x, y가 **분리**된다는 것은 다음을 만족하는 두 열린 집합 U와 V가 존재한다는 것을 의미한다.

$$x \in U,\ y \notin U \quad \text{그리고} \quad y \in V,\ x \notin V$$

보기 4.1.1의 여유한 위상 공간 $(\mathbb{R}, \mathcal{T}_f)$에서 서로 다른 두 점이 분리될 수 있다는 것을 쉽게 확인할 수 있다.

또한, 위상 공간 X에서 두 점 x, y가 **위상적으로 구별 가능**하다는 것은 다음을 만족하는 열린 집합 U가 존재한다는 것을 의미한다.

$$x \in U,\ y \notin U \quad \text{또는} \quad y \in U,\ x \notin U$$

자명 공간 $(X, \mathcal{T})$에서는 공집합이 아닌 열린 집합이 X뿐이므로 임의의 두 점이 위상적으로 구별 가능하지 않음을 볼 수 있다.

그림 4.1: 위상적으로 구별 가능, 분리, 열린 집합으로 분리

이러한 구별 또는 분리를 바탕으로 위상 공간을 다음 정의와 같이 구분하자.

정의 4.1.2

X를 위상 공간이라고 하자.

(1) 임의의 서로 다른 두 점을 위상적으로 구별 가능할 때 X를 T_0**-공간** 이라 한다.

(2) 임의의 서로 다른 두 점을 분리할 수 있을 때 X를 T_1**-공간** 이라 한다.

(3) 임의의 서로 다른 두 점을 열린 집합으로 분리할 수 있을 때 X를 T_2**-공간** 또는 **하우스도르프 공간**이라 한다.

위 정의에서 T_1-공간은 T_0-공간이고, T_2-공간은 T_1-공간임을 알 수 있다.

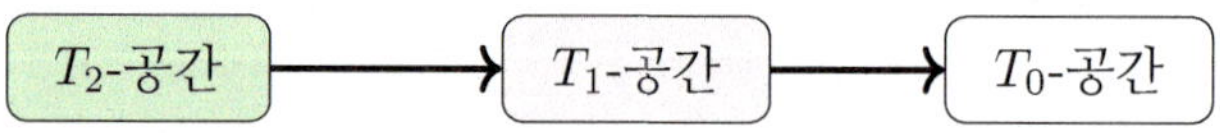

앞에서 살펴보았듯이, 원소의 개수가 두 개 이상인 자명 공간에서 서로 다른 두 점이 위상적으로 구별 가능하지 않으므로 자명 공간은 T_0-공간이 아니다. 여유한 위상 공간 $(\mathbb{R}, \mathcal{T}_f)$는 보기 4.1.1로부터 하우스도르프 공간이 아니나, 서로 다른 두 점을 분리할 수 있으므로 T_1-공간이다. 그리고 보통 위상 공간 $\mathbb{R}$은 하우스도르프 공간이다.

문제 4.1.2 (1) 반 무한 위상 공간 $\mathbb{R}_\infty$는 T_0-공간이고, T_1-공간이 아님을 보여라.
(2) 조르겐프라이 직선 $\mathbb{R}_l$은 하우스도르프 공간임을 보여라.

문제 4.1.3 거리 공간은 하우스도르프 공간임을 보여라.

T_0, T_1, T_2-공간이라는 성질은 열린 집합을 사용하여 정의되므로 위상 동형 함수에 의해 보존된다. 즉 다음 명제를 얻는다.

"T_0, T_1, T_2-공간이라는 성질은 위상 불변량이다."

정리 4.1.3

X가 T_1-공간일 필요 충분 조건은 임의의 $x(\in X)$에 대해 한 원소 집합 $\{x\}$가 닫힌 집합인 것이다.

증명 (⇒) X가 T_1-공간이라 하자. 그러면 임의의 $x_0(\in X)$에 대하여 $x \neq x_0$이면 다음을 만족하는 두 열린 집합 U_x와 V_x가 존재한다.

$$x_0 \in U_x,\ x \notin U_x \quad \text{그리고} \quad x \in V_x,\ x_0 \notin V_x$$

그러므로 V_x^c은 닫힌 집합이고 $x \notin V_x^c$, $x_0 \in V_x^c$이다. 또한 다음이 성립한다.

$$\bigcap_{x \in X, x \neq x_0} V_x^c = \{x_0\}$$

따라서 한 원소 집합 $\{x_0\}$는 닫힌 집합이다.(정리 2.2.6 참조)

(⇐) 독자에게 맡긴다. □

문제 4.1.4 위 정리의 증명을 완성하여라.

보기 4.1.4

T_0-공간이지만 T_1-공간이 아닌 위상 공간을 찾아라.

풀이 $\{X, \varnothing, \{0\}\}$을 위상으로 갖는 시어핀스키 공간 $X = \{0, 1\}$은 T_0-공간이다. 그러나 한 원소 집합 $\{0\}$이 닫힌 집합이 아니므로 X는 T_1-공간이 아니다. □

임의의 유한 부분 집합이 닫힌 집합일 필요 충분 조건은 임의의 한 원소 집합이 닫힌 집합인 것이다. 그러므로 다음을 얻는다.

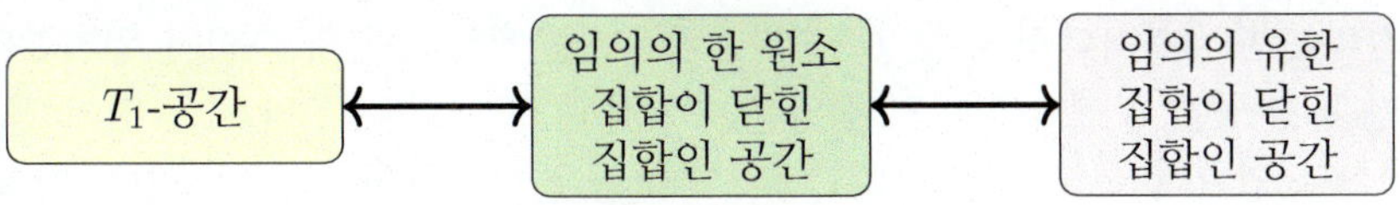

따름 정리 4.1.5

유한 집합인 T_1-공간 X는 이산 공간이다.

증명 T_1-공간 X의 원소의 개수가 유한이면 임의의 부분 집합은 닫힌 집합이다. 따라서 임의의 부분 집합이 열린 집합이고, X는 이산 공간이다. □

보기 4.1.6

X는 T_1-공간이고, $A \subset X$라 하자. $x(\in X)$가 A의 집적 점이기 위한 필요 충분 조건은 x를 포함하는 모든 열린 집합 U에 대하여 $U \cap A$가 무한 집합이 되는 것임을 보여라.

풀이 (⇐) 집적 점의 정의(정의 2.5.1)로부터 명백하다.

(⇒) x가 A의 집적 점이고 $U \cap A$가 유한 집합인 x를 포함하는 어떤 열린 집합 U가 존재한다고 가정하자. $F = (U \cap A) - \{x\}$는 T_1-공간 X의 유한 집합이므로 정리 4.1.3에 의해 F는 닫힌 집합이다. 따라서 $X - F$는 x를 포함하는 열린 집합이다. 그러면 $V = U \cap (X - F)$ 또한 x를 포함하는 열린 집합이 된다. 그런데 V는 x를 제외한 A의 점을 포함하지 않으므로 x는 A의 집적 점이 아니다. 이는 모순이므로 x의 모든 열린 집합 U에 대해 $U \cap A$는 무한 집합이다. □

위 보기는 "T_1-공간에서 유한 부분 집합은 집적 점을 가질 수 없다"는 것을 알려 준다. 또한 다음을 얻는다.(정리 2.5.6과 비교)

문제 4.1.5 X는 T_1-공간이고, $A \subset X$라 하자. 이때 A'은 닫힌 집합임을 보여라.

위상 공간 X의 점들로 이루어진 열 $\{x_n \in X\}$을 X의 **점열***이라 한다. 그리고 주어진 점열이 수렴한다는 것을 다음과 같이 정의한다.

정의 4.1.7

위상 공간 X의 점열 $\{x_n\}$이 $x_0(\in X)$으로 **수렴**한다는 것은 x_0의 임의 근방 U에 대하여 $n_0(\in \mathbb{N})$이 존재하여 다음이 성립하는 것을 말한다.

$$n \geq n_0 \text{이면 } x_n \text{이 } U \text{에 속한다.}$$

이때 x_0을 점열 $\{x_n\}$의 **극한**이라 하고 다음과 같이 나타낸다.†

$$\lim_{n\to\infty} x_n = x_0$$

위의 정의는 미적분학에서 다룬 보통 위상 공간 $\mathbb{R}^n$에서 수열의 수렴과 일치한다. 한편, 정의로부터 자명 공간 X에서 임의의 점열은 수렴하고 그 극한은 X의 모든 점이 됨을 알 수 있다. 그러므로 일반적인 위상 공간에서 점열의 극한은 유일하지 않을 수 있다. 따라서 모든 수렴하는 점열의 극한이 유일한 위상 공간을 ***US*-공간** 이라고 따로 부르기로 하자.

보조 정리 4.1.8

US-공간은 T_1-공간이다.

증명 X를 *US*-공간이라 하고, 임의의 원소 $x(\in X)$에 대하여 x로 수렴하는 점열 $\{x_n = x \mid n \in \mathbb{N}\}$을 생각하자. 이때 x는 $\{x_n\}$의 유일한 극한이다. 그러므로 모든 $y(\neq x)$는 $\{x_n\}$의 극한이 아니고, 따라서 y를 포함하는 어떤 열린 집합 U가 존재하여 다음을 만족한다.

$$x \notin U$$

* $f(n) = x_n$으로 나타내면 X의 점열 $\{x_n\}$은 함수 $f : \mathbb{N} \to X$의 상이다.

† 거리 공간에서는 71쪽의 식 (2.7)과 같이 표현할 수 있다.

왜냐하면 y를 포함하는 모든 열린 집합이 x를 포함하면 정의로부터 y도 점열 $\{x_n\}$의 극한이 되기 때문이다. 그러므로, $y \in U \subset \{x\}^c$이고, $\{x\}^c$는 열린 집합, $\{x\}$는 닫힌 집합이다. 따라서 정리 4.1.3으로부터 X는 T_1-공간이다. □

위 보조 정리의 역은 일반적으로 성립하지 않는다. 다음 문제에서와 같이 T_1-공간인 여유한 위상 공간 $(\mathbb{R}, \mathfrak{T}_f)$은 극한이 유일하지 않다.

문제 4.1.6 여유한 위상 공간 $(\mathbb{R}, \mathfrak{T}_f)$의 수열 $\{x_n = n\}$은 임의의 점 x로 수렴함을 보여라.

정리 4.1.9

X가 하우스도르프 공간이고 점열 $\{x_n \in X\}$이 수렴한다고 하자. 그러면 그 극한은 유일하다.

증명 a와 b가 점열 $\{x_n\}$의 서로 다른 두 극한이라 가정하자. X는 하우스도르프 공간이므로 다음을 만족하는 열린 집합 U, V가 존재한다.

$$a \in U, \quad b \in V, \quad U \cap V = \varnothing$$

한편, a가 극한이므로 적당한 $N_1 \in \mathbb{N}$이 존재해서 모든 $n \geq N_1$에 대해 $x_n \in U$이다. 또한 b도 극한이므로 적당한 $N_2 \in \mathbb{N}$가 존재해서 모든 $n \geq N_2$에 대해 $x_n \in V$이다. 그런데 $N = \max\{N_1, N_2\}$라 하면 모든 $n \geq N$에 대하여 다음이 성립한다.

$$x_n \in U, \qquad x_n \in V$$

그러므로 모든 $n \geq N$에 대해 $x_n \in U \cap V$인데 이는 $U \cap V = \varnothing$라는 사실에 모순이다. 따라서 $\{x_n\}$의 극한은 유일하다. □

위 논의는 위상 공간들의 모임에서 그림 4.2와 같은 포함 관계를 준다.

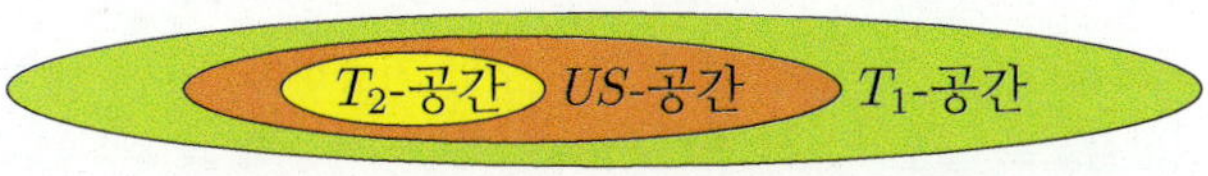

그림 4.2: T_2-공간, US-공간, T_1-공간

위상 공간이 가지는 어떤 위상적인 성질은 그 부분 공간에서도 성립한다.

정리 4.1.10

T_i-공간의 부분 공간은 T_i-공간이다$(i = 0, 1, 2)$.

증명 T_i-공간 X에 대해 A를 X의 부분 공간이고 x, y는 A의 서로 다른 두 원소라 하자.

먼저 X가 T_0-공간이면 다음을 만족하는 열린 집합 U가 존재한다.

$$x \in U, \ y \notin U \quad \text{또는} \quad y \in U, \ x \notin U$$

그러면 $U \cap A$는 A의 열린 집합이고 $x, y \in A$이므로 다음을 만족한다.

$$x \in U \cap A,\ y \notin U \cap A \quad \text{또는} \quad y \in U \cap A,\ x \notin U \cap A$$

따라서 A는 T_0-공간이다. T_1, T_2-공간에 대해서는 독자에게 맡긴다. □

문제 4.1.7 $i = 1, 2$일 때 위 정리를 증명하여라.

어떤 위상적인 성질은 곱 공간을 취하더라도 변하지 않는다.

보조 정리 4.1.11

위상 공간 X, Y에 관한 다음 두 명제는 동치이다($i = 0, 1, 2$).

(a) X와 Y가 모두 T_i-공간이다. (b) $X \times Y$가 T_i-공간이다.

증명 T_0-공간만 증명하기로 하고, T_1, T_2-공간에 대해서는 독자에게 맡긴다.

(a) $\Leftarrow$ (b): $X \times Y$가 T_0-공간이면 $X \times Y$의 서로 다른 두 점 (x_1, y_1), (x_2, y_2)에 대해 다음을 만족하는 $X \times Y$의 기본 열린 집합 $U \times V$가 존재한다.

$$(x_1, y_1) \in U \times V,\ (x_2, y_2) \notin U \times V \quad \text{또는} \quad (x_1, y_1) \notin U \times V,\ (x_2, y_2) \in U \times V$$

이때 $y_1 = y_2$이고 $x_1 \neq x_2$라 하면 다음을 얻는다.

$$x_1 \in U,\ x_2 \notin U \quad \text{또는} \quad x_1 \notin U,\ x_2 \in U$$

따라서 X는 T_0-공간이고 같은 방법으로 Y도 T_0-공간이다.

(a) $\Rightarrow$ (b): $X \times Y$의 서로 다른 두 점 (x_1, y_1), (x_2, y_2)에 대하여 $x_1 \neq x_2$이면 다음을 만족하는 X의 열린 집합 U가 존재한다.

$$x_1 \in U,\ x_2 \notin U \quad \text{또는} \quad x_1 \notin U,\ x_2 \in U$$

이때 다음이 성립한다.

$$(x_1, y_1) \in p_1^{-1}(U), (x_2, y_2) \notin p_1^{-1}(U) \ \text{또는} \ (x_1, y_1) \notin p_1^{-1}(U), (x_2, y_2) \in p_1^{-1}(U)$$

즉, 두 점 (x_1, y_1), (x_2, y_2)은 위상적으로 구별 가능하다. $y_1 \neq y_2$일 때에도 마찬가지로 두 점이 위상적으로 구별 가능함을 보일 수 있다. 따라서 $X \times Y$는 T_0-공간이다. □

문제 4.1.8 $i = 1, 2$일 때 위 보조 정리를 증명하여라.

곱 공간의 대각(13쪽의 대각 관계)을 이용하면 다음과 같은 하우스도르프 공간의 특성을 얻는다.

정리 4.1.12

위상 공간 X에 대한 다음 두 명제는 동치이다.

(a) X가 하우스도르프 공간이다.

(b) 대각 Δ_X가 곱 공간 $X \times X$의 닫힌 집합이다.

|증명| 먼저 명제 $U \cap V = \varnothing$는 명제 $U \times V \subset (X \times X)\backslash\Delta_X$와 동치임을 주목하자.

(a) $\Rightarrow$ (b): $(X \times X)\backslash\Delta_X$가 열린 집합임을 보이자. $(x, y) \in (X \times X)\backslash\Delta_X$라 하면 $x \neq y$이므로 조건 (a)에 의하여 다음을 만족하는 열린 집합 U, V가 존재한다.

$$x \in U, \ \ y \in V, \ \ U \cap V = \varnothing$$

그러므로 $(x, y) \in U \times V \subset (X \times X)\backslash\Delta_X$이다. 즉, $(X \times X)\backslash\Delta_X$는 열린 집합이다.

(a) $\Leftarrow$ (b): x와 y가 X의 서로 다른 두 점이라 하자. $(x, y) \in (X \times X)\backslash\Delta_X$이므로 조건 (b)에 의하면 다음을 만족하는 열린 집합 U와 V가 존재한다.

$$(x, y) \in U \times V \subset (X \times X)\backslash\Delta_X$$

따라서 $x \in U$, $y \in V$이고 $U \cap V = \varnothing$이므로 X는 하우스도르프 공간이다. □

보기 4.1.13

$X = \{a, b, c\}$의 위상이 $\mathcal{T} = \{X, \varnothing, \{a\}, \{a, b\}\}$라 하면 a와 b를 열린 집합으로 분리할 수 없으므로 $(X, \mathcal{T})$는 하우스도르프 공간이 아니다. 따라서 $\Delta_X = \{(a, a), \ (b, b), \ (c, c)\}$가 곱 공간 $X \times X$의 닫힌 집합이 아니다.

보기 4.1.14

두 연속 함수 $f, g : \mathbb{R} \to \mathbb{R}$에 대하여 $A = \{x \in \mathbb{R} \mid f(x) = g(x)\}$가 $\mathbb{R}$의 닫힌 집합임을 보여라.

|풀이| 벡터 함수 $F : \mathbb{R} \to \mathbb{R} \times \mathbb{R}$을 $F(x) = (f(x), \ g(x))$로 정의하자. 그러면 F는 연속 함수이고 다음이 성립한다.

$$F(x) \in \Delta_{\mathbb{R}} \ \Leftrightarrow \ x \in A$$

그러므로 $A = F^{-1}(\Delta_{\mathbb{R}})$이고, 따라서 A는 닫힌 집합이다. □

보기 4.1.14의 풀이에서는 공역 $\mathbb{R}$이 하우스도르프 공간인 성질만 사용된 것을 볼 수 있다. 일반적으로 다음 정리를 얻는다.

정리 4.1.15

Y가 하우스도르프 공간일 때 두 연속 함수 $f, g : X \to Y$에 대하여 부분 집합 $A = \{x \in X \mid f(x) = g(x)\}$는 X의 닫힌 집합이다.

위 정리로부터 X가 하우스도르프 공간일 때 $f : X \to X$에 대하여 고정 점[‡]들의 집합은 닫힌 집합임을 알 수 있다.

문제 4.1.9 정리 4.1.15를 증명하여라.

문제 4.1.10 $f, g : \mathbb{R} \to \mathbb{R}$이 연속 함수일 때 다음을 보여라.

(1) $B = \{x \in \mathbb{R} \mid f(x) \leq g(x)\}$가 $\mathbb{R}$의 닫힌 집합이다.

(2) $h(x) = \min\{f(x), g(x)\}$로 정의한 함수 $h : \mathbb{R} \to \mathbb{R}$은 연속 함수이다.

[‡]함수 $f : X \to X$에 대하여 $f(x) = x$를 만족하는 $x \in X$를 f의 **고정 점**이라 한다.

연습 문제 4.1

1. 위상 공간 X가 T_0일 필요 충분 조건은 임의의 $x, y \in X$에 대해 $x \neq y$이면 $\overline{\{x\}} \neq \overline{\{y\}}$가 성립한다는 것임을 보여라.

2. 위상 공간 X가 T_1일 필요 충분 조건은 서로 다른 임의의 $x, y \in X$에 대해 $\{x, y\}$가 닫힌 집합인 것임을 보여라.

3. $\mathcal{T}_f$가 X의 여유한 위상일 때, X의 어떤 위상 $\mathcal{T}$에 대하여 $(X, \mathcal{T})$가 T_1-공간이기 위한 필요 충분 조건은 $\mathcal{T}_f \subset \mathcal{T}$를 만족하는 것임을 보여라.

4. 원소의 개수가 무한인 여유한 위상 공간은 T_1-공간이지만 하우스도르프 공간이 아님을 보여라.

5. US-공간의 부분 공간이 US-공간이면 증명을 아니면 반례를 들어라.

6. X, Y가 모두 US-공간인 것과 이들의 곱 공간 $X \times Y$가 US-공간인 것의 관계를 밝혀라.

7. Y가 하우스도르프 공간이고 $f, g : X \to Y$가 연속 함수라 하자. $A(\subset X)$가 조밀 부분 집합이고 $f|_A = g|_A$이면 $f = g$임을 보여라.

8. X가 하우스도르프 공간이고 $f : X \to Y$가 전단사인 닫힌 함수라 하자. 이때 Y가 하우스도르프 공간임을 보여라.

9. 위상 공간 X가 하우스도르프 공간일 필요 충분 조건은 모든 X의 원소 x에 대하여 다음이 성립하는 것임을 보여라.
$$\{x\} = \bigcap \overline{U}, \quad U\text{는 } x\text{를 포함하는 열린 집합}$$

10. 곱 공간 $\prod_{\alpha \in \Lambda} X_\alpha$이 T_i-공간일 필요 충분 조건은 각 $\alpha \in \Lambda$에 대하여 X_α가 모두 T_i-공간인 것임을 보여라($i = 0, 1, 2$).

11. [2022학년도 임용고사] 집합 $X = \{a, b, c\}$ 위에 $\mathcal{B} = \{\{a\}, \{a, b\}, \{c\}\}$를 기저(base, basis)로 갖는 위상 $\mathcal{T}_\mathcal{B}$가 있다. 위상 공간 $(X, \mathcal{T}_\mathcal{B})$ 위에서 정의된 점렬
$$x_n = \begin{cases} a & (n\text{은 홀수}) \\ b & (n\text{은 짝수}) \end{cases}$$
의 극한을 쓰시오.
또한, 위상 공간 $(X, \mathcal{T}_\mathcal{B})$에서 공집합이 아닌 임의의 서로 소인 두 닫힌 집합 F_1, F_2에 대하여 $F_1 \subset G_1,\ F_2 \subset G_1,\ G_1 \cap G_2 = \varnothing$ 을 만족하는 열린 집합 G_1, G_2가 존재함을 보이시오.

4.2 정칙 공간과 정규 공간

정의 4.2.1

X를 위상 공간이라고 하자.

(1) 임의의 닫힌 집합 A와 A에 속하지 않는 임의의 점 x가 열린 집합으로 분리될 때, 즉 다음을 만족하는 열린 집합 U와 V가 존재할 때 X를 **정칙 공간**이라 한다.

$$A \subset U, \ x \in V, \quad U \cap V = \varnothing$$

(2) 서로 소인 임의의 두 닫힌 집합 A, B가 열린 집합으로 분리될 때, 즉 다음을 만족하는 열린 집합 U와 V가 존재할 때 X를 **정규 공간**이라 한다.

$$A \subset U, \ B \subset V, \quad U \cap V = \varnothing$$

(3) X가 T_1-공간이면서 정칙 공간이면 X를 T_3**-공간** 이라 한다. 또, X가 T_1-공간이면서 정규 공간이면 X를 T_4**-공간** 이라 한다.

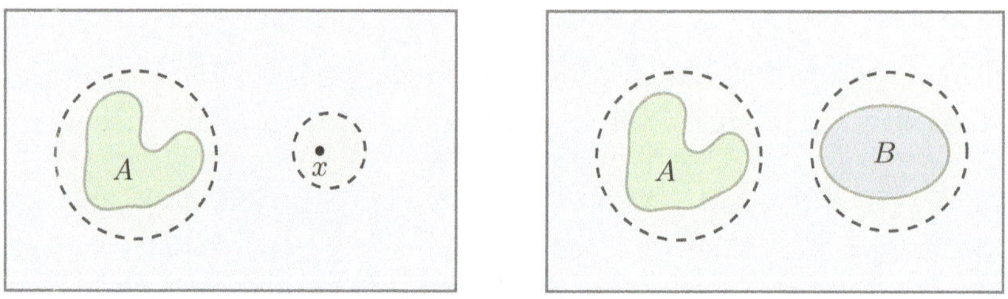

그림 4.3: 정칙 공간과 정규 공간

보기 4.2.2

(1) 집합 $X = \{a, b, c\}$에 대해 X의 위상을 $\mathcal{T} = \{X, \varnothing, \{a, b\}, \{c\}\}$라 하면, 닫힌 집합은 $X, \varnothing, \{a, b\}, \{c\}$이다. $A = \{c\}$와 $x = a$(또는 b)에 대해 U와 V를 다음과 같이 택하자.

$$U = \{c\}, \quad V = \{a, b\}$$

$A = \{a, b\}$와 $x = c$에 대하여는 U와 V를 다음과 같이 택하자.

$$U = \{a, b\}, \quad V = \{c\}$$

위에서 모두 $U \cap V = \varnothing$이므로 X가 정칙 공간이다. 그러나 한 원소 집합 $\{a\}$와 $\{b\}$가 닫힌 집합이 아니므로 X는 T_1-공간은 아니다. 즉, T_3-공간은 아니다.

(2) 반 무한 위상 공간 $\mathbb{R}_\infty$는 정규 공간이다. 왜냐하면 서로 소인 공집합이 아닌 닫힌 집합이 존재하지 않기 때문이다. 한편, 닫힌 집합 $A = (-\infty, a]$와 $x (\notin A)$를 열린 집합으로 분리할 수 없으므로 이 공간은 정칙 공간은 아니다. 또한, 한 원소 집합 $\{a\}$가 닫힌 집합이 아니므로 $\mathbb{R}_\infty$는 T_1-공간이 아니다. 즉, T_4-공간이 아니다.

문제 4.2.1 보기 4.2.2 (1)의 $(X, \mathcal{T})$는 정규 공간임을 보여라.

보기 4.2.2의 (1)의 $(X, \mathcal{T})$는 정칙 공간이지만 하우스도르프 공간이 아닌 예를 제공한다. 또 보기 4.2.2의 (2)의 $\mathbb{R}_\infty$는 정규 공간이지만 정칙 공간이 아닌 예를 제공한다.

문제 4.2.2 시어핀스키 위상 공간은 정규 공간이나 정칙이 아님을 보여라.

보기 4.2.3

조르겐프라이 직선 $\mathbb{R}_l$이 T_4-공간임을 보여라.

| 풀이 | 서로 다른 두 점을 기본 열린 집합으로 분리할 수 있으므로 $\mathbb{R}_l$은 하우스도르프 공간이고, 따라서 T_1-공간이다.

이제 A, B가 서로 소인 두 닫힌 집합일 때, 다음을 만족하는 두 열린 집합 U, V를 찾아야 한다.

$$A \subset U, \ B \subset V, \quad \text{그리고} \quad U \cap V = \varnothing$$

A의 각 원소 a에 대해 $a \in B^c$이고 B^c은 열린 집합이므로 다음과 같은 a'을 선택할 수 있다.

$$a < a', \quad \text{그리고} \quad [a, a') \cap B = \varnothing$$

마찬가지로 B의 각 원소 b에 대하여 다음을 만족하는 b'을 선택할 수 있다.

$$b < b', \quad \text{그리고} \quad [b, b') \cap A = \varnothing$$

그러면 $U = \bigcup_{a \in A}[a, a')$와 $V = \bigcup_{b \in B}[b, b')$은 각각 A와 B를 포함하는 열린 집합이다. $U \cap V = \varnothing$이 성립함을 보이기 위해서는, A의 임의의 원소 a와 B의 임의의 원소 b에 대하여 $[a, a') \cap [b, b') = \varnothing$임을 보이는 것으로 충분하다. $a \in A$, $b \in B$에 대하여, $a < b$를 가정해도 일반성을 잃지 않는다. 이때 $[a, a') \cap B = \varnothing$이므로, $a' \leq b$이고 따라서 $[a, a') \cap [b, b') = \varnothing$이다. 이는 $\mathbb{R}_l$이 정규 공간임을 말한다. □

보조 정리 4.2.4

T_k-공간은 T_{k-1}-공간이다.$(k = 3, 4)$

| 증명 | 여기서는 $k = 3$일 때만 증명하고 $k = 4$인 경우는 독자에게 맡긴다.

X를 T_3-공간이라 하고, $x, y \in X$, $x \neq y$라 하자. 정의로부터 T_3-공간은 T_1-공간이므로 $\{y\}$는 닫힌 집합이다. 또한 $x \neq y$이므로 $x \notin A = \{y\}$이다. 이제 X가 정칙 공간이므로 두 열린 집합 U, V가 존재하여 다음을 만족한다.

$$A \subset U, \ x \in V, \quad U \cap V = \varnothing$$

즉, 두 열린 집합 U, V에 대하여 다음이 성립한다.

$$y \in U, \ x \in V, \quad U \cap V = \varnothing$$

따라서 X는 하우스도르프 공간, 즉 T_2-공간이다. □

문제 4.2.3 위 보조 정리의 증명을 완성하여라.

보기 4.2.3과 보조 정리 4.2.4로부터 조르겐프라이 직선 $\mathbb{R}_l$은 정칙 공간이다.

정리 4.2.5

거리 공간 (X, d)는 T_4-공간이다.

증명 거리 공간 (X, d)는 하우스도르프 공간이므로 T_1-공간이다.(4.1절의 문제 4.1.2) 이제 A, B를 거리 공간 (X, d)의 서로 소인 닫힌 집합이라 하고, 3.1절의 연습 문제 5에서 소개한 함수 D_A, D_B : $X \to \mathbb{R}$을 이용하여 함수 $f : X \to \mathbb{R}$을 다음과 같이 정의하자.

$$f(x) = \frac{D_A(x)}{D_A(x) + D_B(x)} \tag{4.2}$$

모든 $x \in X$에 대하여 $D_A(x) + D_B(x) \geq 0$이고 $D_A(x) + D_B(x) = 0$인 것은 $x \in A \cap B$인 것과 동치이므로 함수 f는 잘 정의되었다. 그리고 다음이 성립한다.

i) 모든 $x \in X$에 대하여 $0 \leq f(x) \leq 1$이다.

ii) $x \in A$일 필요 충분 조건은 $f(x) = 0$이다.

iii) $x \in B$일 필요 충분 조건은 $f(x) = 1$이다.

또한 D_A, D_B가 연속 함수이므로 f는 연속 함수이다. $U = f^{-1}((-\infty, \frac{1}{3})), V = f^{-1}((\frac{2}{3}, \infty))$라 하면 다음이 성립한다.

$$A \subset U,\ B \subset V,\ U \cap V = f^{-1}\left((-\infty, \frac{1}{3}) \cap (\frac{2}{3}, \infty)\right) = \varnothing$$

이는 X가 정규 공간임을 알려준다. 따라서 X는 T_4-공간이다. □

문제 4.2.4 위 정리의 증명에서 i), ii), iii)이 성립함을 보여라.

위 정리와 보조 정리 4.2.4, 그리고 앞절의 내용으로부터 다음 관계를 얻는다.

거리 공간 → T_4-공간 → T_3-공간 → T_2-공간 → T_1-공간

정리 4.2.6

정칙 공간의 부분 공간은 정칙 공간이다.

증명 X를 정칙 공간, Y를 X의 부분 공간이라 하고, A는 Y의 닫힌 집합이고 $x \in Y \backslash A$라 하자. 그러면 X의 닫힌 집합 B가 존재하여 $A = B \cap Y$이고 $x \notin B$이다. 한편 X가 정칙이므로 다음을 만족하는 두 열린 집합 U, V가 존재한다.

$$B \subset U,\ x \in V,\quad U \cap V = \varnothing$$

이로부터 Y의 열린 집합 $U \cap Y$와 $V \cap Y$는 다음을 만족한다.

$$A \subset U \cap Y,\ x \in V \cap Y,\quad (U \cap Y) \cap (V \cap Y) = \varnothing$$

따라서 Y는 정칙이다. □

위 정리와 정리 4.1.10으로부터 다음을 얻는다.

따름 정리 4.2.7

T_3-공간의 부분 공간은 T_3-공간이다.

한편, 다음 문제와 같이 정규 공간의 부분 공간은 일반적으로 정규 공간이 아니다.

문제 4.2.5 $X = \{a, b, c, d\}$의 위상을 $\mathcal{T} = \big\{X, \varnothing, \{a\}, \{a, b\}, \{a, c\}, \{a, b, c\}\big\}$라 하면 X는 정규 공간임을 보여라. 그리고 부분 공간 $Y = \{a, b, c\}$는 정규 공간이 아님을 보여라.

마찬가지로 T_4-공간의 부분 공간은 일반적으로 T_4-공간이 아니다.

문제 4.2.6 T_4-공간의 부분 공간이 T_4-공간이 아닌 예를 찾아라.

정리 4.2.8

정규 공간의 닫힌 부분 공간은 정규이다.

문제 4.2.7 위 정리를 증명하여라.

따름 정리 4.2.9

T_4-공간의 닫힌 부분 공간은 T_4-공간이다.

정리 4.2.10

위상 공간 X에 대한 다음 두 명제는 동치이다.

(a) X가 정칙 공간이다.

(b) 임의의 원소 $x(\in X)$와 x를 포함하는 임의의 열린 집합 U에 대하여 다음을 만족하는 열린 집합 V가 존재한다.

$$x \in V \subset \overline{V} \subset U \tag{4.3}$$

증명 (a) $\Rightarrow$ (b): 임의의 원소 $x(\in X)$와 x를 포함하는 임의의 열린 집합 U에 대하여 $A = U^c$이라 하면 A는 닫힌 집합이고 $x \notin A$이다. X가 정칙이므로 두 열린 집합 U_1과 V가 존재하여 다음을 만족한다.

$$A \subset U_1,\ x \in V,\quad U_1 \cap V = \varnothing$$

여기서 U_1^c은 V를 포함하는 닫힌 집합이므로 $\overline{V} \subset U_1^c$이다. 또한 $A = U^c \subset U_1$이므로 $U_1^c \subset U$이고 따라서 $\overline{V} \subset U$이다. 그러므로 (4.3)이 성립한다.

(b) ⇒ (a): 독자에게 맡긴다. □

문제 4.2.8 위 정리의 증명을 완성하여라.

문제 4.2.9 **조르겐프라이 평면** $\mathbb{R}_l \times \mathbb{R}_l$이 정칙 공간임을 보여라.

정의 4.2.11

X의 부분 집합 A에 대하여 다음을 만족하는 부분 집합들의 모임 $\mathcal{C}(\subset \mathcal{P}(X))$를 A의 **덮개**라 한다.

$$A \subset \bigcup_{C \in \mathcal{C}} C$$

이때 $\mathcal{C}$가 **가산 덮개**라는 것은 $\mathcal{C}$가 가산인 것을 의미한다. 또한, $\mathcal{C}$가 **열린 덮개**라는 것은 $\mathcal{C}$에 속한 부분 집합들이 모두 열린 집합임을 의미한다. 이 경우 $\bigcup_{C \in \mathcal{C}} C$는 A를 포함하는 열린 집합이다.

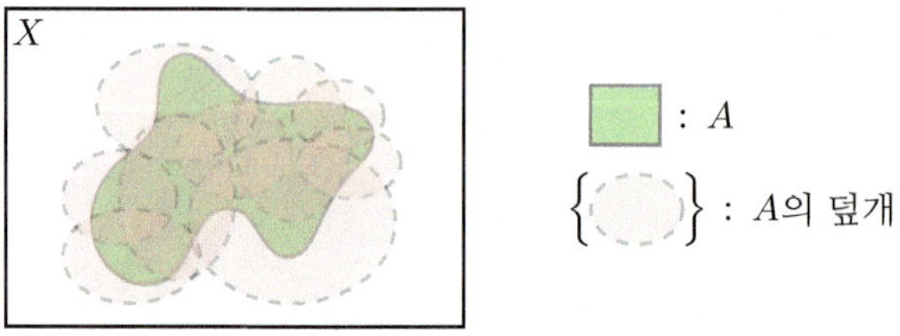

그림 4.4: 집합 A의 덮개

앞에서 살펴 본 것처럼 위상 공간 X에 대하여 기저 $\mathcal{B}$와 부분 기저 Σ는 X의 덮개이다. 가산 열린 덮개를 이용하여 다음 정리를 얻을 수 있다.

정리 4.2.12

가산 기저를 갖는 즉, 제2 가산인 정칙 공간은 정규 공간이다.

증명 X를 가산 기저 $\mathcal{B}$를 갖는 정칙 공간이라 하자. 그리고 A와 B를 서로 소인 X의 닫힌 집합이라 하자. A의 각 원소 x에 대해 B와 서로 소이고 x를 포함하는 열린 집합 W_x를 선택하자.(W_x를 B^c이라 해도 된다) X가 정칙이므로 x를 포함하는 열린 집합 W_1이 존재하여 $\overline{W_1} \subset W_x$를 만족한다. 다음으로 $x \in U_x \subset W_1$인 $U_x \in \mathcal{B}$를 택한다. 이와 같이 하여 다음과 같은 A의 가산 열린 덮개를 얻는다.

$$\{U_n \in \mathcal{B} \mid \overline{U_n} \cap B = \varnothing\}, \quad A \subset \bigcup_{n=1}^{\infty} U_n$$

마찬가지로 B의 가산 열린 덮개 $\{V_n \in \mathcal{B} \mid \overline{V_n} \cap A = \varnothing\}$를 얻는다. 이제 각 $n \in \mathbb{N}$에 대하여 다음을 정한다.

$$U_n^* = U_n - \bigcup_{i=1}^n \overline{V_i}, \qquad V_n^* = V_n - \bigcup_{i=1}^n \overline{U_i}$$

그러면 U_n^*와 V_n^*는 모두 열린 집합이므로 다음과 같이 두 열린 집합 U와 V를 얻을 수 있다.

$$U = \bigcup_{n=1}^\infty U_n^*, \qquad V = \bigcup_{n=1}^\infty V_n^*$$

여기서 $A \subset U$, $B \subset V$ 그리고 $U \cap V = \varnothing$임을 쉽게 보일 수 있다.(문제 4.2.10) 따라서 X는 정규 공간이다. □

문제 4.2.10 위 정리의 증명에서 $A \subset U$, $B \subset V$ 그리고 $U \cap V = \varnothing$임을 보여라.

위 정리의 역은 참이 아니다. 즉 정규 공간이 제2 가산 공간이 아닐 수 있다. 그 예로, 조르겐프라이 직선 $\mathbb{R}_l$을 들 수 있다.(보기 2.5.23과 보기 4.2.3 참조)

정리 4.2.13

위상 공간 X에 대한 다음 세 명제는 동치이다.

(a) X가 정규 공간이다.

(b) 임의의 닫힌 집합 $A \subset X$와 A를 포함하는 임의의 열린 집합 U에 대하여 다음을 만족하는 열린 집합 V가 존재한다.

$$A \subset V \subset \overline{V} \subset U \tag{4.4}$$

(c) $X = U \cup V$이고 공집합이 아닌 두 열린 집합 U, V에 대하여 다음을 만족하는 두 닫힌 집합 E, F가 존재한다.

$$E \subset U, \ F \subset V, \quad E \cup F = X$$

증명 (a) ⇒ (c): X가 정규 공간이고, 공집합이 아닌 두 열린 집합 U, V에 대하여 $X = U \cup V$라 하자. 그러면 $A = U^c$, $B = V^c$은 서로 소인 닫힌 집합들이므로 다음을 만족하는 두 열린 집합 U_1, V_1이 존재한다.

$$A \subset U_1, \quad B \subset V_1, \quad U_1 \cap V_1 = \varnothing$$

이때 $E = U_1^c \subset A^c = U$, $F = V_1^c \subset B^c = V$인 두 닫힌 집합 E, F를 얻는다. 그리고 다음이 성립한다.

$$E \cup F = U_1^c \cup V_1^c = (U_1 \cap V_1)^c = \varnothing^c = X$$

(c) ⇒ (b): 임의의 닫힌 집합 $A(\subset X)$와 A를 포함하는 임의의 열린 집합 U에 대하여 $V = A^c$은 열린 집합이고 다음이 성립한다.

$$X \supset U \cup V = U \cup A^c \supset U \cup U^c = X$$

그러므로 $X = U \cup V$이고, 다음을 만족하는 두 닫힌 집합 E, F가 존재한다.

$$E \subset U, \ F \subset V, \quad E \cup F = X$$

이때 $E^c \cap F^c = \varnothing$이므로 다음이 성립한다.

$$A = V^c \subset F^c \subset E \subset U$$

그러면 $W = F^c$은 열린 집합이다. 그리고 E는 W를 포함하는 닫힌 집합이므로 $\overline{W} \subset E$이고 다음이 성립한다.

$$A \subset W \subset \overline{W} \subset U$$

(b) ⇒ (a): 독자에게 맡긴다. □

문제 4.2.11 위 정리의 증명을 완성하여라. 그리고 (b) ⇒ (c)와 (c) ⇒ (a)를 증명하여라.

곱 공간의 정칙, 정규

정리 4.2.14

위상 공간 X, Y에 대하여 곱 공간 $X \times Y$가 정칙 공간일 필요 충분 조건은 X와 Y가 각각 정칙인 것이다.

증명 (⇒) $X \times Y$가 정칙이라 하면 정리 4.2.6에 의해 그 부분 공간 $X \times \{y_0\}$와 $\{x_0\} \times Y$도 정칙이다. 따라서 이들과 위상 동형인 X와 Y도 정칙이다.

(⇐) (x_0, y_0)를 임의의 원소, $O \subset X \times Y$는 (x_0, y_0)를 포함하는 임의의 열린 집합이라 하자. 그러면 다음을 만족하는 기본 열린 집합 $U \times V$가 존재한다.

$$(x_0, y_0) \in U \times V \subset O$$

이때 $x_0 \in U$, $y_0 \in V$이고 X, Y가 정칙이므로 다음을 만족하는 X의 열린 집합 U_1과 Y의 열린 집합 V_1이 존재한다.

$$x_0 \in U_1 \subset \overline{U_1} \subset U, \qquad y_0 \in V_1 \subset \overline{V_1} \subset V$$

보기 3.4.4로부터 $\overline{U_1 \times V_1} = \overline{U_1} \times \overline{V_1}$이므로 다음을 얻는다.

$$(x_0, y_0) \in U_1 \times V_1 \subset \overline{U_1 \times V_1} \subset U \times V$$

따라서 곱 공간 $X \times Y$는 정칙 공간이다. □

문제 4.2.9에서와 같이 조르겐프라이 평면 $\mathbb{R}_l \times \mathbb{R}_l$이 정칙 공간임을 직접 보일 수 있지만, 조르겐프라이 직선 $\mathbb{R}_l$이 정칙 공간인 것과 위 정리를 사용하여 $\mathbb{R}_l \times \mathbb{R}_l$이 정칙 공간임을 보일 수 있다.

따름 정리 4.2.15

위상 공간 X, Y에 대하여 곱 공간 $X \times Y$가 T_3-공간일 필요 충분 조건은 X와 Y가 각각 T_3-공간인 것이다.

한편, 정리 4.2.14와 달리 두 정규 공간의 곱 공간은 다음 보기와 같이 일반적으로 정규 공간이 아니다.

보기 4.2.16 [2, 14]

정규 공간인 조르겐프라이 직선 $\mathbb{R}_l$에 대하여 이들의 곱 공간 $\mathbb{R}_l \times \mathbb{R}_l$은 정규 공간이 아님을 보여라.

풀이 조르겐프라이 평면 $\mathbb{R}_l \times \mathbb{R}_l$은 $[a,b) \times [c,d)$형태인 모든 곱 집합들의 모임을 기저로 갖는다. $\mathbb{R}_l \times \mathbb{R}_l$이 정규 공간이 아님을 보이기 위해 $\mathbb{R}_l \times \mathbb{R}_l$의 부분 공간 $L = \{(x,-x) \mid x \in \mathbb{R}\}$을 생각하자.(그림 4.5)

먼저 L은 $\mathbb{R}_l^2$에서 닫힌 집합이다. 그리고 각 원소 $(x,-x) \in L$에 대하여 다음을 만족하는 $a, b(\in \mathbb{R})$가 존재한다.

$$[x,a) \times [-x,b) \cap L = \{(x,-x)\}$$

즉, 한 원소 집합 $\{(x,-x)\}$는 L에서 열린 집합이다. 그러므로 부분 공간 L은 이산 공간이다.

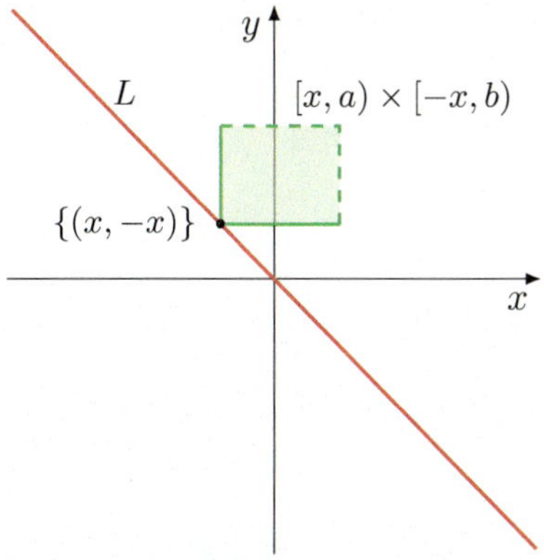

그림 4.5: 조르겐프라이 평면

다음과 같이 주어진 집합 A, B를 생각하자.

$$A = \{(x,-x) \in L \mid x \in \mathbb{Q}\}, \quad B = \{(x,-x) \in L \mid x \in \mathbb{Q}^c\}$$

여기서 A, B는 L의 닫힌 집합이고 L이 닫힌 집합이므로 $\mathbb{R}_l \times \mathbb{R}_l$의 닫힌 집합이다. 더구나 $A \cap B = \varnothing$이다. 이때 $A \subset U$, $B \subset V$인 $\mathbb{R}_l \times \mathbb{R}_l$의 두 열린 집합 U, V가 존재한다고 하면 $U \cap V \neq \varnothing$임을 보일 수 있다. 따라서 A와 B는 열린 집합으로 분리할 수 없고, 이는 $\mathbb{R}_l \times \mathbb{R}_l$이 정규 공간이 아님을 말한다. □

문제 4.2.12 위 보기의 풀이에서 L이 $\mathbb{R}_l \times \mathbb{R}_l$의 닫힌 집합임을, 그리고 $U \cap V \neq \varnothing$임을 보여라.

조르겐프라이 직선이 T_4-공간이므로 보기 4.2.16은 또한 두 T_4-공간의 곱 공간이 T_4가 아님을 보여준다.

연습 문제 4.2

1. X가 정칙 공간일 때 임의의 두 원소 $x, y \in X$에 대하여 다음이 성립함을 보여라.

$$\overline{\{x\}} = \overline{\{y\}} \quad \text{또는} \quad \overline{\{x\}} \cap \overline{\{y\}} = \varnothing$$

2. 정규 공간 X에 대하여 $f : X \to Y$가 연속, 전사, 닫힌 함수이면 Y도 정규임을 보여라.

3. X가 T_4-공간이고 A_1, A_2, $\ldots$, A_n이 X의 닫힌 집합일 때 $\bigcap_{k=1}^{n} A_k = \varnothing$이면 다음을 만족하는 열린 집합 V_1, V_2, $\ldots$, V_n이 존재함을 보여라.

$$A_k \subset V_k, \ (k = 1, 2, \ldots, n), \qquad \bigcap_{k=1}^{n} \overline{V_k} = \varnothing$$

4. 실수 집합 $\mathbb{R}$에서 다음과 같은 $\mathcal{B}$를 기저로 갖는 위상을 $\mathcal{T} = \mathcal{T}(\mathcal{B})$라 하자.

$$\mathcal{B} = \{(a, b), \ (c, d) \cap \mathbb{Q} \mid a, b, c, d \in \mathbb{R}, \ a < b, \ c < d\}$$

이때 다음 물음에 답하여라.

(1) $(\mathbb{R}, \mathcal{T})$가 하우스도르프 공간임을 보여라.

(2) $\mathbb{Q}^c$가 $(\mathbb{R}, \mathcal{T})$의 닫힌 집합임을 증명하고 $(\mathbb{R}, \mathcal{T})$가 정칙 공간이 아님을 보여라.

5. 곱 공간 $\prod_{\alpha \in \Lambda} X_\alpha$가 T_3-공간이면 각 $\alpha \in \Lambda$에 대하여 X_α가 모두 T_3-공간임을 보여라.

4.3 유리손 보조 정리와 티체 확장 정리

거리 공간 (X,d)에 대하여 정리 4.2.5로부터 다음이 성립함을 알 수 있다.

보조 정리 4.3.1

A와 B가 거리 공간 X의 서로 소인 닫힌 집합이면 다음을 만족하는 연속 함수 $f : X \to \mathbb{R}$이 존재한다.

(a) $x \in A$이면 $f(x) = 0$, $x \in B$이면 $f(x) = 1$

(b) $x \in X - (A \cup B)$이면 $0 < f(x) < 1$

문제 4.3.1 정리 4.2.5의 증명에 있는 식 (4.2)의 함수 f가 두 조건 (a), (b)를 만족함을 보여라.

정의 4.3.2

위상 공간 X의 두 부분 집합 A, B에 대하여 다음을 만족하는 연속 함수 $f : X \to [0,1]$이 존재할 때 두 집합 A, B는 **연속 함수에 의해 분리**된다라고 한다.

$$f(A) = \{0\}, \quad f(B) = \{1\}$$

두 집합 A, B는 **연속 함수에 의해 정확히 분리**된다라는 의미는 연속 함수 $f : X \to [0,1]$이 존재하여 다음을 만족한다는 것이다.

$$f^{-1}(\{0\}) = A, \quad f^{-1}(\{1\}) = B$$

위 정의와 보조 정리 4.3.1로부터 다음 명제를 얻는다.

"거리 공간의 **서로 소인 두 닫힌 집합은 연속 함수에 의해 정확히 분리**된다."

이러한 성질은 보조 정리 4.3.1에서 X가 거리 공간이라는 조건을 정규 공간으로 약화시켜도 성립한다(유리손 보조 정리). 다만 거리 공간에서는 보조 정리 4.3.1의 (b)와 같이 두 닫힌 집합에 속하지 않는 점에서는 두 닫힌 집합에서의 함수값과 다른 값을 갖도록 할 수 있지만 정규 공간에서는 그 점이 보장되지 않는다.

유리손 보조 정리의 증명을 위해서는 다음 정의가 필요하다.

정의 4.3.3

정수 p와 자연수 n에 대하여 $p \cdot 2^{-n}$꼴의 유리수를 **이진 유리수**라 한다. 그리고 이진 유리수 전체의 집합을 $\mathbb{D}$로 나타낸다.

$\mathbb{R}$의 어떤 열린 구간에도 이진 유리수가 포함되므로 $\mathbb{D}$는 $\mathbb{R}$에서 조밀함을 알 수 있다(문제 4.3.2 참조). 즉 다음이 성립한다.

$$\overline{\mathbb{D}} = \mathbb{R}$$

유리수 집합 $\mathbb{Q}$와 같은 $\mathbb{R}$의 다른 조밀 집합에 비해 $\mathbb{D}$는 상대적으로 '작은' 조밀 부분 집합으로 알려져 있다.

문제 4.3.2 임의의 실수 $x(\in \mathbb{R})$에 대하여 다음이 성립함을 보여라.§

$$\lim_{n\to\infty} \frac{\lfloor 2^n x \rfloor}{2^n} = x$$

정리 4.3.4 유리손 보조 정리

정규 공간 X의 서로 소인 닫힌 집합 A와 B는 연속 함수에 의해 분리된다.

증명 $V = X \backslash B$는 A를 포함하는 열린 집합이다. 정리 4.2.13으로부터 다음을 만족하는 열린 집합 $U_{1/2}$이 존재한다.

$$A \subset U_{1/2} \subset \overline{U}_{1/2} \subset V$$

A를 포함하는 열린 집합 $U_{1/2}$에 정리 4.2.13을 적용하면 다음과 같은 열린 집합 $U_{1/4}$을 얻는다.

$$A \subset U_{1/4} \subset \overline{U}_{1/4} \subset U_{1/2}$$

마찬가지로 열린 집합 V가 닫힌 집합 $\overline{U}_{1/2}$을 포함하므로 열린 집합 $U_{3/4}$를 얻어서 다음이 성립한다.

$$A \subset U_{1/4} \subset \overline{U}_{1/4} \subset U_{1/2} \subset \overline{U}_{1/2} \subset U_{3/4} \subset \overline{U}_{3/4} \subset V$$

이러한 방법을 계속해서 진행하면 모든 이진 유리수 $r, s\,(\in \mathbb{D}_1 := \mathbb{D} \cap (0,1))$에 대해 다음을 만족하는 열린 집합 U_r, U_s을 얻는다.

$$U_r \subset \overline{U}_r \subset U_s, \qquad 0 < r < s < 1, \tag{4.5}$$

$$A \subset U_r \subset V, \qquad 0 < r < 1 \tag{4.6}$$

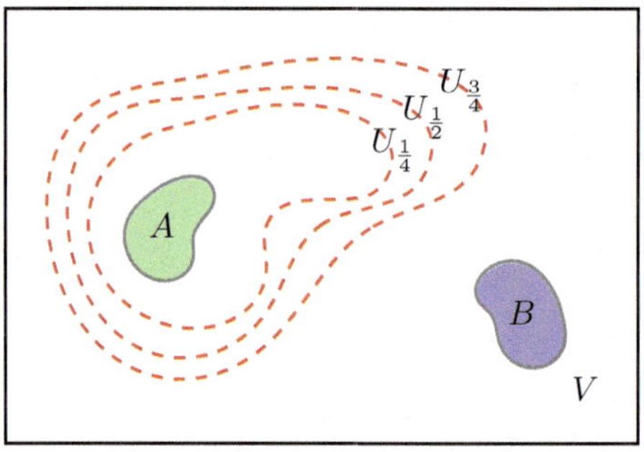

그림 4.6: A를 포함하는 열린 집합들

§ $x = n + \alpha$ $(n \in \mathbb{Z},\ 0 < \alpha < 1)$에 대하여 다음을 만족하는 $\lfloor \cdot \rfloor$, $\lceil \cdot \rceil$을 각각 **바닥 함수**, **천정 함수**라 한다.

$$\lfloor x \rfloor = n,\ \lceil x \rceil = n+1,\ \lfloor n \rfloor = \lceil n \rceil = n$$

이제 ∂U_r이 등위 곡선 $h^{-1}(r)$이 되도록 함수 $h : X \to \mathbb{R}$을 다음과 같이 정의하자.

$$\begin{aligned} &\text{모든 } r(\in \mathbb{D}_1)\text{에 대하여 } x \in U_r\text{이면 } h(x) = 0, \\ &x \notin U_r\text{인 } r(\in \mathbb{D}_1)\text{이 존재하면 } h(x) = \sup\{r \mid x \notin U_r\} \end{aligned} \tag{4.7}$$

그러면 (4.6)으로부터 다음이 성립함을 알 수 있다.

$$\begin{aligned} &x \in A\text{이면} \quad h(x) = 0, \quad x \in B\text{이면} \quad h(x) = 1, \\ &x \in X \backslash (A \cup B)\text{이면} \quad 0 \le h(x) \le 1 \end{aligned}$$

이제 h가 연속임을 보이기 위하여 $0 < h(x) < 1$인 $x(\in X)$에 대해 임의의 양수 ϵ을 생각하자. 그리고 다음을 만족하는 이진 유리수 $r, s(\in (0,1))$를 선택하자.

$$h(x) - \frac{\epsilon}{2} < r < h(x) < s < h(x) + \frac{\epsilon}{2}$$

다음으로 구간 $(r, h(x))$에 속한 이진 유리수 t에 대해 $x \notin U_t$임이 자명하다. 그러므로 (4.5)로부터 $x \notin \overline{U_r}$이다. 한편, $x \in U_s$이므로 W를 다음과 같이 정하면 W는 x를 포함하는 열린 집합이다.

$$W = U_s \backslash \overline{U_r}$$

또한 $y \in W$라 하면, h의 정의로부터 $r \le h(y) \le s$임을 알 수 있다. 이는 다음이 성립함을 말한다.

$$|h(y) - h(x)| < \epsilon, \qquad y \in W$$

이로부터 h는 x에서 연속이다. □

문제 4.3.3 위 보조 정리의 증명을 완성하기 위하여 $h(x) = 0$인 x와 $h(x) = 1$인 x에서 h가 연속임을 보여라.

함수 h의 정의 (4.7)로부터 $x \notin U_r$이면 $h(x) \ge r$임은 자명하다.

보기 4.3.5

유리손 보조 정리의 증명에서 $r(\in \mathbb{D}_1)$에 대하여, $x \in \overline{U_r}$이면 $h(x) \le r$임을 보여라.

| 풀이 | $x \in \overline{U_r}$이라 하자. 그러면 (4.5)에 의하여 $r < t$인 모든 $t(\in \mathbb{D}_1)$에 대하여 $x \in U_t$이다. 이때 $r < s < t$인 $s(\in \mathbb{D}_1)$가 존재하여 $x \in U_s$이므로 $h(x) < t$이다. 따라서 다음을 얻는다.

$$t > r\text{인 } t(\in \mathbb{D}_1)\text{에 대하여 } h(x) < t$$

그러므로 $h(x) \le r$이다. □

문제 4.3.4 유리손 보조 정리의 증명에서 $r \in \mathbb{D}_1$에 대하여 다음이 성립함을 보여라.

$$\partial U_r = h^{-1}(r)$$

다음 정리는 유리손 보조 정리의 역으로 정리 4.2.5에 대응된다.

정리 4.3.6

위상 공간 X에서 임의의 서로 소인 두 닫힌 집합 A와 B가 연속 함수에 의해 분리되면 X는 정규 공간이다.

문제 4.3.5 위 정리를 증명하여라.

위상 공간 X, Y와 X의 부분 공간 $A(\subset X)$에 대하여 연속 함수 $f: A \to Y$의 **확장**은 $\tilde{f}|_A = f$를 만족하는 연속 함수 $\tilde{f}: X \to Y$를 의미한다(아래 다이어그램 참조). 여기서 $f = \tilde{f} \circ i$이다.

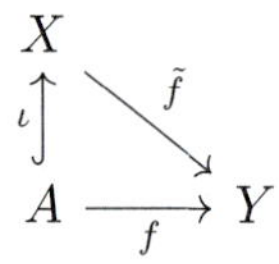

연습 문제 4.1의 7번으로부터 다음이 성립한다.

정리 4.3.7

$A \subset X$이고 Y가 하우스도르프 공간이라 하자. 이때 연속 함수 $f: A \to Y$의 확장 $\tilde{f}: \overline{A} \to Y$가 존재하면 유일하다.

유리손 보조 정리를 사용하여 다음 티체 확장 정리가 성립함을 보일 수 있다.

정리 4.3.8 티체 확장 정리

정규 공간 X의 닫힌 부분 집합 C에서 정의되고 공역이 보통 위상 공간 $\mathbb{R}$인 연속 함수는 전체 공간에서 정의된 연속 함수로 확장될 수 있다.

증명 $f: C \to \mathbb{R}$을 연속 함수라 하자. 먼저 f의 상이 닫힌 구간에 포함된 경우를 고려하자. 적당한 위상 동형 함수를 이용하면 f의 상이 구간 $[-1, 1]$에 포함되었다고 가정해도 좋다. 그리고 A_1과 B_1을 다음과 같이 정하자.

$$A_1 = f^{-1}\Big(\Big[-1, -\frac{1}{3}\Big]\Big), \qquad B_1 = f^{-1}\Big(\Big[\frac{1}{3}, 1\Big]\Big)$$

그러면 A_1과 B_1은 C의 닫힌 부분 집합이다. C가 닫힌 집합이므로 A_1과 B_1은 X에서도 닫힌 집합이다. 유리손 보조 정리를 적용하면 다음과 같은 연속 함수 $g_1: X \to [-\frac{1}{3}, \frac{1}{3}]$이 존재한다.

$$g_1(x) = \begin{cases} -\frac{1}{3}, & x \in A_1 \\ \frac{1}{3}, & x \in B_1 \end{cases}$$

$x \in C - (A_1 \cup B_1)$이면 $-\frac{1}{3} < f(x) < \frac{1}{3}$이므로 다음이 성립한다.

$$x \in C \ \Rightarrow \ |f(x) - g_1(x)| \le \frac{2}{3}$$

이때 $f_2(x) = f(x) - g_1(x)$로 정의된 함수 $f_2 : C \to [-\frac{2}{3}, \frac{2}{3}]$는 연속 함수이다. C의 닫힌 집합 $A_2 = f_2^{-1}([-\frac{2}{3}, -\frac{2}{3^2}])$와 $B_2 = f_2^{-1}([\frac{2}{3^2}, \frac{2}{3}])$에 유리손 보조 정리를 적용하면 다음을 만족하는 연속 함수 $g_2 : X \to [-\frac{2}{3^2}, \frac{2}{3^2}]$를 얻을 수 있다.

$$g_2(x) = \begin{cases} -\frac{2}{3^2}, & x \in A_2 \\ \frac{2}{3^2}, & x \in B_2 \end{cases}$$

$x \in C - (A_2 \cup B_2)$이면 $-\frac{2}{3^2} < f_2(x) < \frac{2}{3^2}$이므로 다음이 성립한다.

$$x \in C \ \Rightarrow \ |f(x) - (g_1(x) + g_2(x))| = |f_2(x) - g_2(x)| \le \frac{2^2}{3^2}$$

위 과정을 반복하면 각 자연수 n에 대하여 다음을 만족하는 연속 함수 $f_n : C \to \left[-\frac{2^{n-1}}{3^{n-1}}, \frac{2^{n-1}}{3^{n-1}}\right]$과 $g_n : X \to \left[-\frac{2^{n-1}}{3^n}, \frac{2^{n-1}}{3^n}\right]$을 얻는다.($f_1(x) := f(x)$)

$$f_n(x) = f_{n-1}(x) - g_{n-1}(x), \quad \forall x \in C \quad \text{그리고} \quad n > 1,$$

$$x \in C \ \Rightarrow \ |f(x) - (g_1(x) + \cdots + g_n(x))| = |f_n(x) - g_n(x)| \le \frac{2^n}{3^n}$$

$g(x) = \sum_{n=1}^{\infty} g_n(x)$라 하면, $|g(x)| \le 1$이므로 $g : X \to [-1, 1]$은 잘 정의된 연속 함수이고, $x \in C$에 대해 $g(x) = f(x)$임을 알 수 있다. 즉 g는 f의 확장이다.

이제 f의 상이 어떤 닫힌 구간에도 포함되지 않는 경우를 고려하자. 위상 동형 함수 $\phi : \mathbb{R} \to (-1, 1)$을 하나 선택하자. 예를 들면 $\phi(x) = \frac{e^x - 1}{e^x + 1}$를 선택하면 된다. 앞의 경우를 함수 $\phi \circ f$에 적용하면 $\phi \circ f$의 확장인 g를 얻을 수 있다. 이때, $\phi^{-1} \circ g$가 바라던 f의 확장이다. □

문제 4.3.6 위 증명에서 $g(x)$가 잘 정의된 연속 함수임을 보여라.

티체 확장 정리의 증명은 위상 공간 X가 정규 공간인 것을 매개로 하여 다음 명제 (i)이 성립한다는 가정하에 명제 (ii)를 증명한 것으로 볼 수 있다.

(i) 서로 소인 X의 두 닫힌 집합 A와 B가 연속 함수에 의해 분리된다.

(ii) X의 닫힌 부분 집합 C에서 정의된 연속 함수 $f : C \to [0, 1]$가 전체 공간 X에서 정의된 연속 함수 $\tilde{f} : X \to [0, 1]$로 확장된다.

문제 4.3.7 위상 공간 X에 대하여 명제 (ii)를 이용하여 명제 (i)을 증명하여라.

위 논의로부터 다음 동치 관계를 얻는다.

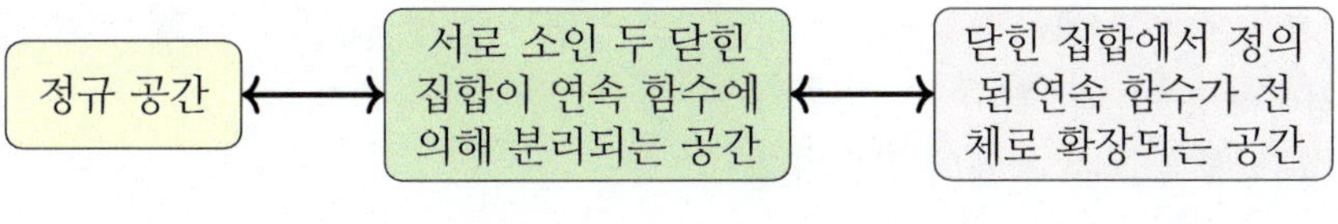

연습 문제 4.3

1. 이진 유리수의 집합 $\mathbb{D}$가 보통 위상 공간 $\mathbb{R}$에서 조밀함을 보여라.

2. 보통 위상 공간 $\mathbb{R}$의 부분 집합 $A = (0,1)$과 $B = (1,2)$에 대하여 A와 B는 연속 함수에 의해 분리될 수 없음을 보여라.

3. 임의의 자연수 k에 대하여 A_1, A_2, $\ldots$, A_k가 정규 공간 X의 서로 소인 닫힌 집합일 때, 다음 조건을 만족하는 연속 함수 $f : X \to [1,k]$가 존재함을 보여라.

$$f(A_i) = \{i\}, \quad i = 1, 2, \ldots, k$$

4. X를 위상 공간이라 하자. X의 닫힌 부분 집합 C와 C에 포함되지 않는 점 x가 연속 함수에 의해 분리될 때, 즉 다음을 만족하는 연속 함수 $f : X \to [0,1]$이 존재할 때 X를 **완전 정칙 공간**이라 한다.¶

$$f(x) = 0, \qquad f(C) = \{1\}$$

이 때 다음에 답하여라.

(1) 완전 정칙 공간은 정칙 공간임을 보여라.

(2) 정칙 공간이지만 완전 정칙 공간이 아닌 보기를 찾아라.

5. 임의의 정수 m과 $n(\neq 0)$에 대하여 $B_{m,n}$을 다음과 같이 정의하자.

$$B_{m,n} = \{m + kn \mid k \in \mathbb{Z}\}$$

$\mathcal{B} = \{B_{m,n} \mid m, n \in \mathbb{Z},\ n \neq 0\}$이라 할때, 다음 물음에 답하라.

(1) $\mathcal{B}$가 $\mathbb{Z}$의 어떤 위상 $\mathcal{T}$의 기저가 됨을 보여라.

(2) $B_{m,n}$이 위상 공간 $(\mathbb{Z}, \mathcal{T})$의 닫힌 집합임을 보여라.

(3) $(\mathbb{Z}, \mathcal{T})$가 제2 가산 공간임을 보여라.

(4) $(\mathbb{Z}, \mathcal{T})$가 정칙 공간인지를 판별하여라.

(5) $(\mathbb{Z}, \mathcal{T})$가 거리를 줄 수 있는 공간인지를 판별하여라.

6. 제2 가산인 완전 정칙 공간 X는 힐베르트 입방체 $[0,1]^{\mathbb{N}}$에 매립 가능함을 보여라. ‖

7. [2007학년도 임용고사] X를 $\mathcal{B} = \{V \subset X \mid V$와 V^c는 모두 열린 집합(open set)$\}$을 기저(basis)로 갖는 위상 공간이라 하자. 그리고 F를 닫힌 집합(closed set), p를 F에 속하지 않는 X의 점이라고 할 때, $f(p) = 0$이고 $f(F) = \{1\}$인 연속 함수 $f : X \to \mathbb{R}$가 존재함을 보이시오. (단, $\mathbb{R}$은 실수 전체의 집합이다.)

¶위상 공간 X가 완전 정칙이고 T_1-공간일 대 X를 **티코노프 공간** 또는 $T_{3\frac{1}{2}}$**-공간** 이라 한다.

‖힐베르트 입방체는 거리를 줄 수 있는 공간임이 알려져 있다.

4.4 가산 공리

먼저 국소적인 개념의 기저를 정의하자.

정의 4.4.1

위상 공간 $(X, \mathcal{T})$와 한 점 $x(\in X)$에 대해 어떤 열린 집합들의 모임 $\mathcal{B}_x(\subset \mathcal{T})$가 존재하여 다음을 만족할 때 $\mathcal{B}_x$를 x에서의 **국소 기저**라 한다.

(1) $B \in \mathcal{B}_x$이면 $x \in B$이다.

(2) x를 포함하는 열린 집합 U에 대하여 $B \subset U$인 $B(\in \mathcal{B}_x)$가 존재한다.

기저와 국소 기저의 관계는 다음 보조 정리로 요약된다.

보조 정리 4.4.2 기저와 국소 기저의 관계

X를 위상 공간이라고 하자.

(a) $\mathcal{B}$가 X의 기저이면 $\mathcal{B}_x := \{B \in \mathcal{B} \mid x \in B\}$는 x에서의 국소 기저이다.

(b) 모든 $x(\in X)$에 대해 $\mathcal{B}_x$가 x에서의 국소 기저이면 $\mathcal{B} := \bigcup_{x \in X} \mathcal{B}_x$는 X의 기저이다.

증명 (a) U를 x를 포함하는 X의 열린 집합이라 하면 $\mathcal{B}$가 기저이므로 $x \in B \subset U$를 만족하는 기본 열린 집합 B가 존재한다. 이때, $B \in \mathcal{B}_x$이고, 따라서 $\mathcal{B}_x$는 x에서의 국소 기저임을 알 수 있다.

(b) 독자에게 맡긴다. □

문제 4.4.1 위 보조 정리의 증명을 완성하여라.

위상 공간 X의 덮개 $\mathcal{O} = \{U_\lambda \mid \lambda \in \Lambda\}$에 대하여 부분 첨자 집합 $\Lambda'(\subset \Lambda)$가 존재하여 $\mathcal{O}' = \{U_\lambda \mid \lambda \in \Lambda',\ \Lambda' \subset \Lambda\}$가 여전히 X의 덮개일 때, 즉 다음을 만족하면 $\mathcal{O}'$을 $\mathcal{O}$의 **부분 덮개**라 한다.

$$X = \bigcup_{\lambda \in \Lambda'} U_\lambda$$

앞에서 소개한 제2 가산 공간(2.3절)과 분리 가능 공간(2.5절)에 대한 정의를 기억하며 다음을 정의하자.

정의 4.4.3

X를 위상 공간이라고 하자.

(1) 각 점 $x(\in X)$에서 가산 국소 기저가 존재하면 X를 **제1 가산 공간**이라 한다.

(2) X의 모든 열린 덮개가 가산인 부분 덮개를 가지면 X를 **린델레프 공간**이라 한다.

보기 4.4.4

(1) 보통 위상 공간 $(\mathbb{R}, \mathcal{U})$는 제1 가산 공간이다. 임의의 $x \in \mathbb{R}$에 대하여 다음과 같이 주어지는 $\mathcal{B}_x$는 가산 국소 기저이기 때문이다.

$$\mathcal{B}_x = \left\{ \left(x - \frac{1}{n},\ x + \frac{1}{n} \right) \middle| n = 1, 2, \ldots \right\}$$

(2) $\mathbb{R}$의 부분 공간으로 자연수 집합 $\mathbb{N}$은 이산 공간이다. $\mathcal{C}$가 $\mathbb{N}$의 주어진 열린 덮개라 할 때, 각 $n \in \mathbb{N}$에 대하여 n을 포함하는 $\mathcal{C}$의 원소를 하나씩 택하여 U_n이라 하자. 그러면 $\{U_n \mid n \in \mathbb{N}\}$은 $\mathcal{C}$의 가산인 부분 덮개이다. 따라서 $\mathbb{N}$은 린델레프 공간이다.

(3) X를 셀 수 없는 집합이라 하고 p를 X에 포함되지 않는 한 점이라 하자. 그리고 $Y = \{p\} \cup X$의 위상 $\mathcal{T}$에 대한 기저 $\mathcal{B}$를 다음과 같이 정하자.

$$\mathcal{B} = \big\{ \{x\} \mid x \in X \big\} \cup \big\{ \{p\} \cup W \mid X - W\text{는 가산 집합} \big\}$$

그러면 p를 포함하는 열린 집합은 가산 개의 점을 제외하고 Y의 모든 점을 포함하므로, 임의의 열린 덮개에서 p를 포함하는 열린 집합을 하나 선택하면 가산인 부분 덮개를 얻을 수 있다. 따라서 $(Y, \mathcal{T})$는 린델레프 공간이다.
한편, 어떠한 가산 집합도 Y에서 조밀할 수 없음을 쉽게 확인할 수 있다. 따라서 $(Y, \mathcal{T})$는 분리 가능이 아니다.

문제 4.4.2 위 보기 (3)에서 $\mathcal{B}$가 Y의 어떤 위상의 기저임을 보여라. 또 어떤 가산 집합도 Y에서 조밀할 수 없음을 보여라.

문제 4.4.3 비가산 이산 공간 $(X, \mathcal{D})$는 린델레프 공간이 아님을 보여라.

보기 4.4.5

여가산 위상 공간 $\mathbb{R}_c$는 제1 가산 공간이 아님을 보여라.

| 풀이 | 임의의 $x (\in \mathbb{R})$에 대하여 $\mathcal{B}_x = \{B_n : n \in \mathbb{N}\}$을 x에서의 가산 국소 기저라 하자. 각 $n (\in \mathbb{N})$에 대하여 $F_n = \mathbb{R} \backslash B_n$이라 하자. 여기서 B_n이 열린 집합이므로 F_n은 가산 집합이다. F를 다음과 같이 가산 개 셀 수 있는 집합들의 합집합으로 정의하면, F는 가산 집합이다.(정리 1.4.7)

$$F := \{x\} \cup \left(\bigcup_{n \in \mathbb{N}} F_n \right)$$

그런데 $\mathbb{R}$은 셀 수 없는 집합이므로, $\mathbb{R} \backslash F$의 원소 y가 존재한다. 이제 $U = \mathbb{R} \backslash \{y\}$라 하자. 그러면 U는 x를 포함하는 열린 집합이다. 이때 $x \in B_n \subset U$인 $B_n (\in \mathcal{B}_x)$이 존재하지 않음을 보이는 것은 쉽다. 이는 $\mathcal{B}_x$가 국소 기저라는 가정에 위배된다. □

문제 4.4.4 위 풀이에서 $x \in B_n \subset U$인 $B_n (\in \mathcal{B}_x)$이 존재하지 않음을 보여라.

보기 4.4.4 (1)에서 $B_n = (x - \frac{1}{n},\ x + \frac{1}{n})$이라 하면 다음이 성립한다.

$$B_1 \supset B_2 \supset B_3 \supset \cdots$$

이와 같은 성질을 갖는 x에서의 국소 기저 $\mathcal{B}_x = \{B_n | n \in \mathbb{N}\}$을 **축소 국소 기저**라 한다. 이때, 축소 국소 기저가 가산임은 분명하다.

정리 4.4.6

X가 제1 가산 공간이면 임의의 점 $x(\in X)$에서 축소 국소 기저를 갖는다.

증명 임의의 점 $x(\in X)$에 대하여 x에서의 가산 국소 기저 $\mathcal{B}_x = \{G_n | n \in \mathbb{N}\}$을 생각하자. 모든 $n \in \mathbb{N}$에 대하여 B_n을 다음과 같이 정의하자.

$$B_1 = G_1,\ B_2 = B_1 \cap G_2,\ B_3 = B_2 \cap G_3,\ \cdots$$

그러면 $B_1 \supset B_2 \supset \cdots$이고 각 B_n은 x를 포함하는 열린 집합이다. 한편 점 x의 임의의 근방 W에 대해 적당한 $n_0(\in \mathbb{N})$이 있어서 $B_{n_0} \subset G_{n_0} \subset W$를 만족하므로 $\{B_n | n \in \mathbb{N}\}$은 x에서의 축소 국소 기저이다. □

보기 4.4.7

함수 $f : \mathbb{N} \to \mathbb{N}$에 대하여 $U(f)$를 다음과 같이 정하자.

$$U(f) = \{(x, y) \in \mathbb{N}^2 \,|\, f(x) \le y\}$$

그리고 $\mathbb{N}^2$의 위상 $\mathcal{T}$를 다음과 같다고 하자.

$$\mathcal{T} = \{U(f) | f : \mathbb{N} \to \mathbb{N}\text{는 함수}\} \cup \{\varnothing\}^{**}$$

이때 위상 공간 $(\mathbb{N}^2, \mathcal{T})$는 제1 가산 공간이 아님을 보여라.

풀이 $\mathbb{N}^2$의 어떤 점 (p, q)에서 축소 국소 기저 $\mathcal{B} = \{U(f_n) | n \in \mathbb{N}\}$를 갖는다고 가정하자. 즉 다음이 성립한다.

$$U(f_1) \supset U(f_2) \supset U(f_3) \supset \cdots$$

함수 $g : \mathbb{N} \to \mathbb{N}$을 다음과 같이 정하자.

$$g(n) = \begin{cases} 1, & n = p \\ f_n(n) + 1, & n \ne p \end{cases}$$

그러면 $g(p) = 1 \le q$이므로 $(p, q) \in U(g)$이다. 이로부터 $(p, q) \in U(f_m) \subset U(g)$인 $m \in \mathbb{N}$이 존재한다. 그리고 $\mathcal{B}$는 축소 국소 기저이므로 다음이 성립한다.

$$U(g) \supset U(f_m) \supset U(f_n), \quad m \le n \tag{4.8}$$

그런데 $n \ne p$이면 $g(n) = f_n(n) + 1$이므로 다음이 성립한다.

$$(n, g(n) - 1) \in U(f_n), \qquad (n, g(n) - 1) \notin U(g)$$

** 함수 f를 치역이 $\{1\}$인 상수 함수라 하면 $U(f) = \mathbb{N}^2$이다.

이것은 (4.8)에 위배된다. 그러므로 $\mathcal{B}$는 축소 국소 기저가 될 수 없고, 정리 4.4.6에 의해 $(\mathbb{N}^2, \mathcal{T})$은 제1 가산 공간이 아니다. □

문제 4.4.5 위 보기에서 $\mathcal{T}$가 $\mathbb{N}^2$의 위상임을 보여라.

점열과 관련된 제1 가산 공간의 성질을 살펴보자.

정리 4.4.8

X를 제1 가산 공간이라 하자. 임의의 점 $p(\in X)$와 부분 집합 $A(\subset X)$에 대하여 $p \in \bar{A}$일 필요 충분 조건은 p로 수렴하는 점열 $\{a_n \in A\}$이 존재하는 것이다.

|증명| (⇒) $p \in \overline{A}$라 가정하자. X가 제1 가산 공간이므로 정리 4.4.6에 의해 p에서의 축소 국소 기저 $\mathcal{B}_p = \{B_n | n \in \mathbb{N}\}$를 생각할 수 있다. 모든 $n(\in \mathbb{N})$에 대하여 B_n이 p의 근방이고 $p \in \overline{A}$이므로 $B_n \cap A \neq \varnothing$이다. 따라서 각 $n(\in \mathbb{N})$에 대하여 $B_n \cap A$의 한 점 a_n을 택할 수 있다.

이제 우리가 선택한 점열 $\{a_n\}$이 p로 수렴함을 보이자. U를 p의 임의의 근방이라 하면 $p \in B_{n_0} \subset U$인 자연수 n_0이 존재한다. 따라서 모든 $n \geq n_0$에 대해 다음이 성립하므로 점열 $\{a_n\}$은 p로 수렴한다.

$$a_n \in B_n \subset B_{n_0} \subset U$$

(⇐) U를 p의 근방이라 하면, 점열 $\{a_n \in A\}$이 p로 수렴하므로, $n \geq n_0$이면 $a_n \in U$를 만족하는 적당한 자연수 n_0이 존재한다. 따라서 $U \cap A \neq \varnothing$이므로 $p \in \overline{A}$이다. □

보기 4.4.9

p가 제1 가산 공간 X의 한 점이라 하자. 함수 $f : X \to Y$가 p에서 연속일 필요 충분 조건은 p로 수렴하는 모든 점열 $\{x_n\}$에 대하여 $\{f(x_n)\}$이 $f(p)$로 수렴하는 것임을 보여라.

|풀이| (⇒) f가 p에서 연속이라 하자. 그러면 $f(p)$의 임의의 근방 $V(\subset Y)$에 대해 $p \in U \subset f^{-1}(V)$를 만족하는 p의 근방 U가 존재한다. 점열 $\{x_n\}$이 p로 수렴한다고 하자. 그러면 모든 $n \geq n_0$에 대해 $x_n \in U$를 만족하는 적당한 자연수 n_0이 존재한다. 따라서 모든 $n \geq n_0$에 대해 다음이 성립하므로(정리 1.3.7 참조) 점열 $\{f(x_n)\}$은 $f(p)$로 수렴한다.

$$f(x_n) \in f(U) \subset f(f^{-1}(V)) \subset V$$

(⇐) p로 수렴하는 모든 점열 $\{x_n\}$에 대해 $\{f(x_n)\}$이 $f(p)$로 수렴한다고 하자. X의 부분 집합 A에 대하여 $p \in \overline{A}$라 하면 정리 4.4.8로부터 p로 수렴하는 점열 $\{a_n | a_n \in A\}$가 존재한다. 따라서 가정에 의해 점열 $\{f(a_n)\}$은 $f(p)$로 수렴하므로 정리 4.4.8을 다시 적용하면 다음을 얻는다.

$$f(p) \in \overline{f(A)}$$

따라서 연습 문제 3.1의 1번에 의해 f는 p에서 연속이다. □

보조 정리 4.4.2는 가산 기저 $\mathcal{B}$로부터 임의의 점 $x \in X$에 대하여 가산 국소 기저 $\mathcal{B}_x$가 유도됨을 보여준다. 따라서 다음 명제를 얻는다.

"제2 가산 공간은 제1 가산 공간이다."

또한, 정리 2.5.22에서는 제2 가산 공간은 분리 가능 공간임을 보였다. 그리고 제2 가산 공간의 임의의 열린 덮개에서는 각각의 열린 집합이 기저들의 합집합이므로 가산 부분 덮개를 얻을 수 있다. 즉, 다음을 보일 수 있다.

문제 4.4.6 제2 가산 공간은 린델레프 공간임을 보여라.

위 논의와 문제 4.4.6은 다음과 같은 그래프를 준다.

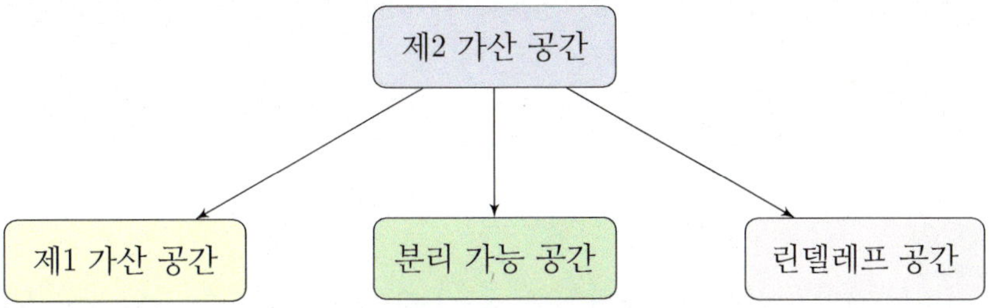

보기 4.4.10

이산 공간 $(X, \mathcal{D})$는 제1 가산 공간이지만 일반적으로 제2 가산 공간은 아님을 보여라.

풀이 임의의 점 $x(\in X)$에 대하여 한 원소 집합 $\{x\}$가 열린 집합이므로 $\mathcal{B}_x = \{\{x\}\}$는 가산 국소 기저다. 따라서 $(X, \mathcal{D})$는 제1 가산 공간이다. 한편, X가 셀 수 없는 집합일 때 $\mathcal{D}$의 임의의 기저는 X의 모든 한 원소 집합을 포함해야 하므로 이 경우 $(X, \mathcal{D})$는 제2 가산 공간이 아니다. □

보기 4.4.11

조르겐프라이 직선 $\mathbb{R}_l$이 린델레프 공간임을 보여라.

풀이 기본 열린 집합 $[a, b)$ $(a, b \in \mathbb{R})$들로 이루어진 다음과 같은 $\mathbb{R}_l$의 임의 덮개 $\mathcal{O}$가 가산 부분 덮개를 가짐을 보여도 충분하다.

$$\mathcal{O} = \{[a_\lambda, b_\lambda) | \lambda \in \Lambda\}$$

이를 위해 $C = \bigcup_{\lambda \in \Lambda}(a_\lambda, b_\lambda)$라 하자. 그러면 $\{(a_\lambda, b_\lambda) | \lambda \in \Lambda\}$는 C의 열린 덮개이다. C를 보통 위상 공간 $\mathbb{R}$의 부분 공간으로 생각하면 (정리 3.2.4 아래에 주어진 명제로부터) C는 제2 가산 공간이다. 그리고 제2 가산 공간은 린델레프 공간이므로 C는 린델레프 공간이다. 따라서 $\{(a_\lambda, b_\lambda) | \lambda \in \Lambda\}$의 가산 부분 덮개 $\{(a_{\lambda_n}, b_{\lambda_n}) | n \in \mathbb{N}\}$가 존재한다. 그러면 다음과 같이 주어지는 $\mathcal{O}'$는 $\mathbb{R}_l$의 부분 공간인 C의 가산 열린 덮개이다.

$$\mathcal{O}' = \{[a_{\lambda_n}, b_{\lambda_n}) | n \in \mathbb{N}\}$$

이제 $\mathbb{R}_l - C$가 가산 집합임을 보이자. 각 점 $x \in \mathbb{R}_l - C$에 대해 $x \in [a_\lambda, b_\lambda)$인 $\lambda(\in \Lambda)$가 존재한다. 그리고 $q_x \in (x, b_\lambda)$인 유리수 q_x를 하나씩 택하자. 그러면 $(a_\lambda, b_\lambda) \subset C$이므로 $(x, q_x) \subset C$이다. 만약 $x, y \in \mathbb{R}_l - C$이고 $x < y$라면 $q_x \leq y$이어야 하므로 $q_x < q_y$이다. 따라서 다음 함수는 단사이다.

$$f : \mathbb{R}_l - C \to \mathbb{Q}, \quad x \mapsto q_x$$

그런데 $\mathbb{Q}$가 가산 집합이므로 $\mathbb{R} - C$도 가산 집합이다. 따라서 $\mathbb{R}_l - C$의 각 점을 포함하는 $\mathcal{O}$의 원소를 하나씩 택해서 $\mathcal{O}'$에 포함시키면 $\mathcal{O}'$은 $\mathbb{R}_l$의 가산 덮개이고 $\mathcal{O}$의 부분 덮개이다. 따라서 $\mathbb{R}_l$은 린델레프 공간이다. □

문제 4.4.7 조르겐프라이 직선 $\mathbb{R}_l$이 제1 가산 공간임을 보여라.

조르겐프라이 직선 $\mathbb{R}_l$에 대하여 정리하면, 제1 가산 공간(문제 4.4.7), 분리 가능(문제 2.5.13), 린델레프 공간(보기 4.4.11)이나 제2 가산 공간이 아니다(보기 2.5.23).

정리 2.5.24에서 거리 공간 X가 제2 가산인 것과 분리 가능인 것이 동치임을 보였다. 다음 정리는 이 정리를 확장한 것이다.

정리 4.4.12

(X, d)가 거리 공간이면 X가 제2 가산 공간, 분리 가능, 린델레프 공간인 것은 모두 동치이다.

증명 X가 제2 가산 공간이면 린델레프 공간이므로 거리 공간 (X, d)가 린델레프 공간일 때 X가 분리 가능 공간임을 보이면 충분하다.

거리 공간 (X, d)가 린델레프 공간이라 하자. 각 자연수 $n(\in \mathbb{N})$에 대하여 다음과 같은 X의 열린 덮개 $\mathcal{O}_n$를 생각하자.

$$\mathcal{O}_n = \left\{ B(x, \tfrac{1}{n}) \mid x \in X \right\}$$

그러면 다음 집합이 $\mathcal{O}_n$의 가산 부분 덮개가 되게 하는 점열 $\{x_{n,1}, \ldots, x_{n,k}, \ldots\}$가 존재한다.

$$\left\{ B(x_{n,k}, \tfrac{1}{n}) \mid k \in \mathbb{N} \right\}$$

여기서 모든 점열들의 합집합 $A = \{x_{n,k} \mid n, k \in \mathbb{N}\}$은 셀 수 있는 집합이다. 이제 $U(\subset X)$를 공집합이 아닌 임의의 열린 집합이라 하면 $B(p, r) \subset U$인 $p(\in X)$와 양의 실수 r이 존재한다. 그러면 아르키메데스 정리에 의해 $\frac{1}{r} < m$인 자연수 m을 얻을 수 있다. 이때 $p \in B(x_{m,k}, \frac{1}{m})$인 $k(\in \mathbb{N})$가 존재하므로 다음이 성립한다.

$$d(x_{m,k}, p) < \frac{1}{m} < r \;\Rightarrow\; x_{m,k} \in B(p, r) \subset U$$

따라서 $A \cap U \neq \varnothing$이므로 A는 X에서 조밀하고 X는 분리 가능 공간이다. □

보기 3.3.11에서는 위상 동형 함수가 제2 가산 공리를 보존함을 보였다. 일반적으로 전사인 연속 함수가 보존하는 가산 공리는 다음과 같다.

정리 4.4.13

함수 $f : X \to Y$가 전사이고 연속일 때 다음이 성립한다.

(a) X가 분리 가능이면 Y도 분리 가능이다.

(b) X가 린델레프 공간이면 Y도 린델레프 공간이다.

(c) f가 열린 함수이고 X가 제2 가산 공간이면 Y도 제2 가산 공간이다.

|증명| (a) 정리 3.1.12

(b) X를 린델레프 공간이라 하고 $\mathcal{O} = \{U_\lambda | \lambda \in \Lambda\}$를 Y의 열린 덮개라 하자. 그러면 f가 전사이고 연속이므로 $\{f^{-1}(U_\lambda) | \lambda \in \Lambda\}$는 X의 열린 덮개이고, 가산 부분 덮개 $\{f^{-1}(U_{\lambda_n}) | n \in \mathbb{N}\}$이 존재한다. 따름 정리 1.3.6과 연습문제 1.3의 2 (2)를 적용하면 다음을 얻는다.

$$Y = f(X) = f\left(\bigcup_{n\in\mathbb{N}} f^{-1}(U_{\lambda_n})\right) = \bigcup_{n\in\mathbb{N}} f\left(f^{-1}(U_{\lambda_n})\right) = \bigcup_{n\in\mathbb{N}} U_{\lambda_n}$$

따라서 $\{U_{\lambda_n} | n \in \mathbb{N}\}$이 $\mathcal{O}$의 가산 부분 덮개이므로 Y는 린델레프 공간이다.

(c) 연습 문제 3.3의 7번 □

문제 4.4.8 함수 $f : X \to Y$가 전사이고 연속일 때, X는 제2 가산 공간이지만 Y는 제2 가산 공간이 아닌 예를 찾아라.

분리 가능 공간의 부분 공간이 일반적으로 분리 가능 공간일 필요가 없음을 앞에서 보였다.(보기 3.2.14) 한편, 보기 4.4.4 (3)에서 린델레프 공간 Y의 부분 공간 X는 린델레프 공간이 아니다. 부분 공간과 관련하여, 가산 공리들은 다음을 만족한다.

정리 4.4.14

Y가 위상 공간 X의 부분 공간이라 하자.

(a) X가 제1 가산 공간이면 Y도 제1 가산 공간이다.

(b) X가 제2 가산 공간이면 Y도 제2 가산 공간이다.

(c) X가 분리 가능이고 Y가 열린 집합이면 Y도 분리 가능이다.

(d) X가 린델레프 공간이고 Y가 닫힌 집합이면 Y도 린델레프 공간이다.

|증명| (a) X가 제1 가산 공간이므로 임의의 $x(\in X)$에 대하여 가산 국소 기저 $\mathcal{B}_x$가 존재한다. 그러면 $\mathcal{B}_x|_Y = \{Y \cap B | B \in \mathcal{B}_x\}$가 Y의 부분 위상에 대한 점 x에서의 국소 기저가 됨은 분명하다. 이때 $\mathcal{B}_x|_Y$가 가산이므로 부분 공간 Y는 제1 가산 공간이다.

(b) 정리 3.2.4 참조.

(c) 정리 3.2.15

(d) Y를 X의 닫힌 집합이라 하고, $\mathcal{O} = \{V_\lambda | \lambda \in \Lambda\}$를 Y의 한 열린 덮개라 하자. 그러면 각 V_λ에 대해 $V_\lambda = Y \cap U_\lambda$인 X의 열린 집합 U_λ가 존재한다. 따라서 $\{U_\lambda | \lambda \in \Lambda\} \cup \{X - Y\}$는 X의 열린 덮개이고, 가산 부분 덮개 $\{U_{\lambda_n} | n \in \mathbb{N}\} \cup \{X - Y\}$가 존재한다. 이 때 $\{V_{\lambda_n} = Y \cap U_{\lambda_n} | n \in \mathbb{N}\}$은 $\mathcal{O}$의 가산 부분 덮개이므로 Y도 린델레프 공간이다. □

두 위상 공간의 곱 공간에 대한 제2 가산 공리와 분리 가능 공리는 연습 문제 3.4의 5번에서 다루었다. 곱 공간의 제1 가산 공리에 대하여 다음 정리를 보자.

정리 4.4.15

두 위상 공간 X, Y가 모두 제1 가산 공간일 필요 충분 조건은 곱 공간 $X \times Y$가 제1 가산 공간인 것이다.

증명 ($\Rightarrow$) 한 점 $(x, y)[\in X \times Y]$에 대하여 X, Y가 제1 가산 공간이므로 다음과 같은 x, y에서의 가산 국소 기저 $\mathcal{B}_x^X$, $\mathcal{B}_y^Y$가 존재한다.

$$\mathcal{B}_x^X = \{B_{x,m} \mid m \in \mathbb{N}\}, \quad \mathcal{B}_y^Y = \{B_{y,n} \mid n \in \mathbb{N}\}$$

이때 $\mathcal{B}_{(x,y)}$를 다음과 같이 정의하자.

$$\mathcal{B}_{(x,y)} = \{B_{x,m} \times B_{y,n} \mid m, n \in \mathbb{N}\}$$

그러면 $\mathcal{B}_{(x,y)}$는 가산이다.(정리 1.4.11) 그리고 $\mathcal{B}_{(x,y)}$가 점 (x, y)에서의 국소 기저임을 쉽게 확인할 수 있다. 그러므로 곱 공간 $X \times Y$는 제1 가산 공간이다.

($\Leftarrow$) 3.5절에서 보인 것과 같이 X, Y는 매립을 통해 곱 공간의 부분 공간으로 볼 수 있다. 그러므로 곱 공간 $X \times Y$가 제1 가산 공간이라 하면, 정리 4.4.14 (a)로부터 X, Y 모두 제1 가산 공간이다. □

문제 4.4.9 위 정리의 증명에서 $\mathcal{B}_{(x,y)}$가 점 (x, y)에서의 국소 기저임을 보여라.

한편, 두 린델레프 공간의 곱 공간은 일반적으로 린델레프 공간이 아니다. 조르겐프라이 직선 $\mathbb{R}_l = (\mathbb{R}, \mathcal{H})$는 린델레프 공간이지만(문제 4.4.7) 다음 보기와 같이 조르겐프라이 평면 $\mathbb{R}_l \times \mathbb{R}_l$은 린델레프 공간이 아니다.

보기 4.4.16

$\mathbb{R}_l \times \mathbb{R}_l$은 린델레프 공간이 아님을 보여라.

풀이 조르겐프라이 평면 $\mathbb{R}_l \times \mathbb{R}_l$은 $[a, b) \times [c, d)$ 꼴인 모든 집합의 모임을 기저로 갖는다. $\mathbb{R}_l \times \mathbb{R}_l$이 린델레프 공간이 아님을 보이기 위해 $\mathbb{R}_l^2$의 부분 공간 $L = \{(x, -x) | x \in \mathbb{R}\}$을 생각하자. 먼저 L은 $\mathbb{R}_l^2$에서 닫힌 집합이다.(문제 4.2.12) 이제 열린 집합 $\mathbb{R}_l^2 - L$과 다음과 같이 정의된 기본 열린 집합들로 구성된 $\mathbb{R}_l$의 열린 덮개 $\mathcal{O}$를 생각하자.

$$[a, b) \times [-a, d)$$

이 기본 열린 집합은 L과 기껏해야 한 점에서 만나므로 $\mathcal{O}$은 가산 부분 덮개를 가질 수 없다. 따라서 $\mathbb{R}_l \times \mathbb{R}_l$은 린델레프 공간이 아니다. □

연습 문제 4.4

1. 모든 거리 공간 (X, d)는 제1 가산 공간임을 보여라.

2. 위상 공간 $(X, \mathcal{T})$에 대하여 $\mathcal{T}$에 대한 가산인 부분 기저가 존재하면 X는 제2 가산 공간임을 보여라.

3. $\mathcal{B}_p = \{B_1,\ B_2,\ \ldots\}$을 $p(\in X)$에서의 축소 국소 기저라 하면 점열 $\{a_n \mid a_n \in B_n,\ n = 1, 2, \ldots\}$은 p로 수렴함을 밝혀라.

4. 제1 가산이 아닌 위상 공간 X로 정리 4.4.8가 성립하지 않는 예를 찾아라.

5. 제1 가산이 아닌 위상 공간 X로 보기 4.4.9가 성립하지 않는 예를 찾아라.

6. 위상 공간 X_k $(k \in \mathbb{N})$에 대하여 X_k가 모두 제1 가산 공간일 필요 충분 조건은 $\prod_{k\in\mathbb{N}} X_k$가 제1 가산 공간인 것을 보여라.††

7. (1) 곱 공간 $X \times Y$가 린델레프 공간이면 X, Y가 린델레프 공간인가?
   (2) X, Y가 린델레프 공간일 때, 곱 공간 $X \times Y$가 린델레프 공간이 될 조건이 무엇인가?

††제2 가산 공간과 분리 가능 공간에 대해서는 연습 문제 3.5의 5에서 다루었다. Λ를 비가산 지표 집합이라 할 때, 제1 가산 공간들의 곱 공간 $\prod_{\alpha\in\Lambda} X_\alpha$는 제1 가산 공간이 되지 않음이 알려져 있다. 따라서 일반적으로 비가산 개의 제2 가산 공간들의 곱 공간도 제2 가산 공간이 되지 않는다.

제 5 장

옹골 공간

옹골이라는 성질은 보통 위상이 주어진 유클리드 공간에서 유계인 닫힌 집합을 일반적인 위상 공간으로 일반화한 개념이다. 이는 매우 중요한 위상적 성질이며 이 장에서는 옹골 공간을 정의하고 옹골 공간의 여러 가지 유용한 성질들을 배운다.

차례

안드레이 니콜라예비치 티코노프(1906~1993)

1906년에 스몰렌스크 근처의 소도시인 가가린(옛 이름 그자츠크)에서 태어났다. 1922년에 모스크바 대학교에 입학하였으며, 1926년에 곱공간의 올바른 정의 및 티코노프 정리를 최초로 제시하였다. 같은 해에 유리손 거리화 정리를 증명하였다. (이름과 달리 이 정리는 파벨 사무일로비치 유리손과 관계가 없다.) 1927년에 모스크바 대학교에서 박사 학위를 수여받았다.

1936년에 볼테라 적분 방정식에 대한 논문으로 하빌리타치온을 수여받았다. 같은 해에 모스크바 대학교의 교수로 부임하였다.

1939년 1월 29일에 소련 과학 아카데미의 준회원이 되었으며, 1966년 7월 1일에 정회원이 되었다. 1970년에 모스크바 대학교 계산 수학·사이버네틱스 부를 창립하였고, 1970년 1990년 동안 그 부장을 맡았다.

1993년 10월 7일 모스크바에서 사망하였다.

5.1 옹골 공간

실수 집합 $\mathbb{R}$에서 최대 원소와 최소 원소를 모두 갖는 집합은 유계 집합인 것이 분명하다.(32쪽의 정의 1.5.8 참조) 그럼 거꾸로 유계 집합은 최대 원소와 최소 원소를 모두 가질까? 열린 구간 $(0,1)$에서 보듯이 유계 집합이라도 최대 원소나 최소 원소를 갖지 않는 경우가 있다. 그러나 유계 집합은 실수의 완비성 공리에 의해 항상 최대 하계와 최소 상계를 갖는다.

주어진 집합이 최대 하계와 최소 상계를 포함하면 최대 하계가 최소 원소이고 최소 상계가 최대 원소이다. 따라서 유계 집합이 최대 원소와 최소 원소를 가지려면 최대 하계와 최소 상계를 포함해야 한다. 한편 최대 하계와 최소 상계는 주어진 집합의 집적 점이므로, 만약 유계 집합이 자신의 모든 집적 점을 포함하면 그 집합은 최대 원소와 최소 원소를 모두 갖는다. 자신의 모든 집적 점을 포함하는 집합은 닫힌 집합이므로 다음 명제를 얻는다.

"유계인 닫힌 집합은 항상 최대 원소와 최소 원소를 갖는다."

참고로, 집합 $[0,1)\cup(2,3]$의 예에서 볼 수 있듯이 그 역은 일반적으로 성립하지 않는다. 보통 위상 공간 $\mathbb{R}$에서 유계인 닫힌 집합은 최대 원소와 최소 원소를 가지는 것을 비롯하여 여러 가지 유용한 성질을 지닌다.

$\mathbb{R}$의 대표적인 유계인 닫힌 집합은 닫힌 구간이다.* 닫힌 구간의 중요한 특성 중 하나가 다음의 **축소 구간 정리**가 성립하는 것이다.

정리 5.1.1 축소 구간 정리

유계인 닫힌 구간의 모임 $\{I_n \neq \varnothing \mid n \in \mathbb{N}\}$이 다음을 만족한다고 하자.

$$I_1 \supset I_2 \supset \cdots \supset I_n \supset \cdots \tag{5.1}$$

그러면 $\bigcap_{n=1}^{\infty} I_n \neq \varnothing$이다.

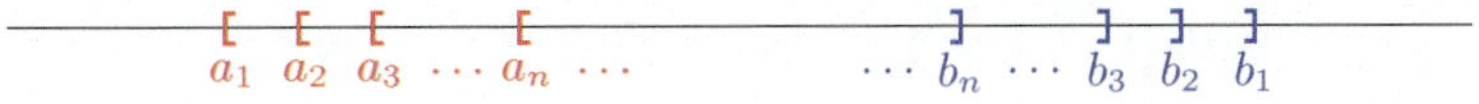

그림 5.1: 축소 구간들

증명 $I_n = [a_n, b_n]$이라 놓으면 $\{a_n\}$은 단조 증가 수열이고 모든 b_n이 상계인 위로 유계인 수열이다. 실수의 완비성에 의하여 수열 $\{a_n\}$은 수렴한다. 그 극한을 a라 하자. 그러면 모든 n에 대하여 다음이 성립한다.

$$a \leq b_n$$

또한 $\{b_n\}$은 단조 감소 수열로 a_n이 하계인 아래로 유계인 수열이다. 그러므로 $\{b_n\}$은 수렴하고 그 극한을 b로 하자. 그러면 모든 n에 대하여 다음이 성립한다.

$$a_n \leq b$$

*$\{\frac{1}{n} | n \in \mathbb{N}\} \cup \{0\}$도 유계인 닫힌 집합이다.

따라서 $a = \lim_{n\to\infty} a_n \leq \lim_{n\to\infty} b_n = b$이다. 이제 $I = [a,b]$라 하면 $I \neq \varnothing$이고 $I \subset \bigcap_{n=1}^{\infty} I_n$이므로 $\bigcap_{n=1}^{\infty} I_n \neq \varnothing$이다. □

정의 5.1.2

위상 공간 X의 부분 집합들의 모임 $\mathcal{A} = \{A_\lambda | \lambda \in \Lambda\}$를 생각하자. 임의의 유한 집합 $\Gamma(\subset \Lambda)$에 대하여 $\bigcap_{\lambda\in\Gamma} A_\lambda \neq \varnothing$일때 $\mathcal{A}$는 **유한 교집합 성질**을 만족한다고 한다.

(5.1)을 만족하는 닫힌 구간의 모임 $\{I_n \,|\, n \in \mathbb{N}\}$은 분명히 유한 교집합 성질을 만족한다.

문제 5.1.1 다음과 같이 주어지는 $\mathbb{R}^2$의 부분 집합 A를 생각하자.

$$A = \{x \in \mathbb{R}^2 \mid |x| \leq 1\} = B[\mathbf{0}, 1] \left(= \overline{B(\mathbf{0}, 1)}\right)$$

이때 $\mathcal{F} = \{B[x,1] \,|\, x \in A\}$는 유한 교집합 성질을 만족함을 보여라.

정리 5.1.1에서 닫힌 구간의 모임 $\{I_n \mid n \in \mathbb{N}\}$이 유한 교집합 성질을 만족하면 여전히 같은 결론을 얻을 수 있는데, 이를 일반화하여 다음 정리를 얻는다.

정리 5.1.3

위상 공간 $[a,b]$의 닫힌 집합의 모임 $\{C_\lambda \,|\, \lambda \in \Lambda\}$가 아래를 만족한다고 하자.

$$\bigcap_{\lambda\in\Lambda} C_\lambda = \varnothing$$

그러면 다음을 만족하는 유한 개 부분 집합 $\{C_1, \cdots, C_k\}$가 존재한다.

$$C_1 \cap \cdots \cap C_k = \varnothing$$

위 정리의 대우 명제는 다음과 같다.
"$[a,b]$의 닫힌 집합의 모임 $\{C_\lambda \,|\, \lambda \in \Lambda\}$가 유한 교집합 성질을 만족하면 $\bigcap_{\lambda\in\Lambda} C_\lambda \neq \varnothing$이다."

정리 5.1.3의 증명은 뒤에 나오는 정리 5.1.8의 증명을 보면 된다. 한편, 정리 5.1.3에서 $O_\lambda = [a,b] - C_\lambda$라 놓으면 O_λ는 열린 집합이므로 다음을 만족한다.

$$\bigcup_{\lambda\in\Lambda} O_\lambda = [a,b] - (\bigcap_{\lambda\in\Lambda} C_\lambda) = [a,b]$$

이런 열린 집합들의 모임 $\{O_\lambda \,|\, \lambda \in \Lambda\}$는 $[a,b]$의 열린 덮개이다. 또한 이 정리의 결론으로부터 유한 모임 $\{O_1, \cdots, O_k\}$가 존재하여 다음을 만족한다.

$$O_1 \cup \cdots \cup O_k = [a,b]$$

즉, 유한 부분 덮개가 존재한다. 이러한 관찰로부터 보통 위상 공간 $\mathbb{R}$의 유계인 닫힌 집합에 해당하는 개념을 다음과 같이 일반화 할 수 있다.

정의 5.1.4

위상 공간 X의 임의의 열린 덮개가 유한 부분 덮개를 가지면 X를 **옹골 공간**이라 한다.(그림 5.2)

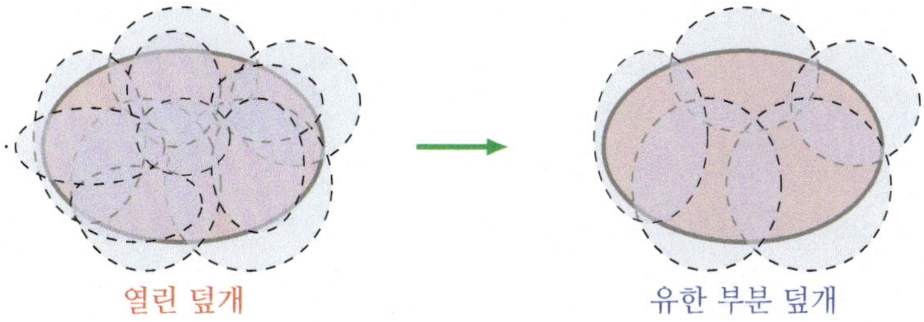

그림 5.2: 옹골 공간

위 정의는 모든 옹골 공간이 린델레프 공간임을 알려준다.(그림 5.3)

그림 5.3: 옹골 공간과 린델레프 공간

한편, 유한 개의 원소로 이루어진 위상 공간은 옹골 공간임이 자명하다. 반대로 X가 무한 집합인 이산 공간이면 X는 옹골 공간이 아니다. 왜냐하면, X의 열린 덮개 $\{\{x\} \mid x \in X\}$에 대하여, X가 무한 집합이므로 이들 중 유한 개로는 X를 다 덮을 수 없고, 따라서 유한 부분 덮개가 존재하지 않기 때문이다.

보기 5.1.5

보통 위상 공간 $\mathbb{R}$의 부분 공간 $A = \{\frac{1}{n} \mid n \in \mathbb{N}\}$와 $B = A \cup \{0\}$의 옹골 공간 여부를 판정하여라.

| 풀이 | (1) 먼저 열린 구간 $(\frac{1}{n} - \frac{1}{2n(n+1)},\ \frac{1}{n} - \frac{1}{2n(n+1)})$과 A의 교집합이 $\{\frac{1}{n}\}$이므로 $U_n := \{\frac{1}{n}\}$이라 하면 $\{U_n \mid n \in \mathbb{N}\}$이 A의 열린 덮개이다. 그런데 이 열린 덮개의 원소 중 하나라도 제외시키면 A를 덮을 수 없음은 분명하다. 그러므로 정의에 따라 위상 공간 A는 옹골 공간이 아니다.

(2) 위상 공간 A와 달리 B는 점 0을 포함하고 있어 임의의 열린 덮개가 유한 부분 덮개를 갖는다. 따라서 B는 옹골 공간이다. 이유를 정확하게 기술하자면 다음과 같다. $\{U_\lambda \mid \lambda \in \Lambda\}$를 B의 열린 덮개라 하자. 이 열린 덮개의 원소 중 0을 포함하는 것을 U_{λ_0}라 하면 다음을 만족하는 자연수 N이 존재한다.

$$\left[\left(-\frac{1}{N},\ \frac{1}{N}\right) \cap B\right] \subset U_{\lambda_0} \tag{5.2}$$

이로부터 $\{\frac{1}{n} \mid n > N\} \subset U_{\lambda_0}$이므로 $\{U_\lambda \mid \lambda \in \Lambda\}$는 유한 부분 덮개를 갖는다. 따라서 B는 옹골 공간이다. □

문제 5.1.2 위 보기에서 (5.2)를 만족하는 자연수 N이 존재함을 보여라.

문제 5.1.3 여유한 위상 공간은 옹골 공간임을 보여라.

Y를 위상 공간 X의 부분 집합이라 하자. Y의 임의 열린 덮개 $\{U_\lambda \mid \lambda \in \Lambda\}$가 유한 부분 덮개를 포함하면 Y를 X의 **옹골 부분 집합**, 또는 **옹골 집합**이라 한다.

문제 5.1.4 위상 공간 X의 부분 집합 Y에 대한 다음 두 명제는 동치임을 보여라. .

(1) Y를 X의 부분 공간으로 간주할 때 Y는 옹골 공간이다.

(2) Y는 X의 옹골 집합이다.

보조 정리 5.1.6

임의의 유계인 닫힌 구간 $[a, b]$는 옹골 집합이다.

증명 $\mathcal{O}$를 $[a, b]$의 열린 덮개라 하고, $[a, b]$의 부분 집합 A를 다음과 같이 정의하자.

$$A = \{x \in [a, b] \mid [a, x]\text{가 } \mathcal{O}\text{의 유한 개 원소에 의하여 덮힘}\}$$

그러면 $A = [a, b]$임을 보이면 충분하다. $a \in A$이고 $A \subset [a, b]$, 즉, A가 유계이고 공집합이 아닌 집합이므로 A의 최소 상계 s가 존재한다. 이때 b가 A의 상계, 즉 $s \leq b$이다. 이제 $s \in A$이고 $s = b$임을 보이면 된다. 먼저 a를 포함하는 $\mathcal{O}$의 원소가 존재하므로 다음이 성립한다.

$$a < s$$

또 $\mathcal{O}$가 $[a, b]$의 열린 덮개이므로 $s \in U_0$인 $\mathcal{O}$의 원소 U_0이 존재한다. U_0이 열린 집합이므로 다음을 만족하는 양수 ϵ이 존재한다.

$$a \leq s - \epsilon, \qquad [s - \epsilon, s] \subset U_0 \tag{5.3}$$

여기서 $s - \epsilon$은 A의 상계가 아니므로 $s - \epsilon$은 A의 어떤 원소보다 작고 따라서 $s - \epsilon \in A$이다. 즉, $[a, s - \epsilon]$은 $\mathcal{O}$의 유한 개 원소에 의해 덮힌다. 그 유한 개의 원소를 $U_1, \ldots, U_n$이라 하면 $[a, s]$는 $U_0, U_1, \ldots, U_n$에 의해 덮힌다. 그러므로 $s \in A$이다. 또한 만약 $s < b$라 하면 $[s, s + \delta] \subset U_0$이고 $s + \delta < b$인 양수 δ가 존재한다. 따라서 $U_0, U_1, \ldots, U_n$은 $[s, s + \delta]$를 덮는다. A의 정의로부터 $s + \delta \in A$이다. 이는 s가 A의 최소 상계라는 사실에 모순이다. 따라서 $s = b$이다. □

문제 5.1.5 위 보기에서 (5.3)을 만족하는 자연수 N이 존재함을 보여라.

문제 5.1.6 구간 $(0, 1)$의 열린 덮개 중 유한 부분 덮개를 갖지 않는 것을 찾고, 이를 이용하여 $(0, 1)$이 옹골 집합이 아님을 결론지어라.

보조 정리 5.1.6을 이용하여 다음과 같은 **하이네-보렐 정리**를 얻을 수 있다. 이러한 의미에서 보조 정리 5.1.6을 유계인 닫힌 구간에 대한 하이네-보렐 정리라고도 한다.

정리 5.1.7 하이네-보렐 정리

$\mathbb{R}$의 부분 집합 A에 대하여 다음 두 명제는 동치이다.

(a) A는 옹골 집합이다. (b) A는 유계인 닫힌 집합이다.

증명 (a) $\Rightarrow$ (b): A를 옹골 집합이라 하고 다음을 A의 열린 덮개라 하자.

$$\{(x-1,\ x+1) | x \in A\}$$

그러면, 모든 구간의 길이는 2로 각 구간은 유계 집합이다. A가 옹골이므로 이 열린 덮개는 유한 부분 덮개를 갖는다. 그러므로 A는 유한 개 유계 집합들의 합집합의 부분 집합이다. 그러므로 A는 유계 집합이고 따라서 $A \neq \mathbb{R}$이다.

이제 $y \notin A$인 원소 y를 선택하자. 그리고 각 $x \in A$에 대해 $a_x = |x-y|/2$라 하자. 그러면 $\{(x-a_x, x+a_x) | x \in A\}$는 A의 열린 덮개이고, 따라서 다음과 같은 유한 부분 덮개를 갖는다.

$$\{(x_1 - a_{x_1}, x_1 + a_{x_1}),\ \ldots,\ (x_n - a_{x_n}, x_n + a_{x_n})\}$$

이로부터 교집합 $\bigcap_{i=1}^{n}(y - a_{x_i}, y + a_{x_i})$은 A의 원소를 포함하지 않는 열린 집합이다. y는 A^c의 임의의 원소이므로, A는 닫힌 집합이다.

(b) $\Rightarrow$ (a): 독자에게 맡긴다. □

문제 5.1.7 하이네-보렐 정리의 증명을 완성하여라.(보조 정리 5.1.6을 이용)

다음 정리는 실수 집합에서 성립하는 축소 구간 정리, 그리고 정리 5.1.3 을 일반적인 옹골 공간으로 확장한 것으로 주어진 공간이 옹골일 동치 명제를 제공한다.

정리 5.1.8

위상 공간 X에 대한 다음 두 명제는 동치이다.

(a) X가 옹골 공간이다.

(b) $\mathcal{C}$가 X의 닫힌 집합들의 모임으로 유한 교집합 성질을 만족하면 다음이 성립한다.

$$\bigcap_{C \in \mathcal{C}} C \neq \varnothing$$

증명 (a) $\Rightarrow$ (b): $\mathcal{C}$가 X의 닫힌 집합들의 모임으로 유한 교집합 성질을 만족하지만 다음이 성립한다고 가정하자.

$$\bigcap_{C \in \mathcal{C}} C = \varnothing$$

그러면 다음이 성립하므로 $\mathcal{O} := \{X - C \mid C \in \mathcal{C}\}$는 X의 열린 덮개이다.

$$\bigcup_{C \in \mathcal{C}} (X - C) = X - (\bigcap_{C \in \mathcal{C}} C) = X$$

X가 옹골 공간이므로 $\mathcal{O}$의 유한 부분 덮개 $\{X - C_1, \cdots, X - C_n \mid C_i \in \mathcal{C}\}$가 존재한다. 그러므로 다음이 성립한다.

$$X = \bigcup_{i=1}^{n}(X - C_i) = X - \bigcap_{i=1}^{n} C_i, \quad \text{즉,} \quad \bigcap_{i=1}^{n} C_i = \varnothing$$

이는 가정에 모순이다. 따라서 $\bigcap_{C \in \mathcal{C}} C$는 공집합이 아니다.

(b) ⇒ (a): 독자에게 맡긴다. □

문제 5.1.8 위 정리의 증명을 완성하여라.

보기 5.1.9

$\mathcal{C} = \{[a, \infty) \mid a \in \mathbb{R}_+\}$는 유한 교집합 성질을 만족하는 $(\mathbb{R}, \mathcal{U})$의 닫힌 집합들의 모임이다. 그러나 $\bigcap_{a \in \mathbb{R}_+}[a, \infty) = \varnothing$이다. 그러므로 정리 5.1.8로부터 $(\mathbb{R}, \mathcal{U})$는 옹골 공간이 아니다.

정리 5.1.8은 어떤 옹골 하우스도르프 공간은 비가산이라는 일반적인 결과를 증명하는 데 사용된다.(정리 5.2.13) 또 이 정리를 이용하여 티코노프 정리(정리 5.3.12)를 증명할 수 있다.

연습 문제 5.1

1. 다음 주어진 공간이 옹골 공간인지 아닌 지를 판정하여라.
   (1) 유리수 집합 $\mathbb{Q}$
   (2) 구면 S^2에서 유한 개의 점을 뺀 집합
   (3) $A = \{(x, y) \in \mathbb{R}^2 \mid x^3 + y^3 = 1\}$
   (4) 여가산 위상 공간 $(\mathbb{R}, \mathcal{T})$의 부분 집합 $[0, 1]$
   (5) 아래 끝 위상이 주어진 집합 $[0, 1)$
   (6) 2×2 행렬의 공간을 $\mathbb{R}^4$로 간주했을 때, 직교 행렬의 집합($A^t A = I$를 만족하는 행렬 A를 직교 행렬이라 함)

2. 유한 개 옹골 집합들의 합집합은 옹골 집합임을 보여라.

3. (1) 거리 공간 X에서 옹골 부분 집합 A는 유계인 닫힌 집합임을 보여라.
   (2) 옹골 집합이 아닌 유계인 닫힌 집합을 갖는 거리 공간을 찾아라.

4. 보통 위상 공간 $\mathbb{R}$의 옹골 집합 [0, 1]에 대하여 다음 곱 공간은 제1 가산 공간이 될 수 없음을 보여라.

$$\prod_{\mathbb{R}}[0,\ 1] = \prod_{a\in\mathbb{R}}[0,\ 1]_a = \{f \mid f : \mathbb{R} \to [0,\ 1]\}$$

5. $\mathcal{A}$가 위상 공간 X의 부분 집합들의 모임으로 유한 교집합 성질을 만족한다고 하자. 그러면 다음을 만족하는 X의 부분 집합들의 모임 $\mathcal{D}$가 존재함을 보여라.
   (a) $\mathcal{A} \subset \mathcal{D}$
   (b) $\mathcal{D}$는 유한 교집합 성질을 만족한다.
   (c) $\mathcal{D}$를 포함하고 위 두 성질을 만족하는 X의 부분 집합들의 모임이 존재하지 않는다.
   이때 $\mathcal{D}$는 유한 교집합 성질에 대하여 **극대**라 한다.

6. $\mathcal{D}$가 위상 공간 X의 부분 집합들의 모임으로 유한 교집합 성질에 대하여 극대라 하자. 이때 다음이 성립함을 보여라.
   (1) $\mathcal{D}$의 원소들 중 유한 개의 교집합은 $\mathcal{D}$의 원소이다.
   (2) X의 부분 집합 S가 $\mathcal{D}$의 모든 원소와 서로 소가 아니면 S는 $\mathcal{D}$의 원소임을 보여라.

7. [2023학년도 임용고사] 집합 $K = \{\frac{1}{n} | n$은 자연수$\}$에 대하여 집합 Ω를

$$\Omega = \{(a, b) | a, b \in \mathbb{R}, a < b\} \cup \{(a, b) - K | a, b \in \mathbb{R}, a < b\}$$

라 하고 Ω를 기저로 하는 $\mathbb{R}$의 위상을 $\mathcal{T}$라 하자. 위상 공간 $(\mathbb{R}, \mathcal{T})$에서 K의 도 집합 K'을 풀이 과정과 함께 쓰시오.
또한 $[0, 1]$이 $(\mathbb{R}, \mathcal{T})$의 옹골 부분 집합인지 판별하고 그 이유를 쓰시오.

8. [2019학년도 임용고사] 실수 전체의 집합 $\mathbb{R}$ 위의 위상

$$\mathcal{T} = \{U \subset \mathbb{R} \,|\, \mathbb{R} - U\text{는 유한 집합}\} \cup \{\varnothing\}$$

에 대하여, $(\mathbb{R}, \mathcal{T})$의 두 부분 공간 $A = [0,1] \cup [2,3)$과 $B = \{3,4,5\}$의 위상을 각각 $\mathcal{T}_A, \mathcal{T}_B$라 하자. 집합 $X = A \cup B$에서 $\mathcal{T}_A \cup \mathcal{T}_B$를 기저로 하는 위상을 $\mathcal{T}'$이라 할 때, 위상 공간 $(X, \mathcal{T}')$에서 집합 $C = \{3 - \frac{1}{n} | n \in \mathbb{N}\} \cup \{3\}$의 경계(boundary) $b'(C)$를 구하시오. 또한 $(X, \mathcal{T}')$이 옹골 공간임을 보이시오.

9. [2017학년도 임용고사] 좌표 평면 $\mathbb{R}^2$에서 거리 함수 $d : \mathbb{R}^2 \times \mathbb{R}^2 \to \mathbb{R}$은

$$d(p,q) = \begin{cases} 0, & p = q \\ \max\{||p||, ||q||\}, & p \neq q \end{cases}$$

이다. d에 의해 유도된 $\mathbb{R}^2$ 상의 거리 위상을 $\mathcal{T}_d$라 하자. 위상 공간 $(\mathbb{R}^2, \mathcal{T}_d)$의 부분 집합 $A = \{(x,0) \in \mathbb{R}^2 \,|\, 0 < x < 1\}$의 폐포 $\overline{A}$를 풀이 과정과 함께 쓰시오.
또한 $(\mathbb{R}^2, \mathcal{T}_d)$에서 옹골인 무한 부분 집합 B의 예를 하나 제시하시오.(단, $p = (x,y)$에 대하여 $||p|| = \sqrt{x^2 + y^2}$이고 $\max\{a,b\}$는 a와 b 중 작지 않은 수이다.)

10. [2014학년도 임용고사] 자연수 전체의 집합 $\mathbb{N}$에 대하여, 집합 $X = \mathbb{N} \cup \{-1,-2,-3\}$ 위에

$$\mathcal{P}(\mathbb{N}) \cup \{\mathbb{N} \cup \{-1\} - F | F \text{ 는 } \mathbb{N} \text{ 의 유한 부분 집합 }\} \cup \{\{-2,-3\}\}$$

을 기저로 하는 위상을 $\mathcal{T}$라 하자.

① $\mathbb{N} \subsetneq A \subsetneq X, A \neq \mathbb{N} \cup \{-1\}$이고 $(A, \mathcal{T}_A)$가 콤팩트(compact)이다.
② $\mathbb{N} \subsetneq B \subsetneq X$이고 $(B, \mathcal{T}_B)$가 콤팩트(compact)가 아니다.

이때, ①을 만족하는 A를 모두 구하고, ②를 만족하는 B의 예를 하자 제시하고 예가 되는 이유를 설명하시오.
(단, $\mathcal{P}(\mathbb{N}) = \{G | G \subseteq \mathbb{N}\}$이고, $Y \subset X$ 일 때 $\mathcal{T}_Y = \{G \cap Y | G \in \mathcal{T}\}$이다.)

11. [2006학년도 임용고사] 집합 $X = [-1,1] = \{x \in \mathbb{R} \mid -1 \leq x \leq 1\}$에 다음과 같이 위상 $\mathcal{T}$를 정의할 때, 위상 공간 $(X, \mathcal{T})$는 옹골(compact, 긴밀) 공간임을 보이시오.

$$\mathcal{T} = \{U \subset X \mid 0 \notin U\} \cup \{U \subset X \mid (-1,1) \subset U\}$$

5.2 최대, 최소 정리

먼저 닫힘과 옹골 사이의 관계를 알아보자.

정리 5.2.1

A가 옹골 공간 X에서 닫힌 집합이면 A는 옹골이다.

문제 5.2.1 정리 4.4.14 (d)의 증명을 활용하여 위 정리를 증명하여라.

정리 5.2.2

하우스도르프 공간 X의 부분 집합 A가 옹골이면 A는 닫힌 집합이다.

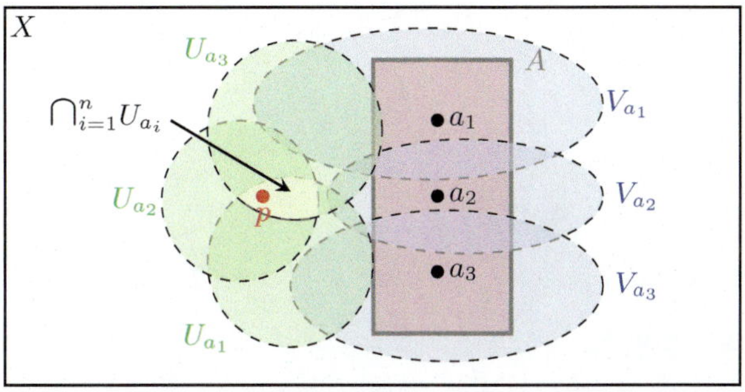

그림 5.4: 하우스도르프 공간의 옹골 집합

증명 $X - A$가 열린 집합임을 보이자. p를 $X - A$의 한 점이라 하자. X가 하우스도르프 공간이므로 각 $a \in A$에 대하여 다음을 만족하는 열린 집합 U_a와 V_a가 존재한다.

$$p \in U_a, \quad a \in V_a, \quad U_a \cap V_a = \varnothing$$

이때 $\{V_a \mid a \in A\}$는 A의 열린 덮개이다. 그런데 A가 옹골 집합이므로 다음과 같은 유한 부분 덮개가 존재한다.

$$\{V_{a_1}, \cdots, V_{a_n}\}$$

즉, $A \subset \bigcup_{i=1}^n V_{a_i}$이므로 $\bigcap_{i=1}^n U_{a_i} \subset X - A$이다. $p \in \bigcap_{i=1}^n U_{a_i}$이고 $\bigcap_{i=1}^n U_{a_i}$는 열린 집합이므로 $X - A$는 열린 집합이다. □

문제 5.2.2 여유한 위상이 주어진 정수 집합 $\mathbb{Z}$의 부분 집합 중 옹골 집합이면서 닫힌 집합이 아닌 예를 찾아라.

보기 5.2.3

하우스도르프 공간 X의 부분 집합 A가 옹골이고 $x \in X - A$이면, A와 x는 열린 집합으로 분리됨을 보여라.

풀이 X가 하우스도르프 공간이므로 임의의 $a \in A$에 대하여 다음을 만족하는 열린 집합 U_a, V_a가 존재한다.

$$x \in U_a, \ a \in V_a, \ U_a \cap V_a = \varnothing$$

A는 옹골 공간이고 $\{V_a \mid a \in A\}$는 A의 열린 덮개이므로 $\{V_a\}$는 유한 부분 덮개 $\{V_{a_i} \mid i = 1, 2, \cdots, n\}$를 갖는다. $U = \bigcap_{i=1}^{n} U_{a_i}$, $V = \bigcup_{i=1}^{n} V_{a_i}$라 하면 U와 V는 열린 집합이다. 그리고 $x \in U$이고 $A \subset V$이다. 그런데 임의의 $i (\in \{1, 2, \cdots, n\})$에 대해 $U_{a_i} \cap V_{a_i} = \varnothing$이므로 $U \cap V = \varnothing$이다. 따라서 A와 x가 열린 집합으로 분리된다. □

위 보기에서 X가 옹골이고 A가 닫힌 집합이라 하면 A는 옹골 집합이 되므로 보기의 결론이 성립한다. 따라서 옹골 하우스도르프 공간은 정칙 공간임을 알 수 있다. 더 나아가서 다음이 성립한다.

정리 5.2.4

옹골 하우스도르프 공간은 정규 공간이다.

문제 5.2.3 위 정리를 증명하여라.

정리 5.2.5

두 위상 공간 X, Y에 대하여 $f : X \to Y$가 연속 함수라 하자. 이때 K가 X의 옹골 집합이면 $f(K)$도 Y의 옹골 집합이다.

증명 $\mathcal{O}$를 $f(K)$의 열린 덮개라 하자. f가 연속이므로 각 $U \in \mathcal{O}$에 대하여 $f^{-1}(U)$는 X에서 열린 집합이다. 또 $f(K) \subset \bigcup_{U \in \mathcal{O}} U$이므로 다음이 성립한다.(따름 정리 1.3.6)

$$K \subset f^{-1}(f(K)) \subset f^{-1}\left(\bigcup_{U \in \mathcal{O}} U\right) = \bigcup_{U \in \mathcal{O}} f^{-1}(U)$$

따라서 $\{f^{-1}(U) | U \in \mathcal{O}\}$는 K의 열린 덮개이고, 유한 부분 덮개 $\{f^{-1}(U_i) | 1 \leq i \leq n, \ U_i \in \mathcal{O}\}$가 존재한다. 이로부터 다음을 얻는다.(정리 1.3.4 (e) 참조)

$$K \subset \bigcup_{i=1}^{n} f^{-1}(U_i) \ \Rightarrow \ f(K) = f\left(\bigcup_{i=1}^{n} f^{-1}(U_i)\right) = \bigcup_{i=1}^{n} f\big(f^{-1}(U_i)\big)$$

한편, $U_i \supset f\big(f^{-1}(U_i)\big)$이므로(정리 1.3.7) $f(K) \subset \bigcup_{i=1}^{n} U_i$이다. 즉, $\{U_i \mid 1 \leq i \leq n\}$는 $\mathcal{O}$의 유한 부분 덮개이고, 따라서 $f(K)$는 옹골 집합이다. □

따름 정리 5.2.6

$f : X \to Y$가 연속 함수이고 X가 옹골 공간이면 $f(X)$는 Y의 옹골 집합이다.

$f : X \to Y$가 위상 동형 함수일 때 위 따름 정리를 이용하면 X가 옹골 공간인 것은 Y가 옹골 공간인 것의 필요 충분 조건이다. 즉, 다음 명제를 얻는다.

"위상 공간의 옹골성은 위상적 불변량이다."

이는 $(0,1)$과 $[0,1]$은 위상 동형이 아님을 알려 준다.

정리 5.2.7

X가 옹골 공간이고 Y는 하우스도르프 공간이라 하자. $f : X \to Y$가 연속인 전단사 함수이면 f는 위상 동형 함수이다.

증명 C를 X의 한 닫힌 집합이라 하자. X가 옹골이므로 정리 5.2.1에 의하면 C는 옹골 집합이다. f가 연속 함수이므로 정리 5.2.5에 의하여 $f(C)$가 옹골 집합이다. 따라서 정리 5.2.2에 의해 $f(C)$는 닫힌 집합이므로 f는 닫힌 함수이다. 그러므로 정리 3.3.5와 정리 3.3.7로부터 f는 위상 동형 함수이다. □

따름 정리 5.2.8

X가 옹골 공간이고 Y는 하우스도르프 공간이라 하자. $f : X \to Y$가 연속인 단사 함수이면 f는 매립이다.

문제 5.2.4 $X = (\mathbb{Z}, \mathcal{D})$, $Y = (\mathbb{Z}, \mathcal{T}_f)$라 할때, $f(x) = x$로 정의한 함수 $f : X \to Y$가 연속인 전단사 함수이나 역 함수 f^{-1}는 연속이 아님을 보여라.

미적분학에서 다루는 **최대, 최소 정리**는 닫힌 구간의 옹골성으로부터 얻어진다. 일반적인 옹골 집합에서의 최대, 최소 정리를 증명해 보자.

정리 5.2.9 최대, 최소 정리

$f : X \to \mathbb{R}$이 연속 함수이고 K가 X의 옹골 집합이라 하자. 이때 제한 함수 $f|_K$는 최댓값과 최솟값을 모두 갖는다.

증명 f가 연속이고 K가 옹골이므로 $f(K)$가 $\mathbb{R}$의 옹골 집합이다. 하이네-보렐 정리에 의하면 옹골 집합 $f(K)$는 $\mathbb{R}$의 유계인 닫힌 집합이다. 따라서 $f(K)$의 최소 상계 M과 최대 하계 m이 존재한다. 정리 5.2.2로부터 $f(K)$는 닫힌 집합이고, 따라서 M과 m이 모두 $f(K)$에 속한다. 즉, $f|_K$가 최댓값과 최솟값을 모두 갖는다. □

따름 정리 5.2.10

연속 함수 $f : [a,b] \to \mathbb{R}$은 최댓값과 최솟값을 모두 갖는다.

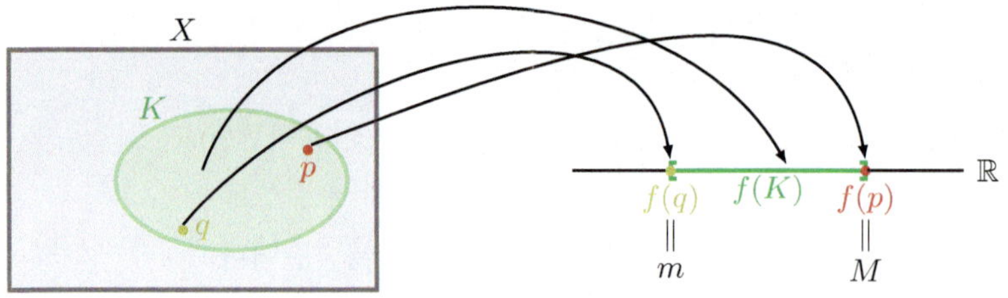

그림 5.5: 최대, 최소 정리

옹골의 한 응용으로 실수 집합 ℝ이 셀 수 없는 집합임을 보일 수 있다. 이 증명에서 흥미로운 것은 집합론이나 대수적인 방법을 사용하지 않고 단지 ℝ의 위상(순서 위상)의 성질만을 사용한다는 점이다.([6]) 이를 위해 다음 용어가 필요하다.

정의 5.2.11

위상 공간 X의 점 $p(\in X)$에 대하여 한 원소 집합 $\{p\}$가 열린 집합일 때 p를 X의 **고립 점**이라 한다.

모든 점이 고립 점인 위상 공간은 이산 공간임이 분명하다.

보기 5.2.12

보통 위상 공간 $(\mathbb{R}, \mathcal{U})$의 부분 공간으로 다음 집합들을 고려하자.

(1) $X = \{0\} \cup [1, 2]$라 하면 0은 X의 고립 점이다.

(2) $X = \{0\} \cup \{1, \frac{1}{2}, \frac{1}{3}, \ldots\}$이라 하면 $\frac{1}{k}$ $(k \in \mathbb{N})$로 표현되는 점들은 모두 고립 점이다. 그러나 0은 고립 점이 아니다.

문제 5.2.5 위상 공간 X의 한 점 p가 고립 점일 필요 충분 조건은 p가 X의 집적 점이 아닌 것임을 보여라.

위 문제로부터 다음 명제가 참이다.

"위상 공간 X가 고립 점을 갖지 않을 필요 충분 조건은 $X' = X$이다."

정리 5.2.13

X가 공집합이 아닌 옹골 하우스도르프 공간이라 하자. 이때 X가 고립 점을 갖지 않으면 X는 셀 수 없는 집합이다.

|**증명**| X가 고립 점을 갖지 않는다고 하자.

(i) 먼저 임의의 공집합이 아닌 열린 집합 U와 임의의 점 $x(\in X)$에 대하여 $V \subset U$와 $x \notin \overline{V}$를 만족하는 공집합이 아닌 열린 집합 V가 존재함을 보이자.
주어진 점 x와 다른 점 $y(\in U)$를 택할 수 있다. 왜냐하면 $x \notin U$이면 U가 공집합이 아니므로 x와 다른 점 $y(\in U)$가 존재하고, $x \in U$인 경우에는 x가 고립 점이 아니므로 x와 다른 점 $y(\in U)$가 존재하여야 한다.
그러면 X가 하우스도르프이므로 다음을 만족하는 열린 집합 W_1, W_2가 존재한다.

$$x \in W_1, \;\; y \in W_2, \;\; W_1 \cap W_2 = \varnothing$$

$V = W_2 \cap U$라 하면 $V \subset W_1^c$이고 W_1^c이 닫힌 집합이므로 $\overline{V} \subset W_1^c$이다. 따라서 다음이 성립한다.

$$y \in V \neq \varnothing, \quad V \subset U, \quad x \notin \overline{V}$$

(ii) X가 셀 수 없는 집합임을 보이기 위해 어떤 함수 $f : \mathbb{N} \to X$도 전사가 되지 않음을 보이면 충분하다.
임의로 주어진 함수 $f : \mathbb{N} \to X$에 대하여 $x_n = f(n)$이라 하자. 그러면 열린 집합 X와 $f(1) = x_1(\in X)$에 대해 (i)를 적용하면 다음을 만족하는 열린 집합 V_1을 얻는다.

$$\varnothing \neq V_1 \subset X = V_0, \quad x_1 \notin \overline{V_1}$$

그리고 열린 집합 V_1과 $f(2) = x_2(\in X)$에 대해 다시 (i)를 적용하면 다음을 만족하는 열린 집합 V_2을 얻는다.

$$\varnothing \neq V_2 \subset V_1, \quad x_2 \notin \overline{V_2}$$

이와 같은 방법을 계속하면 모든 자연수 $n(\in \mathbb{N})$에 대하여 다음을 만족하는 열린 집합 V_n을 얻는다.

$$\varnothing \neq V_n \subset V_{n-1}, \quad f(n) = x_n \notin \overline{V_n}$$

그러면 $\mathcal{C} = \{\overline{V_n} \mid n \in \mathbb{N}\}$은 다음을 만족하는 닫힌 집합들의 모임이다.

$$\overline{V_1} \supset \overline{V_2} \supset \cdots \supset \overline{V_n} \supset \overline{V_{n+1}} \supset \cdots$$

이때 $\mathcal{C}$는 유한 교집합 성질을 만족함을 알 수 있고, 따라서 정리 5.1.8을 적용하면 $\bigcap_{n=1}^{\infty} \overline{V_n} \neq \varnothing$이다. 이제 $x \in \bigcap_{n=1}^{\infty} \overline{V_n}$이라 하자. 그러면 $x_n \notin \overline{V_n}$이므로 모든 자연수 n에 대하여 $x \neq x_n$이다. 즉, $x \notin f(\mathbb{N})$이므로 f는 전사가 아니다. □

따름 정리 5.2.14

$a < b$인 모든 실수 a, b에 대하여 $[a, b]$는 셀 수 없는 집합이다. 따라서 $\mathbb{R}$도 셀 수 없는 집합이다.

연습 문제 5.2

1. Y가 옹골 공간이면 사영 함수 $p_1 : X \times Y \to X$가 닫힌 함수임을 보여라.

2. 연속 함수 $f : X \to Y$가 전사인 닫힌 함수라 하자. 각 점 $y \in Y$에 대하여 $f^{-1}(y)$가 옹골 집합이고 K가 Y의 옹골 부분 집합이면 $f^{-1}(K)$도 옹골 집합임을 보여라.

3. 집합 $X = \mathbb{N} \cup \{-1\}$에 대하여 X의 부분 집합의 모임 $\mathcal{T}$를 다음과 같이 정의하자.

$$U \in \mathcal{T} \ \Leftrightarrow \ U \subset \mathbb{N} \text{ 또는 } U = X - A(A\text{는 } \mathbb{N}\text{의 유한 부분 집합})$$

   (1) $\mathcal{T}$가 X의 위상임을 보여라.

   (2) $(X, \mathcal{T})$가 $\mathbb{R}$의 부분 공간 $\{\frac{1}{n} \mid n \in \mathbb{N}\} \cup \{0\}$과 위상 동형임을 보여라.

4. X를 정칙 공간이라 하자. 옹골 집합 $K(\subset X)$와 $K \subset U$인 열린 집합 U에 대하여 $K \subset V \subset \overline{V} \subset U$를 만족하는 열린 집합 V가 존재함을 보여라.

5. [2013학년도 임용고사] 자연수 전체의 집합 N과 자연수 n에 대하여 $A_n = \{k \in \mathbb{N} \,|\, k \geq n\}$이라 하고, $\{A_n | n \in \mathbb{N}\}$을 기저로 하는 N 위의 위상을 $\mathcal{T}$라 하자. $X = (\mathbb{N}, \mathcal{T})$라 하고, $Y = [0,1]$을 $(\mathbb{R}, \mathcal{T})$의 부분 공간이라 할 때, 곱 공간(product space) $X \times Y$에 대하여 옳은 것만을 <보기>에서 있는 대로 고른 것은?(단, $[0,1] = \{x \in \mathbb{R} \,|\, 0 \leq x \leq 1\}$이고, $\mathcal{T}_u$는 실수 전체의 집합 $\mathbb{R}$의 보통 위상이다.)

ㄱ. 집합 $\{2n | n \in \mathbb{N}\} \times (Y \cap \mathbb{Q})$는 $X \times Y$에서 조밀(dense)하다.
(단, $\mathbb{Q}$는 유리수 전체의 집합이다.)
ㄴ. 함수 $f : X \to X \times Y$를 $f(n) = (2n, \frac{1}{n})$로 정의하면 f는 연속 함수이다.
ㄷ. $X \times Y$는 옹골 공간이다.

① ㄱ ② ㄷ ③ ㄱ, ㄴ ④ ㄱ, ㄷ ⑤ ㄴ, ㄷ

6. [2012학년도 임용고사 1차] $\mathbb{R}^2$위의 점 $q = (0,1)$과 집합 $A = \{(x,y) \in \mathbb{R}^2 \,|\, y = 0\}$에 대하여 $X = A \cup \{q\}$라 하자. X위의 위상 $\mathcal{T}$를

$$\mathcal{T} = P(A) \cup \{U \subseteq X \mid q \in U, \ A - U\text{가 유한 집합}\}$$

으로 정의할 때, 옳은 것만을 <보기>에서 있는 대로 고른 것은?(단, $P(A) = \{U \mid U \subseteq A\}$이다.)

ㄱ. $(X, \mathcal{T})$는 옹골 공간(compact space)이다.
ㄴ. $(X, \mathcal{T})$는 정규 공간(normal space)이다.
ㄷ. $(X, \mathcal{T})$는 분리 가능 공간(가분공간, separable space)이다.

① ㄱ ② ㄴ ③ ㄷ ④ ㄱ, ㄴ ⑤ ㄱ, ㄴ, ㄷ

7. [2011학년도 임용고사1차] 실수 전체의 집합 $\mathbb{R}$ 위의 보통 위상(usual topology)을 $\mathfrak{T}$라 하고, 함수 $f:\mathbb{R}\to[0,1)$을 $f(x)=x-[x]$로 정의하자. 집합 $[0,1)$ 위의 위상 $\mathfrak{T}_0$을

$$\mathfrak{T}_0=\{G\subseteq[0,1)\mid f^{-1}(G)\in\mathfrak{T}\}$$

로 정의하자. <보기>에서 옳은 것만을 모두 고른 것은?(단, $[x]$는 x를 넘지 않는 최대 정수이고, $[a,b)=\{x\in\mathbb{R}\mid a\le x<b\}$이다.)[2.5점]

ㄱ. $[0,\frac{1}{2})\in\mathfrak{T}_0$
ㄴ. $([0,1),\mathfrak{T}_0)$은 옹골(compact) 공간이다.
ㄷ. 함수 $h:[0,1)\to\mathbb{R}$를 $h(x)=1-x$로 정의하면 $h:([0,1),\mathfrak{T}_0)\to(\mathbb{R},\mathfrak{T})$는 연속이다.

① ㄱ ② ㄴ ③ ㄷ ④ ㄱ, ㄷ ⑤ ㄴ, ㄷ

8. [2010학년도 임용고사 1차] 실수 전체의 집합 $\mathbb{R}$ 위에서 여가산 위상(countable complement topology) $\mathfrak{T}$를 다음과 같이 정의하자.

$$\mathfrak{T}=\{U\subseteq\mathbb{R}\mid \mathbb{R}-U\text{는 가산 집합}\}\cup\{\emptyset\}$$

<보기>에서 옳은 것을 모두 고른 것은?

ㄱ. 위상 공간 $(\mathbb{R},\mathfrak{T})$는 T_1-공간이다.
ㄴ. 위상 공간 $(\mathbb{R},\mathfrak{T})$는 분리(분해) 가능 공간(separable space)이다.
ㄷ. 위상 공간 $(\mathbb{R},\mathfrak{T})$의 부분 집합 A가 옹골(compact)이기 위한 필요 충분 조건은 A가 유한 집합인 것이다.

① ㄱ ② ㄴ ③ ㄷ ④ ㄱ, ㄴ ⑤ ㄱ, ㄷ

9. [2009학년도 임용고사 1차] 실수 전체의 집합을 $\mathbb{R}$, 유리수의 전체의 집합을 $\mathbb{Q}$라 하자. $\mathfrak{T}$를 $\mathbb{R}$ 위의 보통 위상(usual topology)이라 하고 $(\mathbb{Q},\mathfrak{T}_{\mathbb{Q}})$를 $(\mathbb{R},\mathfrak{T})$의 부분 공간이라 하자. 함수 $j:\mathbb{Q}\to\mathbb{R}$을 임의의 $r\in\mathbb{Q}$에 대하여 $j(r)=r$로 정의할 때, <보기>에서 옳은 것을 모두 고른 것은?

ㄱ. 함수 $j:(\mathbb{Q},\mathfrak{T}_{\mathbb{Q}})\to(\mathbb{R},\mathfrak{T})$는 연속이다.
ㄴ. A가 $(\mathbb{R},\mathfrak{T})$의 옹골 (compact)부분 공간이면 $j^{-1}(A)$는 $(\mathbb{Q},\mathfrak{T}_{\mathbb{Q}})$의 옹골 부분 공간이다.
ㄷ. 임의의 위상 공간 X와 함수 $f:X\to(\mathbb{Q},\mathfrak{T}_{\mathbb{Q}})$에 대하여, $j\circ f:X\to(\mathbb{R},\mathfrak{T})$가 연속이면 $f:X\to(\mathbb{Q},\mathfrak{T}_{\mathbb{Q}})$가 연속이다.

① ㄱ ② ㄴ ③ ㄱ, ㄷ ④ ㄴ, ㄷ ⑤ ㄱ, ㄴ, ㄷ

10. [2003학년도 임용고사] 위상 공간 X가 T_2-공간(Hausdorff space)일 때, 임의의 옹골 집합(compact set) $A\subset X$와 임의의 $x\in X-A$에 대하여 다음 조건을 만족하는 열린 집합(open set) $U,V\subset X$가 존재함을 증명하시오.

조건 : $x\in U,\quad A\subset V,\quad U\cap V=\emptyset$

5.3 티코노프 정리

옹골 공간의 무한 부분 집합에 대하여 알아보자.

정리 5.3.1

X가 옹골 공간일 때, 부분 집합 A가 무한 집합이면 A의 집적 점이 존재한다.

증명 A가 집적 점을 갖지 않으면 A는 유한 집합임을 보이면 충분하다. A의 집적 점이 존재하지 않는다고 하면, 각 $x(\in X)$에 대하여 다음을 만족하는 열린 집합 U_x가 존재한다.

$$U_x \cap A = \begin{cases} \varnothing, & x \notin A \\ \{x\}, & x \in A \end{cases}$$

X의 열린 덮개 $\mathcal{O} = \{U_x \,|\, x \in X\}$를 고려하자. X가 옹골 공간이므로 열린 덮개 $\mathcal{O}$의 유한 부분 덮개 $\{U_{x_1}, \cdots, U_{x_n}\}$이 존재한다. 따라서 다음을 얻는다.

$$A = A \cap X = A \cap (\bigcup_{i=1}^{n} U_{x_i}) = \bigcup_{i=1}^{n} (A \cap U_{x_i}) \subset \bigcup_{i=1}^{n} \{x_i\}$$

이로부터 A의 원소의 개수는 기껏해야 n개이므로 A는 유한 집합이다. □

정리 5.3.1의 결론과 관련하여 다음 정의를 얻는다.

정의 5.3.2

X의 모든 무한 부분 집합이 적어도 하나의 집적 점을 가질 때 X는 **볼자노-바이어슈트라스 성질**을 갖는다고 한다. 또한 볼자노-바이어슈트라스 성질을 갖는 위상 공간 X를 **극한 점 옹골 공간**이라 한다.

정리 5.3.1은 옹골 공간은 극한 점 옹골 공간임을 말한다. 그러나 그 역은 다음 보기에서와 같이 일반적으로 성립하지 않는다.(그림 5.6 참조)

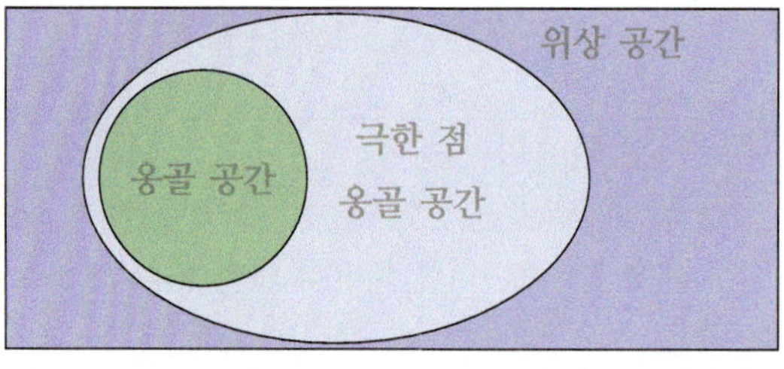

그림 5.6: 옹골 공간과 극한 점 옹골 공간

보기 5.3.3

집합 $Y = \{y_1, y_2\}$의 위상이 $\{\varnothing, Y\}$이고, $\mathbb{N}$이 이산 공간일 때, $X = \mathbb{N} \times Y$는 극한 점 옹골 공간이지만 옹골 공간이 아님을 보여라.

| 풀이 | 공집합이 아닌 X의 부분 집합 A에 대하여 A는 (n, y_i) 형태의 원소를 갖는다. (n, y_i)를 포함하는 임의의 열린 집합은 원소 (n, y_j) $(j = 3 - i)$도 포함한다. 이때 (n, y_j)는 A의 집적 점이다. 그러므로 공집합이 아닌 모든 X의 부분 집합은 집적 점을 갖는다. 따라서 X는 극한 점 옹골 공간이다. 그러나 X는 옹골 공간이 아니다. 왜냐하면, $n \in \mathbb{N}$에 대하여 $U_n = \{n\} \times Y$라 하면, 열린 덮개 $\{U_n\}$은 유한 부분 덮개를 갖지 않기 때문이다. □

한편, 다음과 같이 유계인 거리 공간이 볼자노-바이어슈트라스 성질을 가질 필요는 없다.

보기 5.3.4

(X, d)를 무한 집합 X에 이산 거리 d가 주어진 이산 공간이라 하자. 이때 $x \neq y$이면 $d(x, y) = 1$이므로 X는 유계인 공간이다. 또한 X는 볼자노-바이어슈트라스 성질을 갖지 않는 것을 쉽게 확인할 수 있다.

정리 5.3.1을 이용하여 **$\mathbb{R}$에서의 볼자노-바이어슈트라스 정리**를 얻을 수 있다.

정리 5.3.5 $\mathbb{R}$에서의 볼자노-바이어슈트라스 정리

$\mathbb{R}$에서 유계인 무한 부분 집합은 적어도 하나의 집적 점을 갖는다.

문제 5.3.1 위 정리를 증명하여라.

보조 정리 5.3.6

$\mathcal{B}$가 X의 기저라 할 때, 다음 두 명제는 동치이다.

(a) X가 옹골 공간이다.

(b) $\mathcal{B}$의 원소로 이루어진 X의 덮개는 유한 부분 덮개를 갖는다.

| 증명 | (a) $\Rightarrow$ (b): 자명하다.

(b) $\Rightarrow$ (a): $\mathcal{O}$를 X의 열린 덮개라 하자. 그러면 모든 $x \in X$에 대해 $x \in U$인 $U \in \mathcal{O}$가 존재한다. 이로부터 $x \in B_x \subset U$인 $B_x \in \mathcal{B}$가 존재한다. 그러므로 $\{B_x \mid x \in X\}$는 $\mathcal{B}$의 원소로 이루어진 X의 열린 덮개이고 유한 부분 덮개 $\{B_{x_i} \mid i = 1, 2, \ldots n\}$를 갖는다. 이제 B_{x_i}를 포함하는 $\mathcal{O}$의 원소를 U_{x_i}라 하면 $\{U_{x_i} \mid i = 1, 2, \ldots n\}$는 $\mathcal{O}$의 유한 부분 덮개이다. 따라서 X는 옹골이다. □

위 보조 정리에 의해 보통 위상 공간 $\mathbb{R}$의 부분 집합 A가 옹골인지를 알고자 할 때에는 열린 구간으로 이루어진 덮개만 검사하면 된다.

정리 5.3.7

위상 공간 X와 Y에 대하여 다음 두 명제는 동치이다.

(a) $X \times Y$가 옹골 공간이다.

(b) X와 Y가 모두 옹골 공간이다.

증명 (a) ⇒ (b): 사영 함수 $p_1 : X \times Y \to X$와 $p_2 : X \times Y \to Y$가 모두 연속 함수이고 전사이므로 X, Y가 모두 옹골 공간이다.(따름 정리 5.2.6)

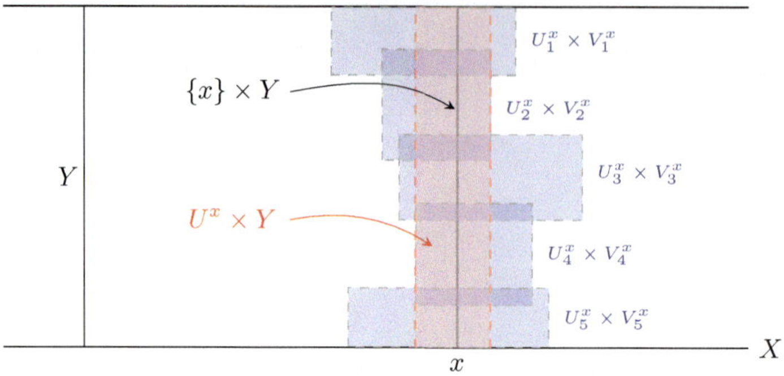

그림 5.7: 정리 5.3.7의 증명

(b) ⇒ (a): $\mathcal{O}$를 $U \times V$(U는 X의 열린 집합, V는 Y의 열린 집합) 형태의 열린 집합으로 이루어진 $X \times Y$의 열린 덮개라 하자. 보조 정리 5.3.6에 의하면 $\mathcal{O}$가 유한 부분 덮개를 가짐을 보이면 충분하다.

각 $x(\in X)$에 대하여 $\{x\} \times Y$는 Y와 위상 동형이므로 옹골 집합이다. 따라서 다음을 만족하는 $\mathcal{O}$의 유한 부분 집합 $\{U_1^x \times V_1^x, \cdots, U_{n_x}^x \times V_{n_x}^x\}$가 존재한다.

$$\{x\} \times Y \subset \bigcup_{i=1}^{n_x} U_i^x \times V_i^x$$

이제 $U^x := \bigcap_{i=1}^{n_x} U_i^x$라 놓자 그러면 U^x는 x를 포함하는 X의 열린 집합이다. 그리고 $\mathcal{O}_X = \{U^x \mid x \in X\}$는 X의 열린 덮개이다. X가 옹골이므로 $\mathcal{O}_X$의 유한 부분 덮개 $\{U^{x_j} \mid 1 \leq j \leq m\}$이 존재한다. $X = \bigcup_{j=1}^{m} U^{x_j}$이므로 다음을 얻는다.

$$X \times Y = (U^{x_1} \times Y) \cup \cdots \cup (U^{x_m} \times Y)$$

그런데 각 $j\,(\in \{1, \ldots, m\})$에 대하여 다음이 성립한다.

$$U^{x_j} \times Y \subset \left[(U_1^{x_j} \times V_1^{x_j}) \cup \cdots \cup (U_{n_{x_j}}^{x_j} \times V_{n_{x_j}}^{x_j})\right]$$

그러므로 다음 집합은 $\mathcal{O}$의 유한 부분 덮개이다.

$$\bigcup_{j=1}^{m} \left\{U_1^{x_j} \times V_1^{x_j},\ \ldots,\ U_{n_{x_j}}^{x_j} \times V_{n_{x_j}}^{x_j}\right\}$$

따라서 $X \times Y$는 옹골 공간이다. □

정리 5.3.7은 유한 개 위상 공간들의 곱 공간으로 확장될 수 있고, 이를 이용하여 **$\mathbb{R}^n$에서의 하이네-보렐 정리**와 **볼자노-바이어슈트라스 정리**를 얻을 수 있다.

정리 5.3.8 $\mathbb{R}^n$에서의 하이네-보렐 정리

$\mathbb{R}^n$의 부분 집합 A에 대한 다음 두 명제는 동치이다.

(a) A가 옹골 집합이다.　　(b) A는 유계인 닫힌 집합이다.

증명 (a) ⇒ (b): $\mathbb{R}^n$이 하우스도르프 공간이므로 A는 닫힌 집합이다.(정리 5.2.2) 한편 원점이 중심인 열린 공들의 모임 $\{B(\mathbf{0}, n) \mid n \in \mathbb{N}\}$이 A의 열린 덮개임을 주목하자. A가 옹골 집합이므로 다음과 같은 유한 부분 덮개가 존재한다.

$$\{B_{\mathbf{0}}(n_1), B_{\mathbf{0}}(n_2), \cdots, B_{\mathbf{0}}(n_k) \mid n_1 < n_2 < \cdots < n_k,\ n_i \in \mathbb{N}\}$$

즉, $A \subset \bigcup_{i=1}^{k} B_{\mathbf{0}}(n_i) = B_{\mathbf{0}}(n_k)$이다. 그러므로 A는 유계이다.

(b) ⇒ (a): A가 유계이므로 다음을 만족하는 양수 s가 존재한다.

$$A \subset [-s, s] \times \cdots \times [-s, s]$$

보조 정리 5.1.6과 정리 5.3.7에 의하면 $[-s, s] \times \cdots \times [-s, s]$는 옹골이다. A가 하우스도르프 공간인 옹골 집합의 닫힌 부분 집합이므로 정리 5.2.1에 의하여 A가 옹골 집합이다. □

보기 5.3.9

(1) 정수 격자점들의 집합 $\{(m, n) \mid m, n \in \mathbb{Z}\}$는 $\mathbb{R}^2$에서 유계가 아니므로 옹골 집합이 아니다.

(2) 집합 $A = \{(x, \sin \frac{1}{x}) \mid 0 < x \leq 1\}$은 $\mathbb{R}^2$에서 닫힌 집합이 아니므로 옹골 집합이 아니다. 이때 집합 $A \cup \{(0, y) \mid -1 \leq y \leq 1\}$은 $\mathbb{R}^2$에서 유계이고 닫힌 집합이므로 옹골 집합이다.

정리 5.3.10 볼자노-바이어슈트라스 정리

$\mathbb{R}^n$에서 유계인 무한 부분 집합은 적어도 하나의 집적 점을 갖는다.

문제 5.3.2 위 정리를 증명하여라.

위상 공간 X의 부분 기저를 기억하자. 그러면 정리 1.5.14(**조른의 보조 정리**)를 이용하여 다음 **알렉산더 부분 기저 정리**를 증명할 수 있다.

보조 정리 5.3.11 알렉산더 부분 기저 정리

Σ가 X의 부분 기저라 할 때, 다음 두 명제는 동치이다.

(a) X가 옹골 공간이다.

(b) Σ의 원소로 이루어진 X의 열린 덮개는 유한 부분 덮개를 갖는다.

문제 5.3.3 위 보조 정리를 증명하여라.

이제 알렉산더 부분 기저 정리를 이용하여 다음 **티코노프 정리**를 증명해 보자.

정리 5.3.12 티코노프 정리

$\{X_\lambda | \lambda \in \Lambda\}$를 위상 공간들의 모임이라 하자. 이때 곱 공간 $X = \prod_{\lambda \in \Lambda} X_\lambda$가 옹골 공간일 필요 충분 조건은 모든 $\lambda \in \Lambda$에 대하여 X_λ가 옹골인 것이다.

증명 ($\Rightarrow$) 정리 5.3.7에서와 같이 사영 함수 p_λ를 이용하면 성립함을 알 수 있다.

($\Leftarrow$) $\Sigma = \{p_\lambda^{-1}(U) \mid U$는 X_λ의 열린 집합, $\lambda \in \Lambda\}$는 X의 부분 기저이다. $\mathcal{O}$를 Σ의 원소들로 이루어진 X의 열린 덮개라 하자. 그리고 각 $\lambda(\in \Lambda)$에 대해 $\mathcal{O}_\lambda$를 다음과 같이 정의하자.

$$\mathcal{O}_\lambda = \{p_\lambda^{-1}(U) \in \mathcal{O} \mid U\text{는 } X_\lambda\text{의 열린 집합}\}$$

그러면 $\mathcal{O}_{\lambda_0}$가 X의 열린 덮개가 되는 λ_0가 존재한다. 이와 같은 λ_0이 존재하지 않는다고 가정하면, 각 $\lambda(\in \Lambda)$에 대해 다음을 만족하는 $x_\lambda(\in X_\lambda)$가 존재한다.

$$x_\lambda \notin \bigcup_{p_\lambda^{-1}(U) \in \mathcal{O}_\lambda} U$$

이로부터 (x_λ)는 $\bigcup_{\mathcal{O}} p_\lambda^{-1}(U)$에 포함되지 않으므로 $\mathcal{O}$가 열린 덮개라는 사실에 모순이다.

이제 $\mathcal{O}_{\lambda_0}$이 X의 열린 덮개라 하면 다음 모임은 X_{λ_0}의 열린 덮개이다.

$$\{U \subset X_{\lambda_0} | p_{\lambda_0}^{-1}(U) \in \mathcal{O}_{\lambda_0}\}$$

X_{λ_0}이 옹골이므로 유한 덮개 $\{U_1, \ldots, U_n\}$이 존재한다. 그러면 다음 모임이 $\mathcal{O}$의 유한 부분 덮개이므로 알렉산더 부분 기저 정리에 의해 X는 옹골 공간이다.

$$\{p_{\lambda_0}^{-1}(U_1), \ldots, p_{\lambda_0}^{-1}(U_n)\}$$

□

연습 문제 5.3

1. 연속 함수 $f : X \to Y$에 대해 X가 극한 점 옹골 공간일 때 $f(X)$가 극한 점 옹골 공간이 아닌 예를 찾아라.

2. A와 B가 각각 X와 Y의 옹골 부분 집합이라 하자. $A \times B \subset W \subset X \times Y$인 열린 집합 W에 대하여 다음을 만족하는 열린 집합 U, V가 존재함을 보여라.

$$A \times B \subset U \times V \subset W$$

3. $\{X_\lambda | \lambda \in \Lambda\}$를 위상 공간들의 모임이라 할 때 곱 공간 $X = \prod_{\lambda \in \Lambda} X_\lambda$의 적당한 옹골 집합 K가 존재하여 $\mathrm{Int}(K) \neq \varnothing$이면 유한 개의 λ를 제외한 모든 X_λ가 옹골임을 증명하여라.

4. 연습 문제 5.1의 5번과 6번을 이용하여 티코노프 정리를 증명하여라.

5.4 옹골화

일반적으로 옹골화란 주어진 위상 공간을 옹골 공간으로 만드는 과정 또는 그 결과물을 말한다. 엄밀히 표현하면, 위상 공간 X를 옹골 공간 Y의 조밀 부분 집합으로 매립하는 것을 X의 **옹골화**라 한다. 이때 간단히 Y를 X의 옹골화라 한다. 따라서 닫힌 구간 $[0,1]$은 열린 구간 $(0,1)$의 옹골화이다.

단위원 $S^1 \subset \mathbb{R}^2$에서 북극 점 $\mathbf{n} = (0,1)$을 뺀 공간 $S^1 - \{\mathbf{n}\}$은 $\mathbb{R}$과 위상 동형이므로 옹골 공간 S^1은 옹골이 아닌 공간 $\mathbb{R}$에 한 점을 더하여 얻었다고 할 수 있다.(그림 5.8) 이처럼 옹골이 아닌 공간에 한 점을 더하여 옹골 공간을 만드는 작업을 **한 점 옹골화**[†]라 한다.

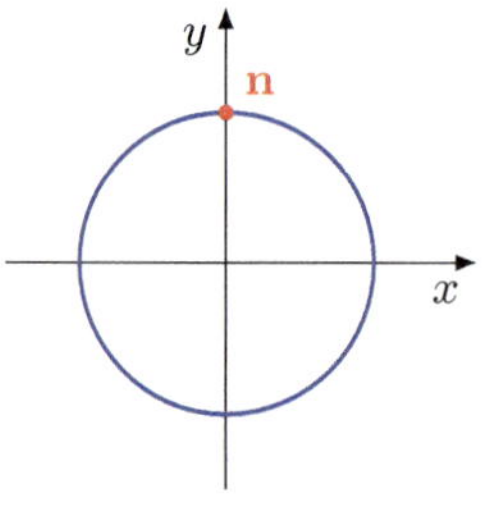

그림 5.8: $\mathbb{R}$의 한 점 옹골화

옹골이 아닌 위상 공간의 옹골화는 늘 존재한다. 그리고 옹골화를 찾는 방법은 다양한데 여기서는 가장 간단한 옹골화인 한 점 옹골화만 다루기로 하자.

한 점 옹골화를 정의하기 전에 관련되는 개념인 다음의 성질을 살펴보자.

정의 5.4.1

주어진 위상 공간 X의 각 점 x에 대하여 옹골 집합인 x의 근방이 존재하면 X를 **국소 옹골 공간**이라 한다.

위 정의에서 옹골 집합인 x의 근방을 K라 하면 $x \in U \subset K$인 열린 집합 U가 존재함을 기억하자. 한편, 위 정의로부터 옹골 공간은 국소 옹골 공간임을 알 수 있다. 또 한 원소 집합이 열린 집합인 이산 공간은 항상 국소 옹골 공간이다.

보기 5.4.2

국소 옹골 공간과 그렇지 않은 공간의 예를 하나씩 살펴보자.

(1) 보통 위상 공간 $\mathbb{R}$은 국소 옹골 공간이다. 그 이유는 다음과 같다.
$\mathbb{R}$의 각 점 x는 적당한 열린 구간 (a,b)에 포함되고 이는 옹골 집합인 닫힌 구간 $[a,b]$에 포함된다. 즉 옹골 집합이고 x의 근방인 닫힌 구간 $[a,b]$가 존재한다.

(2) $\mathbb{R}$의 부분 집합인 유리수 집합 $\mathbb{Q}$는 국소 옹골 공간이 아니다. 만약 $\mathbb{Q}$의 점 q에 대하여 옹골인 근방 C가 존재하면 C는 $A = [a,b] \cap \mathbb{Q}$ 형태의 닫힌 집합을 포함해야 한다. 옹골 집합의 닫힌 부분 집합은 옹골이므로 A도 옹골이어야 한다. 그러나 A는 $\mathbb{Q}$의 옹골 집합이 아니다. 왜 그런지 살펴보자. p를 $a < p < b$인 무리수라 하고,

[†] **알렉산도르프 옹골화**라고도 부른다.

각 $x \in A$에 대하여 U_x를 다음과 같이 정의하자.

$$U_x = \begin{cases} (x,\ \infty) \cap \mathbb{Q}, & x > p \\ (-\infty,\ x) \cap \mathbb{Q}, & x < p \end{cases}$$

그러면 $\mathcal{O} = \{U_x | x \in A\}$는 A의 열린 덮개이지만 유한 부분 덮개를 가질 수 없다. 따라서 A가 옹골이 아니고, 이는 C가 옹골이라는 가정이 틀렸음을 알 수 있다.

문제 5.4.1 위 보기 (2)에서 $\mathcal{O}$가 A의 열린 덮개임을 보이고 유한 부분 덮개를 갖지 않음을 보여라.

정리 5.4.3

X가 하우스도르프 공간일때, 다음 두 명제가 동치이다.

(a) X가 국소 옹골 공간이다.

(b) X의 각 점 x와 x를 포함하는 임의의 열린 집합 U에 대하여 $\overline{V}$가 옹골 집합이고 $\overline{V} \subset U$인 x의 열린 근방 V가 존재한다.

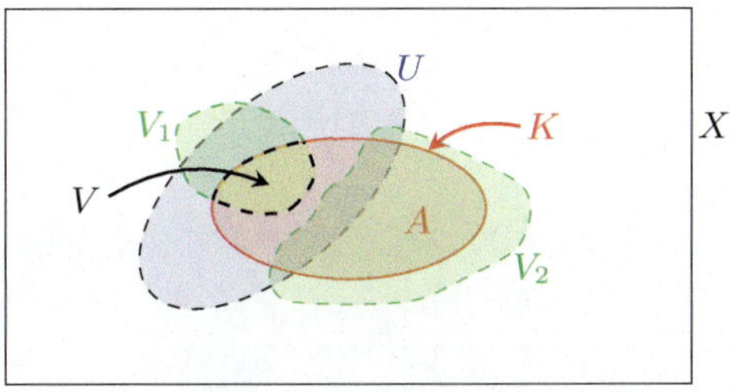

그림 5.9: 정리 5.4.3의 증명

증명 (a) $\Rightarrow$ (b): 임의의 점 $x(\in X)$에 대해 U는 x를 포함하는 임의의 열린 집합, K는 x의 적당한 옹골인 근방이라 하자.

먼저 $K \subset U$인 경우에는 $V = \text{Int}(K)$라 하면 $\overline{V} = K$이므로 성립한다.

이제 $K \not\subset U$인 경우를 살펴보자. 이 경우 $A = K - U$라 하면 $A \neq \varnothing$이고 $x \notin A$이다. A는 K에서 닫힌 집합이므로 A는 옹골 집합이다. 그런데 $x \notin A$이므로 보기 5.2.3으로부터 적당한 열린 집합 V_1, V_2가 존재해서 다음을 만족시킨다.

$$x \in V_1, \quad A \in V_2, \quad V_1 \cap V_2 = \varnothing$$

$V = V_1 \cap \text{Int}(K)$라 하면 V는 x의 열린 근방이다. 이때 $\overline{V} \subset K$이고, 따라서 $\overline{V}$는 옹골 집합이다. 또한, $\overline{V} \cap V_2 = \varnothing$이므로 $\overline{V} \cap A = \varnothing$이다. 그러므로 다음이 성립한다.

$$\overline{V} \subset K - A \subset U$$

(b) $\Rightarrow$ (a): 임의의 점 $x(\in X)$가 옹골 근방 $\overline{V}$를 가지므로 정의에 의해 X는 국소 옹골이다. □

정리 5.4.3의 두 번째 명제는 X가 정칙 공간일 필요 충분 조건에서 $\overline{V}$가 옹골인 조건이 추가된 것이다. 그러므로 국소 옹골 하우스도르프 공간은 정칙임을 알 수 있다.(정리 5.2.4와 비교) 그러나 정칙 공간은 국소 옹골일 필요는 없다. 예를 들어 보기 5.4.2에서 보았듯이 유리수 집합 $\mathbb{Q}$는 정칙이지만 국소 옹골이 아니다.

옹골인 S^1의 열린 집합 U가 북극 점 $\mathbf{n}$을 포함하지 않으면 U는 $S^1 - \{\mathbf{n}\}$에서 열린 집합이고, $\mathbf{n}$을 포함하면 $S^1 - U$가 $S^1 - \{\mathbf{n}\}$에 포함되는 옹골 집합임을 알 수 있다. 이와 같은 관찰로부터 다음과 같은 정의를 자연스럽게 얻을 수 있다.

정의 5.4.4

X는 옹골이 아닌 위상 공간이고, 무한 점 ∞는 X에 없는 점이라 하자. $X^* := X \cup \{\infty\}$의 열린 집합 U를 다음과 같이 정의하여 X^*에 위상을 주기로 하자.

(1) U는 X의 열린 집합이거나,

(2) $U = X^* - K$인 X의 옹골인 닫힌 부분 집합 $K(\neq \varnothing)$가 존재한다.

이때, X^*를 X의 **한 점 옹골화**라 한다.

문제 5.4.2 위 정의에서 정의한 열린 집합의 모임이 X^*의 위상이 됨을 보여라.

보기 5.4.5

위 정의에서 X는 X^*의 조밀 부분 공간임을 보여라.

풀이 먼저 X가 X^*의 부분 공간임을 보이자. U를 X^*의 열린 집합이라 하자. U가 X의 열린 집합이면 당연히 $X \cap U(= U)$는 X의 열린 집합이다. U가 조건 (2)를 만족하면 K가 X의 닫힌 부분 집합이고 다음이 성립하므로 $X \cap U$는 X의 열린 집합이다.

$$X \cap U = X \cap (X^* - K) = X \cap (X^* \cap K^c) = X \cap K^c = X - K \tag{5.4}$$

거꾸로 V가 X의 열린 집합이면 V는 X^*의 열린 집합이다. 따라서 $V = X \cap V$를 만족하는 X^*의 열린 집합 V가 존재한다. 그러므로 X는 X^*의 부분 공간이다.

이제 X가 X^*에서 조밀함을 보이자. 이를 위해서는 $\infty \in \overline{X}$임을 보이면 충분하다. U를 ∞를 포함하는 임의의 열린 집합이라 하자. 그러면 $U = X^* - K$인 X의 옹골인 닫힌 부분 집합 K가 존재한다. 그런데 X는 옹골이 아니므로 $K \subsetneq X$이고, 따라서 (5.4)로부터 $X \cap U$는 공집합이 아니다. 그러므로 다음이 성립한다.

$$X \cap U - \{\infty\} \neq \varnothing$$

이는 ∞가 X의 집적 점, 즉 $\infty \in \overline{X}$임을 말하므로 $\overline{X} = X^*$이다. □

문제 5.4.3 위 정의에서 X^*는 옹골 공간임을 보여라.

보기 5.4.6

보통 위상 공간 $\mathbb{R}$의 한 점 옹골화가 S^1과 위상 동형임을 보여라.

| **풀이** | 입체 사영 $\rho : S^1 - \{\mathbf{n}\} \to \mathbb{R}$을 이용하여 함수 $f : \mathbb{R}^* \to S^1$을 다음과 같이 정의하자.(단, $\mathbf{n} = (0,1) \in S^1 \subset \mathbb{R}^2$)

$$f(x) = \begin{cases} \rho^{-1}(x), & x \neq \infty, \\ \mathbf{n}, & x = \infty \end{cases}$$

이때 f가 전단사임은 분명하다. 이제 f가 각 점 $x \in \mathbb{R}^*$에서 연속임을 보이자. $x \in \mathbb{R}$이면 ρ가 위상 동형 함수이므로 f는 x에서 연속이다. $x = \infty$일 경우를 고려하자. $f(\infty) = \mathbf{n}$을 포함하는 임의의 열린 집합 U에 대하여 $C := S^1 - U$는 옹골 공간 S^1의 닫힌 집합이므로 옹골 집합이고, $\mathbf{n} \notin C$이다. ρ가 동형 함수이므로 $\rho(C)$가 옹골이다. 따라서 $O := \mathbb{R}^* - \rho(C)$는 $\mathbb{R}^*$의 열린 집합이다. 또한 $\infty \in O$이고 다음이 성립하므로 f는 $x = \infty$에서 연속이다.

$$f(O) = S^1 - C = U \tag{5.5}$$

이제 f가 옹골 공간 $\mathbb{R}^*$에서 하우스도르프 공간 S^1으로의 연속인 전단사 함수이므로 f는 위상 동형 함수가 된다.(정리 5.2.7) □

문제 5.4.4 보기 5.4.6의 풀이에서 (5.5)가 성립함을 보여라.

문제 5.4.5 보통 위상 공간 $\mathbb{R}^2$의 한 점 옹골화가 단위 구면 S^2임을 보여라.

보기 5.4.7

$(\mathbb{R}, \mathfrak{U})$의 부분 공간 $X = [0, 1)$의 한 점 옹골화를 찾아라.

| **풀이** | $X = [0,1)$의 한 점 옹골화를 $X^* = [0,1) \cup \{\infty\}$라 하자. 그리고 함수 $f : X^* \to [0,1]$를 다음과 같이 정의하자.

$$f(x) = \begin{cases} x, & x \in [0,1), \\ 1, & x = \infty \end{cases}$$

여기서 제한 함수 $f|_X : [0,1) \to [0,1)$이 위상 동형 함수임은 분명하다. 또한 X^*는 옹골이고 $[0,1]$은 하우스도르프이고 f는 전단사이다. 따라서 정리 5.2.7에 의해 f가 연속인 것만 보이면 충분하다. U를 $[0,1]$의 한 열린 집합이라 하자. $1 \notin U$이면 $U \subset [0,1)$이므로 다음이 성립한다.

$$f^{-1}(U) = (f|_X)^{-1}(U) = U \subset [0,1) = X \subset X^*$$

따라서 $f^{-1}(U)$는 X의 열린 집합이므로 $f^{-1}(U)$는 정의 5.4.4로부터 X^*의 열린 집합이다.
$1 \in U$이면 $[0,1]$이 옹골 하우스도르프이고 $K = [0,1] - U$가 $[0,1]$의 닫힌 집합이므로 K는 $[0,1]$의 옹골 집합이다. 그리고 $1 \notin K$이므로 $K \subset X = [0,1)$이다. 또한 $(f|_X)^{-1}$이 연속이므로 $f^{-1}(K) = (f|_X)^{-1}(K)$는 X의 옹골 집합이다. 따라서 다음이 성립한다.

$$f^{-1}(U) = f^{-1}([0,1] - K) = f^{-1}([0,1]) - f^{-1}(K) = X^* - f^{-1}(K)$$

따라서 $f^{-1}(U)$는 정의 5.4.4 (2) 형태의 X^*의 열린 집합이다. 결과적으로 f는 연속이다. 그러므로 $X^* \cong [0,1]$이다. □

문제 5.4.6 다음에 주어진 $(\mathbb{R}, \mathfrak{U})$의 부분 공간을 X라 할 때 X^*를 찾아라.
(1) $(1,2]$ (2) $(1,2)$ (3) $(1,2] \cup [3,4)$ (4) $(1,2) \cup (3,4)$

정리 5.4.8

옹골이 아닌 X의 한 점 옹골화 X^*가 하우스도르프 공간일 필요 충분 조건은 X가 국소 옹골 하우스도르프 공간인 것이다.

증명 ($\Rightarrow$) X^*가 하우스도르프 공간이라 하면, 임의의 $x(\in X)$에 대하여 $x \neq \infty$이므로 다음을 만족하는 X^*의 두 열린 집합 U, V가 존재한다.

$$x \in U, \ \ \infty \in V, \quad U \cap V = \varnothing$$

그러면 $X^* - V$는 X의 옹골인 닫힌 집합이고 $x \in U \subset X^* - V$이므로 $X^* - V$는 x의 옹골인 근방이다. 따라서 X는 국소 옹골 공간이다. 한편, 하우스도르프 공간의 부분 공간은 하우스도르프 공간이므로 X는 하우스도르프 공간이다.

($\Leftarrow$) X^*가 하우스도르프임을 보이기 위하여 a와 b를 X^*의 서로 다른 두 점이라 하자. 먼저 a와 b가 모두 X에 속하는 경우는 X가 하우스도르프이므로 a와 b를 각각 포함하고 서로 만나지 않는 두 열린 집합이 존재한다. 이제 $a \in X$이고 $b = \infty$라 하자. U가 a를 포함하는 X의 한 열린 집합이라 하면 정리 5.4.3으로부터 $\overline{V}$가 옹골이고 $\overline{V} \subset U$인 a의 열린 근방 V가 존재한다. 이때 $W = X^* - \overline{V}$라 하면 W는 X^*의 열린 집합이다. 그리고 다음이 성립한다.

$$a \in V, \ \ b = \infty \in W, \quad V \cap W = \varnothing$$

따라서 X^*는 하우스도르프 공간이다. □

유리수의 집합 $\mathbb{Q}$의 한 점 옹골화 $\mathbb{Q}^*$에 대해 생각해보자. $\mathbb{Q}$가 보기 5.4.2로부터 국소 옹골이 아니므로 정리 5.4.8은 $\mathbb{Q}^*$는 하우스도르프 공간이 아님을 알려준다.

연습 문제 5.4

1. X가 국소 옹골 공간이고, $f : X \to Y$는 전사이고 연속인 열린 함수이면 Y도 국소 옹골 공간임을 보여라.

2. 국소 옹골 공간 X의 부분 집합 A에 대해 다음을 답하라.
   (1) A가 닫힌 집합이면 A도 국소 옹골 공간임을 보여라.
   (2) A가 열린 집합이고 국소 옹골이 아닌 예를 찾아라.
   (3) X가 하우스도르프 공간이고 A가 열린 집합이면 A도 국소 옹골 공간임을 보여라.

3. 다음 주어진 공간의 한 점 옹골화는 어떤 공간인가?
   (1) 평면 $\mathbb{R}^2$의 두 직선 $x = 0$과 $x = 1$로 이루어진 공간
   (2) 평면 $\mathbb{R}^2$의 두 직선 $x = 0$과 $y = 0$으로 이루어진 공간
   (3) $[0,\ 1) \cup [2,\ 3)$
   (4) $[0,\ 1) \times [0,\ 1)$

4. 보통 위상 공간 $\mathbb{R}$의 부분 공간 $\mathbb{N}$의 한 점 옹골화 $\mathbb{N}^*$를 찾아라.

5. X와 Y가 하우스도르프인 국소 옹골 공간이고 $f : X \to Y$가 전사인 연속 함수이라 하자. 다음 두 명제가 동치임을 보여라.
   (1) $\tilde{f}|_X = f$이고 전사인 연속 함수 $\tilde{f} : X^* \to Y^*$가 존재한다.
   (2) Y의 옹골 집합 K에 대하여 $f^{-1}(K)$가 옹골 집합이다.

6. X와 Y가 서로 위상 동형이면 X^*와 Y^*도 서로 위상 동형임을 보여라. 또 X^*와 Y^*는 서로 위상 동형이나 X와 Y는 위상 동형이 아닌 예를 찾아라.

7. 옹골이 아닌 위상 공간의 **두 점 옹골화**를 정의하여라. 그리고 $S^1 \times (0,\ 1)$의 두 점 옹골화가 S^2와 위상 동형임을 보여라.

5.5 옹골 거리 공간

거리 공간 (X, d)에서 부분 집합 A에 대해 A의 **지름** $\operatorname{diam}(A)$를 다음과 같이 정의한다.

$$\operatorname{diam}(A) := \sup\{d(a_1, a_2) \mid a_1, a_2 \in A\}$$

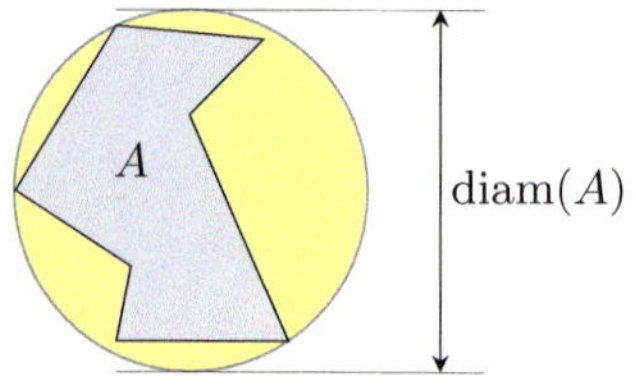

그림 5.10: 집합 A의 지름

지름을 이용하여 르베그 수를 다음과 같이 정의하자.

정의 5.5.1

거리 공간 X의 열린 덮개 $\mathcal{O}$에 대하여 다음 조건을 만족하는 양수 δ가 존재할 때, δ를 열린 덮개 $\mathcal{O}$의 **르베그 수**라 한다.

"X의 부분 집합 A의 지름이 δ보다 작으면 $A \subset U$인 $U(\in \mathcal{O})$가 존재한다."

보기 5.5.2

정수 집합 $\mathbb{Z}$에 다음과 같은 표준 거리 함수가 주어진 거리 공간 $(\mathbb{Z}, d)$를 생각하자.

$$d(x, y) = |x - y|$$

$\mathcal{O}$를 임의의 열린 덮개라 하면 $\delta = \frac{1}{2}$은 $\mathcal{O}$의 르베그 수이다. 왜냐하면 지름이 $\frac{1}{2}$보다 작은 공집합이 아닌 $\mathbb{Z}$의 부분 집합은 한 원소 집합이고, 이들은 $\mathcal{O}$의 어떤 원소에 포함되기 때문이다.

보조 정리 5.5.3 르베그 수 보조 정리

$\mathcal{O}$를 옹골 거리 공간 (X, d)의 열린 덮개라 하면 $\mathcal{O}$의 르베그 수 δ가 존재한다.

증명 결론을 부정하면 다음 두 조건을 만족하는 X의 부분 집합들의 모임 $\{A_k \mid 1 \leq k \leq \infty\}$가 존재한다.

- A_k의 지름이 $\frac{1}{k}$보다 작다.
- 어떤 A_k도 $\mathcal{O}$의 원소에 포함되지 않는다.

각 A_k로부터 점 x_k를 선택하자. 이때 집합 $\{x_k \mid k \in \mathbb{N}\}$은 유한 집합이거나 무한 집합이다. $\{x_k \mid k \in \mathbb{N}\}$이 유한 집합일 경우 무한 번 반복되는 한 점 x_k가 존재한다. 또, $\{x_k \mid k \in \mathbb{N}\}$이 무한 집합일 경우는 X가 옹골 공간이므로 볼자노-바이어슈트라스 정리에 의해 집합 $\{x_k \mid k \in \mathbb{N}\}$은 집적 점을 갖는다. 전자의 경우는 무한히 반복되는 점, 후자의 경우에서는 집적 점을 x_0이라 하자. 이제 U를 x_0을 포함하는 $\mathcal{O}$의 원소라 하자. 그러면 U가 열린 집합이므로 $B(x_0, r) \subset U$인 양수 r이 존재한다. 충분히 큰 자연수 N을 선택하면 다음을 얻는다.

$$\operatorname{diam}(A_N) < \frac{r}{2}, \quad x_N \in B\left(x_0, \frac{r}{2}\right)$$

임의의 $x \in A_N$에 대하여 다음이 성립하므로 $A_N \subset U$이다.

$$d(x, x_0) \le d(x, x_N) + d(x_N, x_0) < r$$

이는 $\{A_k\}$가 만족하는 조건에 위배된다. □

거리 공간 (X, d_X), (Y, d_Y)와 함수 $f : X \to Y$가 주어졌을 때, 임의의 양수 ϵ에 대하여 어떤 양수 δ가 존재하여 다음을 만족하면 f는 **균등 연속**이라고 한다.

$$d_X(x, y) < \delta \ \Rightarrow \ d_Y(f(x), f(y)) < \epsilon, \ \forall x, y \in X$$

보기 5.5.4

거리 공간 (X, d)에 대하여 임의의 열린 덮개가 르베그 수를 갖는다고 하자. 그러면 연속 함수 $f : X \to X$는 균등 연속임을 보여라.

풀이 ϵ을 임의의 양수라 하자. f가 연속이므로, X의 각 원소 y에 대하여 δ_y가 존재하여 다음을 만족한다.

$$d(x, y) < \delta_y \ \Rightarrow \ d(f(x), f(y)) < \frac{\epsilon}{2}$$

이때 $\mathcal{C} := \{B(y, \delta_y) \mid y \in X\}$는 X의 열린 덮개이므로, δ를 $\mathcal{C}$의 르베그 수라 하자. 이로부터 부분 집합 A의 지름이 δ보다 작으면, $A \subset B(y, \delta_y)$인 $y(\in X)$가 존재한다. 따라서 임의의 $x_1, x_2 (\in X)$에 대하여 $d(x_1, x_2) < \delta$이면 다음이 성립한다.$(A = \{x_1, x_2\})$

$$d(f(x_1), f(x_2)) \le d(f(x_1), f(y)) + d(f(y), f(x_2)) < \epsilon$$

즉, f는 균등 연속이다. □

주어진 점열의 일부 항을 원래 순서대로 나열하여 얻은 점열을 주어진 점열의 **부분 열**이라 한다. 이제, 점열이 수렴한다는 의미를 기억하고, 앞에서 다룬 극한 점 옹골 공간에 대한 정의에서 무한 집합을 점열로 제한하여 다음과 같이 정의하자.

정의 5.5.5

위상 공간 X에서 임의의 점열이 수렴하는 부분 열을 갖는다면 X를 **점열 옹골 공간**이라 한다.

임의의 위상 공간에서 모든 유한 부분 집합은 점열 옹골 집합이다. 한편, 보통 위상 공간 $(\mathbb{R}, \mathcal{U})$에서 $a_n = n$ (n은 자연수)라 하면 수열 $\{a_n\}$은 수렴하는 부분 수열을 갖지 않는다. 그러므로 $(\mathbb{R}, \mathcal{U})$는 점열 옹골 공간이 아니다.

문제 5.5.1 조르겐프라이 직선 $\mathbb{R}_l$과 여가산 위상 공간 $\mathbb{R}_c$는 점열 옹골이 아님을 보여라.

점열 옹골 공간 X에서 A를 무한 부분 집합이라 하자. 이때 A에 속하는 점열에는 수렴하는 부분 열이 존재하고 그 극한은 A의 집적 점이다. 즉, 점열 옹골 공간은 볼자노-바이어슈트라스 성질을 갖는다. 그러므로 다음 명제를 얻는다.

"점열 옹골 공간은 극한 점 옹골 공간이다."

점열 옹골의 정의는 옹골의 점열 표현이다. 그러나 일반적으로 둘 사이의 관련은 없어 보인다. 즉, 옹골 공간이 아닌 점열 옹골 공간이 존재하고(보기 5.5.9) 또 점열 옹골 공간이 아닌 옹골 공간이 존재한다(보기 5.5.10). 실제로 이들 사이의 포함 관계는 그림 5.11과 같다.

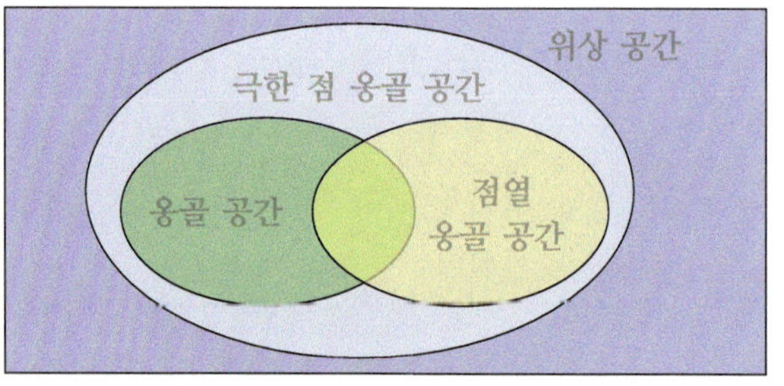

그림 5.11: 옹골 공간과 점열 옹골 공간

문제 5.5.2 위상 공간 $X = (\mathbb{N}, \mathcal{T})$의 기저 $\mathcal{B}$가 다음과 같다고 하자.

$$\mathcal{B} = \{\{2n-1, 2n\} | n \in \mathbb{N}\} = \{\{1,2\}, \{3,4\}, \{5,6\}, \dots\}$$

(1) X가 옹골이 아님을 보여라.

(2) X가 점열 옹골이 아님을 보여라.

(3) X가 극한 점 옹골임을 보여라.

이제 거리 공간에서의 옹골성을 다루어 보자. 먼저, 르베그 수 보조 정리는 그 증명을 살펴보면 점열 옹골 거리 공간에서도 성립함을 알 수 있다.

문제 5.5.3 $\mathcal{O}$를 점열 옹골 거리 공간 (X, d)의 열린 덮개라 하면 $\mathcal{O}$의 르베그 수 δ가 존재함을 보여라.

정의 5.5.6

X가 거리 공간일 때, 임의의 양수 ϵ에 대하여 다음을 만족하는 유한 부분 집합 $\{x_1, \dots, x_n\}$이 존재하면 X는 **완전 유계**이다라 한다.

$$X = B(x_1, \epsilon) \cup \cdots \cup B(x_n, \epsilon)$$

완전 유계인 거리 공간 X에 대해 위 정의에서 $\epsilon = 1$이라 하면 X의 임의의 두 점 x, y 사이의 거리는 $2n$보다 작다. 즉, X의 지름이 $2n$보다 작거나 같다. 그러므로 X는 **유계**이다. 따라서 다음과 같은 참인 명제를 얻는다.

"완전 유계인 거리 공간은 유계이다."

문제 5.5.4 원소의 개수가 무한인 이산 공간은 유계이나 완전 유계는 아님을 보여라.

위 문제로부터 유계인 거리 공간이 완전 유계일 필요는 없음을 알 수 있다.

한편, 거리 공간 X가 옹골이면, 주어진 양수 ϵ에 대하여 열린 덮개 $\{B(x, \epsilon) \mid x \in X\}$가 유한 부분 덮개를 가지므로, X는 완전 유계이다.

보조 정리 5.5.7

거리 공간 (X, d)가 점열 옹골이면 X는 완전 유계이다.

문제 5.5.5 귀류법을 사용하여 위 보조 정리를 증명하여라.

위 보조 정리는 다음 정리의 증명에 사용된다.

정리 5.5.8

거리 공간 (X, d)에 대하여 다음 세 명제는 동치이다.

(a) X는 옹골 공간이다.

(b) X는 극한 점 옹골 공간이다.

(c) X는 점열 옹골 공간이다.

증명 (a) ⇒ (b): 정리 5.3.1로부터 성립한다.

(b) ⇒ (c): 극한 점 옹골 공간 X의 한 점열 $A = \{x_n\}$을 생각하자. A가 유한 집합이면 무한히 반복하는 점 x_{n_0}이 존재하므로 다음을 만족하는 부분 점열 $\{x_{n_k}\}$가 존재한다.

$$(x_{n_0} =) x_{n_1} = x_{n_2} = \cdots$$

따라서 부분 점열 $\{x_{n_k}\}$는 수렴한다.

A가 무한 집합인 경우에는 X가 극한 점 옹골이므로 A의 집적 점 p가 존재한다. 먼저 $A \cap B(p, 1) - \{p\} \neq \varnothing$이므로 $A \cap B(p, 1) - \{p\}$의 한 원소를 x_{n_1}이라 하자. $a_1 = d(x_{n_1}, p)$, $b_2 = \min\{\frac{1}{2}, a_1\}$이라 하면, $A \cap B(p, b_2) - \{p\} \neq \varnothing$이므로 $n_1 < n_2$인 $x_{n_2} (\in A \cap B(p, b_2) - \{p\})$가 존재한다. $b_1 = 1$이라 하고, 자연수 $i = 1, \ldots, k-1$에 대해 다음을 만족하는 $n_i (\in \mathbb{N})$가 존재한다고 가정하자.

$$n_1 < n_2 < \cdots < n_{k-1},$$
$$x_{n_i} \in A \cap B(p, b_i) - \{p\} \subset B\left(p, \frac{1}{i}\right)$$

$$a_i = d(x_{n_i}, p), \quad b_{i+1} = \min\left\{\frac{1}{i+1},\ a_i\right\}$$

그러면 $A \cap B(p, b_k) - \{p\} \neq \varnothing$이므로 $n_{k-1} < n_k$인 x_{n_k} $(\in A \cap B(p, b_k) - \{p\})$가 존재한다. 즉, 부분 점열 $\{x_{n_k}\}$가 존재하여 p로 수렴한다.

그러므로 X는 점열 옹골 공간이다.

(c) ⇒ (a): $\mathcal{O}$를 X의 한 열린 덮개라 하자. 그러면 르베그 수 보조 정리에 의해 $\mathcal{O}$의 르베그 수 δ가 존재한다.(문제 5.5.3) 이제 $\epsilon = \delta/3$이라 하면 보조 정리 5.5.7에 의해 다음을 만족하는 유한 집합 $\{x_1, \ldots, x_n\} \subset X$이 존재한다.

$$X = B(x_1, \epsilon) \cup \cdots \cup B(x_n, \epsilon)$$

한편, 모든 $i \in \{1, 2, \ldots, n\}$에 대해 다음이 성립한다.

$$\operatorname{diam}(B(x_i, \epsilon)) = 2\epsilon = \frac{2}{3}\delta < \delta$$

그러므로 열린 공 $B(x_i, \epsilon)$를 포함하는 $U_i (\in \mathcal{O})$가 존재한다.$(i = 1, \ldots, n)$ 따라서 다음이 성립한다.

$$X = U_1 \cup \cdots \cup U_n$$

즉, X는 옹골 공간이다. □

거리 공간에서는 위 정리와 같이 옹골, 극한 점 옹골, 점열 옹골이 모두 일치하는 개념이다. 따라서 보통 위상 공간 $\mathbb{R}^n$을 비롯한 거리 공간에서 옹골을 이용할 필요가 있을 때, 상황에 따라 세 가지 형태의 옹골 중 어떤 것을 사용해도 무방하다.

다음 두 보기는 옹골 공간과 점열 옹골 공간 사이에 인과 관계가 없음을 보여준다.

보기 5.5.9

X를 다음과 같이 정의하자.(23쪽 (1.1) 참조)

$$X = \{x \in \prod_{\mathbb{R}} \{0, 1\} | x^{-1}(1)\text{는 가산 집합}\}$$

여기서 $\{0, 1\}$는 이산 공간이라 하고, X는 곱 공간 $\prod_{\mathbb{R}}\{0, 1\}$의 부분 공간이라 하자. 이때 X는 점열 옹골이나 옹골이 아님을 보여라.

풀이 각각의 $r (\in \mathbb{R})$에 대하여 $B_r = \{x \in \prod_{\mathbb{R}}\{0, 1\} | x(r) = 0\}$이라 정하자. 그러면 B_r은 부분 기저의 원소이고 따라서 열린 집합이다. 따라서 이들의 모임 $\{B_r\}_{r \in \mathbb{R}}$은 X의 열린 덮개이나, 유한 개의 부분 덮개를 가질 수 없다. 즉, X는 옹골 공간이 아니다.
이제 $\{x_n\}$을 X의 한 점열이라 하자. 그리고 $S (\subset \mathbb{R})$를 다음과 같이 정하자.

$$S = \bigcup_n x_n^{-1}(1)$$

그러면 S는 가산 개의 가산 집합들의 합집합이므로 가산이다. $Y = \prod_S \{0, 1\}$이라 하고, $q : X \to Y$를 $S \hookrightarrow \mathbb{R}$을 따르는 제한 함수라 하자. 그러면 $q(x_n)$은 $Y = \{0, 1\}^S$의 점열이다. S가 가산이므로 직접적으로 Y가 점열 옹골임을 보일 수 있다. 그러므로 $q(x_n)$의 어떤 부분 점열 $q(x_{n_k})$가 수렴하여야 한다. $z \in X$가 $z^{-1}(1) = q(z)^{-1}(1)$인 함수라 하자. 여기서 $\mathbb{R} \backslash S$에서 x_n은 항등적으로 0이므로 x_{n_k}는 z로 수렴한다. 따라서 X는 점열 옹골이나 옹골이 아니다. □

문제 5.5.6 위 보기의 풀이에서 Y가 점열 옹골임을 보여라.

보기 5.5.10

옹골 공간이나 점열 옹골 공간이 아닌 공간을 찾아라.

| 풀이 | $I = [0,\ 1]$을 보통 위상 공간 $\mathbb{R}$의 부분 공간이라 하자. 그리고 $X = I^I$라 하면, 즉 $X = \prod_{\lambda \in I} I$ 라 하면 티코노프 정리에 의해 X는 옹골 공간이다. 한편, 곱 공간 X는 다음과 같이 표현된다.

$$X = I^I = \{\alpha \mid \alpha : I \to I\}$$

여기서 α는 I에서 I로 정의된 함수이다. 그리고 모든 $x \in I$를 다음과 같이 이진수로 표현할 수 있다.

$$x = 0.x_1x_2x_3\cdots, \quad x_i \in \{0,\ 1\}$$

이제 X의 점열 $\{\alpha_n\}$을 다음과 같이 정의하자.

$$\alpha_n(x) = x_n, \quad x \in I$$

그러면 $\{\alpha_n\}$은 수렴하는 부분 점열을 갖지 않는다. 따라서 X는 점열 옹골 공간이 아니다. □

문제 5.5.7 위 보기의 풀이에서 $\{\alpha_n\}$은 수렴하는 부분 점열을 갖지 않음을 보여라.

연습 문제 5.5

1. A가 위상 공간 X의 닫힌 집합이라 하자. 이때 X가 점열 옹골 공간이면 A도 점열 옹골임을 보여라.

2. 연속 함수 $f : X \to Y$에 대해 X가 점열 옹골 공간이면 $f(X)$도 점열 옹골임을 보여라.

3. A를 유클리드 공간 $(\mathbb{R}^n, d)$의 부분 집합이라 하자. A가 부분 공간으로서 유계인 것과 완전 유계인 것은 동치임을 보여라.

제 6 장

연결 공간

연결 공간은 보통 위상이 주어진 유클리드 공간에서 구간을 일반적인 위상 공간으로 확장한 개념이다. 이는 매우 중요한 위상적 성질이며 이 장에서는 연결 공간을 정의하고 성질을 알아본다. 또한 길 연결 공간의 정의 및 성질에 대해서도 학습한다.

차례

바츠와프 프란치셰크 시어핀스키(1882~1969)

1882년 3월 14일 바르샤바에서 태어났다. 1899년에 바르샤바 대학교 수학·물리학부에 입학하였고, 1904년에 졸업하였다. 이후 바르샤바에서 수학·물리학 교사로 일했다. 그러나 학교가 잠시 파업으로 폐교하자, 크라쿠프로 이사하여 야기에우워 대학교에 박사 과정 학생으로 입학하였다. 1908년에 박사 학위를 수여받았고, 리비우로 이사하여 리비우 대학교의 교수가 되었다. 여기서 집합론에 관심을 가져 공부하기 시작하였고, 1909년에 최초의 대학교 집합론 과목을 개강하였다. 1908년부터 1914년 사이에 여러 편의 논문 및 집합론과 수론에 관한 3권의 책을 출판하였다.

1914년에 제1차 세계 대전이 발발할 당시 시어핀스키 가족은 러시아에 있었다. 전쟁 때문에 시어핀스키는 모스크바에 머무르는 수밖에 없었다. 1918년 종전 뒤 시어핀스키는 다시 리비우로 돌아왔으나, 곧 바르샤바 대학교 교수로 초청받아 바르샤바로 이사하였다. 이듬해 1919년에 정교수로 승진하였고, 여생을 바르샤바에서 보냈다.

1960년에 바르샤바 대학교에서 은퇴하였다. 1969년 10월 21일 바르샤바에서 사망하였다. 생전 시어핀스키는 총 724편의 논문과 50권의 책을 출판하였다.

6.1 연결 공간

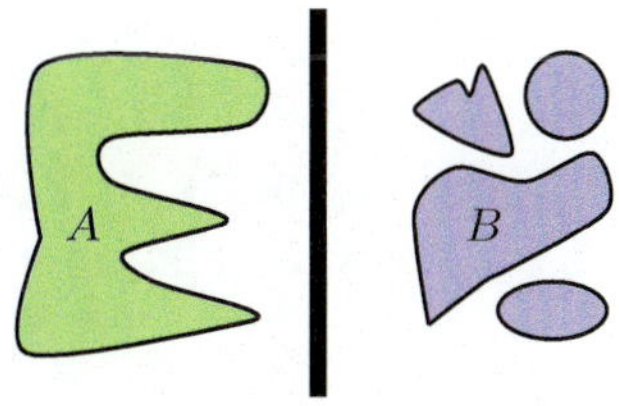

그림 6.1: 연결 공간과 비연결 공간

오른쪽 그림에서 A와 B는 평면 $\mathbb{R}^2$의 부분 공간이다. A는 서로 소인 두 열린 집합으로 분리할 수가 없고, B는 네 개의 서로 소인 열린 집합으로 분리할 수 있다. 이때 A를 연결 공간, B를 비연결 공간이라 한다. 그 정의를 좀 더 명확히 살펴보자.

보통 위상 공간 $\mathbb{R}$과 그 부분 공간 $\mathbb{R}-\{0\}$은 서로 위상 동형일까? 위상 동형이 아니라면 어떤 차이로 위상 동형이 아닐까? 직관적으로 쉽게 알 수 있는 한 가지 차이점은 $\mathbb{R}-\{0\}$은 서로 소이고 공집합이 아닌 두 열린 집합의 합집합으로 표시되고 $\mathbb{R}$은 그렇지 않다라는 점이다(보기 6.1.5).

이 예에서 볼 수 있듯이 주어진 두 위상 공간을 구분하는 좋은 방법 중의 하나가 주어진 공간이 공집합이 아니고 서로 만나지 않는 두 열린 집합의 합집합으로 표시되는 지를 살펴보는 것이다.

정의 6.1.1

위상 공간 X에 대하여 다음을 만족하고 공집합이 아닌 X의 두 열린 집합 U, V가 존재하면 X를 **비연결 공간**이라 한다.

$$X = U \cup V, \quad U \cap V = \varnothing \tag{6.1}$$

반대로 그렇지 않은, 즉 (6.1)을 만족하는 (공집합이 아닌) 두 열린 집합 U, V가 존재하지 않으면, X를 **연결 공간**이라 한다.

보기 6.1.2

(1) 조르겐프라이 직선 $\mathbb{R}_l$은 비연결 공간이다. 왜냐하면 $U=(-\infty,\ 0)$과 $V=[0,\ \infty)$는 $\mathbb{R}_l$의 열린 집합이고 조건 (6.1)을 만족한다.

(2) 원소의 개수가 두 개 이상인 이산 공간은 비연결 공간이다. 한편, 자명 공간은 연결 공간이다.

문제 6.1.1 시어핀스키 공간이 연결 공간임을 보여라.

정리 6.1.3

위상 공간 X에 대하여 다음 명제들은 동치이다.

(a) X가 연결 공간이다.

(b) X의 닫열 집합은 X와 공집합 뿐이다.

(c) $X = A \cup B$이고 A와 B가 공집합이 아니면 $\overline{A} \cap B \neq \varnothing$ 또는 $A \cap \overline{B} \neq \varnothing$이다.

(d) 이산 공간 $Y = \{0, 1\}$에 대하여 X에서 Y로의 연속인 전사 함수는 없다.

|증명| (a) ⇒ (b): 공집합이 아닌 X의 진 부분 집합 U가 닫열 집합이라 하자. $V = X - U$라 하면 V는 공집합이 아닌 열린 집합이다. 그러면 두 열린 집합 U와 V는 조건 (6.1)을 만족하므로 X는 비연결 공간이다. 이는 가정에 모순된다.

(b) ⇒ (c): $X = A \cup B$, $\overline{A} \cap B = \varnothing$, $A \cap \overline{B} = \varnothing$을 만족하는 공집합이 아닌 두 집합 A, B가 존재한다고 하자. $\bar{A} \cap B = \varnothing$이므로 $\overline{A} \subset X - B$이다. 그리고 $X = A \cup B$이므로 $A \supset X - B$이다. 따라서 다음이 성립한다.

$$A \subset \bar{A} \subset X - B \subset A$$

이로부터 $A = \bar{A}(= X - B)$, 즉 A는 닫힌 집합이다. 마찬가지로 B도 닫힌 집합이다. 그러므로 $A = X - B$는 열린 집합이다. 즉, A는 닫열 집합이다. 이는 가정에 모순된다.

(c) ⇒ (a): X가 연결 공간이 아니라고 하면 $X = A \cup B$, $A \cap B = \varnothing$을 만족하는 공집합이 아닌 두 열린 집합 A와 B가 존재한다. 이때 $A = X - B$이므로 A는 닫힌 집합이다. 마찬가지로 B도 닫힌 집합이다. 따라서 다음이 성립한다.

$$\bar{A} \cap B = A \cap B = \varnothing, \quad A \cap \bar{B} = A \cap B = \varnothing$$

이는 가정에 모순이다.

(b) ⇒ (d): X의 부분 집합 중 X와 공집합 만이 닫열 집합이라 하자. 그리고 함수 $f : X \to Y$를 연속인 전사 함수라 하자. Y가 이산 공간이므로 $\{0\}, \{1\}$은 닫열 집합이다. 따라서 $f^{-1}(\{0\})$과 $f^{-1}(\{1\})$도 닫열 집합이다. 그런데 f는 전사이므로 $f^{-1}(\{0\})$과 $f^{-1}(\{1\})$은 X나 공집합 중 어느 것도 아니다. 이는 모순이므로 X에서 Y로의 연속인 전사 함수는 존재하지 않는다.

(d) ⇒ (a): 독자에게 맡긴다. □

문제 6.1.2 위 정리에서 (d) ⇒ (a)를 보여서 증명을 완성하여라.

보기 6.1.4

(1) X를 다음과 같이 주어지는 $\mathbb{R}^2$의 부분 공간이라 하자(그림 6.2 참조).

$$X = \{(x, y) \mid y = 0\} \bigcup \left\{(x, y) \mid x > 0 \text{ 이고 } y = \frac{1}{x}\right\}$$

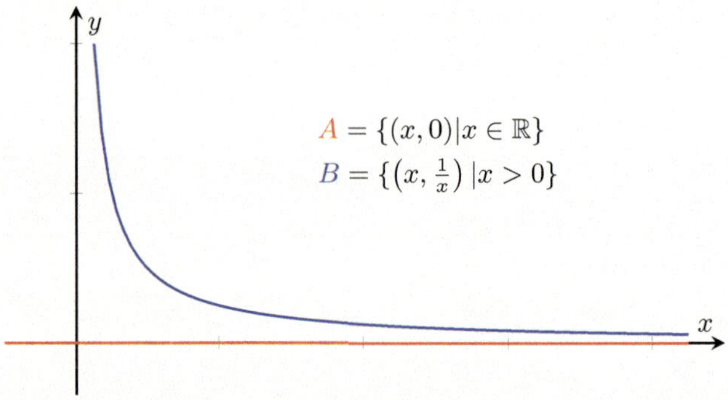

그림 6.2: 비연결 공간 $X = A \cup B$

이때 $A=\{(x,y)\,|\,y=0\}$, $B=\{(x,y)\,|\,x>0$ 이고 $y=\frac{1}{x}\}$이라 하면 $A\cap B=\varnothing$ 이다. 한편, A와 B는 닫힌 집합이므로 $\overline{A}=A$이고 $\overline{B}=B$이다. 그리고 $\overline{A}\cap B=\varnothing$ 이고 $A\cap\overline{B}=\varnothing$이다. 따라서 X는 비연결 공간이다.

(2) $Y=\{a,b,c,d,e\}$이고 $\mathcal{T}=\{Y,\varnothing,\{a\},\{c,d\},\{a,c,d\},\{b,c,d,e\}\}$를 Y의 위상이라 하면 $\{a\}$와 $\{b,c,d,e\}$는 닫열 집합이다. 그리고 다음을 만족한다.

$$Y=\{a\}\cup\{b,c,d,e\}$$

따라서 Y는 비연결 공간이다.

보기 6.1.5

보통 위상 공간 $\mathbb{R}$은 연결 공간임을 보여라.

풀이 $\mathbb{R}=A\cup B$를 만족하는 공집합이 아닌 두 집합 A와 B가 존재한다고 가정하자. 정리 6.1.3 (c)에 의하면 $\bar{A}\cap B$ 또는 $A\cap\bar{B}$가 공집합이 아님을 보이면 충분하다. $a\in A-B$, $b\in B-A$인 점 a,b를 선택하자. 그리고 $a<b$라 가정하자. 아래와 같이 주어지는 집합 E의 최소 상계를 $s(:=\sup E)$라 하자.

$$E=\{x\in A\,|\,x<b\}$$

(1) $s\notin A$인 경우, 최소 상계의 정의에 따라 $s\in\bar{A}$이다. 또, $\mathbb{R}=A\cup B$이므로 $s\in B$이다. 그러므로 $s\in\bar{A}\cap B$이다.

(2) $s\in A$인 경우, $s<c<b$인 c는 모두 B에 속하므로 $s\in\overline{B}$이다. 따라서 $s\in A\cap\bar{B}$이다.

종합하면 $\bar{A}\cap B\neq\varnothing$ 또는 $A\cap\bar{B}\neq\varnothing$이다. 따라서 $\mathbb{R}$은 연결 공간이다. □

정의 6.1.6

X가 위상 공간, A가 X의 부분 집합이라 하자. A가 **연결 집합**(**비연결 집합**)이라는 것은 A가 X의 부분 공간으로서 연결 공간(비연결 공간)임을 의미한다.

정리 6.1.7

위상 공간 X의 부분 집합 A가 비연결 집합일 필요 충분 조건은 적당한 열린 집합 U와 V가 존재하여 다음을 만족하는 것이다.

$$A\subset U\cup V,\quad U\cap A\neq\varnothing,\quad V\cap A\neq\varnothing,\quad A\cap U\cap V=\varnothing \tag{6.2}$$

문제 6.1.3 위 정리를 증명하여라.

보기 6.1.8

(1) $\mathbb{R}$의 부분 집합 $A = [0,1] \cup \{3\} \cup (5,6]$은 비연결 집합이다. 왜냐하면 $U = (-1,4)$, $V = (4,7)$은 열린 집합이고 조건 (6.2)를 만족하기 때문이다.

(2) $\mathbb{R}$의 부분 집합 $\mathbb{Q}$는 비연결 집합이다. 왜냐하면 $U = (-\infty, \sqrt{2})$, $V = (\sqrt{2}, \infty)$는 열린 집합이고 조건 (6.2)를 만족하기 때문이다.

정의 6.1.9

실수 공간 $\mathbb{R}$에서 부분 집합 A가 A의 임의의 두 원소 사이에 있는 모든 실수를 포함할 때 A를 **구간**이라 한다.

구간 A에서 두 실수 $\sup A$, $\inf A$를 A의 양 **끝 점**이라 한다. 양 끝 점을 포함하는 지에 따라 구간은 다음과 같은 형태로 구분된다.

$$[a,a] = \{a\}, \quad (-\infty, \infty) = \mathbb{R},$$
$$[a,b], \ [a,b), \ (a,b], \ (a,b),$$
$$(-\infty, b], \ (-\infty, b), \ (a, \infty), \ [a, \infty),$$

한편, 이들 구간만이 $\mathbb{R}$의 연결 집합인데 이 주장이 참임을 다음 보기를 통하여 알아보자.

보기 6.1.10

보통 위상 공간 $\mathbb{R}$의 부분 집합 A에 대한 다음 두 명제가 동치임을 보여라.

(1) A가 연결 집합이다. (2) A는 구간이다.

풀이 (2) $\Rightarrow$ (1): 구간 $[a,a]$는 한 원소 집합이므로 분리될 수 없고 당연히 연결 집합이다. 그외의 구간에 대해서는 보기 6.1.5의 증명 방법을 적용하면 모두 연결 집합임을 보일 수 있다.

(1) $\Rightarrow$ (2): A가 구간이 아니면 A가 비연결 집합임을 보이기로 하자.

A가 구간이 아니면 $a < p < b$를 만족하는 점 $a, b (\in A)$와 $p (\notin A)$가 존재한다. 이제 다음 두 집합을 정의하자.

$$U = \{x \in \mathbb{R} \mid x < p\}, \qquad V = \{x \in \mathbb{R} \mid x > p\}$$

그러면 $a \in U$, $b \in V$이므로 $A \cap U \neq \varnothing$, $A \cap V \neq \varnothing$이다. 그리고 $A \subset U \cup V$, $U \cap V = \varnothing$인 것은 명백하다. 그러므로 U와 V는 (6.2)를 만족한다. 따라서 정리 6.1.7에 의해 A는 비연결 집합이다. □

문제 6.1.4 $A = [a,b]$일 때 A가 연결 집합임을 보여라.

정리 6.1.3 (b)를 이용하면 다음 문제를 해결할 수 있다.

보기 6.1.11

함수 $f : X \to Y$를 고려하자. X가 연결 공간이고 각 점 $x(\in X)$에 대하여 제한 함수 $f|_{U_x}$가 상수 함수가 되는 x의 열린 근방 U_x가 존재하면 f가 상수 함수임을 보여라.

| 풀이 | X가 연결 공간이고 한 점 x_0과 열린 근방 U_{x_0}에 대하여 $f|_{U_{x_0}} : U_{x_0} \to Y$, $f|_{U_{x_0}}(x) = y_0$이 상수 함수라 하자. 이때 X의 부분 집합 U를 다음과 같이 정의하자.

$$U = \{x \mid f(x) = y_0\}$$

그러면 $x_0 \in U$이므로 U는 공집합이 아니다. 그리고 U는 닫열 집합임을 쉽게 확인할 수 있다. 따라서 정리 6.1.3 (b)에 의해 $U = X$이다. 즉, f는 상수 함수이다. □

문제 6.1.5 위 보기에서 집합 U가 닫열 집합임을 보여라.

연습 문제 6.1

1. 위상 공간 X가 연결 공간일 필요 충분 조건은 $\partial A = \varnothing$인 부분 집합은 X와 $\varnothing$ 뿐인 것임을 보여라.

2. 무한 집합 X에 대하여 여유한 위상 공간 $(X, \mathcal{T}_f)$는 연결 공간임을 보여라.

3. $(X, \mathcal{T})$가 연결 공간이고 $\mathcal{T}_1 \subset \mathcal{T}$일 때 위상 공간 $(X, \mathcal{T}_1)$도 연결 공간임을 보여라.

4. 위상 공간 X의 각 점 x와 x의 임의의 근방 U에 대하여 $V \subset U$이고 연결 집합인 x의 근방 V가 존재할 때 X를 **국소 연결 공간**이라 한다. 유클리드 공간 $\mathbb{R}^n$의 열린 집합은 국소 연결 공간임을 보여라. 그러나 $\mathbb{R}$의 부분 집합 $\{0\} \cup \{1/n | n = 1, 2, \ldots\}$은 국소 연결 공간이 아님을 보여라.

5. [2021학년도 임용고사] 집합 $X = \{a, b, c\}$에서 정의된 두 위상 $\mathcal{T}_1$, $\mathcal{T}_2$는 다음 조건을 만족시킨다.

가. $\lvert\mathcal{T}_1\rvert = \lvert\mathcal{T}_2\rvert = 4$ 나. $(X, \mathcal{T}_1)$은 연결 공간이다. 다. $(X, \mathcal{T}_2)$은 비연결 공간이다.

이때, $\mathcal{T}_1$, $\mathcal{T}_2$를 각각 한 개씩 구하시오.(단, $|A|$는 집합 A의 원소의 개수이다.)

6. [2005학년도 임용고사] 다음 조건을 만족시키는 실 위상 공간 $\mathbb{R}$의 부분 집합 W, X, Y, Z의 예를 (증명없이) 하나씩 구하시오.
   (1) Y, Z는 연결 집합(connected set)이다.
   (2) $Y \subset W \subset Z$, $Y \subset X \subset Z$
   (3) W는 연결 집합이다.
   (4) X는 연결 집합이 아니다.
   여기서 기호 $A \subset B$는 A가 B의 진 부분 집합임을 나타낸다.

   $W =$
   $X =$
   $Y =$
   $Z =$

6.2 연결 공간의 성질

먼저, 옹골과 마찬가지로 연결도 연속 함수에 의해 보존된다.

정리 6.2.1

X, Y가 위상 공간이고 A가 X의 부분 집합이라 하자. 이때, 함수 $f : X \to Y$가 연속이고 A가 연결 집합이면 $f(A)$도 연결 집합이다.

증명 $f(A)$가 비연결 집합이라 하자. 그러면 다음을 만족하는 두 열린 집합 $U, V(\subset Y)$가 존재한다.

$$f(A) \subset U \cup V, \quad U \cap f(A) \neq \varnothing, \quad V \cap f(A) \neq \varnothing, \quad f(A) \cap U \cap V = \varnothing$$

f가 연속이므로 $f^{-1}(U)$와 $f^{-1}(V)$는 X의 열린 집합이다. 또한 정리 1.3.4 (f)와 정리 1.3.7 (a)를 적용하면 다음이 성립한다.

$$A \subset f^{-1}(f(A)) \subset f^{-1}(U \cup V) = f^{-1}(U) \cup f^{-1}(V),$$

$$f^{-1}(U) \cap A \neq \varnothing, \quad f^{-1}(V) \cap A \neq \varnothing, \quad A \cap f^{-1}(U) \cap f^{-1}(V) = \varnothing$$

따라서 A는 연결 집합이 아니다. 이는 가정에 모순이므로 $f(A)$는 연결 집합이다. □

따름 정리 6.2.2

(a) $f : X \to Y$가 전사인 연속 함수일 때, X가 연결 공간이면 Y도 연결 공간이다.

(b) X와 Y가 서로 위상 동형인 공간이라 하자. X가 연결 공간인 것은 Y가 연결 공간인 것과 동치이다.

위 따름 정리의 (b)는 연결 공간이라는 것이 위상적 불변량임을 말하고 있다. 한편, 미적분학에서 연속 함수의 중요한 성질 중의 하나인 **사잇값 정리**를 다음과 같이 정리 6.2.1로부터 얻을 수 있다.

따름 정리 6.2.3 사잇값 정리

$[a, b]$는 닫힌 구간, $f : [a, b] \to \mathbb{R}$은 연속 함수이고 $f(a) \neq f(b)$라 하면 $f(a)$와 $f(b)$ 사이의 임의 실수 k에 대하여 $f(c) = k$을 만족하는 실수 c가 a와 b사이에 존재한다.

문제 6.2.1 위 사잇값 정리를 증명하여라.

정리 6.2.4

Z를 위상 공간 X의 조밀 집합이라 하자. 이때 Z가 연결 집합이면 X는 연결 공간이다.

증명 A를 X에서 공집합이 아닌 닫열 집합이라 가정하자. $A = X$임을 보이면 충분하다. Z가 X에서 조밀하므로 Z와 임의의 공집합이 아닌 열린 집합은 항상 만난다. 따라서 $A \cap Z \neq \varnothing$이다. 이제

$A \cap Z$는 공집합이 아닌 Z의 닫열 집합이다. Z가 연결 집합이므로 $A \cap Z = Z$이다. 이는 $Z \subset A$를 의미한다. 그러므로 다음을 얻는다.

$$X = \bar{Z} \subset \bar{A} = A$$

따라서 X는 연결 공간이다. □

따름 정리 6.2.5

Z를 위상 공간 X의 연결 집합이라 하자. $Z \subset Y \subset \bar{Z}$이면 Y는 연결 집합이다. 특히, $\bar{Z}$는 연결 집합이다.

증명 부분 공간 Y에서 Z의 닫힘이 Y이므로 위 정리에 의하면 Y가 연결 집합이다. □

보기 6.2.6

평면 $\mathbb{R}^2$에서 다음과 같은 두 부분 집합을 고려하자.

$$A = \{(0, y) \in \mathbb{R}^2 \mid -1 \le y \le 1\}, \quad B = \left\{ \left(x, \sin\tfrac{\pi}{x}\right) \in \mathbb{R}^2 \,\middle|\, 0 < x < \infty \right\}$$

$X = A \cup B$라 하면 X는 **위상 수학자의 사인 곡선**이라 알려져 있다(그림 6.3). 이때 X가 연결 집합임을 보여라.

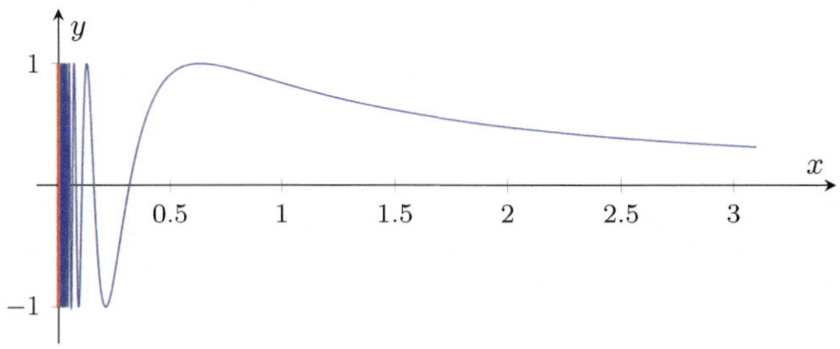

그림 6.3: 위상 수학자의 사인 곡선 $A \cup B$

풀이 $f(x) = \left(x, \sin\frac{\pi}{x}\right)$로 정의된 함수 $f : (0, \infty) \to B$가 전사인 연속 함수이고 구간 $(0, \infty)$가 연결 집합이므로 B는 연결 집합이다.(따름 정리 6.2.2 (a)) 이제 $\bar{B} = X$이므로 따름 정리 6.2.5에 의하여 X도 연결 집합이다. □

문제 6.2.2 위 보기의 풀이에서 $\bar{B} = X$임을 보여라.

정리 6.2.7

$\mathcal{F}$를 위상 공간 X의 연결 집합들의 모임이라 하자. 그리고 $\bigcup_{Z \in \mathcal{F}} Z = X$라 하자. 이때 $\mathcal{F}$에 속하는 어떤 두 집합의 교집합도 공집합이 아니면 X는 연결 집합이다.

증명 A를 X의 닫열 집합이라 하자. A가 공집합이거나 전체 집합임을 보이면 된다. 임의의 $Z(\in \mathcal{F})$에 대하여 $Z \cap A$가 Z에서 닫열 집합이다. Z가 연결 집합이므로 $Z \cap A$는 공집합이거나 Z와 같다. 만약 모든 $Z \in \mathcal{F}$에 대하여 $Z \cap A = \varnothing$이라 하면 다음과 같이 A는 공집합이다.

$$A = \Big(\bigcup_{Z \in \mathcal{F}} Z\Big) \cap A = \bigcup_{Z \in \mathcal{F}} (Z \cap A) = \varnothing$$

이제 어떤 $Z_0(\in \mathcal{F})$에 대하여 $Z_0 \cap A \neq \varnothing$이라 하면 다음을 얻는다.

$$Z_0 \cap A = Z_0, \text{ 즉 } \ Z_0 \subset A$$

Z를 $\mathcal{F}$의 임의의 원소라 하자. 만약 $Z \cap A = \varnothing$이라 하면 $Z \subset (X - A)$이고 $Z_0 \subset A$이므로 $Z \cap Z_0 = \varnothing$이다. 이는 가정에 모순되므로 $Z \cap A \neq \varnothing$, 즉, $Z \cap A = Z$이다. 따라서 모든 $Z(\in \mathcal{F})$에 대하여 $Z \subset A$이다. 이로부터 $X = A$임을 알 수 있다. □

옹골 공간의 곱 공간이 옹골이었듯이 정리 6.2.7을 이용하면 연결 공간의 곱 공간도 연결 공간임을 보일 수 있다.

정리 6.2.8

위상 공간 X와 Y에 대하여 다음 두 명제는 동치이다.

(a) X와 Y가 연결 공간이다.

(b) 곱 공간 $X \times Y$가 연결 공간이다.

증명 (b) $\Rightarrow$ (a): 사영 함수가 전사인 연속 함수이므로 X와 Y가 연결 공간이다.

(a) $\Rightarrow$ (b): (x, y)를 $X \times Y$의 임의의 점이라 하자. $\{x\} \times Y$가 Y와 위상 동형이므로 $\{x\} \times Y$는 연결 집합이다. 마찬가지로 $X \times \{y\}$도 연결 집합이다. 두 연결 집합을 이용하여 다음을 정의하자.(그림 6.4)

$$Z(x, y) := (\{x\} \times Y) \cup (X \times \{y\})$$

$(\{x\} \times Y) \cap (X \times \{y\}) = \{(x, y)\} \neq \varnothing$이므로 정리 6.2.7에 의하여 $Z(x, y)$는 연결 집합이다. 이제 $X \times Y = \bigcup_{(x,y) \in X \times Y} Z(x, y)$이고 $Z(x, y)$들은 어떤 둘도 만나므로 정리 6.2.7에 의하여 $X \times Y$가 연결 공간이다. □

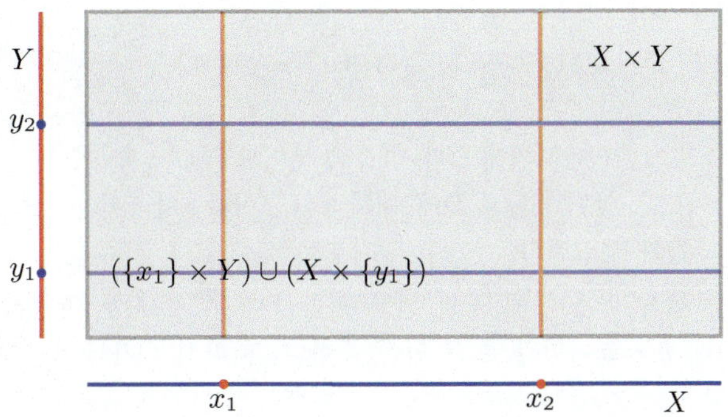

그림 6.4: $(\{x\} \times Y) \cup (X \times \{y\})$는 연결 집합이다.

보기 6.2.9

정리 6.2.8에 의해 다음 공간들은 모두 연결 공간이다.

$$\mathbb{R}^n, \quad \mathbb{T}^n = \overbrace{S^1 \times \cdots \times S^1}^{n}$$

비연결 공간은 연결 성분이라 불리는 연결 부분 집합으로 나뉘어 진다.

정의 6.2.10

위상 공간 X의 두 점 x와 y가 같은 연결 집합에 속하면 $x \sim y$라 나타내자. 이때 $\sim$은 X의 동치 관계인데 이 관계에 의해 결정되는 각 동치류를 X의 **연결 성분**이라 한다.

문제 6.2.3 위 정의에서 정의된 관계 $\sim$이 동치 관계임을 보여라.

연결 공간의 성분의 개수는 한 개이다. 하지만 이산 공간의 연결 성분의 개수는 공간의 원소의 개수와 같다.

보기 6.2.11

(1) $\mathbb{R} - S^0 = \mathbb{R} - \{\pm 1\}$의 성분은 $(-\infty, -1)$, $(-1, 1)$, $(1, \infty)$로 그 성분의 개수가 3개인 반면, $n \geq 1$이면 $\mathbb{R}^{n+1} - S^n$의 성분의 개수는 2개이다.

(2) 유리수 집합 $\mathbb{Q}$의 각 성분은 한 점으로 이루어진다. 이처럼 한 점으로 이루어진 부분 집합이 모두 성분인 공간을 **완전 비연결 공간***이라 한다.

보조 정리 6.2.12

위상 공간 X의 연결 집합 C에 대하여 다음 두 명제는 동치이다.

(a) C가 X의 연결 성분이다.

(b) X의 연결 집합 D가 $C \subset D$를 만족하면 $C = D$이다.

증명 (a) $\Rightarrow$ (b): 임의의 $x(\in C)$에 대해 C가 연결 성분이므로 $C = [x]$이다. $C \subset D$라 가정하자. D가 연결 집합이므로 임의의 $y \in D$에 대해 $x \sim y$이다. 따라서 $y \in [x] = C$이므로 $D \subset C$이다. 즉, $C = D$가 성립한다.

(b) $\Rightarrow$ (a): 연결 집합 C에 대해 X의 연결 집합 D가 $C \subset D$를 만족하면 $C = D$라는 것은 $x(\in C)$에 대해 $y \sim x$이면 $y \in C$ 임을 뜻한다. 따라서 C가 x의 동치류이므로 C는 X의 연결 성분이다. □

*원래의 정의는 임의의 두 점 x, y에 대하여 서로 다른 연결 성분 A와 B가 존재하여 $x \in A$, $y \in B$를 만족하는 것이다. 즉, 임의의 두 점이 연결되어 있지 않다라는 의미이다. 이로부터 이산 공간은 완전 비연결 공간임을 알 수 있다. 그러나 $\mathbb{Q}$는 이산 공간이 아니다.

정리 6.2.13

위상 공간의 각 연결 성분은 닫힌 집합이다.

|증명| C를 위상 공간 X의 한 성분이라 하자. 따름 정리 6.2.5에 의하면 $\overline{C}$가 연결 집합이다. 보조 정리 6.2.12에 의하면 $\overline{C} = C$이다. 즉, C는 닫힌 집합이다. □

문제 6.2.4 위상 공간 X의 성분의 개수가 유한 개이면 각 성분은 열린 집합임을 보여라. 또 모든 성분이 열린 집합이 아닌 위상 공간의 예를 들어라.

정리 6.2.14

$f : X \to Y$를 위상 동형 함수라 하자. C가 X의 성분이면 $f(C)$는 Y의 성분이다. 역으로, D가 Y의 성분이면 $f^{-1}(D)$는 X의 성분이다.

|증명| C가 X의 성분이라 하자. f가 연속이므로 $f(C)$는 연결 집합이다. 만약 $f(C)$가 Y의 연결 성분이 아니면 $f(C) \subsetneq E$인 Y의 성분 E가 존재한다. 그런데 f^{-1}가 연속이므로 $f^{-1}(E)$는 연결 집합이고,(정리 6.2.1) $C \subsetneq f^{-1}(E)$이다. 이는 C가 X의 성분이라는 사실에 모순된다. 따라서 $f(C)$는 Y의 성분이다.
같은 방법으로 하면 두 번째 명제도 증명된다. □

위 정리에 따르면 위상 동형인 두 공간에 대하여 연결 성분의 개수가 일치하여야 한다. 따라서 연결 성분의 개수는 위상 동형 여부를 판정하는 좋은 수단 중의 하나이다.

보기 6.2.15

평면에서 두 직선 $x = 0$과 $y = 0$으로 이루어진 공간 X와 직선 $y = 0$으로만 이루어진 공간 Y가 위상 동형이 아님을 보여라.

|풀이| 위상 동형 함수 $f : X \to Y$가 존재한다고 가정하자. X의 원소 $a = (0, 0)$에 대하여 f를 $X - \{a\}$로 제한하면 $X - \{a\}$와 $Y - \{f(a)\}$사이의 위상 동형 함수를 얻는다. 그런데 $X - \{a\}$는 성분이 4개이고 $Y - \{f(a)\}$는 2개의 성분을 갖는다. 이는 서로 위상 동형인 두 공간은 성분의 개수가 같다는 사실에 모순이다. 그러므로 $X - \{a\}$와 $Y - \{f(a)\}$는 위상 동형이 아니다. 따라서 X와 Y도 위상 동형이 아니다. □

문제 6.2.5 $f : X \to Y$가 위상 동형 함수이면 $X - \{x\}$와 $Y - \{f(x)\}$가 위상 동형 임을 보여라.

문제 6.2.6 열린 구간 $(0, 1)$과 반열린 구간 $[0, 1)$이 위상 동형이 아님을 보여라.

연습 문제 6.2

1. 단위원 S^1은 보통 위상 공간 $\mathbb{R}$의 어떤 열린 부분 공간과도 위상 동형이 아님을 보여라.

2. X가 연결 공간이고 연속 함수 $f : X \to \mathbb{R}$이 상수 함수가 아니면, X는 셀 수 없는 집합임을 보여라.

3. 연속 함수 $f : S^1 \to \mathbb{R}$에 대하여 $f(\mathbf{x}) = f(-\mathbf{x})$를 만족하는 점 $\mathbf{x}(\in S^1)$가 존재함을 보여라. 논의를 S^2로 확장하여 보고, 지구에서 매 순간 온도 또는 습도가 동일한 서로 대척인 지점[†]이 존재함을 보여라.

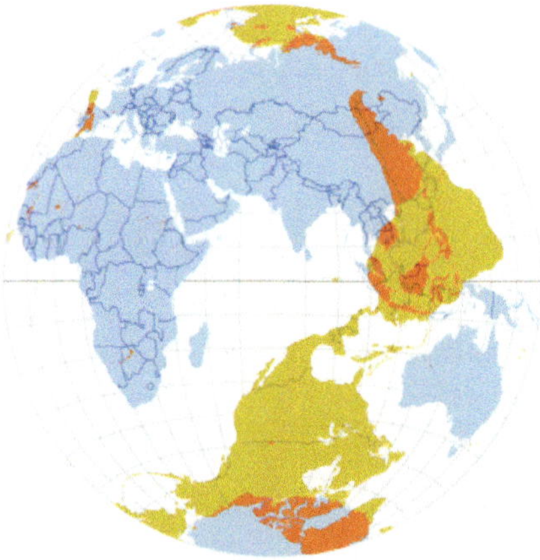

그림 6.5: 투명 지구본[‡]

4. 다음을 만족하는 위상 공간 X는 연결 공간임을 보여라.

   임의의 연속 함수 $f : X \to X$에 대하여 f의 고정 점이 존재한다.

5. $f : \mathbb{R} \to \mathbb{R}$이 연속인 열린 함수이면 f는 단사 임을 보여라.

6. 모든 X_λ가 연결 공간일 필요 충분 조건은 곱 공간 $X = \prod_{\lambda \in \Lambda} X_\lambda$가 연결 공간임을 보여라.

7. X, Y가 국소 연결 공간이면 곱 공간 $X \times Y$가 국소 연결 공간임을 보여라.

8. 국소 연결 공간의 위상 동형 함수에 의한 상은 국소 연결 공간이나 연속 함수에 의한 상은 국소 연결 공간이 아님을 보여라.

[†]지구 또는 S^2에서 한 점의 **대척 점**이란 통상 정 반대 쪽 점을 말한다. 지구에서 대척 점 관계에 있는 두 지역은 일반적으로 서로 계절, 시간대, 낮과 밤 등의 모든 점에서 반대된다. 한반도와 대척 점 관계에 있는 지역은 남아메리카 우루과이 앞바다에 해당하는 지역이다.

[‡]투영된 지도에서 푸른색과 노란색이 겹치는 주황색 부분이 서로의 대척 점에 해당한다.

9. 위상 공간 X에 대한 다음 두 명제가 동치임을 보여라.

(1) X는 국소 연결 공간이다.

(2) 임의의 열린 집합의 모든 연결 성분은 열린 집합이다.

또 이로부터 국소 연결 공간의 모든 성분은 열린 집합임을 확인하여라.

10. X는 연결 공간이라 하자. X의 부분 집합 S에 대하여 $X - S$가 비연결 공간이 될 때, S를 X의 **절단 집합**이라 한다. 또, $\{p\}$가 절단 집합일 때, p를 X의 **절단 점**이라 한다. 다음을 답하여라.

(1) 0은 직선 $\mathbb{R}$의 절단 점임을 확인하여라.

(2) 단위원 S^1은 평면 $\mathbb{R}^2$의 절단 집합임을 확인하여라.

(3) $f : X \to Y$가 위상 동형 함수라 하자. 이때 S가 X의 절단 집합이면 $f(S)$가 Y의 절단 집합임을 보여라.

(4) 평면에 속한 'A'자 공간과 'B'자 공간이 위상 동형이 아님을 보여라.

(5) $\mathbb{R}$과 $\mathbb{R}^2$는 위상 동형이 아님을 보여라.

11. [2024학년도 임용고사] 보통 위상이 주어진 4차원 좌표 공간 $\mathbb{R}^4$에서

$$A = \{(a, b, c, d) \in \mathbb{R}^4 \,|a^2 + b^2 = 1, c^2 + d^2 = 1, ac + bd = 0\}$$

이 옹골 집합임을 보이시오. 또한 집합 A에서 정의된 함수 $f(a, b, c, d) = ad - bc$의 치역을 구하고, 이를 이용하여 집합 A가 연결 집합인지 판별하고 그 이유를 쓰시오.

12. [2020학년도 임용고사] 실수 전체의 집합 $\mathbb{R}$ 위의 보통 위상을 $\mathcal{T}_u$라 하고, 함수 $f_i : \mathbb{R} \to (\mathbb{R}, \mathcal{T}_u)(i = 1, 2)$를

$$f_1(x) = [x], \quad f_2(x) = [-x]$$

로 정의하자. 집합 $\{f_1^{-1}(U)|U \in \mathcal{T}_u\} \cup \{f_2^{-1}(U)|U \in \mathcal{T}_u\}$을 부분 기저로 하여 생성된 $\mathbb{R}$의 위상을 $\mathcal{T}$라 정의하자. 위상 공간 $(\mathbb{R}, \mathcal{T})$에서 $\sqrt{2}$를 포함하는 성분(연결 성분, component, connected component)을 풀이 과정과 함께 쓰시오. 또한 $(\mathbb{R}, \mathcal{T})$에서 집합 $[\frac{1}{2}, 2]$의 내부와 폐포를 구하시오.(단, $[\frac{1}{2}, 2] = \{x \in \mathbb{R} \,|\, \frac{1}{2} \leq x \leq 2\}$이고, $[x]$는 x를 넘지 않는 최대 정수이다.)

13. [2015학년도 임용고사] 자연수 전체의 집합 $\mathbb{N} = \{1, 2, 3, ...\}$에 대하여, 집합 $X = \{(m, n) \in \mathbb{N} \times \mathbb{N} \,|m \geq 12$ 또는 $n \geq 6\}$에 다음과 같이 위상 $\mathcal{T}$가 주어졌다고 하자.

$$\mathcal{T} = \{G \subset X | X - G\text{는 유한 집합}\} \cup \{\emptyset\}$$

함수 $f : X \to \mathbb{N}$을 $f(m, n) = m + n$으로 정의하고, $\mathbb{N}$의 위상을 $\mathcal{T}_{\mathbb{N}} = \{U \subset \mathbb{N} \,|f^{-1}(U) \in \mathcal{T}\}$라 하자. 위상 공간 $(\mathbb{N}, \mathcal{T}_{\mathbb{N}})$의 연결 성분(connected component)의 개수를 구하시오.

14. [2013학년도 임용고사] 실수 전체의 집합 $\mathbb{R}$ 위의 보통 위상 $\mathcal{T}_u$에 대하여 $X = (\mathbb{R}, \mathcal{T})$라 할 때, 옳은 것만을 <보기>에서 있는 대로 고른 것은?

(단, $(a,b)=\{x\in\mathbb{R}\,|a<x<b\}$이다.)

ㄱ. X의 부분 공간 $\mathbb{Q}$는 연결 공간이다.(단, $\mathbb{Q}$는 유리수 전체의 집합이다.)
ㄴ. X의 부분 공간 $(-2,-1)\cup(0,1)\cup\{\sqrt{2}\}$의 성분(component)의 개수는 3이다.
ㄷ. $Y=\{1,2,3,4\}$가 X의 부분 공간일 때, $f(5)\neq f(6)$인 연속 함수 $f:X\to Y$가 존재한다.

① ㄱ ② ㄴ ③ ㄷ ④ ㄱ, ㄷ ⑤ ㄴ, ㄷ

15. [2011학년도 임용고사 1차] 실수 전체의 집합 $\mathbb{R}$위의 두 위상 $\mathcal{T}_1$, $\mathcal{T}_2$를

$$\mathcal{T}_1=\{\mathbb{R},\ \emptyset,\ \mathbb{Q},\ \mathbb{R}-\mathbb{Q}\},\quad \mathcal{T}_2=\{\mathbb{R},\ \emptyset,\ \mathbb{N},\ \mathbb{R}-\mathbb{N}\}$$

으로 정의하자. $(\mathbb{R},\mathcal{T}_1)$과 $(\mathbb{R},\mathcal{T}_2)$의 적 공간(곱 공간, product space) $(\mathbb{R},\mathcal{T}_1)\times(\mathbb{R},\mathcal{T}_2)$에 대하여 <보기>에서 옳은 것만을 모두 고른 것은? (단, $\mathbb{Q}$는 유리수 전체의 집합, $\mathbb{N}$은 자연수 전체의 집합이다.)

ㄱ. $(\mathbb{R},\mathcal{T}_1)\times(\mathbb{R},\mathcal{T}_2)$는 연결(connected) 공간이다.

ㄴ. $[0,1]\times[0,1]$은 $(\mathbb{R},\mathcal{T}_1)\times(\mathbb{R},\mathcal{T}_2)$에서 조밀(dense)하다.

ㄷ. 함수 $F:\mathbb{R}\to\mathbb{R}\times\mathbb{R}$를

$$F(x)=\begin{cases}(x,1), & x\text{는 유리수}\\(x,-1), & x\text{는 무리수}\end{cases}$$

로 정의하면 $F:(\mathbb{R},\mathcal{T}_1)\to(\mathbb{R},\mathcal{T}_1)\times(\mathbb{R},\mathcal{T}_2)$는 연속 함수이다.

① ㄴ ② ㄷ ③ ㄱ, ㄴ ④ ㄱ, ㄷ ⑤ ㄴ, ㄷ

16. [2009학년도 임용고사 1차] 실수 전체의 집합 $\mathbb{R}$ 위에서 위상 $\mathcal{T}_1$과 $\mathcal{T}_2$를 다음과 같이 정의하자.

$\mathcal{T}_1$은 $\{[a,b)\mid a,b\in\mathbb{R}\}$를 기저(base)로 하는 위상

$$\mathcal{T}_2=\{\mathbb{R},\ \emptyset,\ \{0,1\}\}$$

위상 공간 $(\mathbb{R},\mathcal{T}_i)$ $(i=1,2)$에서 원소 0을 포함하는 성분(component)을 A_i $(i=1,2)$라고 할 때, 옳은 것은? (단, $[a,b)=\{x\in\mathbb{R}\mid a\leq x<b\}$이고, 위상 공간 X에서 '성분'은 X의 극대 연결 부분 공간을 의미한다.)

① $A_1=\{0\},\ A_2=\mathbb{R}$ ② $A_1=\{0\},\ A_2=\{0,1\}$

③ $A_1=\mathbb{R},\ A_2=\mathbb{R}$ ④ $A_1=\mathbb{R},\ A_2=\{0,1\}$

⑤ $A_1=\mathbb{R},\ A_2=\{0\}$

6.3 길 연결 공간

위상 공간 X에 대하여, $\gamma(0) = x$, $\gamma(1) = y$인 연속 함수 $\gamma : [0,1] \to X$를 x에서 y로의 **길** 또는 **경로**라 한다. 이때, $\gamma(0) = x$를 γ의 **시작 점**, $\gamma(1) = y$를 γ의 **끝 점**이라 한다.

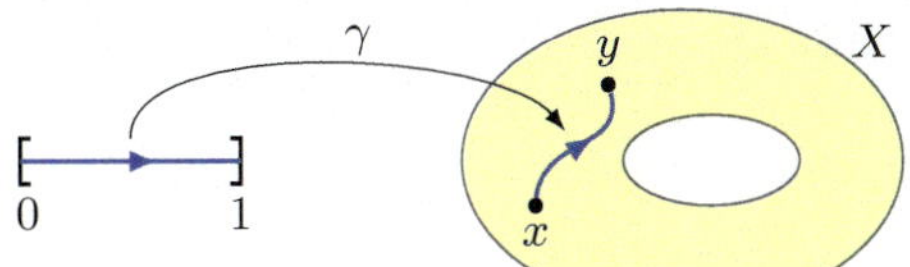

그림 6.6: x에서 y로의 길

이때, 다음과 같이 정의되는 연속 함수 $\tilde{\gamma} : [0,1] \to X$는 $\gamma(1)$에서 $\gamma(0)$으로의 길이다.

$$\tilde{\gamma}(t) = \gamma(1-t)$$

여기서 $\tilde{\gamma}$를 γ의 **반대 방향의 길**이라 한다. 한편, X의 임의의 점 x에 대하여 함수 $\hat{x} : [0,1] \to X$를 다음과 같이 정의하면 $\hat{x}$는 연속이 되어 x에서 x로의 길이다.

$$\hat{x}(t) = x, \ \forall t \in [0,1]$$

이때 $\hat{x}$를 **멈춘 길**이라 한다.

정의 6.3.1

A를 위상 공간 X의 부분 집합이라 하자. A에 속한 임의의 두 점을 연결하는 길($\subset A$)이 있으면 A를 **길 연결 집합**이라 한다. X 스스로 길 연결 집합이면 X를 **길 연결 공간**이라 한다.

$\mathbb{R}^n$의 임의의 두 점 $\mathbf{x}$와 $\mathbf{y}$는 다음과 같이 정의된 연속 함수인 직선 $\sigma : [0,1] \to \mathbb{R}^n$으로 연결된다.

$$\sigma(t) = (1-t)\,\mathbf{x} + t\,\mathbf{y}$$

따라서 $\mathbb{R}^n$은 길 연결 공간이다. 앞절에서 보았듯이 $\mathbb{R}^n$은 연결 공간이다. 그럼, 길 연결 공간과 연결 공간은 어떤 관계가 있을까?

정리 6.3.2

모든 길 연결 집합은 연결 집합이다.

증명 X의 부분 집합 A가 길 연결 집합이라 하자. 만약 A가 연결 집합이 아니라고 가정하면 다음을 만족하는 두 열린 집합 U와 V가 존재한다.

$$A \subset U \cup V, \quad A \cap U \neq \varnothing, \quad A \cap V \neq \varnothing, \quad A \cap U \cap V = \varnothing$$

$A \cap U$와 $A \cap V$에서 각각 점 x와 y를 선택하자. A가 길 연결 집합이므로 점 x에서 y로의 길 $\gamma : [0,1] \to A$가 존재한다. γ가 연속이므로 $\gamma^{-1}(U)$와 $\gamma^{-1}(V)$는 $[0,1]$의 열린 집합이다.

$0 \in \gamma^{-1}(U)$, $1 \in \gamma^{-1}(V)$이므로 $\gamma^{-1}(U)$와 $\gamma^{-1}(V)$는 공집합이 아니다. 그리고 다음 두 식이 성립한다.

$$\gamma^{-1}(U) \cup \gamma^{-1}(V) = \gamma^{-1}(U \cup V) \supset \gamma^{-1}(A) = [0,1]$$
$$\gamma^{-1}(U) \cap \gamma^{-1}(V) = \gamma^{-1}(A \cap U \cap V) = \gamma^{-1}(\varnothing) = \varnothing$$

이것은 [0,1]이 연결 집합이라는 사실에 모순이다. 따라서 A는 연결 집합이다. □

일반적으로 다음 보기에서와 같이 위 정리의 역은 성립하지 않는다.

보기 6.3.3

A를 극좌표 (r,θ)로 다음과 같이 표현되는 평면 곡선이라 하자.[11]

$$A = \left\{ \left(\frac{\theta}{\theta+1},\ \theta \right) \middle| \theta \in (0,\infty) \right\}$$

곡선 A는 그림 6.7에서와 같이 단위원 S^1을 향해 진행하는 나선이다. $W = A \cup S^1$이라 하면, W는 **위상 수학자의 소용돌이**라 알려져 있다.
이때 W는 연결 공간이지만 길 연결 공간은 아님을 보여라.

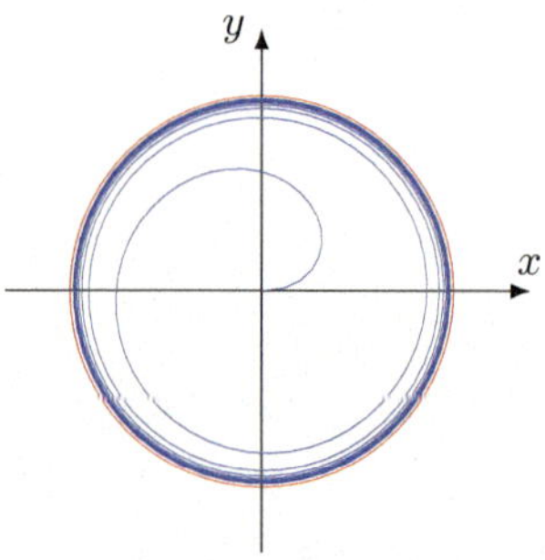

그림 6.7: 위상 수학자의 소용돌이

풀이 먼저 A는 연속 함수에 의한 연결 집합 $(0,\infty)$의 상이므로 연결 집합이다. 그리고 $\mathbb{R}^2$에서 $W = \bar{A}$이므로 따름 정리 6.2.5에 의해 W도 연결 공간이다.
이제 W가 길 연결 공간은 아님을 보이자. S^1의 점으로부터 시작된 W안에서의 모든 길은 S^1에 놓여 있음을 보이면 충분하다. 그러면 S^1의 점과 A의 점을 연결하는 경로 W에 없기 때문이다. $\gamma : [0,1] \to W$가 $\gamma(0) \in S^1$인 경로라 하자. 이때 $\gamma([0,1]) \subset S^1$, 즉 $\gamma^{-1}(S^1) = [0,1]$임을 보이자. $\gamma(0) \in S^1$이므로 $\gamma^{-1}(S^1)$은 공집합이 아닌 [0,1]의 부분 집합이다. 여기서 $\gamma^{-1}(S^1)$이 [0,1]의 닫열 집합임을 보이면 정리 6.1.3에 의해 $\gamma^{-1}(S^1) = [0,1]$이다. S^1이 W의 닫힌 집합이고 γ가 연속 함수이므로 $\gamma^{-1}(S^1)$은 [0,1]의 닫힌 집합이다. $\mathcal{B}$가 [0,1]의 부분 위상의 기저라 하자. 즉 $\mathcal{B}$의 원소들은 [0,1]에 속한 구간들이다. $\gamma^{-1}(S^1)$의 한 점 y를 선택하면, $\gamma(y) \in S^1$이고, 극좌표에 의해 $\gamma(y) = (1,\alpha)$로 표현된다. $N(\subset \mathbb{R}^2)$을 다음과 같이 극좌표로 주어진 $\gamma(y)$의 열린 근방이라 하자.

$$N = \{(r,\theta) \,|\, 0.9 < r < 1.1, \quad \alpha - 0.1 < \theta < \alpha + 0.1\}$$

그러면 $N' = W \cap N$은 W의 열린 집합이고, $\gamma^{-1}(N')$은 y를 포함하는 [0,1]의 열린 집합이다. 그러므로 $y \in J \subset \gamma^{-1}(N')$인 기저 원소 $J(\in \mathcal{B})$가 존재한다. J는 구간이므로 연결 집합이다. 따라서 $\gamma(J)$는 N'의 연결 집합이다. $\gamma(J)$는 $\gamma(y)$를 포함하므로 $S^1 \cap N' \neq \varnothing$이다. 구간 $(0.9, 1)$에서 1로 수렴하는 점열 $< r_n >$을 선택하여 아래와 같은 두 집합 U_n, V_n이

$$U_n = \{(r,\theta) \in N \,|\, r > r_n\}, \quad V_n = \{(r,\theta) \in N \,|\, r < r_n\}$$

다음을 만족하게 할 수 있다.

$$N' \subset U_n \cup V_n, \quad N' \cap U_n \neq \varnothing, \quad N' \cap V_n \neq \varnothing$$

그러면 $\gamma(y) \in U_n$이고 $\gamma(J)$는 N'의 연결 집합이므로 모든 n에 대하여 $\gamma(J) \subset U_n$이다. 따라서 $\gamma(J) \subset S^1 \cap N'$이고, $y \in J \subset \gamma^{-1}(S^1)$이다. 이는 J가 $[0,1]$의 열린 집합이므로 $\gamma^{-1}(S^1)$은 $[0,1]$의 열린 집합이다. 결과적으로, $\gamma^{-1}(S^1) = [0,1]$, 즉 S^1의 점과 A의 점을 연결하는 W 안에서의 길이 없으므로 W는 길 연결이 아니다. □

문제 6.3.1 보기 6.2.6에서 주어진 위상 수학자의 사인 곡선은 길 연결 공간이 아님을 보여라.

정리 6.3.4

$f : X \to Y$를 연속 함수라 하자. X의 부분 집합 A가 길 연결이면 $f(A)$도 길 연결 집합이다.

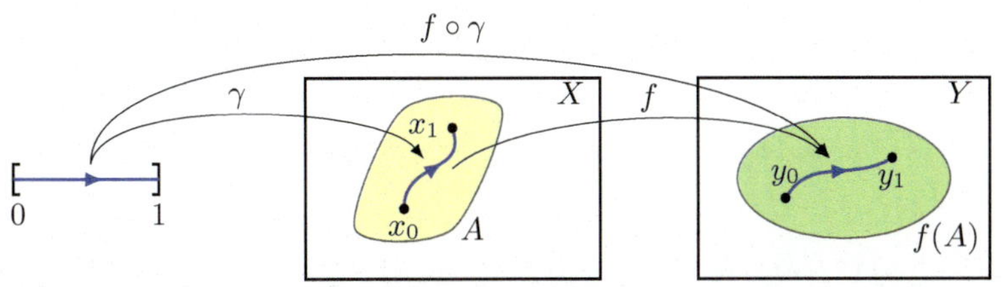

그림 6.8: 연속 함수에 의한 길의 상

증명 y_0과 y_1을 $f(A)$의 임의의 두 점이라 하자. 그러면 다음을 만족하는 점 $x_0, x_1 \in A$가 존재한다.

$$f(x_0) = y_0, \qquad f(x_1) = y_1$$

A가 길 연결이므로 $\gamma(0) = x_0$에서 $\gamma(1) = x_1$로의 길 $\gamma : [0,1] \to X$가 존재한다. 이때 $f \circ \gamma : [0,1] \to f(A)$가 $(f \circ \gamma)(0) = y_0$, $(f \circ \gamma)(1) = y_1$인 $f(A)$의 길이므로 $f(A)$도 길 연결이다. □

따름 정리 6.3.5

$f : X \to Y$가 연속인 전사 함수라 하자. X가 길 연결 공간이면 Y도 길 연결 공간이다.

정의 6.3.6

위상 공간 X의 두 점 x와 y에 대하여 x에서 y로의 길이 있으면 $x \sim_p y$로 나타내자. 이때 $\sim_p$는 X의 동치 관계인데 이 동치 관계에 의하여 결정되는 각 동치류를 X의 **길 연결 성분**이라 하고 $[x]_p$로 나타낸다.

문제 6.3.2 위 정의에서 정의된 관계 $\sim_p$가 동치 관계임을 보여라.

보조 정리 6.2.12와 비슷한 증명을 통해 다음이 성립함을 알 수 있다.

보조 정리 6.3.7

위상 공간 X의 길 연결 집합 C에 대하여 다음 두 명제가 동치이다.

(a) C가 X의 길 연결 성분이다.

(b) X의 길 연결 집합 D가 $C \subset D$를 만족하면 $C = D$이다.

보기 6.3.3의 위상 수학자의 소용돌이 W는 연결 공간이므로 연결 성분의 개수는 한 개이다. 그러나 W의 길 연결 성분은 A와 S^1 두 개이다. 따라서 이 공간의 경우 길 연결 성분과 연결 성분이 다름을 알 수 있다. 그렇다면 어떤 경우에 길 연결 성분과 연결 성분이 같을까? 다음 정리를 잘 살펴보면 이에 대한 답을 얻을 수 있다.

정리 6.3.8

유클리드 공간 $\mathbb{R}^n$의 연결 열린 집합은 길 연결이다.

증명 A를 유클리드 공간 $\mathbb{R}^n$의 연결 열린 집합이라 하자. A가 공집합이 아니라고 가정해도 무방하다. 점 $x_0 \in A$를 선택하자. 그리고 $U(x_0)$을 다음과 같이 정의하자.

$$U(x_0) := \{x \in A \mid x \sim_p x_0, \text{즉, } x\text{와 } x_0\text{사이의 경로가 존재}\}$$

A가 연결 집합이므로 $U(x_0)$이 닫열 집합임을 보이면 충분하다.

먼저 $U(x_0)$이 열린 집합임을 보이자. x를 $U(x_0)$의 임의의 원소라 하면 $U(x_0)$의 정의에 의하여 x_0에서 x로의 길 α가 존재한다. A가 $\mathbb{R}^n$에서 열린 집합이므로 A에 포함되는 열린 공 $B_r(x)$가 존재한다. 각 점 $y \in B_r(x)$에 대하여 x에서 y로의 직선을 β_y라 하자. 이때 $\alpha * \beta_y$는 x_0에서 y로의 길이 되므로 $y \in U(x_0)$이다.(보기 3.2.10의 경로 결합 참조) 따라서 $B_r(x) \subset U(x_0)$이고 이는 $U(x_0)$이 열린 집합임을 의미한다.

$U(x_0)$이 닫힌 집합임을 보이기 위하여 $A - U(x_0)$이 열린 집합임을 보이기로 하자. x를 $A - U(x_0)$의 임의의 원소라 하자. A가 $\mathbb{R}^n$의 열린 집합이므로 A에 포함되는 열린 공 $B_r(x)$가 존재한다. 만약 $B_r(x) \cap U(x_0) \neq \varnothing$이라면 $B_r(x) \cap U(x_0)$에 속하는 점 y를 선택하자. $y \in U(x_0)$이므로 x_0에서 y로의 길 α가 있고 $y \in B_r(x)$이므로 y에서 x로의 A의 직선 β_y가 존재한다. 그러면 $\alpha * \beta_y$가 x_0에서 x로의 경로($\subset A$)이므로 $x \in U(x_0)$가 되어 모순이다. 따라서 $B_r(x) \cap U(x_0) = \varnothing$이고, $A - U(x_0)$은 열린 집합이다.

이제 $U(x_0)$은 닫열 집합이므로 $U(x_0) = A$가 되어 A는 길 연결 집합이다. □

정의 6.3.9

위상 공간 X의 각 점 x와 x의 임의의 근방 U에 대하여 U에 포함되고 길 연결 집합인 x의 근방 V가 존재하면 X를 **국소 길 연결 공간**이라 한다.

보기 6.3.10

$\mathbb{R}^n$의 임의의 열린 집합은 국소 길 연결 공간이나 위상 수학자의 사인 곡선은 국소 길 연결 공간이 아님을 보여라.

|풀이| $\mathbb{R}^n$의 기저를 이루는 임의의 열린 집합 $(x_1, y_1) \times (x_2, y_2) \times \cdots \times (x_n, y_n)$들은 연결 집합이므로 정리 6.3.8에 의해 길 연결 집합이다. $\mathbb{R}^n$의 임의의 열린 집합은 이러한 기저를 포함하므로 국소 길 연결 공간이다.

한편, 위상 수학자의 사인 곡선 X는 국소 길 연결이 아니다. 왜냐하면, 점 $x_0 = (0,1)$에서의 임의의 근방 $B(x_0, \epsilon) \cap X$가 길 연결이 아니므로, 한 근방 U에 대하여 $x_0 \in V \subset U$를 만족하는 길 연결인 x_0의 근방 V가 존재하지 않는다. □

정리 6.3.11

X를 연결 공간이라 하자. X가 국소 길 연결 공간이라면 X는 길 연결 공간이다.

|증명| X가 연결이고 국소 길 연결이라 하자. 그리고 어떤 점 $p \in X$에 대하여 C를 p와 길로 연결된 점들의 집합이라 하자. X가 연결 집합이므로 C가 닫열 집합임을 보이면 충분하다.

먼저 C가 열린 집합임을 보이자. $c \in C$라 하면 X가 국소 길 연결이므로 c의 길 연결인 근방 U가 존재한다. 임의의 $u \in U$에 대해 u와 c 사이에 길이 존재하고 c는 p와 길로 연결되어 있으므로 u와 p는 길로 연결되어 있다. 따라서 $c \in U \subset C$이므로 C는 열린 집합이다.

C가 닫힌 집합을 보이기 위해 $d \in \overline{C}$라 하고 d를 포함하는 길 연결인 열린 근방을 V라 하자. V가 열린 집합이므로 $V \cap C \neq \varnothing$이다. $e \in V \cap C$라 하면 $d \sim_p e$, $e \sim_p p$이므로 $d \sim_p p$이다. 즉, d와 p는 길로 연결되어 있다. 따라서 $d \in C$이므로 $\overline{C} = C$이고 C는 닫힌 집합이다. □

$f : X \to Y$가 위상 동형 함수라 하자. C가 X의 길 연결 성분이면 $f(C)$도 길 연결 성분이다. 따라서 X와 Y가 서로 위상 동형인 공간이면 X와 Y의 길 연결 성분의 수는 같다. 이 사실을 이용하면 연결에서와 마찬가지로 길 연결 성분의 개수는 위상 공간을 구분하는 중요한 수단이 된다.

문제 6.3.3 네 집합 A, B, C, D를 다음과 같이 정의하자.

$$\begin{aligned} A &= \{(0,y) \mid -1 \leq y \leq 1\}, \\ B &= \left\{\left(x, \sin\tfrac{\pi}{x}\right) \mid 0 < x \leq 1\right\}, \\ C &= \{(x,y) \mid x^2 + y^2 = 4,\ x \geq 0,\ y \geq 0\}, \\ D &= \{(x,y) \mid 1 \leq x \leq 2,\ y = 0 \ \text{ 또는 } \ x = 0,\ 1 \leq y \leq 2\} \end{aligned}$$

이때, $X = A \cup B \cup C \cup D$, 즉 위상 수학자의 사인 곡선에 사분원을 더한 공간과 원 $Y = \{(x,y) \mid x^2 + y^2 = 1\}$이 서로 위상 동형이 아님을 보여라.

연습 문제 6.3

1. 다음과 같이 주어진 위상 공간 $(X, \mathcal{T})$는 길 연결 공간임을 보여라.

$$X = \{a, b, c\}, \quad \mathcal{T} = \{X, \varnothing, \{a, b\}, \{b\}, \{b, c\}\}$$

2. S^n $(n > 0)$이 길 연결 공간임을 보여라.

3. X가 평면에서 적어도 한 좌표가 유리수인 점을 모두 모아 놓은 집합이라 하자. $\mathbb{R}^2$의 부분 공간으로서 X가 연결 공간인가? 또 X가 길 연결 공간인가?

4. 다음 공간의 연결 성분과 길 연결 성분을 모두 구하여라.
   (1) 여유한 위상 공간 $\mathbb{R}_f$ (2) 조르겐프라이 직선 $\mathbb{R}_l$

5. 모든 X_λ가 길 연결일 필요 충분 조건은 곱 공간 $X = \prod_{\lambda \in \Lambda} X_\lambda$가 길 연결인 것을 보여라.

6. 위상 공간 X의 부분 집합 A가 길 연결이면 $\bar{A}$도 길 연결인가?

7. K와 $-K$가 아래와 같을 때 다음 $\mathbb{R}^2$의 부분 공간들의 연결 성분과 길 연결 성분을 찾아라.

$$K = \{\frac{1}{n} \mid n \in \mathbb{N}\}, \qquad -K = \{-\frac{1}{n} \mid n \in \mathbb{N}\}$$

   (1) $A = (K \times [0,1]) \cup (\{0\} \times [0,1])$
   (2) $B = A - \{(0,0),\ (0,1/2)\}$
   (3) $C = B \cup ([0,1] \times \{0\})$
   (4) $D = (K \times [0,1]) \cup (-K \times [-1,0]) \cup ([0,1] \times -K) \cup ([-1,0] \times K)$

8. A가 $\mathbb{R}^2$의 가산 부분 집합이면 $\mathbb{R}^2 - A$는 길 연결임을 보여라.

9. $A = \{0\} \cup \{\frac{1}{n} \mid n = 1, 2, \ldots\}$일때, $X = A \times [0,1] \cup \{(x, 0) \mid 0 \le x \le 1\}$을 **빗 공간**이라 한다 (그림 6.9 참조). 이때 빗 공간이 길 연결 공간이나 국소 길 연결 공간이 아님을 보여라.

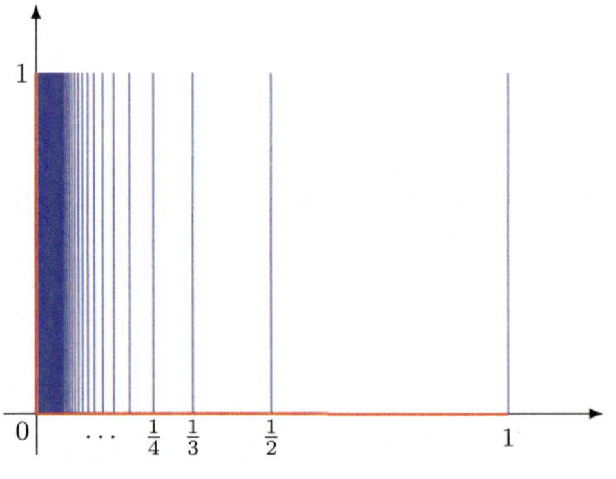

그림 6.9: 빗 공간

제 7 장

몫 공간과 곡면

이 장에서는 우선 몫 공간과 몫 사상을 정의하고 기본적인 성질들을 학습하는데 이는 기하학에서 곡면과 같은 대상을 위상적으로 다룰 수 있게 한다. 그리고 다양체를 정의한다. 특히 2차원 다양체는 우리가 잘 알고 있는 곡면이다. 또한 곡면을 위상적으로 분류하는 방법을 배우고 특히 옹골 곡면을 결정하는 오일러 지표에 대하여 학습한다.

차례

티보르 라도(1895~1965)

헝가리 출신의 미국 수학자로, 해석학, 기하학, 위상 수학에서 중요한 업적을 남긴 학자이다. 그는 “플라토 문제”로 알려진, 주어진 경계선에 대해 최소 면적을 가지는 곡면을 찾는 문제를 해결하며, 미적분학과 기하학의 교차점에서 큰 진전을 이루었다. 또한, 그의 이름을 딴 “라도의 정리”는 그래프 이론과 위상 수학에서 널리 사용되며, 현대 수학 연구에 기초를 제공한다.

라도는 1895년 헝가리에서 태어나 부다페스트 대학교에서 수학을 공부했다. 제1차 세계대전 동안 헝가리 군에 복무하던 중 러시아에서 포로로 잡혔으나, 이후 극적으로 탈출해 고국으로 돌아와 학문적 연구를 계속했다. 전쟁 후 학문적 활동을 이어가며 미국으로 이주한 라도는 1929년 오하이오주립대학교의 교수로 임명되었고, 그곳에서 평생 연구와 교육에 헌신했다.

그의 연구는 미분 기하학뿐만 아니라 해석학, 계산 이론, 컴퓨터 과학의 초창기 연구까지 포함되었다. 특히 라도는 계산 가능성과 알고리즘적 위상 수학 분야에서도 선구적인 기여를 했다. 그는 뛰어난 학문적 성과뿐 아니라 교육자로서도 많은 학생들에게 영향을 주었으며, 그의 연구는 현대 수학의 여러 분야에서 여전히 중요하게 사용되고 있다.

라도 티보르는 학문적 열정과 창의성으로 어려운 환경에서도 뛰어난 업적을 남겼으며, 그의 연구는 수학과 과학 발전에 지속적인 영감을 주고 있다. 1965년 사망했지만, 그의 업적은 오늘날까지 수학과 과학에 영향을 미치고 있다.

7.1 몫 공간

닫힌 구간 $[0,1]$의 양 끝 점을 붙이면 그림 7.1과 같이 단위원 S^1을 얻는다.

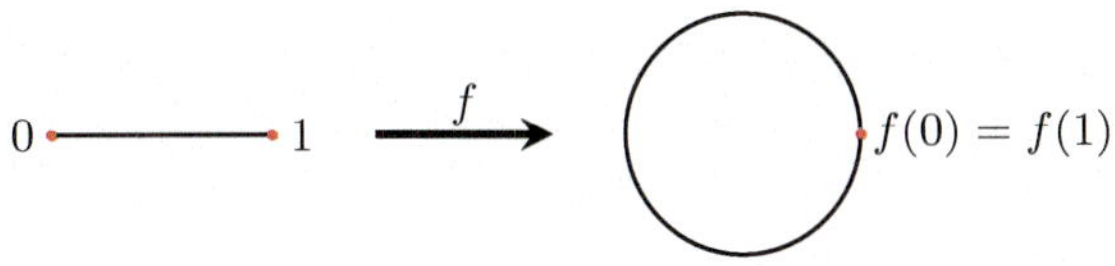

그림 7.1: 원

위 사실을 수학적으로 표현해 보자. 먼저 다음과 같은 전사인 연속 함수가 존재함을 주목하자.

$$f : [0,1] \to S^1, \qquad f(t) = (\cos 2\pi t,\ \sin 2\pi t)$$

이 함수는 구간 $[0,1]$을 정의역으로 하고, $(1,0)$을 시작 점으로 하여 반시계 방향으로, 그리고 연속적으로 단위원 S^1을 휘감는 과정을 잘 표현한 함수이다.

함수 f에 대하여 0과 1의 상인 점 $\mathbf{e}\left(= (1,0) \in S^1\right)$가 아닌 S^1의 점을 포함하는 충분히 작은 연결된 열린 집합은 그 역 상이 $[0,1]$ 내부의 열린 구간 (a,b)(단 $0 < a < b < 1$)형태이고, 점 $\mathbf{e}$을 포함하는 충분히 작은 연결된 열린 집합은 그 역 상이 $[0,a) \cup (b,1]$(단, $0 < a < b < 1$) 형태이다. 이로부터 $f^{-1}(U)$가 열린 집합이 되는 단위원 S^1의 부분 집합 U의 모임이 단위원 S^1의 열린 집합의 모임과 일치함을 알 수 있다.

한편, 집합 X에 동치 관계 $\sim$이 주어져 있고, 이 동치 관계에 의하여 얻어지는 동치류 $[x]$는 다음과 같이 x와 동치인 원소들의 집합임을 기억하자.(정의 1.2.8)

$$[x] := \{y \in X \mid x \sim y\}$$

그리고 다음과 같은 $\sim$에 대한 동치류들의 집합 $X/\sim$을 **몫 집합**이라고 한다.

$$X/\sim\ := \{[x] \mid x \in X\}$$

다음을 정의하고 논의를 이어가자.

정의 7.1.1

다음과 같이 정해지는 전사인 사상 q를 **몫 사상**이라 한다.

$$q : X \to X/\sim, \qquad q(x) = [x]$$

이제 함수 $f : [0,1] \to S^1$를 이용하여 $[0,\ 1]$에 동치 관계 $\underset{f}{\sim}$를 다음과 같이 정의하자.

$$t_1 \underset{f}{\sim} t_2 \quad \Longleftrightarrow \quad f(t_1) = f(t_2)$$

이 동치 관계에 의하여 결정되는 몫 집합을 $[0,1]/\underset{f}{\sim}$라 하면, 몫 사상은 다음과 같다.

$$q : [0,1] \to [0,1]/\underset{f}{\sim}$$

$q^{-1}(V)$가 열린 집합인 부분 집합 V의 모임을 $[0,1]/\underset{f}{\sim}$의 위상이라 하면 다음이 성립한다고

추측할 수 있다.(정리 7.2.2 참조)

$$[0,1]/\underset{f}{\sim} \;\cong\; S^1$$

이와 같이 구간의 양 끝 점을 붙이는 작업은 구간에 적절한 동치 관계를 정의하고 이 동치 관계에 의하여 결정되는 몫 집합에 적절한 위상을 정의하는 과정으로 설명할 수 있다.

보기 7.1.2

(1) 실수 집합 $\mathbb{R}$에 대해 대해 동치 관계 $\sim$을 다음과 같이 정하자.

$$x \sim y \iff x - y \in \mathbb{Z}, \qquad x, y \in \mathbb{R}$$

그러면 몫 집합 $\mathbb{R}/\sim$은 다음과 같다.

$$\mathbb{R}/\sim \;=\; \{[a] \mid 0 \le a < 1\}$$

이때 몫 사상 $q : \mathbb{R} \to \mathbb{R}/\sim$은 다음을 만족한다.

$$q(a) = q(a+n) = [a], \qquad a \in [0,1),\ n \in \mathbb{Z}$$

(2) 집합 $X = \{a,\ b,\ c,\ d,\ e\}$에 대해 동치 관계 $\sim$을 다음과 같이 정하자

$$a \sim b,\ b \sim a,\ c \sim d,\ d \sim c,\quad \text{그리고 모든 } x \in X\text{에 대하여} \quad x \sim x$$

그러면 몫 집합 $X/\sim$은 다음과 같다.

$$X/\sim \;=\; \{[a],\ [c],\ [e]\}$$

이때 몫 사상 $q : X \to X/\sim$은 다음과 같다.

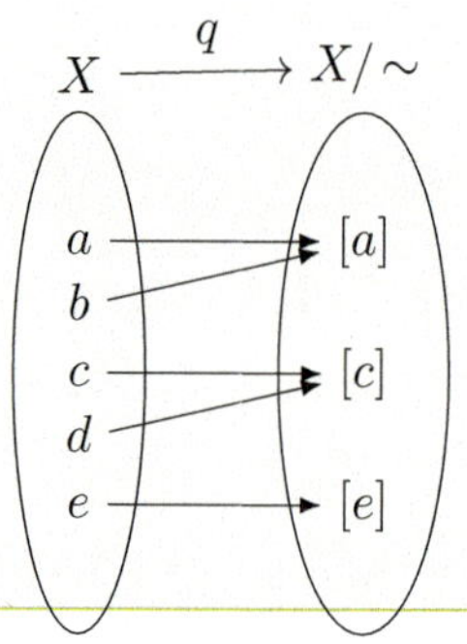

이제 다음을 정의하자.

정의 7.1.3

위상 공간 X와 몫 사상 $q : X \to X/\sim$에 대하여 $q^{-1}(U)$가 열린 집합인 $U(\in X/\sim)$들의 모임 $\mathcal{T}$는 $X/\sim$의 위상이 된다. 이 위상 $\mathcal{T}$를 몫 집합 $X/\sim$의 **몫 위상**이라 한다. 또, $(X/\sim, \mathcal{T})$를 **몫 공간**이라 한다.

문제 7.1.1 위 정의에서 $\mathcal{T}$가 $X/\sim$의 위상이 됨을 보여라.

앞으로 별다른 언급이 없으면 위상 공간의 몫 집합에는 몫 위상이 주어진 것으로 가정한다. 몫 위상의 정의를 다시 한번 더 쓰면 다음과 같다.

$$U\text{가 } X/\sim \text{에서 열린 집합} \iff q^{-1}(U)\text{가 } X\text{에서 열린 집합}$$

보기 7.1.4

보기 7.1.2의 (3)에서 X의 위상 $\mathcal{T}_X$가 다음과 같다고 하자.

$$\mathcal{T}_X = \big\{X,\ \varnothing,\ \{a\},\ \{c,d\},\ \{a,c,d\},\ \{b,c,d,e\}\big\}$$

그러면 $X/\sim$의 위상 $\mathcal{T}$는 다음과 같다.

$$\mathcal{T} = \big\{X/\sim,\ \varnothing,\ \{[c]\}\big\}$$

문제 7.1.2 몫 사상 $q : X \to X/\sim$이 연속이 되는 몫 집합 $X/\sim$의 위상 중 가장 큰 것은 몫 위상임을 보여라.

다음 정리는 몫 공간에서 정의된 사상의 연속성을 확인하는 데 아주 유용하다.

정리 7.1.5

위상 공간 X와 몫 사상 $q : X \to X/\sim$, 위상 공간 Z 그리고 사상 $f : X/\sim \to Z$에 대하여 다음 두 명제는 동치이다.

(a) f가 연속이다. (b) $f \circ q : X \to Z$가 연속이다.

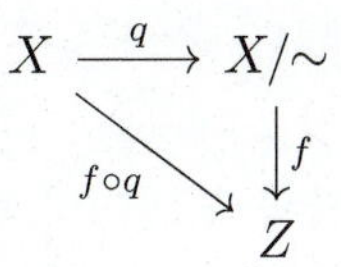

그림 7.2: 몫 사상 1

증명 (a) ⇒ (b): 연속 사상의 합성이므로 $f \circ q$가 연속이다.

(b) ⇒ (a): U를 Z의 열린 집합이라 하자. 그러면 먼저 다음을 얻는다.(그림 7.2 참조)

$$(f \circ q)^{-1}(U) = q^{-1}(f^{-1}(U))$$

$f \circ q$가 연속이므로 $q^{-1}(f^{-1}(U))$가 X에서 열린 집합이다. 그리고 $X/\sim$가 몫 공간이므로 $f^{-1}(U)$가 열린 집합이다. 따라서 f가 연속이다. □

몫 사상 $q : X \to X/\sim$과 연속 사상 $g : X \to Z$에 대하여 $\tilde{g} \circ q = g$를 만족하는 사상 $\tilde{g} : X/\sim \to Z$가 정의될 필요 충분 조건은 $q(x_1) = q(x_2)$인 x_1, x_2에 대하여 $g(x_1) = g(x_2)$가 되는 것임을 쉽게 확인할 수 있다. 이 조건을 만족하는 연속 사상 g에 대하여 $\tilde{g}([x]) = g(x)$라 정의하면 정리 7.1.5에 의하여 $\tilde{g}$는 연속 사상이 된다. 따라서 다음 정리를 얻는다.

정리 7.1.6

몫 사상 $q : X \to X/\sim$와 연속 사상 $g : X \to Z$가 아래 조건을 만족하면 $\tilde{g} \circ q = g$인 연속 사상 $\tilde{g} : X/\sim \to Z$가 유일하게 존재한다.

$$q(x_1) = q(x_2)\text{일때} \quad g(x_1) = g(x_2), \ \forall x_1, x_2 \in X$$

이때 $\tilde{g}([x]) = g(x)$이다.

문제 7.1.3 위 정리를 증명하여라.

$\tilde{g} \circ q = g$를 그림 7.3와 같은 다이어그램으로 표현할 수 있다. 이와 같은 다이어그램을 **가환 다이어그램**이라 한다. 이 다이어그램은 몫 사상과 관련하여 상황을 인식하는데 큰 도움이 된다.

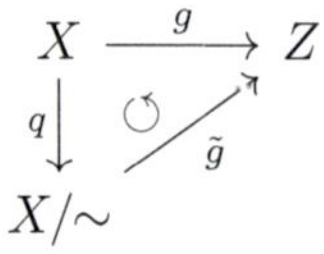

그림 7.3: 몫 사상2

정의 7.1.7

n차원 구면 S^n에 다음 동치 관계를 정의하자.

$$x \sim y \ \Leftrightarrow \ x = \pm y$$

이 동치 관계에 의하여 정의된 몫 공간 $S^n/\sim$을 **n-차원 사영 공간** 이라 하고 $\mathbb{P}^n$으로 나타낸다. 특히, $n = 2$인 경우인 $\mathbb{P}^2$를 **사영 평면**이라 한다.

앞으로 사영 평면 $\mathbb{P}^2$는 간단히 P로 나타내기로 하자.

보기 7.1.8

$\mathbb{P}^1$과 S^1이 위상 동형임을 보여라.

| **풀이** | $\alpha(\theta) = (\cos\theta, \sin\theta)$라 하면 $\alpha : \mathbb{R} \to S^1$은 전사인 연속 사상이다. 이때 $f : S^1 \to S^1$을 다음과 같이 정의하자.

$$f(\alpha(\theta)) = \alpha(2\theta)$$

한편, 몫 사상 $q : S^1 \to \mathbb{P}^1$에 대하여 다음이 성립한다.

$$q(\alpha(a)) = q(\alpha(b)) \ \Rightarrow \ b = a + n\pi$$

그러므로 $q(\alpha(a)) = q(\alpha(b))$이면 다음이 성립한다.

$$f(\alpha(b)) = f(\alpha(a + n\pi)) = \alpha(2a + 2n\pi) = \alpha(2a) = f(\alpha(a))$$

따라서 정리 7.1.6으로부터 $\tilde{f} \circ q = f$인 연속 사상 $\tilde{f} : \mathbb{P}^1 \to S^1$이 유일하게 존재한다. 그러면 $\tilde{f} \circ q = f$가 전사이므로 $\tilde{f}$ 또한 전사이다. 그리고 $\tilde{f}([\alpha(a)]) = \tilde{f}([\alpha(b)])$라 하면 다음을 얻는다.

$$\begin{aligned}
\tilde{f}(q(\alpha(a))) = \tilde{f}(q(\alpha(b))) \;&\Rightarrow\; f(\alpha(a)) = f(\alpha(b)) \;\Rightarrow\; \alpha(2a) = \alpha(2b) \\
&\Rightarrow\; 2b = 2a + 2n\pi \;\Rightarrow\; b = a + n\pi \\
&\Rightarrow\; \alpha(a) = \alpha(b) \;\; \text{또는} \;\; \alpha(a) = -\alpha(b) \\
&\Rightarrow\; q(\alpha(a)) = q(\alpha(b)) \;\Rightarrow\; [\alpha(a)] = [\alpha(b)]
\end{aligned}$$

따라서 $\tilde{f}$는 단사이다. $\mathbb{P}^1$이 옹골이고 S^1이 하우스도르프 공간이므로 정리 5.2.7로부터 $\tilde{f}$는 위상 동형 사상이다. 즉, $\mathbb{P}^1$과 S^1이 위상 동형이다. □

문제 7.1.4 단위 공 $B^2 = \{\mathbf{x} \in \mathbb{R}^2 \mid |\mathbf{x}| \leq 1\}$에 대하여 동치 관계 $\sim$을 다음과 같이 정의하자.

$$x \sim y \;\Leftrightarrow\; \begin{cases} x = y, & x, y \in \mathrm{Int}(B^2), \\ x = \pm y, & x, y \in \partial B^2 \end{cases}$$

이때 $B^2/{\sim}$가 사영 평면 P와 위상 동형임을 보여라.

연습 문제 7.1

1. $X = \{1,2,3\}$에 대해 $\mathcal{T} = \{X, \varnothing, \{1,2\}, \{3\}\}$이 X의 위상이라 하자. 동치 관계 $\sim$을 다음과 같이 정할 때 몫 공간 $X/\sim$는 무엇인가?

$$x \sim y \;\Leftrightarrow\; x - y = 0 \pmod 2$$

2. $\mathbb{R}^3 - \{\mathbf{0}\}$에 동치 관계를 다음과 같이 정의하자.

$$x \sim y \;\Leftrightarrow\; y = \lambda x, (\text{단, } \lambda\text{는 0이 아닌 상수})$$

이때 $(\mathbb{R}^3 - \{\mathbf{0}\})/\sim$은 사영 평면 P와 위상 동형임을 보여라.

3. 함수 $f : S^2 \to \mathbb{R}^4$를 다음과 같이 정의하자.

$$f(x,y,z) = (x^2 - y^2,\ xy,\ xz,\ yz)$$

함수 f를 이용하여 사영 평면 P의 $\mathbb{R}^4$로의 매립 $\tilde{f} : P \to \mathbb{R}^4$를 유도하여라.

4. $\mathbb{R}$에 동치 관계를 다음과 같이 정의하자.

$$x \sim y \;\Leftrightarrow\; x - y \in \mathbb{Q}$$

이때 몫 공간 $\mathbb{R}/\sim$이 자명 공간임을 보여라. 이로부터 하우스도르프 공간의 몫 공간이 하우스도르프 공간이 아닐 수도 있음을 알 수 있다.

5. [2021학년도 임용고사] $\mathbb{R}^2$위에 동치 관계(equivalence relation) $\sim$을 다음과 같이 정의하자.

$$(x,y) \sim (x',y') \;\Leftrightarrow\; (x,y) \sim (tx',ty') \text{ 인 실수 } t \neq 0 \text{ 이 존재한다.}$$

원소 $(x,y) \in \mathbb{R}^2$에 대하여 $\sim$에 관한 동치류(equivalence class)를 $[x,y]$라 하고, $\sim$에 관한 상 집합(quotient set)을 $Y = \mathbb{R}^2/\sim$, 상 사상(quotient map)을 $\pi : \mathbb{R}^2 \to Y(\pi(x,y) = [x,y])$라 하자. $\mathbb{R}^2$ 위에 보통 위상이 주어진 위상 공간을 X라 하고, 상 집합 Y 위의 $\pi : X \to Y$에 대한 상 위상을 $\mathcal{T}$라 하자. 즉, $\mathcal{T}$는 Y 위의 $X/\sim$의 상 위상이다.
이때 $[0,0]$을 포함하는 $\mathcal{T}$의 원소가 유일함을 증명하고, $(Y,\mathcal{T})$가 T_1-공간이 아닌 이유를 서술하시오.(단, 보통 위상은 거리함수 $d((x_1,y_1),(x_2,y_2)) = \sqrt{(x_1-x_2)^2 + (y_1-y_2)^2}$로부터 유도되는 위상이다.)

6. [2010학년도 임용고사 1차] 실수 전체의 집합 $\mathbb{R}$ 위에서 $\{[a,b) \mid a,b \in \mathbb{R}\}$를 기저(base)로 하는 위상을 $\mathcal{T}_1$이라 하자. 집합 $A = \{1,2,3,4\}$에 대하여 다음과 같이 정의된 함수 $f : (\mathbb{R},\mathcal{T}_1) \to A$를 생각하자.

$$f(x) = \begin{cases} 1, & x < 0 \\ 2, & x = 0 \\ 3, & 0 < x \leq 1 \\ 4, & x > 1 \end{cases}$$

함수 f에 의해서 만들어진 A위에서의 상 위상(quotient topology)을 $\mathcal{T}$라 할때, 위상 공간 $(A, \mathcal{T})$에서 열린 집합(open set)의 총 개수는? (단, $[a, b) = \{x \in \mathbb{R} \mid a \leq x < b\}$이다.)

① 6 ② 7 ③ 8 ④ 9 ⑤ 10

7. [2005학년도 임용고사] 위상 공간 X와 전사 함수 $g : X \to Y$에 의한 집합 Y위의 상 위상(quotient topology)은 $g^{-1}(O)$가 X에서 개집합(open set)이 되는 Y의 부분 집합 O로 이루어지는 Y위의 위상이다. 실 위상 공간 $X = \mathbb{R}$과 정수 집합 $Y = \mathbb{Z}$에 대하여 전사 함수 $f : X \to Y,\ f(x) = [x]$에 의한 Y위의 상 위상을 구하시오. (단, $[x]$는 x를 넘지 않는 최대의 정수이다.)

7.2 동일화 사상

정의 7.2.1

위상 공간 X, Y에 대하여 $f : X \to Y$가 다음 조건을 만족하는 전사 사상일 때 f를 **동일화 사상**이라 한다.

$$V\text{가 } Y\text{에서 열린 집합} \iff f^{-1}(V)\text{가 } X\text{에서 열린 집합}$$

위 정의의 필요 충분 조건 명제($\Leftrightarrow$)에서 명제 ($\Rightarrow$)는 f가 연속이어야 함을 말한다.

문제 7.2.1 사상 $f : X \to Y$에 대하여 다음 두 명제는 동치임을 보여라.

(1) V가 Y의 열린 집합 $\Leftrightarrow$ $f^{-1}(V)$가 X의 열린 집합

(2) C가 Y의 닫힌 집합 $\Leftrightarrow$ $f^{-1}(C)$가 X의 닫힌 집합

동일화 사상 $f : X \to Y$에 대하여 다음과 같이 X의 동치 관계를 정의하자.

$$x_1 \underset{f}{\sim} x_2 \iff f(x_1) = f(x_2)$$

이 동치 관계에 의하여 결정되는 몫 공간을 $X/\underset{f}{\sim}$, 몫 사상을 $q : X \to X/\underset{f}{\sim}$라 하면 다음 정리가 성립한다.

정리 7.2.2

임의의 동일화 사상 $f : X \to Y$에 대하여 다음이 성립한다.

(a) 다음 두 명제는 동치이다.(그림 7.4 참조)

(i) $g : Y \to Z$가 연속이다. (ii) $g \circ f : X \to Z$가 연속이다.

(b) $X/\underset{f}{\sim}$와 Y는 위상 동형이다.

증명 (a) 증명은 정리 7.1.5와 같다.

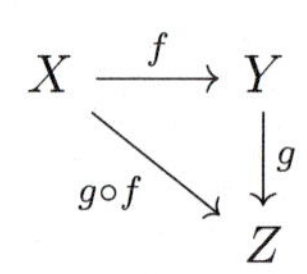

그림 7.4: 동일화 사상

(b) 각 $[x] \in X/\underset{f}{\sim}$에 대하여 $h([x]) = f(x)$로 사상 $h : X/\underset{f}{\sim} \to Y$를 정의하자. $x_1 \underset{f}{\sim} x_2$이면 $f(x_1) = f(x_2)$이므로 정리 7.1.6으로부터 h는 잘 정의된다. f가 전사이므로 h도 전사이다. 또 $h([x_1]) = h([x_2])$이면 $f(x_1) = f(x_2)$이므로 $x_1 \underset{f}{\sim} x_2$이다. 즉, $[x_1] = [x_2]$이므로 h가 단사이다. h가 전단사이므로 역사상 $h^{-1} : Y \to X/\underset{f}{\sim}$가 존재한다. 한편, $h \circ q = f$가 연속이므로 정리 7.1.5에 의하여 h가 연속이다. 또한 (a)에 의하여 h^{-1}도 연속이다. 따라서 h는 동형 사상이다. □

위 정리 (b)에 의해 동일화 사상을 몫 사상으로 부르기도 한다.* 동일화 사상에는 어떤 종류의 사상이 있을까? 다음 정리는 이 질문에 대한 부분적인 답을 준다.

정리 7.2.3

함수 $f : X \to Y$를 연속인 전사 사상이라 하자. 만약 f가 열린 사상 또는 닫힌 사상이면 f는 동일화 사상이다.

|증명| f가 열린 사상인 경우만 증명하기로 하자. 닫힌 사상인 경우는 문제 7.2.1을 적용하면 된다. f가 연속이므로 V가 Y의 열린 집합이면 $f^{-1}(V)$가 X의 열린 집합이다. 이제 U를 $f^{-1}(U)$가 열린 집합인 Y의 부분 집합이라 하자. f가 전사이므로 다음이 성립한다.(연습 문제 1.3의 2번)

$$f(f^{-1}(U)) = U$$

이때 f가 열린 사상이므로 U가 열린 집합이다. 그러므로 f는 정의 7.2.1의 조건을 만족한다. 즉, f는 동일화 사상이다. □

따름 정리 7.2.4

$f : X \to Y$가 연속인 전사 사상이라 하자. X가 옹골 공간이고 Y가 하우스도르프 공간이면 f는 동일화 사상이다.

|증명| 위 정리에 따르면 f가 닫힌 사상임을 보이면 충분하다. C를 X의 닫힌 집합이라 하자. X가 옹골이므로 C가 옹골 집합이다.(정리 5.2.1) 따라서 f가 연속이므로 $f(C)$가 옹골이다. $f(C)$는 하우스도르프 공간 Y의 옹골 집합이므로 $f(C)$는 닫힌 집합이다.(정리 5.2.2) 그러므로 f는 닫힌 사상이다. □

위 따름 정리는 정리 5.2.7과 유사하다. 비교하여 같이 기억하도록 하자. 이제 동일화 사상으로부터 얻어지는 몫 공간의 예를 살펴 보기로 하자.

보기 7.2.5

함수 $f : \mathbb{R} \to S^1$을 다음과 같이 정의하자.

$$f(t) = (\cos 2\pi t,\ \sin 2\pi t)$$

그러면 f는 전사인 연속 사상이고, 열린 구간의 f에 의한 상이 S^1의 열린 집합이므로 f는 열린 사상이다. 따라서 정리 7.2.3으로부터 f는 동일화 사상이다. 그러면 정리 7.2.2 (b)에 의해 다음을 얻는다.

$$\mathbb{R}/\underset{f}{\sim} \cong S^1$$

위 보기에서 $\mathbb{R}$의 동치 관계 $\underset{f}{\sim}$는 다음을 만족한다.

$$t_1 \underset{f}{\sim} t_2 \ \Leftrightarrow\ f(t_1) = f(t_2) \iff t_1 - t_2 \in \mathbb{Z}$$

*실제로 많은 책에서 정의 7.2.1를 몫 사상의 정의로 사용하고 있다. 이 책에서는 몫 사상은 정의 7.1.1에서와 같이 좁은 의미로 사용하기로 한다.

즉, γ_f는 보기 7.1.2 (1)에서 주어진 동치 관계 ~과 일치하는 것을 알 수 있다.

문제 7.2.2 함수 $f : [0,1] \to S^1$을 다음과 같이 정의하자.

$$f(t) = (\cos 2\pi t,\ \sin 2\pi t)$$

이때 다음에 답하여라.

(1) f가 동일화 사상임을 보여라.

(2) $[0,1]$에 정의되는 아래와 같은 동치 관계 ~에 대하여 $[0,1]/\sim \cong S^1$임을 보여라.

$$t_1 \sim t_2 \iff t_1 = t_2 \text{ 또는 } \{t_1, t_2\} = \{0, 1\}$$

또, $[0,1]$의 양 끝 점 0과 1을 붙이면 단위원 S^1을 얻음을 이해하여라.

문제 7.2.3 동일화 사상은 열린 사상인가? 또는 닫힌 사상인가?

보기 7.2.6

좌표 공간 $\mathbb{R}^3$에서 xz-평면의 원 $C : (x-2)^2 + z^2 = 1$을 z-축을 중심으로 한 바퀴 회전시키면 그림 7.5와 같이 **원환면** T를 얻는다.

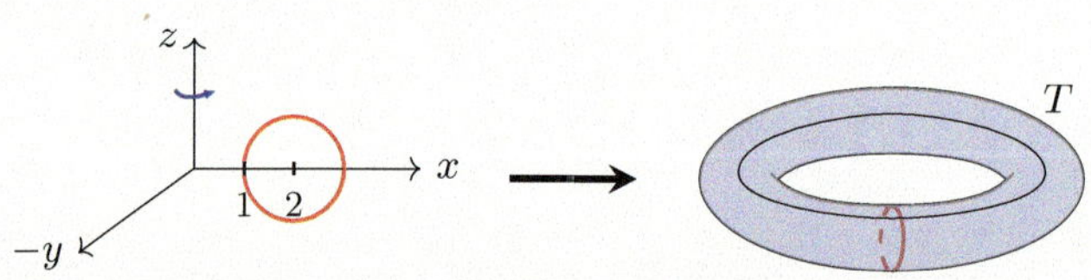

그림 7.5: 원환면

한편, 정사각형 $[0,1] \times [0,1]$에서 $\mathbb{R}^3$로 가는 함수 f를 다음과 같이 정의하면 그 상은 T가 된다.

$$f(u,v) = \big((2+\cos 2\pi u)\cos 2\pi v,\ (2+\cos 2\pi u)\sin 2\pi v,\ \sin 2\pi u\big)$$

성분 함수들이 모두 연속이므로 f는 연속 함수이다. 그리고 공역 $\mathbb{R}^3$을 T로 제한한 함수를 여전히 f라 하면 $f : [0,1] \times [0,1] \to T$는 전사이다. 이때 $[0,1] \times [0,1]$이 옹골 집합, 그리고 T가 하우스도르프 공간이므로 f는 동일화 사상이다. $f(u_1, v_1) = f(u_2, v_2)$일 필요 충분 조건은 (u_1, v_1)과 (u_2, v_2)가 다음 중의 한 집합에 속하는 것임을 쉽게 확인 할 수 있다.

(1) 네 원소 집합 $\{(0,0),\ (1,0),\ (0,1),\ (1,1)\}$

(2) 두 원소 집합 $\{(u,0),\ (u,1)\},\quad 0 < u < 1$

(3) 두 원소 집합 $\{(0,v),\ (1,v)\},\quad 0 < v < 1$

(4) 한 원소 집합 $\{(u,v)\},\quad 0 < u, v < 1$

따라서 정리 7.2.2로부터 다음이 성립한다.

$$([0,1]\times[0,1])/_{\underset{f}{\sim}} \cong T$$

이는 그림 7.6과 같이 정사각형의 마주보는 변을 붙이면 원환면을 얻는다는 것을 의미한다.

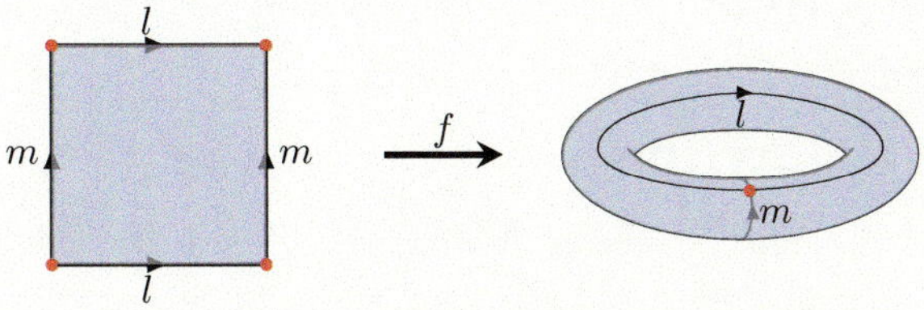

그림 7.6: 정사각형에서 원환면 얻기

문제 7.2.4 S^1을 복소 평면 $\mathbb{C}$에 있는 중심이 원점인 단위원이라 하고 함수 $f:[0,1]\times[0,1]\to S^1\times S^1$를 다음과 같이 정의하자.

$$f(x,y)=(e^{2\pi xi},\ e^{2\pi yi})$$

이때 f가 동일화 사상임을 보이고, $\sim$을 보기 7.2.6에서 정의된 동치 관계라 할 때 다음이 성립함을 보여라.

$$([0,1]\times[0,1])/\sim\ \cong S^1\times S^1$$

지금부터 뫼비우스 띠를 얻는 방법에 대하여 살펴보기로 하자.

보기 7.2.7

xy-평면의 원 C와 xz-평면의 선분 l이 다음과 같이 주어졌다.

$$C: x^2+y^2=4,$$
$$l: x=2,\quad -1\le z\le 1$$

선분 l의 중점 A가 원 C를 따라 각 u만큼 움직였을 때 l이 $\frac{u}{2}$만큼 원 C에 수직으로 회전하며 움직인다. A가 원 C를 한바퀴 돌았을 때 선분 l이 지나는 자취를 **뫼비우스 띠**라 한다(그림 7.7 참조).

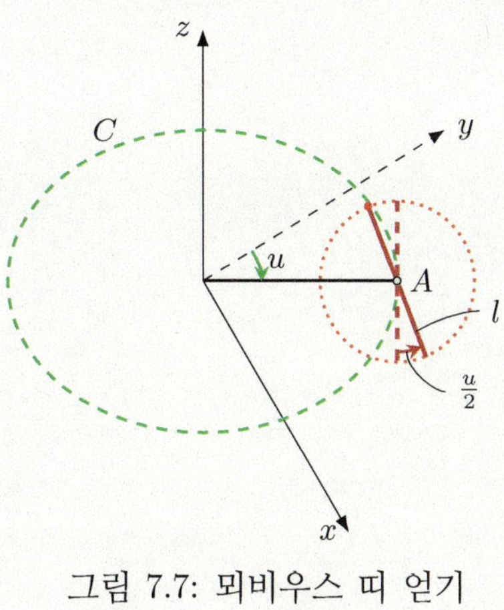

그림 7.7: 뫼비우스 띠 얻기

이 뫼비우스 띠 X는 다음과 같이 정의된 함수 $f:[0,2\pi]\times[-1,1]\to\mathbb{R}^3$의 상이 된다.

$$f(u,v)=\Big((2-v\sin\frac{u}{2})\cos u,\ (2-v\sin\frac{u}{2})\sin u,\ v\cos\frac{u}{2}\Big)$$

이 경우 $f : [0, 2\pi]\times[-1, 1] \to X$는 연속인 전사 함수이고, $[0, 2\pi]\times[-1, 1]$이 옹골 집합, 그리고 뫼비우스 띠 X가 하우스도르프 공간이므로 f는 동일화 사상이다. 한편, $f(u_1, v_1) = f(u_2, v_2)$는 (u_1, v_1)과 (u_2, v_2)가 동시에 다음 중 한 집합에 속하는 것과 동치이다.

(1) 한 원소 집합 $\{(u, v)\}, \quad 0 < u < 2\pi, \ -1 \le v \le 1$

(2) 두 원소 집합 $\{(0, v), \ (2\pi, -v)\}, \quad -1 \le v \le 1$

따라서 다음을 얻는다.

$$([0, 2\pi] \times [-1, 1])/_{\widetilde{f}} \cong X$$

즉, 그림 7.8과 같이 사각형의 마주보는 한 변을 반회전한 뒤 붙이면 뫼비우스 띠이다.

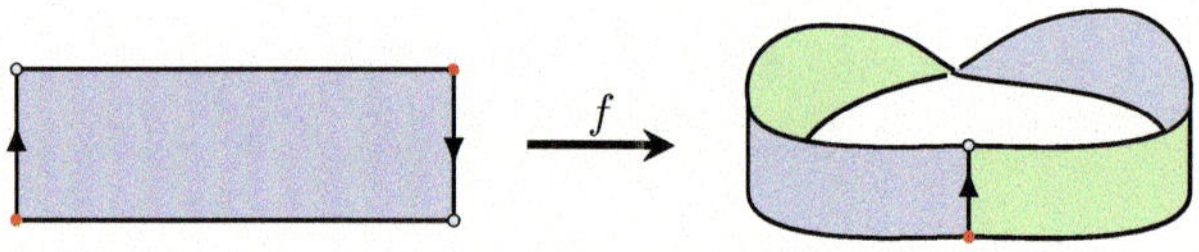

그림 7.8: 뫼비우스 띠

연습 문제 7.2

1. 동일화 사상의 합성은 동일화 사상임을 보여라.

2. $X = [0,1] \cup (2,3]$, $Y = [0,2]$이라 하자. 이때 다음과 같이 정의된 함수 $f : X \to Y$는 동일화 사상인가?

$$f(x) = \begin{cases} x, & x \in [0,1], \\ x-1, & x \in (2,3] \end{cases}$$

3. $f : X \to Y$가 연속 사상이라 하자. 연속 사상 $g : Y \to X$가 존재하여 $f \circ g = 1_Y$를 만족하면 f는 동일화 사상임을 보여라.

7.3 뾸과 붙임 공간

이 절에서는 몫 공간을 만드는 세 가지 특별한 방법을 소개하기로 한다.

첫 번째 방법은 주어진 위상 공간의 어떤 부분 집합을 한 점으로 간주하여 몫 공간을 얻는 방법이다. X를 위상 공간이라 하고 A를 X의 부분 집합이라 하자. 그리고 X에 다음과 같이 동치 관계를 정의하자.

$$x \sim y \iff x = y \text{ 또는 } x, y \in A$$

이 동치 관계에 의해 결정되는 몫 공간 $X/\sim$을 X/A로 나타내기로 하자.

보기 7.3.1

(1) $B^1 = [-1, 1], S^0 = \{-1, 1\}$이면 문제 7.2.2에서와 같이 $B^1/S^0 \cong S^1$이다.

(2) 일반적으로 B^n/S^{n-1}은 S^n과 위상 동형이다. 그 이유는 다음과 같다.

먼저 $B^n = \{\mathbf{x} \in \mathbb{R}^n \mid |\mathbf{x}| \leq 1\}$, $S^{n-1} = \{\mathbf{x} \in \mathbb{R}^n \mid |\mathbf{x}| = 1\}$임을 다시 한번 기억하자. 또한 $B^n \backslash S^{n-1}$, $\mathbb{R}^n$, $S^n \backslash \{\mathbf{n}_0\}$는 모두 위상 동형이다($\mathbf{n}_0$은 S^n의 북극 점). 적당한 위상 동형 사상 $g : B^n \backslash S^{n-1} \to S^n \backslash \{\mathbf{n}_0\}$를 선택하고 이를 이용하여 다음과 같이 함수 $f : B^n \to S^n$을 정의하자.

$$f(x) = \begin{cases} g(x), & x \in B^n \backslash S^{n-1} \\ \mathbf{n}_0, & x \in S^{n-1} \end{cases}$$

이때 사상 f는 연속, 전사임을 쉽게 알 수 있다. B^n이 옹골 집합이고 S^n이 하우스도르프 공간이므로 f는 동일화 사상이다. 또 다음이 성립한다.

$$f(x) = f(y) \iff x = y \text{ 또는 } x, y \in S^{n-1}$$

따라서 정리 7.2.2로부터 다음이 성립한다.

$$B^n/S^{n-1} = B^n/\underset{f}{\sim} \cong S^n$$

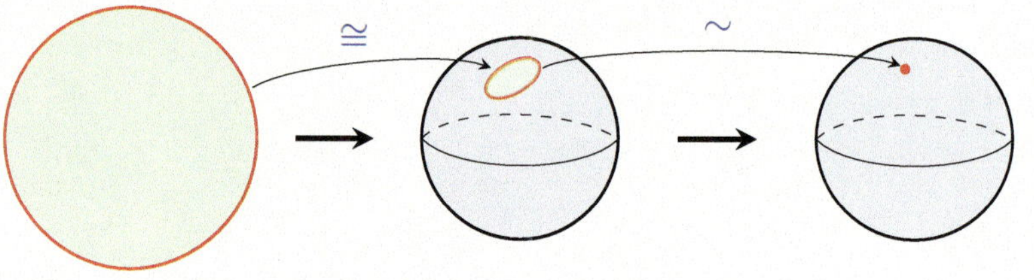

그림 7.9: B^2에서 S^2를 얻는 과정

문제 7.3.1 보기 7.3.1 (2)에서 f가 연속임을 설명하여라.

문제 7.3.2 $X = [0, 3]$이고 $A = \{0\} \cup [1, 2] \cup \{3\}$일 때 X/A는 어떤 공간인가?

몫 공간을 만드는 두 번째 방법을 소개하면 다음과 같다.

정의 7.3.2

X는 위상 공간이고 $I = [0,1]$이라 하자. $(x_1, t_1), (x_2, t_2)$가 동시에 다음 중 한 집합에 속하면 $(x_1, t_1) \sim (x_2, t_2)$라 정의한다.

(1) 집합 $X \times \{1\}$

(2) 한 원소 집합 $\{(x,t) \mid x \in X,\ 0 \le t < 1\}$

이때 $\sim$은 $X \times I$의 동치 관계이고, 몫 공간 $X \times I/\sim$을 **X위의 뿔**이라 하고 CX로 표시한다.

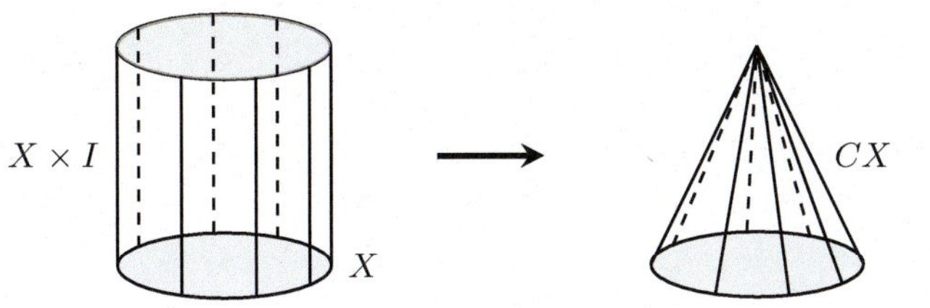

그림 7.10: X위의 뿔

정의 7.3.3

X를 $\mathbb{R}^n$의 옹골 집합이고 $\boldsymbol{\nu} = (0, \cdots, 0, 1) \in \mathbb{R}^{n+1} (= \mathbb{R}^n \times \mathbb{R})$이라 하자. 이 때 다음 집합을 **$X$위의 기하적 뿔**이라 한다.

$$GX := \{\mathbf{p} \in \mathbb{R}^{n+1} \mid \mathbf{p} = t\boldsymbol{\nu} + (1-t)\mathbf{x},\ \mathbf{x} \in X,\ t \in I = [0,1]\}$$

보기 7.3.4

$X = I = [-1,1] = B^1$이면 GX는 삼각형으로 원판 B^2와 위상 동형이다. 또 $X = B^2$이면 GX는 원뿔로 공 B^3와 위상 동형이다. 한편 $X = S^1$이면 GX는 원뿔의 옆면이므로 원판 B^2와 위상 동형이다.

정리 7.3.5

X를 $\mathbb{R}^n$의 옹골 집합이라 하자. X위의 뿔 CX는 X위의 기하적 뿔 GX와 위상 동형이다.

|증명| 사상 $f : X \times I \to GX$를 다음과 같이 정의하자.

$$f(x,t) = tv + (1-t)x, \quad x \in X,\ t \in I$$

그러면 f는 연속이고 전사임을 알 수 있다. $X \times I$가 옹골 공간이고 GX가 하우스도르프 공간이므로 f는 동일화 사상이다. 또 사상 f는 다음을 만족한다.

$$f(x,t) = f(x',t') \iff (x,t) = (x',t') \quad \text{또는} \quad t = t' = 1$$

따라서 $\sim$을 CX에 쓰인 동치 관계라면 다음을 얻는다.

$$(x,t) \sim (x',t') \iff f(x,t) = f(x',t')$$

그러므로 정리 7.2.2로부터 CX는 GX와 위상 동형이다. □

보기 7.3.6

정리 7.3.5와 보기 7.3.4에 의하여 CI는 원판 B^2와 CB^2는 공 B^3와 CS^1은 원판 B^2와 각각 위상 동형이다.

문제 7.3.3 X가 두 점으로 이루어진 이산 공간일 때, CX는 어떤 공간인가?

이제 몫 공간을 만드는 세 번째 방법을 소개하기로 하자.

정의 7.3.7

X와 Y는 위상 공간, A는 Y의 부분 공간이고 $f : A \to X$가 연속이라 하자. $X \sqcup Y$를 X와 Y가 서로 만나지 않는 X와 Y의 합집합이라 하고 $X \sqcup Y$에 다음과 같이 동치 관계를 정의하자. $X \sqcup Y$의 두 점이 다음 중 한 집합에 속하면 동치이다.

(a) 두 원소 집합 $\{a,\ f(a)\}$, $\quad a \in A$

(b) 한 원소 집합 $\{y\}$, $\quad y \in Y \backslash A$

(c) 한 원소 집합 $\{x\}$, $\quad x \in X \backslash f(A)$

이 동치 관계에 의해 정의된 몫 공간을 f를 통해 Y를 X에 붙여 얻은 **붙임 공간**이라 하고 $X \cup_f Y$로 나타낸다. 이때 f를 **붙임 사상**이라 한다.

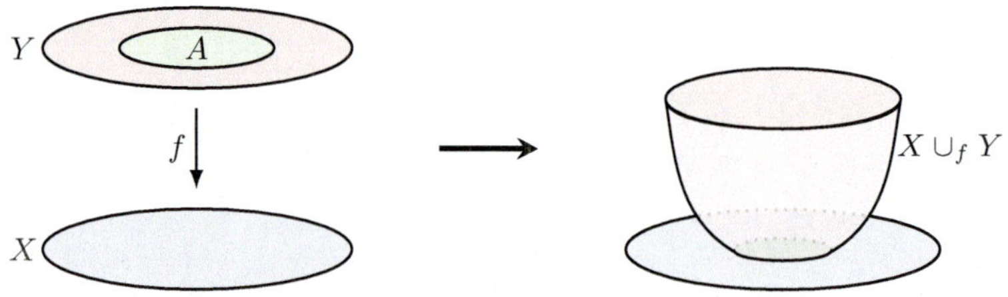

그림 7.11: 붙임 공간

집합으로서, $X \cup_f Y$는 X와 $Y - A$의 서로 소인 합집합이다. 그러나 위상을 고려하면 몫 공간이다. 직관적으로, $X \cup_f Y$는 Y가 f를 통해 X에 붙여 졌다고 생각할 수 있다.

보기 7.3.8

$X = \{a\}$, $Y = [0,\ 1]$, $A = \{0,\ 1\}$이고 $f : A \to X$를 $f(0) = a$, $f(1) = a$로 정의하자. $X \cup_f Y$는 원 S^1과 위상 동형이다.

문제 7.3.4 X가 뫼비우스 띠, Y가 원판 B^2이고 A가 B^2의 경계인 S^1이고 $f : A \to \partial X \subset X$가 위상 동형 사상일 때, $X \cup_f Y$는 어떤 공간과 위상 동형인가?

위상 공간 Z에 대하여 연속 사상 $h : X \cup_f Y \to Z$로부터 다음 가환 다이어그램을 얻는다.

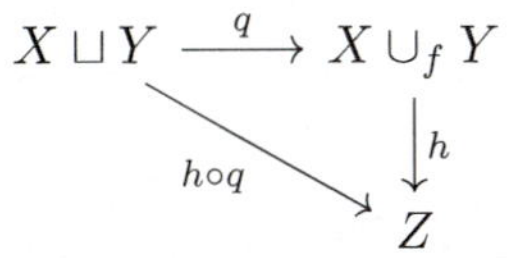

그림 7.12: 붙임 공간에서의 연속 사상

여기서 h_X와 h_Y를 각각 $h \circ q$의 X, Y로의 제한 함수라 하자. 즉, 다음과 같다고 하자.

$$h_X = (h \circ q)|_X : X(\subset X \sqcup Y) \to Z, \quad x \mapsto h(q(x)),$$
$$h_Y = (h \circ q)|_Y : Y(\subset X \sqcup Y) \to Z, \quad y \mapsto h(q(y))$$

그러면 다음이 성립한다.

$$h_X(f(a)) = h_Y(a), \qquad a \in A \tag{7.1}$$

거꾸로 (7.1)을 만족하는 연속 함수 $\tilde{h} = h_X \sqcup h_Y : X \sqcup Y \to Z$가 주어지면 정리 7.1.6으로부터 다음을 만족하는 연속 함수 $h : X \cup_f Y \to Z$가 존재한다.

$$h \circ q = \tilde{h}$$

따라서 다음 정리를 얻는다.

정리 7.3.9

X와 Y는 위상 공간, A는 Y의 부분 공간이고 $f : A \to X$가 연속이라 하자. 위상 공간 Z에 대하여 연속 함수 $h : X \cup_f Y \to Z$는 (7.1)을 만족하는 두 연속 함수 $h_X : X \to Z$, $h_Y : Y \to Z$의 쌍과 일대일 대응 관계에 있다.

보기 7.3.10

X와 Y는 위상 공간, A는 Y의 부분 공간이고 $f : A \to X$가 연속이라 하자. A가 Y의 닫힌 집합일 때, 포함 함수 $\iota_1 : X \to X \cup_f Y$는 닫힌 매립이고 포함 함수 $\iota_2 : Y - A \to X \cup_f Y$는 열린 매립임을 보여라.†

†두 위상 공간 X, Y에 대하여 함수 $f : X \to Y$가 다음을 만족할 때 f를 **닫힌 매립**(**열린 매립**)이라 한다.

f가 매립, $\quad f(X)$가 Y의 닫힌 집합(열린 집합)

|풀이| $h : X \cup_f Y \to X \cup_f Y$를 항등 함수라 하면, 정리 7.3.9로부터 대응되는 두 연속 함수를 다음과 같이 얻는다.

$$h_X : X \to X \cup_f Y, \quad h_Y : Y \to X \cup_f Y$$

이때 h_X와 $h_Y|_{Y-A}$는 포함 함수임을 쉽게 확인할 수 있다. 즉, 다음과 같다.

$$h_X = \iota_1, \qquad h_Y|_{Y-A} = \iota_2$$

한편, 몫 사상 $q : X \sqcup Y \to X \cup_f Y$에 대하여 다음이 성립한다.

$$V\text{가 } X \cup_f Y\text{의 열린 집합} \Leftrightarrow q^{-1}(V)\text{가 } X \sqcup Y\text{의 열린 집합},$$

$$C\text{가 } X \cup_f Y\text{의 닫힌 집합} \Leftrightarrow q^{-1}(C)\text{가 } X \sqcup Y\text{의 닫힌 집합}$$

f가 연속이고, A가 Y의 닫힌 집합이므로, X의 닫힌 집합 B에 대하여 $B \sqcup f^{-1}(B)$는 $X \sqcup Y$의 닫힌 집합이다. 그리고 다음이 성립한다.

$$q^{-1}(\iota_1(B)) = q^{-1}(h_X(B)) = B \sqcup f^{-1}(B) \tag{7.2}$$

따라서 $\iota_1(B)$는 $X \cup_f Y$의 닫힌 집합이고, 이는 ι_1이 매립임을 말한다.(문제 3.3.10) $B = X$라 하면 $\iota_1(X)$가 $X \cup_f Y$의 닫힌 집합이므로 ι_1은 닫힌 매립이다. □

문제 7.3.5 위 보기에서

(1) (7.2)가 성립함을 보여라.

(2) $\iota_2 : Y - A \to X \cup_f Y$가 열린 매립임을 보여라.

연습 문제 7.3

1. 다음에 주어진 몫 공간이 무엇인지 밝혀라.

   (1) $X = S^2$이고 A가 X의 대원일 때, X/A

   (2) $X = T$이고 A가 경선 m과 위선 l의 합일 때, X/A(그림 7.6 참조)

   (3) $X = S^1 \times I$이고 동치 관계 $\sim$을 다음과 같이 정할 때 $X/\sim$

$$(x_1, t_1) \sim (x_2, t_2) \;\Leftrightarrow\; \begin{cases} (x_1, t_1) = (x_2, t_2)\text{이거나} \\ t_1 = t_2 = 0 \quad \text{또는} \quad t_1 = t_2 = 1 \end{cases}$$

   (4) $X = B^2$이고 동치 관계 $\sim$을 다음과 같이 정할 때 $X/\sim$

$$x \sim y \;\Leftrightarrow\; x = \pm y$$

   (5) $X = S^1,\ Y = B^2,\ A = S^1 = \partial B^2$이고 $f : A \to X$가 다음과 같이 주어질 때 $X \cup_f Y$

$$f(x, y) = (x^2 - y^2,\ 2xy)$$

   (6) CS^2

2. X가 뫼비우스 띠이고 A가 그 경계일 때, X/A는 어떤 공간일까?

3. X를 옹골인 하우스도르프 공간이라 하자.

   (1) CX와 $X \times [0, 1)$의 한 점 옹골화가 서로 위상 동형임을 보여라.

   (2) A가 X의 닫힌 집합이면 X/A와 $X \backslash A$의 한 점 옹골화가 서로 위상 동형임을 보여라.

4. 위상 공간 X, Y, Z와 부분 집합 $A \subset Y,\ B \subset Z$가 있다. 연속 사상 $f : A \to X$와 $g : B \to X$에 대하여 다음을 만족하는 위상 동형 사상 $h : Z \to Y$가 있으면 $X \cup_f Y$와 $X \cup_g Z$가 위상 동형임을 보여라.

$$h(B) = A, \quad f \circ h|_B = g$$

7.4 곡면

정의 7.4.1

위상 공간 M이 가산 기저를 갖는 하우스도르프 공간이고, 각 점에 대하여 그 점을 포함하는 한 근방이 $\mathbb{R}^n$ 또는 $\mathbb{H}^n = \{(x_1, \ldots, x_n) \in \mathbb{R}^n \mid x_n \geq 0\}$과 위상 동형이면 M을 n**차원 다양체**라 한다. 특히 $n = 1$이면 M을 **곡선**이라 하고, $n = 2$이면 M을 **곡면**이라 부른다.

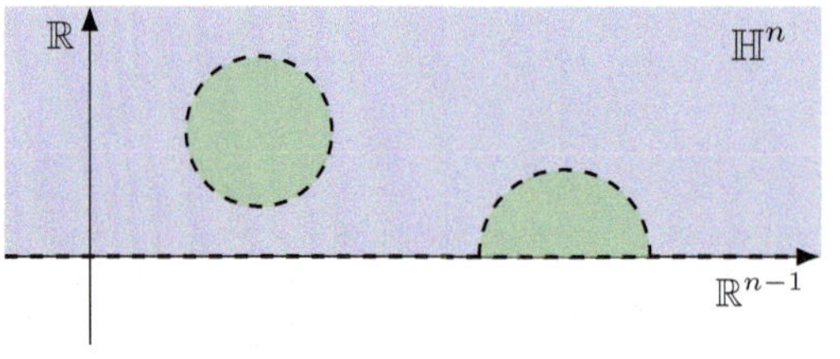

그림 7.13: $\mathbb{H}^n$에 있는 열린 집합의 두 형태

n차원 다양체 M의 모든 점이 $\mathbb{R}^n$과 위상 동형인 근방을 가지면 M을 **경계가 없는** 다양체라 하고,(그림 7.14) 그렇지 않으면 **경계가 있는** 다양체라 한다.

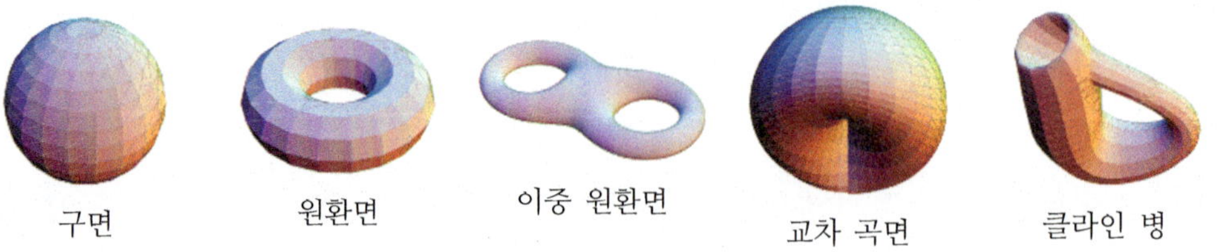

그림 7.14: 경계가 없는 곡면

M이 경계가 있는 다양체이면 M의 각 점은 $\mathbb{R}^n$과 위상 동형인 근방을 갖는 점이거나 $\mathbb{H}^n$과 위상 동형인 근방을 갖는 점이다. 이 경우 $\mathbb{R}^n$과 위상 동형인 근방을 갖는 점들의 모임을 M의 **내부**라 하고 $\mathrm{Int}(M)$ (또는 M°)으로 표시한다. 또 $\mathbb{H}^n$과 위상 동형인 근방을 갖는 점들의 모임을 M의 **경계**라 하고 ∂M으로 표시한다. M이 n차원 다양체이면 ∂M은 $(n-1)$차원 다양체이다.‡

보기 7.4.2

다음 위상 공간이 경계가 없는 1차원 다양체임을 보여라.

(1) 보통 위상 공간 $\mathbb{R}$ (2) 단위원 S^1

‡대수적 위상 수학의 방법을 이용하면 $m \neq n$이면 $\mathbb{R}^m$과 $\mathbb{R}^n$은 위상 동형이 아님을 보일 수 있다(영역의 불변성). 따라서 다양체의 차원은 잘 정의된다.

| 풀이 | (1) $\mathbb{R}$이 가산 기저를 갖고 하우스도르프 공간임은 자명하다. 그리고 임의의 열린 구간은 $\mathbb{R}$과 위상 동형이므로 $\mathbb{R}$은 경계가 없는 1차원 다양체이다.

(2) 보통 위상 공간 $\mathbb{R}^2$는 가산 기저를 갖는 하우스도르프 공간이다. S^1이 $\mathbb{R}^2$의 부분 공간이므로 S^1도 가산 기저를 갖는 하우스도르프 공간이다. (x_0, y_0)을 S^1의 임의의 점이라 하자. $x_0^2 + y_0^2 = 1$이므로 $x_0 \neq 0$ 또는 $y_0 \neq 0$이다. $x_0 \neq 0$이라 가정하자. 그러면 $x_0 > 0$ 또는 $x_0 < 0$이다. 어느 경우나 마찬가지 이므로 $x_0 > 0$이라 가정하고 (x_0, y_0)을 포함하는 근방 U를 다음과 같이 정하자.

$$U = \{(x, y) \in S^1 \mid x > 0\}$$

이때 함수 $p : U \to (-1, 1)$, $p(x, y) = y$가 위상 동형 사상임을 쉽게 확인할 수 있다. 또, 구간 $(-1, 1)$이 $\mathbb{R}$과 위상 동형이므로 U는 $\mathbb{R}$과 위상 동형이다. 따라서 S^1은 경계가 없는 1차원 다양체이다. □

보기 7.4.3

$\mathbb{R}^2$의 부분 집합 X가 다음과 같이 주어졌다(그림 7.15 참조).

$$X = (-\infty,\ 0) \times \{0\} \cup [0,\ \infty) \times \{1\} \cup [0, \infty) \times \{-1\}$$

X의 열린 집합을 다음과 같이 정의하자.

(1) 점 $(0, 1)$ 또는 점 $(0, -1)$을 포함하지 않는 열린 집합은 실수 공간 $\mathbb{R}$의 열린 집합과 위상 동형

(2) 점 $(0, 1)$을 포함하는 열린 집합은 $(a,\ 0) \times \{0\} \cup [0,\ b) \times \{1\}$ 형태의 집합을 포함하는 집합

(3) 점 $(0, -1)$을 포함하는 열린 집합은 $(a,\ 0) \times \{0\} \cup [0,\ b) \times \{-1\}$ 형태의 집합을 포함하는 집합

이때 X가 다양체인지를 밝혀라.

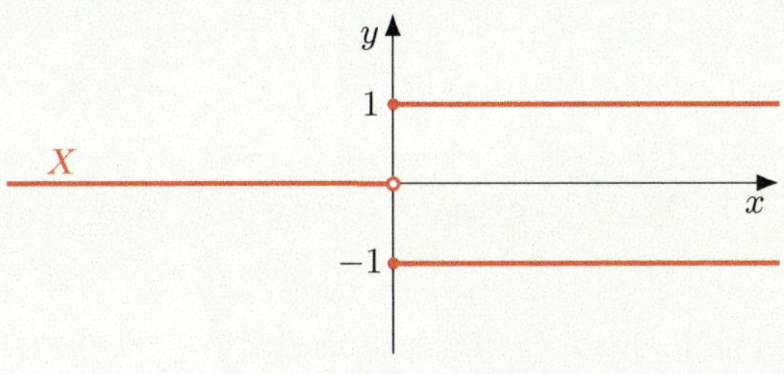

그림 7.15: $\mathbb{R}^2$의 부분 집합

| 풀이 | 위상 공간 X는 다양체의 모든 조건 중 모든 점이 $\mathbb{R}$과 위상 동형인 근방을 가져야 한다는 조건은 만족시키나 하우스도르프 공간이 되어야 한다는 조건은 만족시키지 않는다. 구체적으로 점 $(0, 1)$과 점 $(0, -1)$을 열린 집합으로 분리할 수 없다. 따라서 X는 다양체가 아니다. □

문제 7.4.1 구간 $[0, 1)$과 $[0, 1]$은 경계가 있는 다양체임을 보이고 이들의 경계를 찾아라.

보기 6.2.6에 있는 $\mathbb{R}^2$의 부분 공간인 위상 수학자의 사인 곡선 X는 연결 집합이지만 다양체가 아니다. 그 이유는 원점 $O\,(=(0,0))$를 포함하는 $\mathbb{R}^2$의 열린 집합인 임의의 U에 대하여 X에서 O의 근방 $U\cap X$가 $\mathbb{R}^2$ 또는 $\mathbb{H}^2$과 위상 동형이 아니기 때문이다.

한편, 정리 6.3.8에 의해 다양체는 국소 길 연결이다. 따라서 정리 6.3.11로부터 다음 명제를 얻는다.

"연결 다양체는 길 연결 다양체이다."

보기 7.4.4

1차원 연결 다양체는 다음 중 하나와 위상 동형이다.

$$S^1,\quad \mathbb{R},\quad [0,\ 1),\quad [0,\ 1]$$

앞 절에서 소개한 S^2, T, $P(=\mathbb{P}^2)$ 등은 모두 경계가 없는 2차원 다양체이다. 또한 이들은 모두 옹골 공간이다. 이처럼 경계가 없고 옹골인 다양체를 **닫힌 다양체**라 한다. 이 절에서는 연결인 2차원 닫힌 다양체, 즉 연결인 **닫힌 곡면**에는 어떤 곡면이 있는지를 알아 보고자 한다. 이를 위하여 곡면의 **향**에 대하여 먼저 설명하기로 한다.

평면 $\mathbb{R}^2$의 향은 원점을 중심으로 두 가지 회전 방향, 즉 시계 반대 방향과 시계 방향 중 어느 하나를 의미한다. 이 둘 중의 어느 하나를 택함으로써 그 방향을 양의 방향으로 정할 수 있다. 일반적으로 시계 반대 방향을 양의 방향으로 삼는다. 시계 반대 방향을 표현하는 한 가지 방법은 양의 x축에서 양의 y축 방향으로의 회전으로 나타내는 것이다.(그림 7.16)

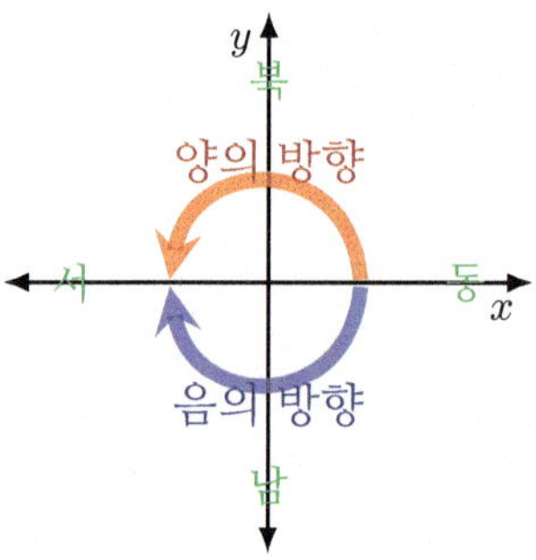

그림 7.16: 평면 $\mathbb{R}^2$의 향

곡면의 각 점은 $\mathbb{R}^2$ 또는 $\mathbb{H}^2$와 위상 동형인 근방을 지닌다. 따라서 각 점에 양의 x축과 양의 y축을 정해줄 수 있다. 곡면의 모든 점에 양의 x축과 양의 y축을 연속적으로 정해줄 수 있을 때 주어진 곡면을 **가향 곡면**이라 한다. 다른 말로 하면, 곡면에 있는 임의의 닫힌 곡선을 따라 각 점에서 양의 x축과 양의 y축을 연속적으로 표시할 때, 한 바퀴 돈 뒤에 양의 x축과 양의 y축이 일치하면 가향 곡면이라 한다. 또 그렇지 않은 곡면을 **비가향 곡면**이라 한다. 즉, 곡면의 어떤 닫힌 곡선을 따라 각 점에서 양의 x축과 양의 y축을 연속적으로 표시할 때, 한 바퀴 돈 뒤에 양의 x축과 양의 y축의 위치가 바뀌면 주어진 곡면을 비가향 곡면이라 한다.

한편, 위 논의에서 다음을 얻을 수 있다.

정리 7.4.5

곡면의 가향성은 위상 동형 불변량이다.

보기 7.4.6

원기둥에서는 임의의 닫힌 곡선을 따라 양의 x축과 양의 y축을 연속적으로 표시했을 때 한 바퀴 돈 후의 양의 x축과 양의 y축의 위치는 변하지 않는다. 그러나 뫼비우스 띠의 경우는 띠 중앙 원을 따라 양의 x축과 양의 y축을 연속적으로 표시하면 한 바퀴 돈 후에 양의 x축의 위치가 바뀐다(그림 7.17에서 파란 화살표). 따라서 원기둥은 가향 곡면이고 뫼비우스 띠는 비가향 곡면이다.

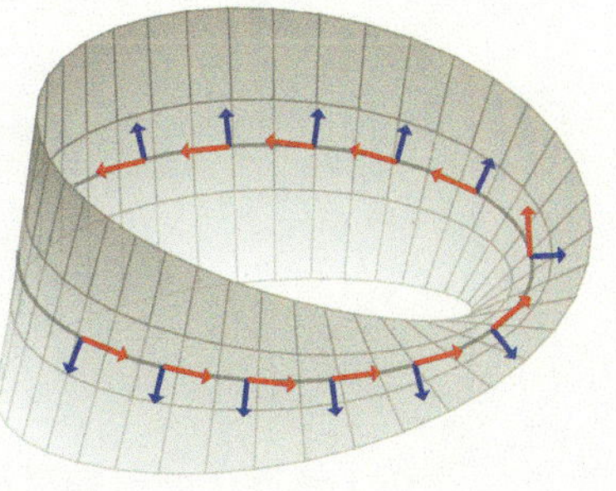

그림 7.17: 뫼비우스 띠

앞으로 살펴보겠지만 일반적으로 뫼비우스 띠를 부분 공간으로 갖는 곡면은 비가향 곡면이고 그렇지 않은 곡면은 가향 곡면이다.

이제 주어진 두 곡면으로부터 새로운 곡면을 만드는 방법을 하나 소개하기로 하자. 이 방법을 이용하면 가장 기본적인 곡면인 S^2, T, P로부터 연결인 닫힌 곡면을 모두 얻을 수 있다.

정의 7.4.7

S_1과 S_2를 서로 만나지 않는 두 곡면이라 하자. S_1과 S_2의 내부에서 각각 작은 열린 원판을 잘라낸다. 원판을 잘라내고 난 뒤에 생기는 각 구멍의 경계인 원을 따라 두 곡면을 붙여서 얻은 곡면을 S_1과 S_2의 **연결 합**이라 하고 $S_1\#S_2$로 나타낸다.
엄밀하게 정의하면 $\bar{D}_1 \subset \mathrm{Int}(S_1)$, $\bar{D}_2 \subset \mathrm{Int}(S_2)$인 열린 원판 D_1과 D_2, 그리고 위상동형 사상 $h : \partial\bar{D}_2 \to \partial\bar{D}_1$를 선택한 다음, h를 통하여 $S_2\backslash D_2$를 $S_1\backslash D_1$에 붙여서 얻은 공간을 $S_1\#S_2$라 한다. 즉, 다음과 같다.

$$S_1\#S_2 = (S_1\backslash D_1) \cup_h (S_2\backslash D_2)$$

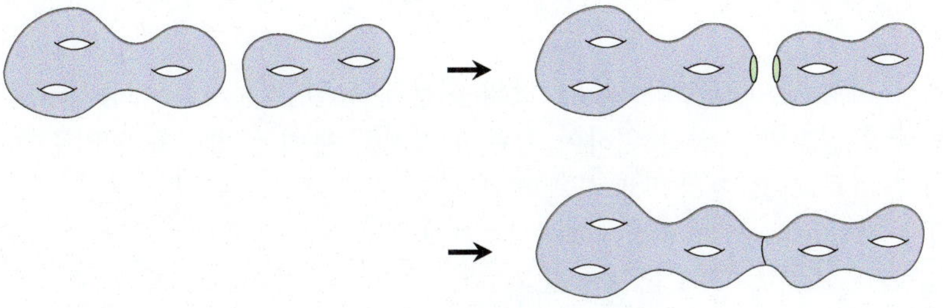

그림 7.18: 두 곡면의 연결 합

보기 7.4.8

두 원환면의 연결 합인 $T\#T$는 아래 그림 7.19와 같다.

그림 7.19: $T\#T$

여기서 다루긴 어려운 내용이지만 원환 정리[§]를 이용하면 다음을 보일 수 있다.

"옹골 곡면 S의 내부에 들어있는 열린 원판 D에 대하여, 임의의 위상 동형 사상 $k : \partial\bar{D} \to \partial\bar{D}$는 항상 위상 동형 사상 $\tilde{k} : S\backslash D \to S\backslash D$로 확장할 수 있다."

이 사실과 연습 문제 7.3의 4번을 함께 사용하면 두 옹골 곡면의 연결 합 $S_1\#S_2$는 위상 동형 사상 $h : \partial\bar{D}_2 \to \partial\bar{D}_1$의 선택과는 무관하게 결정됨을 알 수 있다. 또한 이와 비슷한 방식으로 $S_1\#S_2$는 D_1과 D_2의 위치와 무관하게 결정됨을 보일 수 있다. 즉, 다음 명제를 얻는다.

"두 곡면의 연결 합은 잘라낼 원판의 위치나 잘라낼 원판의 경계를 붙이는 데 사용하는 위상 동형 사상의 선택과는 상관없이 잘 결정된다."

한편, 나중에 보겠지만 잘라낼 원판의 위치를 잘 선정하는 것은 곡면의 구조를 파악하는데 매우 효과적이다.

앞 절의 보기 7.2.6에서 보았듯이 원환면 T는 원판의 경계를 그림 7.20과 같이 화살표 방향을 따라 붙임으로써 얻을 수 있다.

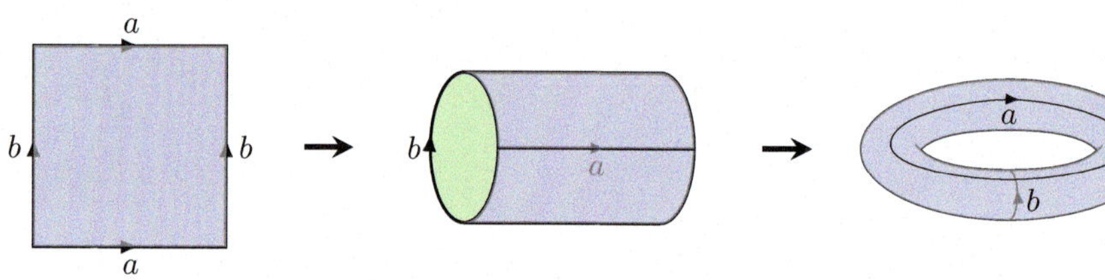

그림 7.20: 원환면 T

그림 7.20에서 처럼 같이 붙어야 할 한 쌍의 선분에 동일한 문자를 대응시키면 이 문자와 화살표의 방향이 원환면을 얻기 위하여 원판의 경계를 붙이는 방식을 알려준다. 원판의 경계에 할당된 문자를 향을 고려하여 시계 반대 방향으로 나열하면 $aba^{-1}b^{-1}$가 된다. 거꾸로 $aba^{-1}b^{-1}$라는 정보로부터 원판의 경계를 4등분하여 얻은 각 선분에 a와 b를 할당하고 a, b에 대응하는 선분은 시계 반대 방향의 화살표를, a^{-1}, b^{-1}에 대응하는 선분은 시계 방향의

[§]위상 동형 사상 $h : \mathbb{R}^n \to \mathbb{R}^n$이 단위 공 B^n을 자신의 내부로 사상하면, 즉 $h(B^n) \subset \mathrm{Int}(B^n)$이면 $B^n - h(\mathrm{Int}(B^n))$은 원환 $S^{n-1} \times [0,1]$과 위상 동형이다.

화살표를 대응시키고 화살표 방향에 따라 같은 문자가 대응된 선분을 붙이면 원환면을 얻을 수 있음을 주목하자. 따라서 원환면 T에 대하여 기호 $aba^{-1}b^{-1}$를 대응시킬 수 있다.

$T\#T$도 원환면 T와 같이 원판의 경계를 적당히 붙임으로써 얻을 수 있다. 두 원환면의 연결 합을 얻는 과정을 원환면이 원판으로 표현된 상태를 이용하여 이 사실을 얻어보자. 먼저 그림 7.21에서처럼 두 개의 원환면에서 작은 원판(흰 부분)을 잘라낸다. 이 원판의 경계 원을 각각 c_1과 c_2로 나타내자.

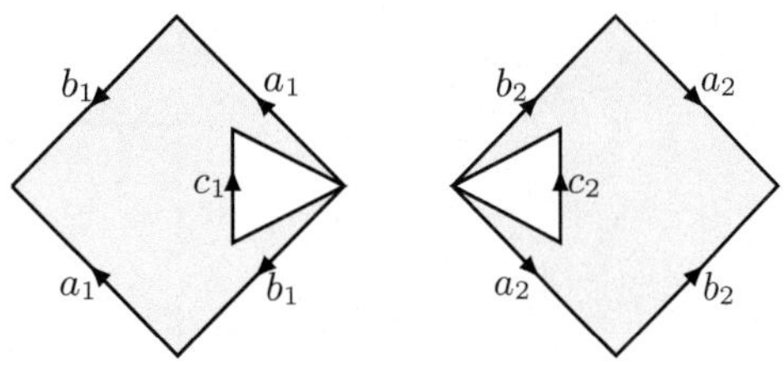

그림 7.21: 원환면의 연결 합 1단계

이제 c_1과 c_2를 펼치면 그림 7.22와 같은 그림을 얻는다. 원 c_1과 c_2를 화살표 방향을 따라 붙이면 그림 7.23과 같은 곡면을 얻는다.

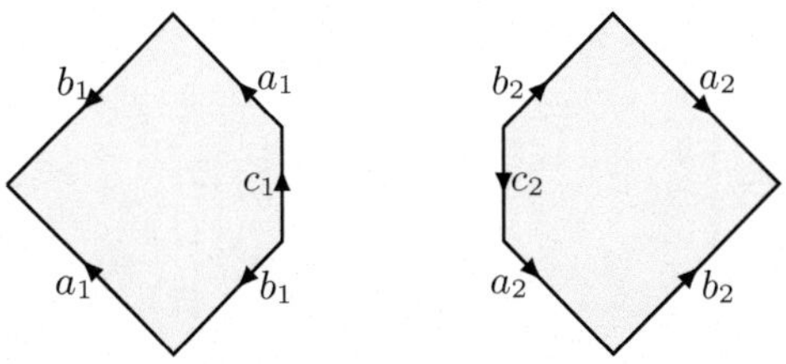

그림 7.22: 원환면의 연결 합 2단계

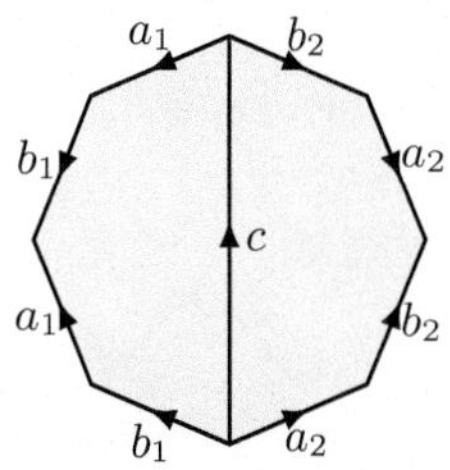

그림 7.23: 원환면의 연결 합 3단계

따라서 $T\#T$는 기호 $a_1b_1a_1^{-1}b_1^{-1}a_2b_2a_2^{-1}b_2^{-1}$에 대응한다. 이와 같은 방법을 사용하면 원환면 g개의 연결 합 $T\#T\#\cdots\#T\,(:= T_g)$는 다음 기호로 표현할 수 있다.

$$a_1b_1a_1^{-1}b_1^{-1}a_2b_2a_2^{-1}b_2^{-1}\cdots a_gb_ga_g^{-1}b_g^{-1}$$

한편 사영 평면 $P(= \mathbb{P}^2)$는 그림 7.24와 같이 aa로 표현되는 몫 공간이다. 원환면 두 개의 연결 합을 얻었던 것처럼 사영 평면 두 개의 연결 합 $P\#P$를 그림 7.25와 같이 구할 수 있다.

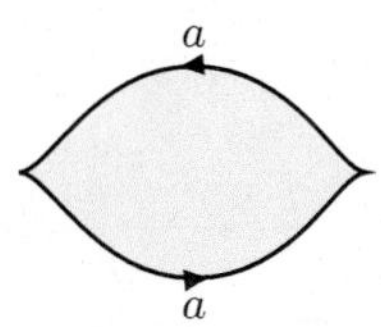

그림 7.24: 사영 평면

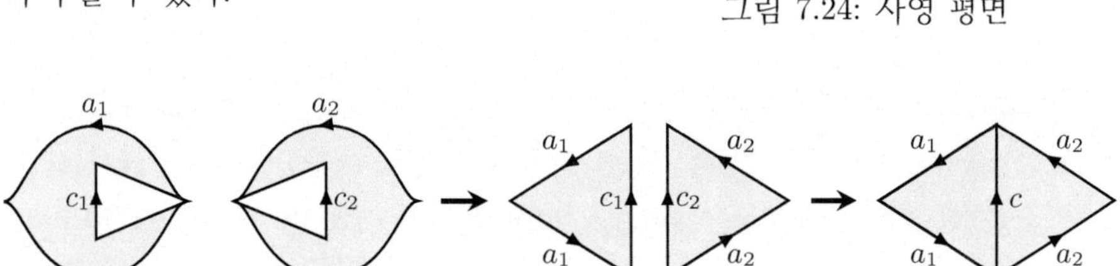

그림 7.25: $P\#P$

따라서 $P\#P$는 기호 $a_1a_1a_2a_2$로 표시할 수 있다. 이를 반복하면 사영 평면 g개의 연결 합 $P\#P\#\cdots\#P\,(:= P_g)$는 다음과 같이 표시된다.

$$a_1a_1a_2a_2\cdots a_ga_g$$

클라인 병은 그림 7.26과 같은 몫 공간으로 정의된다. 이는 원기둥에서 양 끝의 향을 바꾸는 위상 동형 사상을 통해 붙여 얻은 곡면이다. 앞으로 클라인 병을 K로 표시하기로 한다.

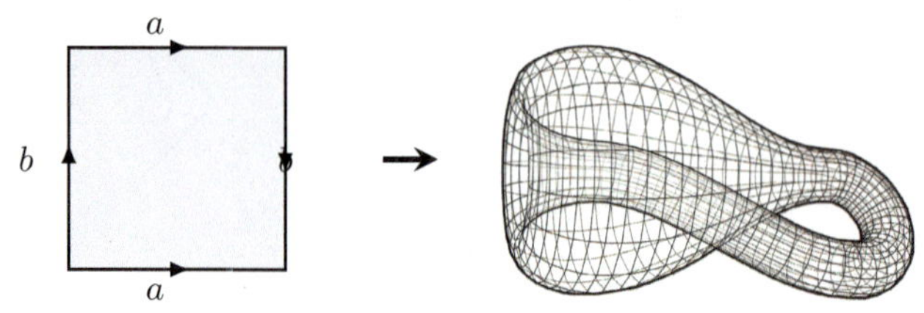

그림 7.26: 클라인 병

그림 7.27를 보면 다음 정리를 얻을 수 있다.

정리 7.4.9

두 사영 평면의 연결 합 $P\#P$는 클라인 병 K와 위상 동형이다.

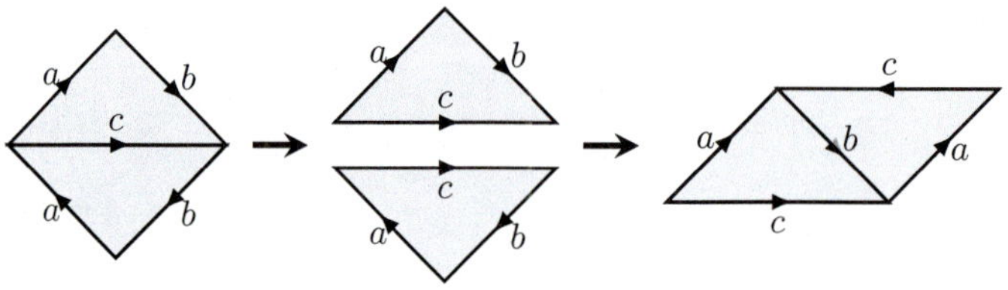

그림 7.27: $P\#P \cong K$

보조 정리 7.4.10

뫼비우스 띠 X와 원판 Y에 대하여 $f : \partial Y \to \partial X$가 위상 동형 사상일 때, $X \cup_f Y$는 사영 평면 P와 위상 동형이다.

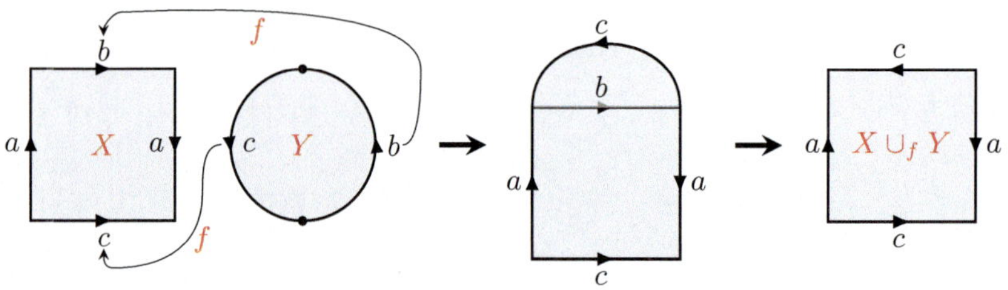

그림 7.28: 뫼비우스 띠와 원판의 연결 합

증명 그림 7.28에서 첫 번째 그림은 뫼비우스 띠와 원판이다. 선분 b를 붙이면 두 번째 그림이 된다. 두 번째 그림에서 c의 방향을 동시에 바꾸면 세 번째 그림을 얻는다. 세 번째 그림은 사영 평면이다. □

보기 7.4.11

X와 Y가 뫼비우스 띠이고 $f:\partial Y\to\partial X$가 위상 동형 사상일 때 $X\cup_f Y$가 클라인 병 K와 위상 동형임을 보여라.

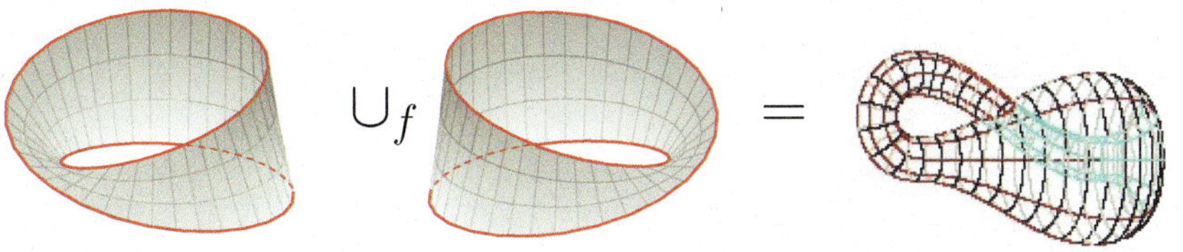

그림 7.29: 두 뫼비우스 띠의 경계를 따라 얻은 붙임 공간

풀이 $\hat{X}$와 $\hat{Y}$를 사영 평면이라 하면 보조 정리 7.4.10으로부터 X와 Y는 $\hat{X}$과 $\hat{Y}$에서 열린 원판을 제거한 것이다. 즉 D_X와 D_Y를 각각 $\hat{X}$과 $\hat{Y}$에서 제거한 열린 원판이라 하면 다음을 얻는다.

$$X=\hat{X}-D_X,\qquad Y=\hat{Y}-D_Y$$

이때 f는 $f:\partial D_Y\to\partial D_X$로 볼 수 있다. 따라서 정리 7.4.9로부터 다음을 얻는다.

$$K\cong\hat{X}\#\hat{Y}=(\hat{X}-D_X)\cup_f(\hat{Y}-D_Y)=X\cup_f Y$$ □

문제 7.4.2 위 보기의 풀이 과정을 펼친 그림으로 나타내어라.

보조 정리 7.4.12

S를 곡면이라 하자. 이때 다음이 성립한다.

(a) S와 원환면 T의 연결 합은 S에서 서로 만나지 않는 두 원판을 잘라낸 후, 원기둥의 경계인 두 원을 각각 제거한 원판의 경계에 향을 보존하는 위상 동형 사상을 통하여 붙여 얻은 곡면과 위상 동형이다.

(b) S와 클라인 병 K의 연결 합은 원환면의 경우와 똑같은 작업을 하는데, 경계를 붙일 때 원기둥의 한 쪽 끝은 향을 보존하는 위상 동형 사상을 통하여 나머지 한 쪽 끝은 향을 바꾸는 위상 동형 사상을 통하여 붙여서 얻은 곡면과 위상 동형이다.

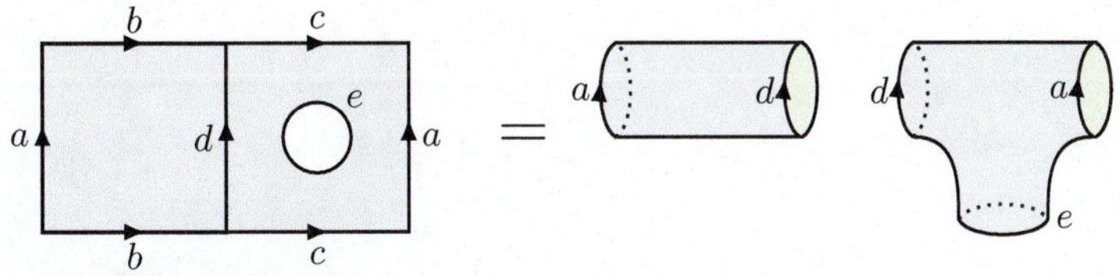

그림 7.30: 원판을 제거한 원환면

증명 구에서 서로 만나지 않는 원판 세 개를 잘라낸 곡면을 X라 하자. 그림 7.30에서 보듯이 원환면 T에서 원판을 잘라내면 X와 원기둥을 얻는다. 따라서 S와 T의 연결합은, 먼저 S에서 원판을 제거한 후 X의 경계 e를 제거한 원판의 경계에 붙이고 원기둥의 경계 a와 d에 향을 맞추어 붙이는 것과 일치한다. S에서 원판을 제거한 후 X의 경계 e를 제거한 원판의 경계에 붙였을 때 얻는 곡면이 S에서 서로 만나지 않는 원판 두 개를 잘라낸 것과 같은 곡면이므로 결론이 유도된다.

클라인 병 K의 경우도 원환면의 경우와 비슷하게 하면 결론을 얻을 수 있다(그림 7.31). □

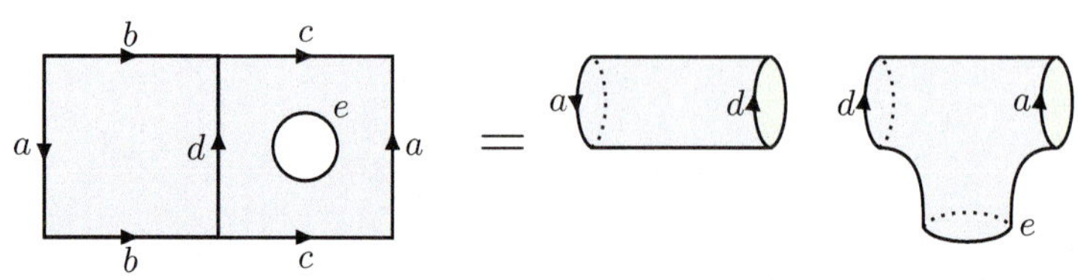

그림 7.31: 원판을 제거한 클라인 병

정리 7.4.13

원환면과 사영 평면의 연결 합 $T\#P$는 세 사영 평면의 연결 합 $P\#P\#P$와 위상 동형이다.

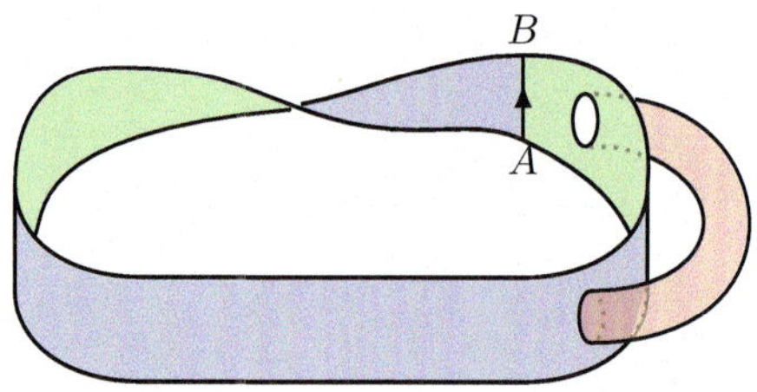

그림 7.32: 뫼비우스 띠와 원환면

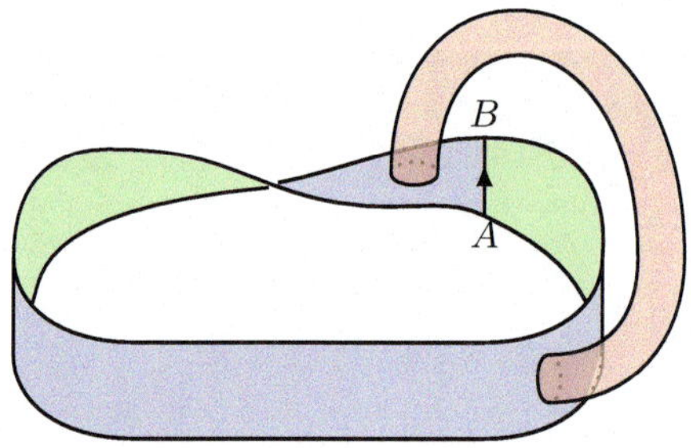

그림 7.33: 뫼비우스 띠와 클라인 병

증명 $P\#P$와 클라인 병이 위상 동형이므로 $T\#P$와 $K\#P$가 위상 동형임을 보이면 충분하다. 또, P에서 원판을 잘라내면 뫼비우스 띠이므로 T와 뫼비우스 띠의 연결 합이 K와 뫼비우스 띠의 연결 합과 위상 동형임을 보이는 것과 마찬가지이다. 보조 정리 7.4.12에 의하면 뫼비우스 띠와 원환면의 연결 합은 그림 7.32의 곡면과 위상

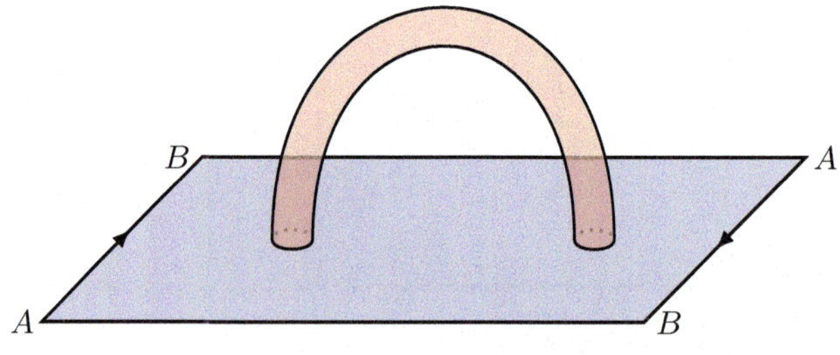

그림 7.34: 원판과 원환면의 연결 합

동형이고 뫼비우스 띠와 클라인 병의 연결 합은 그림 7.33의 곡면과 위상 동형이다.

이제 그림 7.32와 그림 7.33의 곡면을 각각 선분 AB를 따라 자르면 그림 7.34의 곡면이 된다. 따라서 뫼비우스 띠와 원환면의 연결 합은 뫼비우스 띠와 클라인 병의 연결 합은 위상 동형이다. □

연습 문제 7.4

1. 임의의 곡면 S에 대해 $S\#S^2 \cong S$임을 보여라.

2. 뫼비우스 띠의 경계인 원을 한 점으로 만들어서 얻은 곡면은 무엇인가?

3. 함수 $f : [0, 2\pi] \times [0, \pi] \to \mathbb{R}^5$를 다음과 같이 정의하자.

$$f(x, y) = (\cos x,\ \cos 2y,\ \sin 2y,\ \sin x \cos y,\ \sin x \sin y)$$

함수 f를 이용하여 클라인 병 K의 $\mathbb{R}^5$로의 매립 $\tilde{f} : K \to \mathbb{R}^5$를 유도하여라.

4. 동영상 https://youtu.be/AmgkSdhK4K8 을 보고, 내용의 문제를 해결하라.

7.5 곡면의 분류

연결인 닫힌 곡면이 구, 원환면, 사영 평면 또는 이들의 연결 합 중의 하나와 위상 동형임을 보이도록 하자. 이를 위해 곡면을 작은 삼각형 여러 개의 합집합으로 표시하는 작업이 필요하다.

먼저 작은 삼각형과 관련된 용어들을 소개하자. 곡면 S의 부분 집합 A가 유클리드 공간 $\mathbb{R}^2$의 부분 공간인 삼각형 A'과 위상 동형일 때 A를 S의 **삼각형**이라 한다. 그리고 이들 사이의 위상 동형 사상이 $f : A' \to A$일 때, A'의 꼭지점에 대응하는 A의 점을 **꼭지점**, 모서리에 대응하는 집합을 **모서리**, 면에 대응하는 집합을 **면**이라 한다.

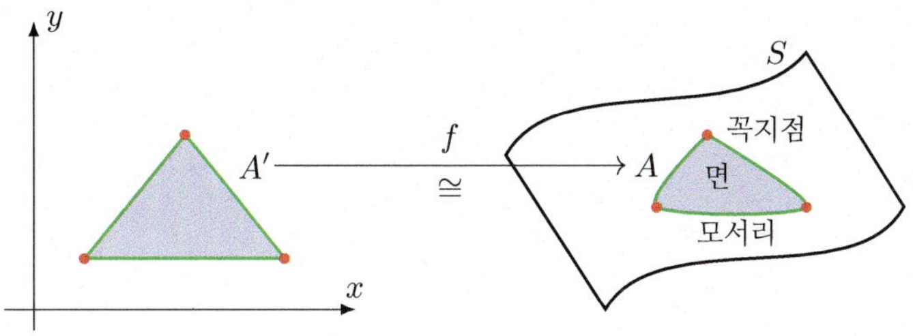

그림 7.35: 곡면의 삼각형

정의 7.5.1

S를 임의의 옹골 곡면이라 하고, $\{A_1, A_2, \ldots, A_n\}$이 다음을 만족하는 S의 닫힌 부분 집합들을 모아 놓은 모임이라 하자.

(1) $\bigcup_{i=1}^{n} A_i = S$

(2) 각 A_i는 평면 $\mathbb{R}^2$의 삼각형과 위상 동형

(3) 임의의 서로 다른 두 삼각형 A_i와 A_j는 서로 만나지 않거나, 오직 한 꼭지점 또는 오직 한 모서리에서만 만난다.

이때 $\{A_1, A_2, \ldots, A_n\}$을 옹골 곡면 S의 **삼각 분할**이라 한다.

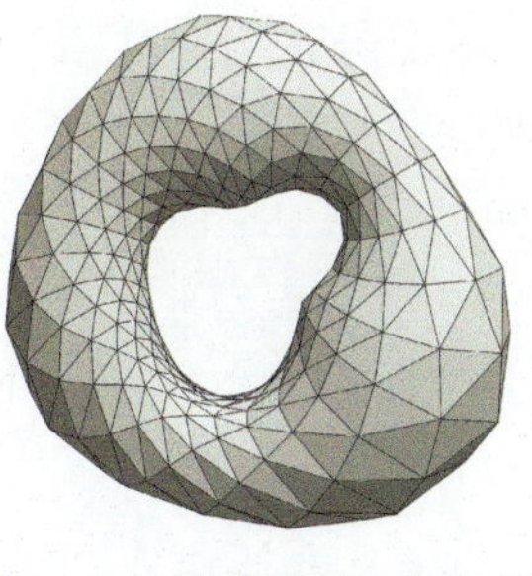

그림 7.36: 원환면의 삼각 분할

보기 7.5.2

(1) 다음 그림 7.37은 모두 삼각 분할이 아니다.

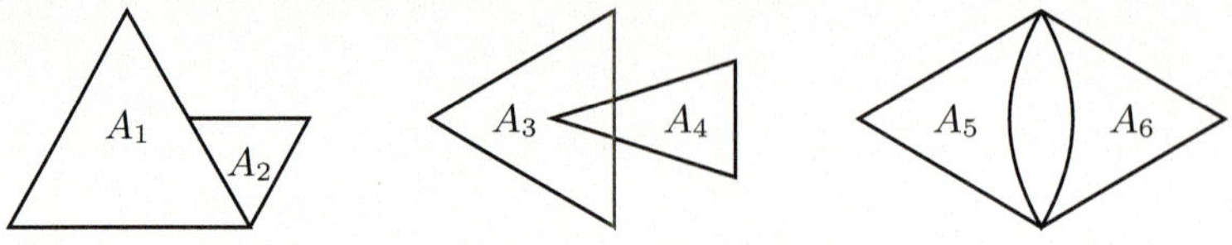

그림 7.37: 틀린 삼각 분할

(2) 그림 7.38과 같은 곡면 X에 대하여 (b)는 X의 삼각 분할이지만 (a)는 X의 삼각 분할이 아니다.

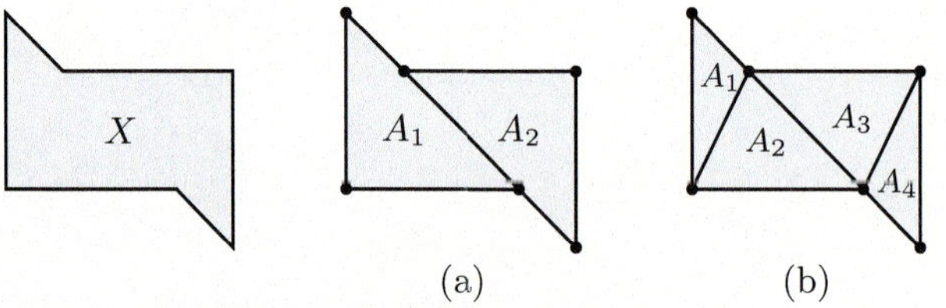

그림 7.38: 곡면 X의 삼각 분할

(3) 그림 7.39와 같이 구면 S^2의 삼각 분할을 구할 수 있다. 이 경우 면의 개수는 8개이다.

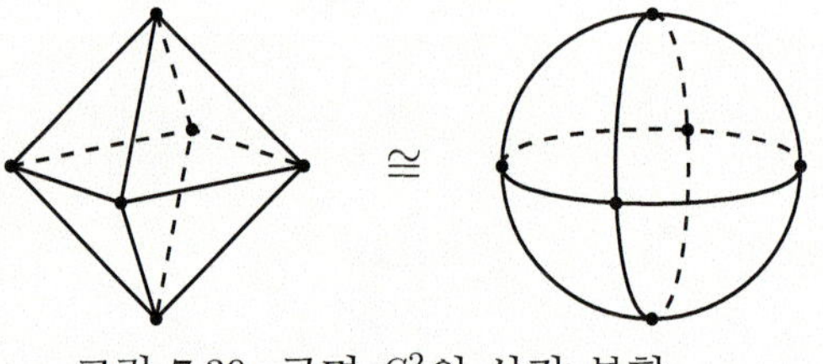

그림 7.39: 구면 S^2의 삼각 분할

문제 7.5.1 원환면 T와 사영 평면 P의 삼각 분할을 찾아라.

1925년 라도(T. Rado)는 모든 옹골 곡면을 삼각 분할 할 수 있다는 것을 보였다.([13]) 연결인 닫힌 곡면을 삼각 분할하고 나면 다음이 성립한다.

(1) 각 모서리는 정확히 두 삼각형의 공통 모서리이다.

(2) 임의의 꼭지점 v에 대해 v를 꼭지점으로 갖는 삼각형이 모두 $\{A_0, A_1, \ldots, A_n = A_0\}$라 할때, A_i와 A_{i+1}가 오직 한 모서리를 공유하도록 나열할 수 있다(단, $0 \leq i \leq n-1$).

문제 7.5.2 연결인 닫힌 곡면의 삼각 분할에 대한 위의 진술이 참임을 설명하라.

7.4절에서 보았듯이 원환면, 사영 평면, 클라인 병 등의 곡면은 모서리를 한 쌍씩 붙여서 적당한 $2n$각형으로부터 얻을 수 있다. 곡면이 삼각 분할 된다는 사실을 이용하면 모든 연결인 닫힌 곡면은 이런 방법으로 얻을 수 있음을 보일 수 있다.

보조 정리 7.5.3

연결인 닫힌 곡면 S는 적당한 자연수 n에 대하여 $2n$각형의 모서리를 한 쌍씩 붙여 얻은 몫공간과 위상 동형이다.

증명 먼저 S가 삼각형 A_1, A_2, $\cdots$, A_k로 삼각 분할 되었다고 가정하자. 이때 삼각형 A_i가 삼각형 A_1, $\cdots$, A_{i-1} 중 적어도 하나와 모서리 e_i를 공유한다고 가정해도 좋다(단, $2 \le i \le k$). 이는 다음과 같은 이유 때문이다. 먼저 삼각형을 하나 선택하여 A_1이라 하고 A_1과 모서리를 공유하는 A_1 이외의 삼각형 중 하나를 A_2라 하자. 또 A_3은 A_1 또는 A_2와 모서리를 공유하는 삼각형 중 A_1, A_2 이외의 삼각형 중 하나를 A_3이라 하자. 이와 같은 과정을 반복하기로 하자. 만약 이 과정이 $m < k$인 m 번째에 멈추었다면 $\{A_1, \cdots, A_m\}$에 속하는 삼각형은 나머지 삼각형과 만나지 않는다. 이는 S가 연결 공간이라는 사실에 모순이다. 따라서 위 과정은 k 번째까지 반복이 계속되어 삼각형 A_i가 삼각형 A_1, $\cdots$, A_{i-1} 중 적어도 하나와 모서리를 공유하는 배열이 된다.

이제 S의 삼각형 A_i와 위상 동형인 유클리드 공간 $\mathbb{R}^2$의 삼각형 A'_i과 위상 동형 사상 $g_i : A'_i \to A_i$를 선택하자. 이때 평행 이동을 이용하여 A'_i들은 서로 만나지 않음을 가정하자. 그리고 다음과 같이 A'을 정의하자.

$$A' := \bigcup_{i=1}^{k} A'_i \subset \mathbb{R}^2$$

그러면 A'은 옹골이고 사상 $g : A' \to S$를 다음과 같이 정의하면 g는 전사인 연속 사상이다.

$$g|_{A'_i} = g_i \ (i = 1, 2, \cdots, k)$$

그리고 S가 하우스도르프 공간이므로 g는 동일화 사상이다.

위에서 선택한 각 모서리 e_i는 A_i와 A_j $(1 \le j < i)$의 공통 모서리이므로 $g^{-1}(e_i)$는 A'_i의 한 모서리와 A'_j의 한 모서리로 이루어져 있다. 이 두 모서리를 붙이기로 한다. 이 작업을 모든 e_i $(1 \le i \le k)$에 적용하여 얻은 몫 공간을 D라 하고 $q : A' \to D$를 몫 사상이라 하자. 이로부터 $f \circ q = g$를 만족하고 전사인 연속 사상 $f : D \to S$가 결정된다. D가 옹골이고 S가 하우스도르프이므로 f는 동일화 사상이다.

한편, D는 두 원판을 경계의 일부인 (연결된) 호를 따라 붙이는 작업을 유한 번 해서 얻는 몫 공간이므로 원판과 동형이다. 따라서 D를 다각형이라 할 수 있다. S는 이 다각형의 모서리를 붙여서 얻은 몫 공간이다. 이 몫 공간이 닫힌 곡면이 되려면 이 다각형의 모서리의 수는 짝수이고 한 쌍씩 붙여야 한다. □

정리 7.5.4

연결인 닫힌 곡면 S는 다음 곡면 중 하나와 위상 동형이다.

(a) 구면 S^2

(b) 유한 개 원환면의 연결 합 $T\#\cdots\#T$

(c) 유한 개 사영 평면의 연결 합 $P^2\#\cdots\#P^2$

증명 7.4절에서 보았듯이 곡면 S를 표현할 때 다각형 D의 각 모서리에 문자와 화살표를 대응시켜 붙이는 방법을 사용하였다. 즉, a라는 문자와 시계 반대 방향의 화살표에 대응하는 모서리를 a로, a라는 문자와 시계 방향의 화살표에 대응하는 모서리를 a^{-1}로 나타내고 이들을 시계 반대 방향의 순서대로 나열하면 다각형 D로부터 곡면 S를 얻는 정보를 나타낼 수 있다. 예를 들어 $abca^{-1}b^{-1}c^{-1}$는 그림 7.40의 몫 공간으로 표현되는 곡면을 나타낸다.

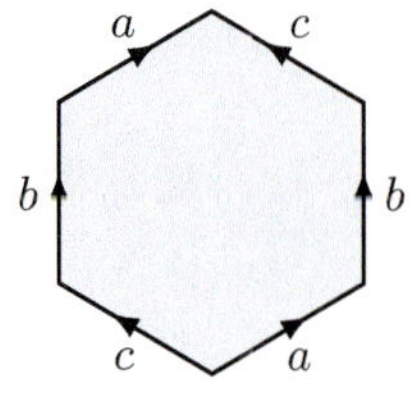

그림 7.40: $abca^{-1}b^{-1}c^{-1}$로 표현되는 곡면

1단계 : 그림 7.41에서처럼 같은 문자이고 지수가 반대인 모서리가 이웃하면(aa^{-1} 또는 $a^{-1}a$) 이 두 모서리를 제거한다. 이 작업을 계속하면 같은 문자이고 지수가 반대인 이웃한 두 모서리가 모두 제거되는 경우와 오직 두 모서리만 남는 경우로 나누어진다. 오직 두 모서리만 남는 경우는 aa로 표시하거나 aa^{-1}로 표시할 수 있다. aa이면 S가 사영 평면이고, aa^{-1}이면 S는 구면이다. 이렇지 않은 경우는 다음 단계를 밟는다.

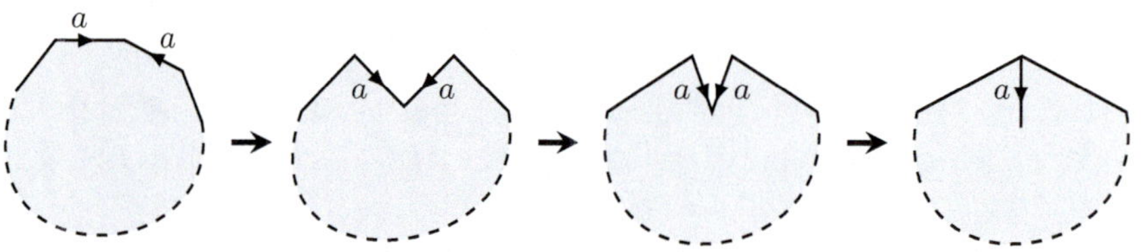

그림 7.41: 1단계

2단계 : 다각형 D의 모든 꼭지점이 S에서 한 점이 되도록 D를 변형한다. 이 단계가 가능한 이유는 다음과 같다. 그림 7.42에서처럼 S의 점 Q에 대응하는 D의 꼭지점들을 Q로 표시하고 점 R에 대응하는 꼭지점들을 R로 표시하기로 하자. 선 c를 따라 a, b, c를 모서리로 갖는 삼각형을 잘라 a로 표시된 아래 모서리에 갖다 붙이면 Q에 대응하는 꼭지점은 하나 줄고 R에 대응하는 점은 하나 늘어난다.

이 작업을 반복하면 Q가 한 개인 경우로 귀결되는데 이 때에서 1단계를 반복하여 Q를 소거한다. 따라서 D의 모든 꼭지점이 S의 한 점으로 대응하도록 D를 변형할 수 있다.

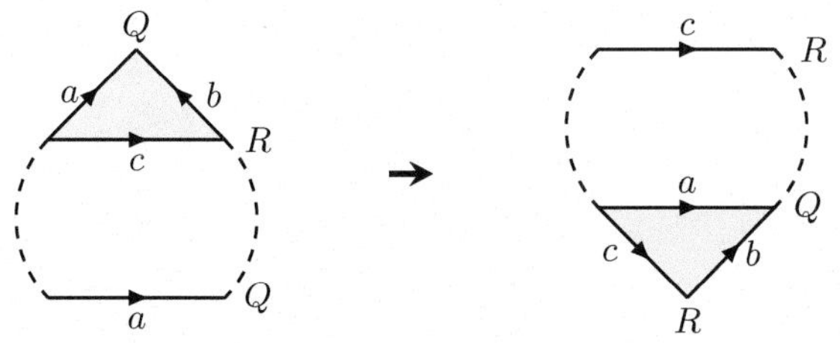

그림 7.42: 2단계

3단계 : 문자가 같고 지수도 같은 모서리를 모두 이웃하게 D를 변형한다. 그림 7.43에서 처럼 문자도 같고 지수도 같으나 이웃하지 않는 두 모서리를 b로 나타내면 한 모서리의 화살표 방향의 끝에서 다른 모서리의 화살표 방향의 끝을 잇는 선분을 따라 잘라낸다. 잘라내서 얻은 두 조각을 b를 따라 붙이면 문자와 지수가 같은 두 모서리가 이웃하게 된다. 이 작업을 반복하면 문자와 지수가 같은 모서리를 모두 이웃하게 만들 수 있다.

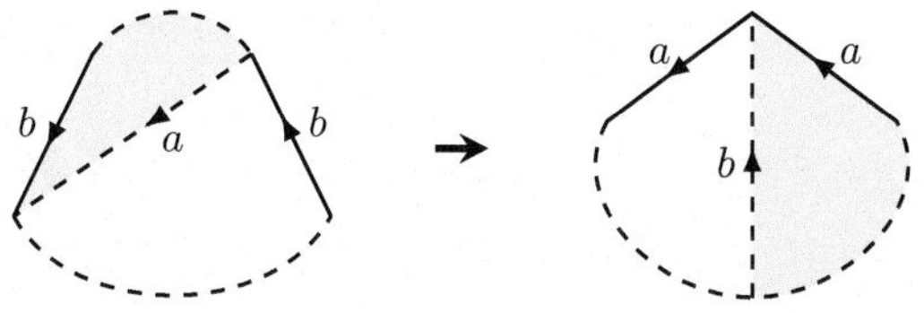

그림 7.43: 3단계

3단계를 마쳤을 때, 문자가 같고 지수가 다른 모서리가 없으면 D의 경계는 다음과 같은 형태이다.

$$a_1a_1a_2a_2\cdots a_ma_m$$

따라서 S는 유한 개 사영 평면의 연결 합이다.

만약 문자가 같고 지수가 다른 한 쌍의 모서리 c, c^{-1}가 있으면 반드시 또 다른 한 쌍의 문자가 같고 지수가 다른 모서리 d, d^{-1}가 존재하여 배열은 다음과 같다.

$$c\cdots d\cdots c^{-1}\cdots d^{-1}\cdots$$

여기서 $\cdots$는 다른 문자의 배열이 가능함을 뜻한다. 이와 같이 배열되는 이유를 살펴보자. 만약 문자가 같고 지수가 다른 한 쌍의 모서리 c, c^{-1}가 있고 $c\cdots d\cdots c^{-1}\cdots d^{-1}\cdots$ 형태의 배열을 나타내는 또 다른 한 쌍의 모서리 d, d^{-1}가 없으면, 그림 7.44와 같은 상황이 된다. 그림 7.44의 A 부분에 있는 모서리는 A 부분에 붙여진다. 이와 같은 현상은 B 부분에 있는 모서리도 마찬가지이다. 즉, A 부분에 있는 모서리는 B 부분에 있는 모서리에 붙여지지 않는다. 따라서 c의 시작 점과 끝 점은 S에서 다른 점이 된다. 이는 2단계에 모순이다(3단계에서 모든 꼭지점이 S의 한 점이 되는 규칙은 바뀌지 않음을 주목하라).

4단계 : $a\cdots b\cdots a^{-1}\cdots b^{-1}\cdots$ 형태의 배열을 $cdc^{-1}d^{-1}\cdots$ 형태의 배열로 바꾼다. 주어진 배열은 그림 7.45의 첫 번째 그림이다. 먼저 선분 c를 따라 D를 자르고 b를 따라 붙인다. d를 따라 자르고 a를 따라 붙이면 원하는 형태의 배열을 얻는다.

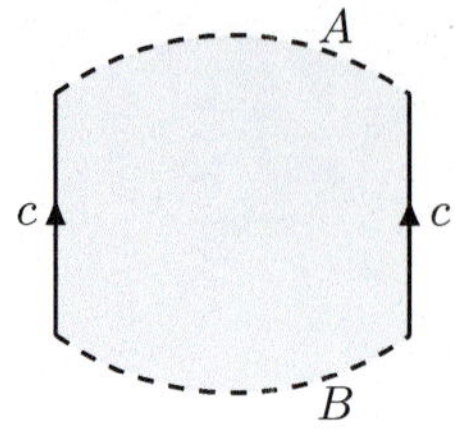

그림 7.44: 문자가 같고 지수가 다른 모서리 한 쌍

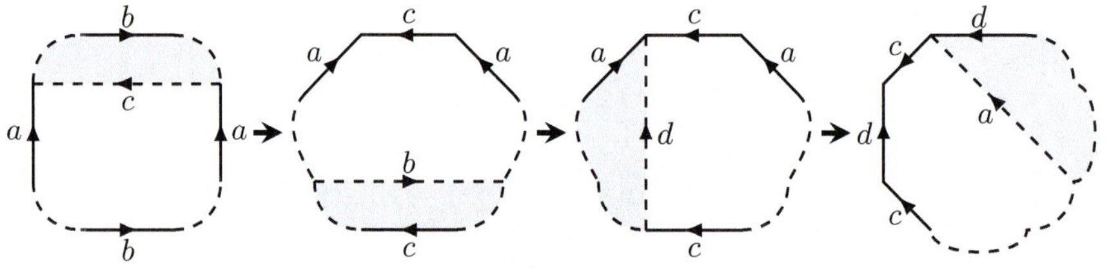

그림 7.45: 4단계

4단계를 반복하여 문자가 같고 지수가 다른 모서리 두 쌍을 모두 $aba^{-1}b^{-1}$ 형태로 나타낸 후 문자와 지수가 같은 모서리의 쌍이 전혀 없으면 D의 경계는 다음과 같이 나타낼 수 있다.

$$a_1b_1a_1^{-1}b_1^{-1}a_2b_2a_2^{-1}b_2^{-1}\cdots a_mb_ma_m^{-1}b_m^{-1}$$

이 경우 S는 유한 개 원환면의 연결 합이다. 4단계 이후에 만약 문자와 지수가 같은 모서리의 쌍이 있다면 D의 경계는 다음과 같은 형태일 것이다.

$$a_1b_1a_1^{-1}b_1^{-1}\cdots a_mb_ma_m^{-1}b_m^{-1}c_1c_1\cdots c_nc_n \tag{7.3}$$

이 경우 S는 유한 개 원환면과 유한 개 사영 평면의 연결 합이다. 정리 7.4.13에 따르면 이는 유한 개 사영 평면의 연결 합으로 표현된다. 예를 들어 (7.3)으로 표현된 S는 다음 닫힌 곡면과 위상 동형이다.

$$\overbrace{T\#\cdots\#T}^{m}\#\overbrace{P\#\cdots\#P}^{n}=T_m\#P_n$$

정리 7.4.13에 의하면 이는 다음 곡면과 위상 동형이다.

$$\overbrace{P\#\cdots\#P}^{2m+n}=P_{2m+n}$$

□

유한 개 사영 평면의 연결 합은 그 안에 뫼비우스 띠를 포함하고 있으므로 비가향 곡면이다. 또 구면과 유한 개의 원환면의 연결 합은 가향 곡면이다.

문제 7.5.3 (1) 문자열이 $abc^{-1}ab^{-1}c$인 곡면 S는 어떤 곡면과 위상 동형인가?
(2) 문자열 $abc^{-1}d^{-1}adb^{-1}c$로 주어진 곡면 S는 어떤 곡면과 위상 동형인가?

위 정리에서 우리는 연결인 닫힌 곡면, 즉 연결되어 있고 옹골인 경계가 없는 2차원 다양체를 구분하였다. 그러면 경계가 있는 연결되어 있고 옹골인 2차원 다양체는 어떻게 구분할 수 있을까?

S가 경계가 있는 연결인 옹골 곡면이라 하자. S의 경계 ∂S는 옹골이고 경계가 없는 1차원 다양체이므로 S는 유한 개의 원으로 이루어져 있다. 각 경계에 모두 원판을 붙이면 닫힌 곡면을 얻는다. 이 닫힌 곡면을 $\hat{S}$라 하자. 앞의 정리에 의하면 $\hat{S}$는 구면 S^2, 유한 개 원환면의 연결 합 또는 유한 개 사영 평면의 연결 합 중의 하나이다. 따라서 곡면 S는 $\hat{S}$에서 서로 만나지 않는 유한 개의 원판의 내부를 잘라내어 얻은 곡면이다.

보기 7.5.5

(1) 닫힌 원판 $= S^2 - D$

(2) 원기둥 $= S^2 - D_1 - D_2$

(3) 뫼비우스 띠 $= P - D$

연습 문제 7.5

1. 정십각형의 경계를 기호 $abcdec^{-1}da^{-1}b^{-1}e^{-1}$가 나타내는 대로 붙여서 얻은 곡면은 무엇인가?

2. $2n$각형의 경계를 기호 $a_1a_2\cdots a_{n-1}a_na_1^{-1}a_2^{-1}\cdots a_{n-1}^{-1}a_n^{-1}$가 나타내는 대로 붙여 얻은 곡면은? ($n$이 짝수일 때와 홀수일 때를 나누어 생각하여라.)

3. 다음 그림이 나타내는 몫 공간을 S라 할 때, $\hat{S}$가 어떤 곡면인지를 밝히고, 이를 이용하여 S가 어떤 곡면인지를 밝혀라.

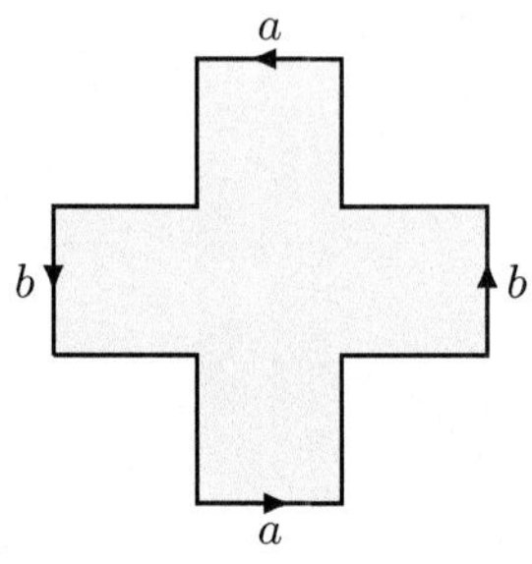

7.6 오일러 지표

앞 절에서 보았듯이 연결인 닫힌 곡면은 구면, 유한 개 원환면의 연결 합, 유한 개 사영 평면의 연결 합 중의 하나와 위상 동형이다. 그러나 이들 중 서로 다른 곡면이 서로 위상 동형이 아닌지는 아직 알 수 없다. 예를 들면, $n \neq m$에 대하여 n개 원환면의 연결 합과 m개 원환면의 연결 합이 위상 동형이 아님은 아직 확인할 수 없었다. 이를 위해 오일러 지표를 소개하기로 하자.

정의 7.6.1

S를 옹골 곡면이라 하자. S를 삼각 분할하여 생긴 꼭지점의 수가 v, 모서리의 수가 e, 면의 수가 f일 때, 다음과 같이 정의되는 정수 $\chi(S)$를 S의 **오일러 지표**라 한다.

$$\chi(S) = v - e + f$$

주어진 곡면의 삼각 분할은 무수히 많이 존재한다. 오일러 지표가 잘 정의되려면 같은 곡면에 대하여 다른 삼각 분할을 택하여도 $v - e + f$는 변함이 없어야 한다. 이러한 성질을 다음과 같이 살펴 볼 수 있다.

(1) 어떤 곡면의 주어진 삼각 분할에 대하여 꼭지점과 모서리를 첨가하여 곡면을 더 잘게 삼각 분할 할 수 있다. 이렇게 더 잘게 삼각 분할 하여도 $v - e + f$는 변하지 않음을 보일 수 있다. 그림 7.46에서 오일러 지표는 모두 1이다.

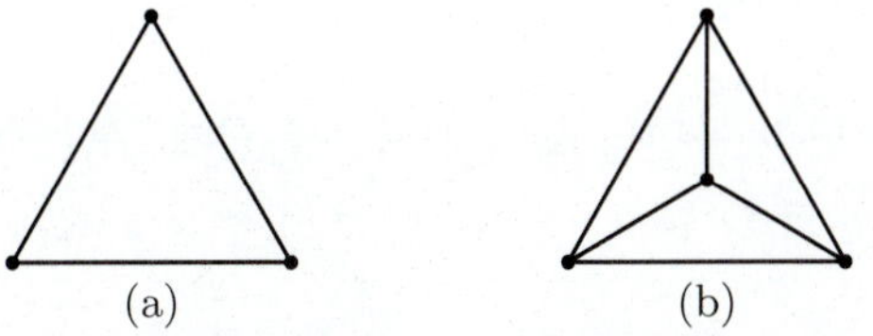

(a) (b)

그림 7.46: 세분할

(2) 한 곡면의 서로 다른 삼각 분할에 대하여 두 삼각 분할에 있는 꼭지점과 모서리를 모두 포함하는, 즉 두 주어진 삼각 분할보다 더 잘게 된 삼각 분할이 존재함을 보일 수 있다. 그림 7.47에서 (c)는 (a)와 (b)의 공통 세분할이다.

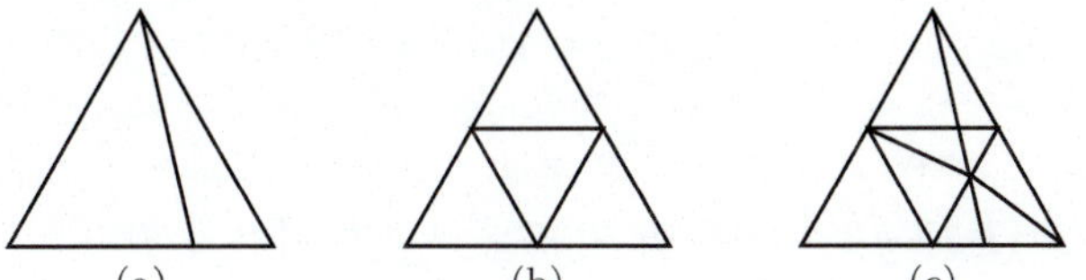

(a) (b) (c)

그림 7.47: 공통 세분할

이 두 사실을 결합하면 오일러 지표는 삼각 분할과 무관하게 늘 일정하게 정의된다.

곡면 S가 원판의 몫 공간으로 표현된다는 사실을 이용하면 곡면을 쉽게 삼각 분할 할 수 있다. 그림 7.48은 구면, 원환면, 사영 평면의 삼각 분할이다.

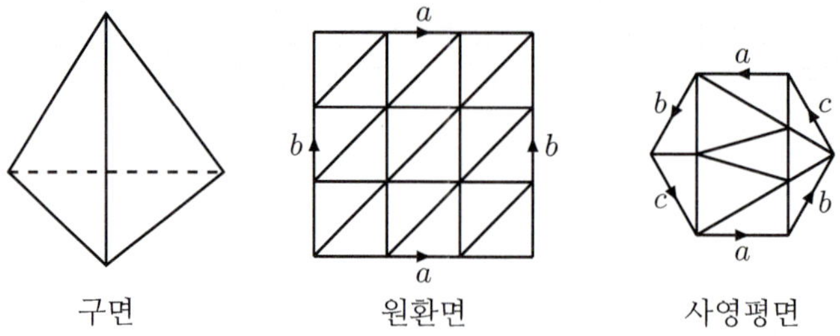

그림 7.48: 곡면의 삼각화

그림 7.48을 이용하여 구면 S^2, 원환면 T, 사영 평면 P의 오일러 지표를 구하면 다음과 같다.

$$\chi(S^2) = 2, \quad \chi(T) = 0, \quad \chi(P) = 1$$

문제 7.6.1 원통 $S^1 \times I$, 뫼비우스 띠 그리고 클라인 병의 오일러 지표를 구하라.

문제 7.6.2 두 곡면 S_1, S_2가 위상 동형이면 이들의 오일러 지표는 일치함을 보여라.

다음 정리를 이용하면 닫힌 곡면의 오일러 지표를 쉽게 구할 수 있다.

정리 7.6.2

S_1과 S_2가 곡면일 때 S_1과 S_2의 연결 합 $S_1\#S_2$의 오일러 지표는 다음을 만족한다.

$$\chi(S_1\#S_2) = \chi(S_1) + \chi(S_2) - 2$$

증명 S_1과 S_2가 삼각 분할 되었다고 하자. $S_1\#S_2$는 S_1과 S_2에서 각각 삼각형을 하나씩 잘라내고 삼각형의 경계에 따라 두 곡면을 붙여서 얻을 수 있다. 이 과정에서 모서리는 3개, 꼭지점도 3개, 면은 2개 줄어든다. 따라서 다음이 성립한다.

$$\chi(S_1\#S_2) = \chi(S_1) + \chi(S_2) - 2$$ □

보기 7.6.3

$T\#T$, $P\#P$ 그리고 $T\#T\#T$의 오일러 지표를 구하면 다음과 같다.

$$\chi(T\#T) = \chi(T) + \chi(T) - 2 = -2,$$
$$\chi(P\#P) = \chi(P) + \chi(P) - 2 = 0,$$
$$\chi(T\#T\#T) = \chi(T\#T) + \chi(T) - 2 = -2 + 0 - 2 = -4$$

문제 7.6.3 n개 원환면의 연결 합과 m개 사영 평면의 연결 합의 오일러 지표를 구하라.

문제 7.6.2와 위 문제를 이용하면 다음 정리를 얻을 수 있다.

정리 7.6.4

두 연결인 닫힌 곡면 S_1과 S_2에 대한 다음 두 명제는 동치이다.

(a) S_1과 S_2가 위상 동형이다.

(b) $\chi(S_1) = \chi(S_2)$이고 두 곡면 S_1과 S_2가 모두 가향 곡면이거나 비가향 곡면이다.

위 정리에 따르면 주어진 연결인 닫힌 곡면의 오일러 지표와 가향 여부만 알면 주어진 곡면이 어떤 곡면인지를 알 수 있다. 예를 들어, 가향 곡면이고 오일러 지표가 -4인 연결인 닫힌 곡면은 원환면 3개의 연결 합이다.

n개 원환면의 연결합 또는 n개 사영 평면의 연결 합에서 n을 그 곡면 S의 **종수**라 하고 $g(S) = n$으로 나타낸다. 또한 구면의 종수는 0이라 정의한다. 즉, $g(S^2) = 0$이다. 닫힌 곡면 S의 종수 $g(S)$와 오일러 지표 $\chi(S)$ 사이에는 다음 관계가 성립한다.

$$g(S) = \begin{cases} \dfrac{2-\chi(S)}{2}, & S\text{가 가향 곡면} \\ 2-\chi(S), & S\text{가 비가향 곡면} \end{cases}$$

이로부터 오일러 지표와 마찬가지로 주어진 연결인 닫힌 곡면의 종수와 가향 여부를 알면 그 곡면이 어떤 곡면인지를 알 수 있다.

연습 문제 7.6

1. 아래의 두 곡면은 서로 위상 동형인가?

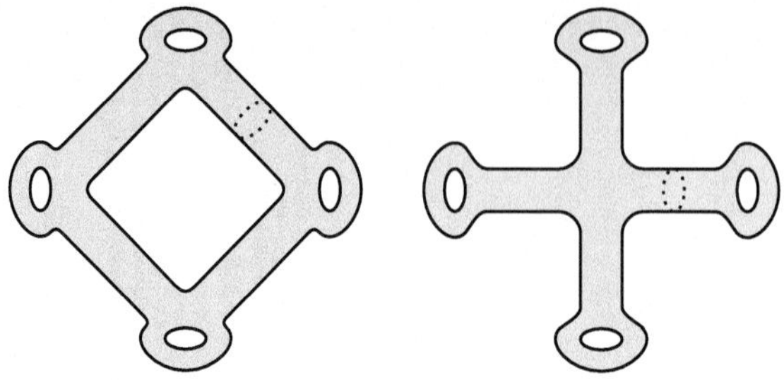

2. 삼각 분할된 닫힌 곡면 S에 대하여 꼭지점의 수를 v, 모서리의 수를 e, 삼각형의 수를 f라 할 때, 다음이 성립함을 보여라. (단, $S \not\approx S^2$)

$$3f = 2e,$$
$$e = 3(v - \chi(S)),$$
$$v^2 - 7v + 6\chi(S) \geq 0 \quad (\text{“=”} \Leftrightarrow S = P)$$

3. 두 개 원환면의 연결 합에서 다섯 개의 원판을 잘라내어 얻은 옹골 곡면의 오일러 지표를 찾아라.

4. S가 경계가 4개의 원으로 이루어져있고 $\chi(S) = -13$인 비가향 옹골 연결 곡면일 때, S는 어떤 곡면인가?

5. 정다면체는 정사면체, 정육면체, 정팔면체, 정십이면체, 정이십면체 뿐임을 증명하여라.

풀이

제1장 풀이

1장 1절

문제 1.1.1. $n = 0$, 즉 $A = \varnothing$이면 $\mathcal{P}(A) = \{\varnothing\}$이므로 부분 집합은 1개이므로 성립한다.

$n = 1$일 때, 즉 $A = \{a\}$라 하면 $\mathcal{P}(A) = \{\varnothing, A\}$이므로 성립한다.

이제 원소의 개수가 n개인 집합의 멱집합의 원소가 2^n개라고 가정하고 집합 A의 원소가 $n+1$개라고 하자. 그러면 A의 원소 중 하나 a를 택하면 a를 포함하지 않는 A의 부분 집합의 개수는 가정에 의하여 2^n개이고 a를 포함하는 A의 부분 집합의 개수도 가정에 의하여 2^n개이다. 따라서 A의 부분 집합의 개수는 $2 \times 2^n = 2^{n+1}$이므로 증명이 끝났다.

문제 1.1.2. (1) $B \subset A \cup B$는 자명하고 $A \cup B \subset B$를 증명하자. 임의의 $x \in A \cup B$에 대하여 $x \in A$ 또는 $x \in B$인데 $x \in A$이면 $A \subset B$이므로 $x \in B$가 되어 어떠한 경우라도 $x \in B$임이 증명되었다.

(2) $A \cap B \subset A$는 자명하고 $A \subset A \cap B$를 증명하자. 임의의 $x \in A$에 대하여 $A \subset B$이므로 $x \in B$가 되어 $x \in A \cap B$이다.

문제 1.1.3. (1)

$$\begin{aligned} x \in A \cap (B \cup C) &\Leftrightarrow x \in A \text{ 그리고 } x \in B \cup C \\ &\Leftrightarrow x \in A \text{ 그리고 } (x \in B \text{ 또는 } x \in C) \\ &\Leftrightarrow (x \in A \text{ 그리고 } x \in B) \text{ 또는 } (x \in A \text{ 그리고 } x \in C) \\ &\Leftrightarrow x \in (A \cap B) \cup (A \cap C) \end{aligned}$$

(2)

$$\begin{aligned} x \in A \cup (B \cap C) &\Leftrightarrow x \in A \text{ 또는 } x \in B \cap C \\ &\Leftrightarrow x \in A \text{ 또는 } (x \in B \text{ 그리고 } x \in C) \\ &\Leftrightarrow (x \in A \text{ 또는 } x \in B) \text{ 그리고 } (x \in A \text{ 또는 } x \in C) \\ &\Leftrightarrow x \in (A \cup B) \cap (A \cup C) \end{aligned}$$

문제 1.1.4. ($\Rightarrow$) $x \in B^c$이면 $x \notin B$이고 가정에 의하여 $x \notin A$이므로 $x \in A^c$이다.

($\Leftarrow$) $x \in A$이면 $x \notin A^c$이고 가정에 의하여 $x \notin B^c$이므로 $x \in B$이다.

문제 1.1.5.

$$\begin{aligned} x \in (A \cap B)^c &\Leftrightarrow x \notin A \cap B \\ &\Leftrightarrow x \notin A \text{ 또는 } x \notin B \\ &\Leftrightarrow x \in A^c \text{ 또는 } x \in B^c \\ &\Leftrightarrow x \in A^c \cup B^c \end{aligned}$$

문제 1.1.6.

$$\begin{aligned} x \in G \bigcap \Big(\bigcup_{\gamma \in \Gamma} A_\gamma \Big) &\Leftrightarrow x \in G \text{ 그리고 } x \in \bigcup_{\gamma \in \Gamma} A_\gamma \\ &\Leftrightarrow x \in G \text{ 그리고 (} x \in A_\gamma\text{인 } \gamma \in \Gamma\text{가 존재한다.)} \\ &\Leftrightarrow x \in G \bigcap A_\gamma\text{인 } \gamma \in \Gamma\text{가 존재한다.} \\ &\Leftrightarrow x \in \bigcup_{\gamma \in \Gamma} (G \bigcap A_\gamma) \end{aligned}$$

$$\begin{aligned} x \in G \bigcup \Big(\bigcap_{\gamma \in \Gamma} A_\gamma \Big) &\Leftrightarrow x \in G \text{ 또는 } x \in \bigcap_{\gamma \in \Gamma} A_\gamma \\ &\Leftrightarrow x \in G \text{ 또는 (모든 } \gamma \in \Gamma\text{에 대하여 } x \in A_\gamma) \\ &\Leftrightarrow \text{모든 } \gamma \in \Gamma\text{에 대하여 } x \in G \bigcup A_\gamma \\ &\Leftrightarrow x \in \bigcap_{\gamma \in \Gamma} (G \bigcup A_\gamma) \end{aligned}$$

문제 1.1.7. (b)

$$\begin{aligned} (x, y) \in A \times (B \cup C) &\Leftrightarrow x \in A,\ y \in B \cup C \\ &\Leftrightarrow x \in A,\ (y \in B \text{ 또는 } y \in C) \\ &\Leftrightarrow (x, y) \in A \times B \text{ 또는 } (x, y) \in A \times C \\ &\Leftrightarrow (x, y) \in (A \times B) \cup (A \times C) \end{aligned}$$

(c)

$$\begin{aligned} (x, y) \in A \times (B - C) &\Leftrightarrow x \in A,\ y \in B - C \\ &\Leftrightarrow x \in A,\ (y \in B \text{ 그리고 } y \notin C) \\ &\Leftrightarrow (x, y) \in A \times B \text{ 그리고 } (x, y) \notin A \times C \\ &\Leftrightarrow (x, y) \in (A \times B) - (A \times C) \end{aligned}$$

문제 1.1.8.

$$\begin{aligned}(x,y)\in(A\cup C)\times(B\cup D) &\Leftrightarrow x\in A\cup C,\ y\in B\cup D\\ &\Leftrightarrow (x\in A \text{ 또는 } x\in C) \text{ 그리고 } (y\in B \text{ 또는 } y\in D)\\ &\Leftrightarrow (x\in A, y\in B) \text{ 또는 } (x\in A, y\in D)\\ &\quad \text{또는 } (x\in C, y\in B) \text{ 또는 } (x\in C, y\in D)\\ &\Leftrightarrow (x,y)\in(A\times B)\cup(C\times D)\cup(A\times D)\cup(C\times B)\end{aligned}$$

문제 1.1.9. 정의로부터 쉽게 증명할 수 있으므로 독자에게 맡긴다.

연습 문제 1.1

1. (1) 임의의 $x\in A\cup C$에 대하여 $x\in A$ 또는 $x\in C$인데 $x\in A$이면 $A\subset B$이므로 $x\in B$이고 $x\in C$이면 $C\subset D$이므로 $x\in D$이다. 따라서 $x\in B\cup D$이다.
   (2) 임의의 $x\in A\cap C$에 대하여 $x\in A$, $x\in C$인데 $A\subset B$, $C\subset D$이므로 $x\in C$, $x\in D$이다. 따라서 $x\in B\cap D$이다.

2. (1) $A\cap(B-C)=A\cap(B\cap C^c)=(A\cap B)\cap C^c=(A\cap B)-C$
   (2) $(A\cup B)-C=(A\cup B)\cap C^c=(A\cap C^c)\cup(B\cap C^c)=(A-C)\cup(B-C)$
   (3) $\bigcap_{\gamma\in\Gamma}(A-B_\gamma)=\bigcap_{\gamma\in\Gamma}(A\cap B_\gamma^c)=A\cap\left(\bigcap_{\gamma\in\Gamma}B_\gamma^c\right)=A\cap\left(\bigcup_{\gamma\in\Gamma}B_\gamma\right)^c=A-\left(\bigcup_{\gamma\in\Gamma}B_\gamma\right)$
   (4) $\bigcup_{\gamma\in\Gamma}(A-B_\gamma)=\bigcup_{\gamma\in\Gamma}(A\cap B_\gamma^c)=A\cap\left(\bigcup_{\gamma\in\Gamma}B_\gamma^c\right)=A\cap\left(\bigcap_{\gamma\in\Gamma}B_\gamma\right)^c=A-\left(\bigcap_{\gamma\in\Gamma}B_\gamma\right)$

3. (1), (2)는 정의로부터 자명하다.
   (3) $(A\Delta B)\Delta A=\{(A-B)\cup(B-A)\}\Delta A=[\{(A-B)\cup(B-A)\}-A]\cup[A-\{(A-B)\cup(B-A)\}]$ 이다. 여기서

$$\begin{aligned}\{(A-B)\cup(B-A)\}-A &=\{(A-B)-A\}\cup\{(B-A)-A\}\\ &=\varnothing\cup\{(B\cap A^c)\cap A^c\}\\ &=B\cap A^c,\end{aligned}$$

$$\begin{aligned}A-\{(A-B)\cup(B-A)\} &=\{A-(A-B)\}\cap\{A-(B-A)\}\\ &=A\cap(A\cap B^c)^c\cap A\cap(B\cap A^c)^c\\ &=A\cap(A^c\cap B)\cap(B^c\cup A)\\ &=\{(A\cap A^c)\cup(A\cap B)\}\cap(A\cup B^c)\\ &=A\cap B\cap(A\cup B^c)\\ &=(A\cap B\cap A)\cup(A\cap B\cap B^c)\\ &=(A\cap B)\cup\varnothing\\ &=A\cap B\end{aligned}$$

이므로 $(A\Delta B)\Delta A = (B\cap A^c)\cup(A\cap B) = B\cap(A\cup A^c) = B\cap U = B$이다.

(4) $A\Delta U = (A-U)\cup(U-A) = \varnothing\cup A^c = A^c$, $A\Delta A^c = (A-A^c)\cup(A^c-A) = A\cup A^c = U$

4. A와 B가 서로 소라고 가정하고, $A\times C$와 $B\times C$가 서로 소가 아니라고 하자. 그러면 $(x,y)\in(A\times C)\cap(B\times C)$를 만족하는 (x,y)가 존재한다. $x\in A\cap B$이므로 가정에 모순이다. 역으로 $A\times C$와 $B\times C$가 서로 소일 때, A와 B가 서로 소가 아니라고 가정하면 $x\in A\cap B$인 x가 존재하는데 $C=\{y\}$라 하면 $(x,y)\in(A\times C)\cap(B\times C)$가 되어 가정에 모순이다.

5. $(\Rightarrow)$ 임의의 $(x,y)\in A\times C$에 대하여 $x\in A\subset B$이고 $y\in C\subset D$이므로 $(x,y)\in B\times D$이다.
$(\Leftarrow)$ 임의의 $x\in A$와 $y\in C$에 대하여 $(x,y)\in A\times C\subset B\times D$이므로 $x\in C$이고 $y\in D$이다.

6.

$$\begin{aligned}
(x,y)\in(A^c\times Y)\cup(X\times B^c) &\Leftrightarrow (x,y)\in A^c\times Y \text{ 또는 } (x,y)\in X\times B^c\\
&\Leftrightarrow x\in A^c \text{ 또는 } y\in B^c\\
&\Leftrightarrow x\notin A \text{ 또는 } y\notin B\\
&\Leftrightarrow (x,y)\notin A\times B\\
&\Leftrightarrow (x,y)\in(A\times B)^c
\end{aligned}$$

7. 정답은 ②이다. $\displaystyle\bigcup_{n=1}^{\infty}(A_n-B_n)=\{x\in\mathbb{Z}\mid x<-1\}$이다.

1장 2절

문제 1.2.1. $\mathcal{R}=\{(1,9),(2,8),(3,7),(4,6),(5,5),(6,4),(7,3),(8,2),(9,1)\}$, $\mathrm{Dom}(\mathcal{R})=\mathrm{Ran}(\mathcal{R})=\{1,2,3,4,5,6,7,8,9\}$

문제 1.2.2. 대칭 관계와 역 관계의 정의로부터 자명하다.

문제 1.2.3. 독자에게 맡긴다.

문제 1.2.4. 임의의 실수 x,y,z에 대하여 (1) $x=x$이고 (2) $x=y$이면 $y=x$이고 (3) $x=y$, $y=z$이면 $x=z$이므로 동치 관계이다.

문제 1.2.5. (1) 독자에게 맡긴다.

(2) $\{X\},\{\{1\},\{2,3,4\}\},\{\{2\},\{1,3,4\}\},\{\{3\},\{1,2,4\}\},\{\{4\},\{1,2,3\}\},$
$\{\{1,2\},\{3,4\}\},\{\{1,3\},\{2,4\}\},\{\{1,4\},\{2,3\}\},\{\{1\},\{2\},\{3,4\}\},\{\{1\},\{3\},\{2,4\}\},\{\{1\},\{4\},\{2,3\}\},$
$\{\{2\},\{3\},\{1,4\}\},\{\{2\},\{4\},\{1,3\}\},\{\{3\},\{4\},\{1,2\}\},\{\{1\},\{2\},\{3\},\{4\}\}$

문제 1.2.6. 임의의 $x,y,z\in X$에 대하여 (1) $x(X/\mathcal{P})x$이고 (2) $x(X/\mathcal{P})y$이면 $y(X/\mathcal{P})x$이며 (3) $x(X/\mathcal{P})y$, $y(X/\mathcal{P})z$이면 $x,y\in A$이고 $y,z\in B$인 $\mathcal{P}$의 부분 집합 A,B가 존재하는데 $A\neq B$이면 $A\cap B=\varnothing$를 만족해야 한다. 그런데 $y\in A\cap B$이므로 $A=B$이다. 따라서 $x(X/\mathcal{P})z$가 성립한다.

문제 1.2.7. 독자에게 맡긴다.

연습 문제 1.2

1. 반사와 대칭 관계는 정의로부터 쉽게 보일 수 있으므로 추이 관계만 보이자.

$$(a,b) \sim (c,d), \quad (c,d) \sim (e,f) \Leftrightarrow \; ad = bc, \quad cf = de$$

$b \neq 0$이므로 $c = ad/b = de/f$인데, $d \neq 0$이므로 $a/b = e/f$, 즉 $af = be$이다. 따라서 $(a,b) \sim (e,f)$이다.

2. (1) $\{a,b\} \cup \{c\} \cup \{d,e\} = X$이고, $\{a,b\} \cap \{c\} = \{c\} \cap \{d,e\} = \{a,b\} \cap \{d,e\} = \varnothing$이므로 분할이다.
   (2) $\{(a,a),(a,b),(b,a),(b,b)\}, \{(c,c)\}, \{(d,d),(d,e),(e,d),(e,e)\}$
   (3) $[a] = [b] = \{a,b\}, [c] = \{c\}, [d] = [e] = \{d,e\}$

3. 정리 1.2.9와 문제 5에 의하여 성립한다.

4. 독자에게 맡긴다.

5. ④

6. ④

1장 3절

문제 1.3.1. 독자에게 맡긴다.

문제 1.3.2. (d)

$$\begin{aligned} x \in f^{-1}(C) &\Rightarrow f(x) \in C \\ &\Rightarrow f(x) \in D \\ &\Rightarrow x \in f^{-1}(C) \end{aligned}$$

(f)

$$\begin{aligned} x \in f^{-1}(C \cup D) &\Leftrightarrow f(x) \in C \cup D \\ &\Leftrightarrow f(x) \in C \text{ 또는 } f(x) \in D \\ &\Leftrightarrow x \in f^{-1}(C) \text{ 또는 } x \in f^{-1}(D) \\ &\Leftrightarrow x \in f^{-1}(C) \cup f^{-1}(D) \end{aligned}$$

$$x \in f^{-1}(A \cap B) \Leftrightarrow f(x) \in A \cap B$$

$$
\begin{aligned}
&\Leftrightarrow\ f(x)\in A \text{ 그리고 } f(x)\in B\\
&\Leftrightarrow\ x\in f^{-1}(A) \text{ 그리고 } x\in f^{-1}(B)\\
&\Leftrightarrow\ x\in f^{-1}(A)\cap f^{-1}(B)
\end{aligned}
$$

(e) 두 번째 식

$$
\begin{aligned}
y\in f\big(A\cap B\big) &\Leftrightarrow\ A\cap B\text{의 원소 } x\text{가 존재하여}\quad y=f(x)\\
&\Leftrightarrow\ x\in A \text{ 그리고 } x\in B\text{이고}\quad y=f(x)\\
&\Rightarrow\ y\in f(A) \text{ 그리고 } y\in f(B)\\
&\Leftrightarrow\ y\in f(A)\cap f(B)
\end{aligned}
$$

문제 1.3.3. 독자에게 맡긴다.

문제 1.3.4. $X=Y=\{1,2\}$, $f(1)=f(2)=1$, $A=\{1\}$, $B=\{2\}$라 하면 등호가 성립하지 않는다.

문제 1.3.5. 정의에 의해 바로 보일 수 있다. 독자에게 맡긴다.

연습 문제 1.3

1. (1)

$$
\begin{aligned}
x\in f^{-1}(B^c) &\Leftrightarrow\ f(x)\in B^c\\
&\Leftrightarrow\ f(x)\notin B\\
&\Leftrightarrow\ x\notin f^{-1}(B)\\
&\Leftrightarrow\ x\in[f^{-1}(B)]^c
\end{aligned}
$$

(2) $X=Y=\{1,2\}$, $f(1)=f(2)=1$, $A=\{1\}$이라 하면 포함 관계가 성립하지 않는다.

2. (1) 임의의 $y\in[f(A)]^c$에 대하여 $y\notin f(A)$인데, f가 전사이므로 $f(x)=y$인 $x\in A^c$가 존재한다. 따라서 $f(x)=y\in f(A^c)$이다.
(2) ($f(f^{-1}(B))\subseteq B$) 임의의 $y\in f(f^{-1}(B))$에 대하여 f가 전사이므로 $f(x)=y$인 $x\in X$가 존재한다. 즉, $f(x)=y\in f(f^{-1}(B))$이므로 $x\in f^{-1}(B)$이고 $f(x)=y\in B$이다.
($B\subseteq f(f^{-1}(B))$) 임의의 $y\in B$에 대하여 f가 전사이므로 $f(x)=y$인 $x\in X$가 존재한다. 즉, $f(x)=y\in B$이므로 $x\in f^{-1}(B)$이다. 따라서 $f(x)=y\in f(f^{-1}(B))$이다.

3. 독자에게 맡긴다.

4. 독자에게 맡긴다.

5. 독자에게 맡긴다.

6. 독자에게 맡긴다.

7. ③

1장 4절

문제 1.4.1. 독자에게 맡긴다.

문제 1.4.2. 독자에게 맡긴다.

문제 1.4.3. 독자에게 맡긴다.

문제 1.4.4. 독자에게 맡긴다.

연습 문제 1.4

1. 독자에게 맡긴다.
2. 독자에게 맡긴다.
3. 독자에게 맡긴다.
4. 독자에게 맡긴다.
5. 독자에게 맡긴다.
6. 독자에게 맡긴다.
7. 독자에게 맡긴다.
8. 독자에게 맡긴다.

1장 5절

문제 1.5.1. 독자에게 맡긴다.

문제 1.5.2. 독자에게 맡긴다.

문제 1.5.3. 독자에게 맡긴다.

문제 1.5.4. 독자에게 맡긴다.

문제 1.5.5. 임의의 $x, y \in \bigcup_{A \in \mathcal{T}} A$에 대하여 $x \in A$, $x \in B$인 $A, B (\in \mathcal{T})$가 존재한다. 그런데 $\mathcal{T}$가 Φ의 사슬이므로 $A \subset B$이거나 $B \subset A$이다. 일반성을 잃지 않고 $A \subset B$라 하자. 그러면 $x, y \in B$이다. 그런데 $B \in \Phi$이므로 B는 X의 사슬이다. 따라서 $x \leq y$이거나 $y \leq x$이다. 그러므로 $\bigcup_{A \in \mathcal{T}} A$은 X의 사슬이다.

문제 1.5.6. 독자에게 맡긴다.

연습 문제 1.5

1. 독자에게 맡긴다.

2. 독자에게 맡긴다.

3. 독자에게 맡긴다.

4. 독자에게 맡긴다.

5. 독자에게 맡긴다.

제2장 풀이

2장 1절

문제 2.1.1. (1), (2), (3), (4)는 각각 다음과 같이 열린 구간들의 합집합으로 쓸 수 있다.

$$\begin{aligned}\mathbb{R} &= \bigcup_{n\in\mathbb{N}}(-n,n)\\ \mathbb{R}-\{1,2\} &= (-\infty,1)\cup(1,2)\cup(2,\infty)\\ \{x\in\mathbb{R}\mid x^2>9\} &= (-\infty,-3)\cup(3,\infty)\\ \mathbb{R}-[0,1] &= (-\infty,0)\cup(1,\infty)\end{aligned}$$

따라서 (1), (2), (3), (4)는 $\mathbb{R}$의 열린 집합이다.

문제 2.1.2. (1) 유리수의 조밀성에 의해 임의의 무리수 $x\in\mathbb{R}-\mathbb{Q}$에 대해

$$x\in(x-r,x+r)\subset\mathbb{R}-\mathbb{Q}$$

인 양의 실수 r이 존재하지 않으므로 $\mathbb{R}-\mathbb{Q}$는 $\mathbb{R}$의 열린 집합이 아니다.

(2) $1\in\bigcap_{n=1}^{\infty}\left(-1-\frac{1}{n},\ 1+\frac{1}{n}\right)$인데 $1\in(a,b)\subset\bigcap_{n=1}^{\infty}\left(-1-\frac{1}{n},\ 1+\frac{1}{n}\right)$을 만족하는 열린 구간 (a,b)가 존재하지 않으므로 열린 집합이 아니다.

문제 2.1.3. $A\cap B=\varnothing$이면 정의에 의해 $A\cap B$는 열린 집합이다. $A\cap B\neq\varnothing$이라 하자. 임의의 $x\in A\cap B$에 대하여 A와 B가 모두 열린집합이므로 $x\in(a_1,a_2)\subset A$, $x\in(b_1,b_2)\subset B$인 두 열린 구간 (a_1,a_2)와 (b_1,b_2)가 존재한다. $c=\max\{a_1,b_1\}$, $d=\min\{a_2,b_2\}$라 하면 $x\in(c,d)\subset A\cap B$이므로 $A\cap B$는 열린 집합이다.

문제 2.1.4. 집합 $X=\{1,2,3\}$의 위상은 다음과 같이 총 29개가 존재한다.

$$\begin{aligned}
2 &: \mathfrak{I}=\{X,\varnothing\},\\
3 &: \{X,\varnothing,\{1\}\},\{X,\varnothing,\{2\}\},\{X,\varnothing,\{3\}\},\\
&\quad \{X,\varnothing,\{1,2\}\},\{X,\varnothing,\{1,3\}\},\{X,\varnothing,\{2,3\}\},\\
4 &: \{X,\varnothing,\{1\},\{1,2\}\},\{X,\varnothing,\{2\},\{1,2\}\},\\
&\quad \{X,\varnothing,\{3\},\{1,2\}\},\{X,\varnothing,\{1\},\{1,3\}\},\\
&\quad \{X,\varnothing,\{2\},\{1,3\}\},\{X,\varnothing,\{3\},\{1,3\}\},\\
&\quad \{X,\varnothing,\{1\},\{2,3\}\},\{X,\varnothing,\{2\},\{2,3\}\},\\
&\quad \{X,\varnothing,\{3\},\{2,3\}\},\\
5 &: \{X,\varnothing,\{1\},\{2\},\{1,2\}\},\{X,\varnothing,\{1\},\{3\},\{1,3\}\},\\
&\quad \{X,\varnothing,\{2\},\{3\},\{2,3\}\},\\
&\quad \{X,\varnothing,\{1\},\{1,2\},\{1,3\}\},\{X,\varnothing,\{2\},\{1,2\},\{2,3\}\},\\
&\quad \{X,\varnothing,\{3\},\{1,3\},\{2,3\}\},
\end{aligned}$$

$$\begin{aligned}6 : &\{X, \varnothing, \{1\}, \{2\}, \{1,2\}, \{1,3\}\}, \{X, \varnothing, \{1\}, \{2\}, \{1,2\}, \{2,3\}\},\\ &\{X, \varnothing, \{1\}, \{3\}, \{1,2\}, \{1,3\}\}, \{X, \varnothing, \{1\}, \{3\}, \{1,3\}, \{2,3\}\},\\ &\{X, \varnothing, \{2\}, \{3\}, \{1,2\}, \{2,3\}\}, \{X, \varnothing, \{2\}, \{3\}, \{1,3\}, \{2,3\}\},\\ 8 : &\mathcal{P}(X) = \{X, \varnothing, \{1\}, \{2\}, \{3\}, \{1,2\}, \{1,3\}, \{2,3\}\}\end{aligned}$$

문제 2.1.5. 예를 들면 다음 집합이 각각 열린 집합이다. $\mathbb{R}-\{1\}$, $\mathbb{R}-\mathbb{N}$, $\{1\}$

문제 2.1.6. 모든 위상은 이산 위상의 부분 집합이므로 여유한 위상도 이산 위상의 부분 집합이다. X의 임의의 부분 집합 U에 대하여 $U = X - U^c$인데 X가 유한 집합이므로 $X - U^c$도 유한 집합이다. 그러므로 U는 여유한 위상의 원소이다.

문제 2.1.7. $\mathcal{T}_f \subset \mathcal{T}_c$이다. 임의의 $U \in \mathcal{T}_f$에 대하여 $\mathbb{R}-U$는 유한 집합이므로 가산 집합이다. 따라서 $U \in \mathcal{T}_c$이다. $\mathbb{R}-\mathbb{N}$이 반례가 되어 역은 성립하지 않음을 알 수 있다.

문제 2.1.8.

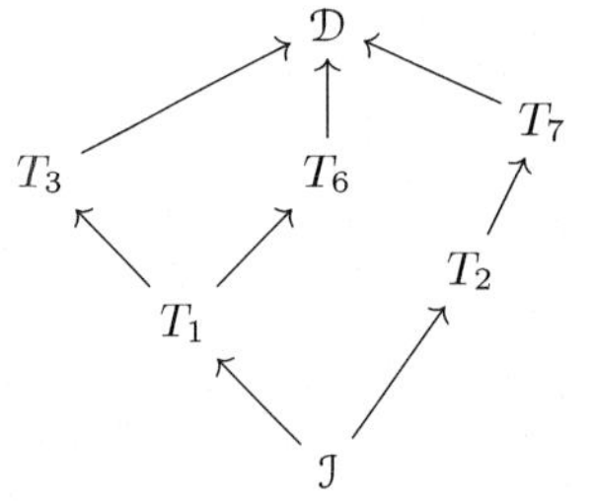

연습 문제 2.1

1. 먼저 $\mathcal{T}$가 X의 위상임을 보이면 다음과 같다.
   (a) 모든 $\alpha \in \Lambda$에 대해 $X, \varnothing \in \mathcal{T}_\alpha$이므로 $X, \varnothing \in \mathcal{T}$이다.
   (b) 임의의 $\gamma \in \Gamma$에 대해 $U_\gamma \in \mathcal{T}$이면 모든 $\alpha \in \Lambda$에 대해 $U_\gamma \in \mathcal{T}_\alpha$이므로 $\bigcup_{\gamma\in\Gamma} U_\gamma \in \mathcal{T}_\alpha$이다. 따라서 $\bigcup_{\gamma\in\Gamma} U_\gamma \in \mathcal{T}$이다.
   (c) $U, V \in \mathcal{T}$이면 모든 $\alpha \in \Lambda$에 대해 $U, V \in \mathcal{T}_\alpha$이므로 $U \cup V \in \mathcal{T}_\alpha$이다. 따라서 $U \cap V \in \mathcal{T}$이다.

   이제 $X = \{a, b, c\}$라 하고 두 위상 $\mathcal{T}_1$, $\mathcal{T}_2$가 다음과 같다고 하자.

$$\mathcal{T}_1 = \{X, \varnothing, \{a\}\}, \quad \mathcal{T}_2 = \{X, \varnothing, \{b\}\}$$

그러면 $\mathcal{S} = \mathcal{T}_1 \cup \mathcal{T}_2 = \{X, \varnothing, \{a\}, \{b\}\}$이다. 이때 $\{a\} \cup \{b\} = \{a, b\} \notin \mathcal{S}$이므로 $\mathcal{S}$는 X의 위상이 아니다.

2. (1)은 위상이지만 (2)는 $(-\infty, 1) \cap (0, \infty) = (0, 1) \notin \mathcal{T}$이므로 위상이 아니다.

3. (1) (a) $\mathbb{N}$, $\varnothing \in \mathcal{T}$
   (b) 임의의 두 자연수 m, n에 대하여 $m < n$이라 하면 $U_m \cap U_n = U_n \in \mathcal{T}$이다.

(c) 임의 자연수들의 집합 $\Lambda = \{k_\alpha\}$에 대하여 $m = \min \Lambda$라 하면 다음을 얻는다.

$$\bigcup_\alpha U_{k_\alpha} = U_m \in \mathfrak{T}$$

따라서 $\mathfrak{T}$는 $\mathbb{N}$의 위상이다.

(2) $\Lambda = \{r \in \mathbb{Q} \mid r < \sqrt{2}\}$라 하고 $V = \bigcup_{r \in \Lambda} V_r$이라 하자. 이때 어떤 유리수 q에 대하여 $V = V_q$라 하면 $q < \sqrt{2}$일 수 없고 $q > \sqrt{2}$일 수도 없다. 따라서 $V \notin \mathfrak{T}$가 되어 $\mathfrak{T}$는 $\mathbb{Q}$의 위상이 아니다.

4. (a) $\varnothing, X \in \mathfrak{T}$이므로 $\varnothing \in \tilde{\mathfrak{T}}$이고 $Y = X \cup \{y\} \in \tilde{\mathfrak{T}}$이다.

(b) 임의의 $A, B (\in \tilde{\mathfrak{T}})$에 대하여 먼저 $A, B \in \mathfrak{T}$이면 $A \cap B \in \mathfrak{T} \subset \tilde{\mathfrak{T}}$이다. $A \in \mathfrak{T}$이고 어떤 $V \in \mathfrak{T}$에 대하여 $B = V \cup \{y\}$라 하면 $A \cap B = A \cap V \in \mathfrak{T} \subset \tilde{\mathfrak{T}}$이다. 이제 $V_1, V_2 \in \mathfrak{T}$에 대하여 $A = V_1 \cup \{y\}$, $B = V_2 \cup \{y\}$라 하면 $A \cap B = (V_1 \cap V_2) \cup \{y\}$이다. $V_1 \cap V_2 \in \mathfrak{T}$이므로 $A \cap B \in \tilde{\mathfrak{T}}$이다.

(c) 주어진 지표 집합 Λ에 대하여 $\alpha \in \Lambda$이면 $A_\alpha \in \tilde{\mathfrak{T}}$라 하자. 먼저 모든 $\alpha \in \Lambda$에 대하여 $A_\alpha \in \mathfrak{T}$이면 $\bigcup_{\alpha \in \Lambda} A_\alpha \in \mathfrak{T} \subset \tilde{\mathfrak{T}}$이다. 이제 $\Lambda = \Lambda_0 \cup \Lambda_1$이고, $\beta \in \Lambda_0$이면 $A_\beta \in \mathfrak{T}$, $\gamma \in \Lambda_1$이면 $A_\gamma \notin \mathfrak{T}$라 하자. 그러면 모든 $\gamma \in \Lambda_1$에 대하여 $A_\gamma = V_\gamma \cup \{y\}$인 $V_\gamma (\in \mathfrak{T})$가 존재한다. 그리고 다음을 얻는다.

$$\bigcup_{\alpha \in \Lambda} A_\alpha = \left(\bigcup_{\beta \in \Lambda_0} A_\beta \right) \cup \left(\bigcup_{\gamma \in \Lambda_1} V_\gamma \cup \{y\} \right) = \left(\left[\bigcup_{\beta \in \Lambda_0} A_\beta \right] \cup \left[\bigcup_{\gamma \in \Lambda_1} V_\gamma \right] \right) \cup \{y\}$$

여기서 $\left[\bigcup_{\beta \in \Lambda_0} A_\beta\right] \cup \left[\bigcup_{\gamma \in \Lambda_1} V_\gamma\right] \in \mathfrak{T}$이므로 $\bigcup_{\alpha \in \Lambda} A_\alpha \in \tilde{\mathfrak{T}}$이다.

위의 세 가지로부터 $\tilde{\mathfrak{T}}$가 Y의 위상이다.

5. 독자에게 맡긴다.

6. 독자에게 맡긴다.

7. 독자에게 맡긴다.

2장 2절

문제 2.2.1. $\{a,b\}, \{a,b,c\}, \{a,b,d\}, \{a,b,e\}, \{a,b,c,d\}, \{a,b,c,e\}, \{a,b,d,e\}, X$

문제 2.2.2. (1) $\mathbb{R} - \mathbb{Z} = \bigcup_{n \in \mathbb{Z}} (n, n+1)$이므로 $\mathbb{R} - \mathbb{Z}$는 열린 집합이고 $\mathbb{Z}$는 닫힌 집합이다.

(2) $\mathbb{R} - \mathbb{Q}$가 열린 집합이 아니므로 $\mathbb{Q}$는 닫힌 집합이 아니다.

(3) $\mathbb{Q}$가 열린 집합이 아니므로 $\mathbb{R} - \mathbb{Q}$는 닫힌 집합이 아니다.

(4) $\mathbb{R} - A$가 열린 집합이 아니므로 A는 닫힌 집합이 아니다.

문제 2.2.3. (1) 닫열집합: $X, \varnothing, \{a\}, \{b,c,d,e\}$

(2) 열린 집합도 닫힌 집합도 아닌 집합: $\{a,b\}, \{d,e\}, \ldots$

연습 문제 2.2

1. U가 p의 근방이라면 열린 집합 O가 존재하여 $p \in O \subset U$를 만족한다. 이때 $X - O$가 유한 집합이고 $X - U \subset X - O$이므로 $X - U$는 유한 집합이다. 따라서 U는 열린 집합이다.

2. 독자에게 맡긴다.

3. A를 $\mathbb{R}$의 유한 집합이라 하자. 즉 A가 다음과 같다고 하자.

$$A = \{a_1, a_2, \ldots a_n\} \quad \text{그리고} \quad a_1 < a_2 < \cdots < a_n$$

그러면 $\mathbb{R} - A = (-\infty, a_1) \cup \left[\bigcup_{i=1}^{n-1}(a_i, a_{i+1})\right] \cup (a_n, \infty)$이므로 열린 집합이다. 따라서 A는 닫힌 집합이다.

4. 이산 공간에서는 임의의 집합이 열린 집합이므로 임의의 집합이 닫힌 집합이다. 따라서 이산 공간에서는 임의의 집합이 닫열 집합이다

5. 독자에게 맡긴다.

6. 독자에게 맡긴다.

7. 주어진 $N(x)$에 대한 정보로부터 다음을 알 수 있다.

- a를 포함하는 가장 작은 열린 집합은 $\{a, c\}$
- b를 포함하는 가장 작은 열린 집합은 $\{b, c\}$
- c를 포함하는 가장 작은 열린 집합은 $\{c\}$
- d를 포함하는 가장 작은 열린 집합은 X

따라서 $\{a, c\}, \{a, b, c\} \in \mathcal{T}$이고 $\{a, b\}, \{a, c, d\} \notin \mathcal{T}$임을 알 수 있다.

2장 3절

문제 2.3.1. $\{\{c\}, \{c, d\}, \{a, b, c\}, \{c, d, e\}, \{a, b, c, e\}\}$

문제 2.3.2. (1) 독자에게 맡긴다.

(2) 먼저 $\mathcal{B}_2$가 열린 구간들의 모임이므로 $(\mathbb{R}, \mathcal{U})$의 열린 집합들로 이루어진 모임이다. 기저임을 보이기 위해 다음과 같이 정리 2.3.3의 조건을 만족함을 보이자.

$\mathcal{U}$의 임의의 열린 집합 U와 임의의 $x \in U$에 대해, 어떤 열린 구간 (c, d)가 있어서 다음을 만족한다.

$$x \in (c, d) \subset U$$

그러면 $\min\{x - c,\ d - x\} > 1/n$과 $n \geq 2$를 만족하는 $n \in \mathbb{N}$이 존재하여 다음이 성립한다.

$$x \in (x - 1/n,\ x + 1/n) \subset (c, d) \subset U$$

이때 $x - 1/n = a,\ x + 1/n = b$라 하면 $0 < b - a < 1$을 만족한다. 따라서 정리 2.3.3으로부터 $\mathcal{B}_2$가 보통 위상 공간 $\mathbb{R}$에 대한 기저이다.

문제 2.3.3. (a) $\mathcal{B}$의 조건 (i)로부터 $X \in \mathcal{T}(\mathcal{B})$이고 정의로부터 $\varnothing \in \mathcal{T}(\mathcal{B})$이다.

(b) $U, V \in \mathcal{T}(\mathcal{B})$라 하면 U, V는 다음과 같이 나타낼 수 있다.

$$U = \bigcup_{\alpha \in \Lambda_1} B_\alpha, \ V = \bigcup_{\beta \in \Lambda_2} B_\beta, \quad B_\alpha, B_\beta \in \mathcal{B}$$

그러면 $U \cap V$는 다음과 같다.

$$U \cap V = [\bigcup_{\alpha \in \Lambda_1} B_\alpha] \cap [\bigcup_{\beta \in \Lambda_2} B_\beta] = \bigcup_{\alpha \in \Lambda_1, \beta \in \Lambda_2} B_\alpha \cap B_\beta$$

이때 $B_\alpha \cap B_\beta$가 열린 집합이므로 $U \cap V \in \mathcal{T}(\mathcal{B})$이다.

(c) $V_\gamma \in \mathcal{T}(\mathcal{B})$라 하면($\gamma \in \Gamma$), $V_\gamma = \bigcup_{\alpha \in \Lambda_\gamma} B_\alpha$이고

$$\bigcup_{\gamma \in \Gamma} V_\gamma = \bigcup_{\alpha \in \Lambda_\gamma, \gamma \in \Gamma} B_\alpha$$

이므로 열린 집합이다.

문제 2.3.4. (a) $\bigcup_{n \in \mathbb{N}} [-n, n) = \mathbb{R}$

(b) $B_1 = [a_1, b_1), \ B_2 = [a_2, b_2) \in \mathcal{B}$에 대해 $B_1 \cap B_2 \neq \varnothing$이라 하면 다음을 얻는다.

$$B_1 \cap B_2 = [a, b), \quad a = \max\{a_1, a_2\}, \ b = \min\{b_1, b_2\}$$

여기서 $B_1 \cap B_2 \in \mathcal{B}$이므로 조건이 성립한다.

위 두 조건을 모두 만족하므로 $\mathcal{B}$는 실수 집합 $\mathbb{R}$의 어떤 위상에 대한 기저이다.

문제 2.3.5. $B_1 = (-1, 1), \ B_2 = (0, 2)$라 하면 $B_1 \cap B_2 = (0, 1)$이므로 $B_1 \cap B_2$의 구간의 길이가 2이다. 따라서 $B \subset B_1 \cap B_2$인 $B = (x-1, \ x+1)$가 존재할 수 없으므로 $\{(x-1, \ x+1) \mid x \in \mathbb{R}\}$은 기저가 아니다.

문제 2.3.6. 독자에게 맡긴다.

문제 2.3.7. 임의의 $(a, b) \in \mathcal{U}$와 임의의 $x \in (a, b)$에 대해 $[x, b) \in \mathcal{H}$이고 $x \in [x, b) \subset (a, b)$가 성립하므로 $\mathcal{U} \subset \mathcal{H}$이다. 하지만 $\mathcal{H} \not\subset \mathcal{U}$인데, $[x, b) \in \mathcal{H}$에 대해 $x \in (c, d) \subset [x, b)$를 만족하는 $(c, d) \in \mathcal{U}$는 존재하지 않기 때문이다.

문제 2.3.8. $\Sigma = \{(-\infty, a), \ [b, \infty) \mid a, b \in \mathbb{R}\}$

문제 2.3.9. $\tilde{\mathcal{T}}$를 Σ를 포함하는 위상이라 하자. 임의의 $G \in \mathcal{T}(\Sigma)$에 대하여 $G = \bigcup_i (S_{i1} \cap \ldots \cap S_{in})$이고(단, $S_{ik} \in \Sigma$) $\Sigma \subset \tilde{\mathcal{T}}$이므로 $S_{ik} \in \tilde{\mathcal{T}}$이다. $\tilde{\mathcal{T}}$가 위상이므로 $S_{i1} \cap \ldots \cap S_{in} \in \tilde{\mathcal{T}}$이고 $G = \bigcup_i (S_{i1} \cap \ldots \cap S_{in}) \in \tilde{\mathcal{T}}$이다.

문제 2.3.10. $\mathcal{T}(\Sigma_1) = \{X, \varnothing\}$, $\mathcal{T}(\Sigma_2) = \{X, \emptyset, \{1\}\}$,

$\mathcal{T}(\Sigma_3) = \{X, \varnothing, \{1\}, \{2\}, \{1, 2\}, \{2, 3\}\}$,

$\mathcal{T}(\Sigma_4) = \{X, \varnothing, \{1\}, \{2\}, \{1, 2\}\}$.

연습 문제 2.3

1. (a) $\Sigma = \mathcal{T}_1 \cup \mathcal{T}_2 = \{X, \varnothing, \{1\}, \{1,2\}, \{2,3\}\}$이므로 $\mathcal{T}_1, \mathcal{T}_2$를 포함하는 가장 작은 위상은 $\mathcal{T}(\Sigma)$를 구하는 것과 같다. Σ에 속하는 원소들의 유한 교집합들의 모임 $\mathcal{B}$는 다음과 같다.

$$\mathcal{B} = \{X, \varnothing, \{1\}, \{2\}, \{1,2\}, \{2,3\}\}$$

그러므로 $\mathcal{T}(\Sigma)$는 $\mathcal{B}$에 속하는 원소들의 합집합들의 모임인 $\{X, \varnothing, \{1\}, \{2\}, \{1,2\}, \{2,3\}\}$이다.

(b) $\mathcal{T}_1, \mathcal{T}_2$에 포함되는 가장 큰 위상은 $\mathcal{T}_1 \cap \mathcal{T}_2 = \{X, \varnothing, \{1\}\}$이다.

2. $U \in \mathcal{T}_f$라 하자. 그러면 $X - U = \{x_1, x_2, \ldots, x_n\}$이라 할 수 있다. 이때 n이 짝수이면 $U \in \mathcal{B}$이다. 그러므로 n이 홀수라 하자. 임의의 $x \in U$에 대하여 x가 아닌 U의 원소 x_0을 선택하여 $B = X - \{x_0, x_1, x_2, \ldots, x_n\}$라 하면 $B \in \mathcal{B}$이고 다음을 만족한다.

$$x \in B \subset U$$

따라서 $\mathcal{B}$는 여유한 위상 $\mathcal{T}_f$의 한 기저이다.

3. 평면에 있는 임의의 점은 두 직선의 교점으로 나타낼 수 있으므로 Σ에 의해 생성되는 평면의 위상은 이산 위상이 된다.

4. $\mathcal{B}$를 다음과 같이 정의하자.

$$\mathcal{B} := \left\{ \left(a, a + \frac{1}{n}\right) \mid a \in \mathbb{R},\ n \in \mathbb{N} \right\}$$

임의의 열린 구간 (a,b)와 $x \in (a,b)$에 대하여 $a < x - \frac{1}{2n}$, $x + \frac{1}{2n} < b$를 만족하는 $n \in \mathbb{N}$을 선택하자. 그러면 $\left(x - \frac{1}{2n},\ x + \frac{1}{2n}\right) = \left(x - \frac{1}{2n},\ (x - \frac{1}{2n}) + \frac{1}{n}\right) \in \mathcal{B}$이다. 그리고 다음이 성립한다.

$$x \in \left(x - \frac{1}{2n},\ x + \frac{1}{2n}\right) \subset (a,b)$$

그러므로 $\mathcal{B}$는 보통 위상 $\mathcal{U}$의 한 기저이다.
한편, $B_1 = (0,1)$, $B_2 = (\frac{1}{5}, \frac{6}{5}) \in \mathcal{B}$에 대하여 $B_1 \cap B_2 = (\frac{1}{5}, 1)$이다. 그런데 $1 = \frac{1}{5} + \frac{1}{n}$을 만족하는 자연수 n이 존재하지 않으므로 $B_1 \cap B_2 \notin \mathcal{B}$이다. 즉, $\mathcal{B}$는 교집합 연산에 대하여 닫혀 있지 않다.

5. $B_1 = [a, a+1]$, $B_2 = [a+1/2, a+3/2]$라 하면 $B \subset B_1 \cap B_2 = [a+1/2, a+1]$인 $B\,(\in \mathcal{T})$는 존재할 수 없으므로 기저가 아니다.

6. (a) $\bigcup_{x \in \mathbb{R}^+} [-x, x) = \mathbb{R}$

(b) $B_1 = (-x_1, x_1)$, $B_2 = (-x_2, x_2)$ 그리고 $x_1 \geq x_2$라 하자. 그러면 $B_1 \cap B_2 = B_1$이므로 $x \in B_1 \subset B_1 \cap B_2$가 존재한다. 기저의 두 조건을 만족하므로 $\mathcal{B}$는 $\mathbb{R}$의 어떤 위상에 대한 기저이다. 그러나 $2 \in B \subset (1,3)$을 만족하는 $B \in \mathcal{B}$가 존재하지 않으므로 $\mathcal{B}$는 $\mathcal{U}$의 기저가 아니다.

7. 모든 $a \in \mathbb{R}$에 대해 $[a-1, a] \cap [a, a+1] = \{a\} \in \mathcal{T}$이므로 $\mathbb{R}$의 위상 $\mathcal{T}(\Sigma)$는 이산 위상이다.

8. X의 부분집합들의 모임이 $\mathcal{D}$에 대한 기저가 되기 위한 필요 충분 조건은 X의 모든 한 원소 집합을 포함하는 것이다. 그러므로 Σ가 부분 기저가 되기 위한 필요 충분 조건은 Σ에 속하는 원소들의 유한교집합이 한 원소 집합들을 전부 포함하는 것이다. 따라서 $\mathcal{D}$의 부분 기저는 다음과 같다.

$$\Sigma = \{\{a,b\},\{b,c\},\{c,d\},\{d,e\},\{e,a\}\}$$

9. $\mathcal{T}(\Sigma) = \big\{X, \varnothing, \ \{a,b,c\},\{c,d\},\{d,e\},\{c\},\{d\},\{c,d,e\},\{a,b,c,d\}\big\}$

10. $\mathcal{T}(\Sigma) = \big\{X, \varnothing\, \{b,c\},\{a,b,c\},\{b,c,d\}\big\}$

11. (1)

$$E_m = \{n \in \mathbb{N} \mid n < m\}, \quad F_m = \{n \in N \mid m < n\}$$

(2) 임의의 자연수 m에 대하여 $\{m\} = E_{m+1} \cup F_{m-1}$이므로 이산 위상이다.

2장 4절

문제 2.4.1. 먼저 $\mathbf{y} = \mathbf{0}$일 때, 정리의 부등식의 등호가 성립하는 것은 분명하다. 따라서 $\mathbf{y} \neq \mathbf{0}$이라 가정하자. 임의의 실수 t에 대하여 $(\mathbf{x}+t\,\mathbf{y})\cdot(\mathbf{x}+t\,\mathbf{y}) \geq 0$임을 이용한다. 전개하여 정리하면 다음과 같이 t에 관한 절대 부등식을 얻는다.

$$(\mathbf{x}+t\,\mathbf{y})\cdot(\mathbf{x}+t\,\mathbf{y}) = (\mathbf{y}\cdot\mathbf{y})t^2 + 2(\mathbf{x}\cdot\mathbf{y})t + \mathbf{x}\cdot\mathbf{x} \geq 0$$

위의 절대 부등식이 성립하려면 이차 방정식의 판별식이 0 보다 작거나 같아야 하므로 $(2\,\mathbf{x}\cdot\mathbf{y})^2 - 4(\mathbf{x}\cdot\mathbf{x})(\mathbf{y}\cdot\mathbf{y}) \leq 0$이다. 정리하면 다음을 얻는다.

$$\|\,\mathbf{x}\cdot\mathbf{y}\,\| \leq \|\,\mathbf{x}\,\|\|\,\mathbf{y}\,\|$$

등호가 성립할 필요 충분 조건은 판별식이 0일 때, 즉 중근을 가질 때이다. 이 경우 중근 $t = c$는 다음을 만족한다.

$$(\mathbf{x}+c\,\mathbf{y})\cdot(\mathbf{x}+c\,\mathbf{y}) = \|\,\mathbf{x}+c\,\mathbf{y}\,\|^2 = 0$$

여기서 $\|\,\mathbf{x}+c\,\mathbf{y}\,\| = 0$이므로 (2.4)을 적용하면 $\mathbf{x}+c\,\mathbf{y} = \mathbf{0}$이다. 따라서 등호가 성립할 필요 충분 조건은 $\mathbf{x}+c\,\mathbf{y} = \mathbf{0}$을 만족하는 c가 존재하는 것이다.

문제 2.4.2. (1) 코시-슈바르츠 부등식을 사용해 다음과 같이 증명한다.

$$\begin{aligned}\|\mathbf{x}+\mathbf{y}\|^2 &= (\mathbf{x}+\mathbf{y})\cdot(\mathbf{x}+\mathbf{y}) = \|\mathbf{x}\|^2 + 2\mathbf{x}\cdot\mathbf{y} + \|\mathbf{y}\|^2 \\ &\leq \|\mathbf{x}\|^2 + 2\|\mathbf{x}\|\|\mathbf{y}\| + \|\mathbf{y}\|^2 \\ &= (\|\mathbf{x}\| + \|\mathbf{y}\|)^2\end{aligned}$$

따라서 $\|\mathbf{x}+\mathbf{y}\| \leq \|\mathbf{x}\| + \|\mathbf{y}\|$이 성립한다.

(2) (1)에 의해 $\|\mathbf{x}-\mathbf{z}\| = \|(\mathbf{x}-\mathbf{y})+(\mathbf{y}-\mathbf{z})\| \leq \|\mathbf{x}-\mathbf{y}\| + \|\mathbf{y}-\mathbf{z}\|$이므로 $d_E(\mathbf{x},\mathbf{z}) \leq d_E(\mathbf{x},\mathbf{y}) + d_E(\mathbf{y},\mathbf{z})$가 성립한다.

문제 2.4.3. (a) 모든 $i = 1, 2, \cdots, n$에 대해 $|x_i - y_i| \geq 0$이므로 $d_T(\mathbf{x}, \mathbf{y}) \geq 0$이다. $d_T(\mathbf{x}, \mathbf{y}) = 0$이라 하면 모든 $i = 1, 2, \cdots, n$에 대해 $|x_i - y_i| = 0$이므로 $\mathbf{x} = \mathbf{y}$이다. 역으로 $\mathbf{x} = \mathbf{y}$이면 $d_T(\mathbf{x}, \mathbf{y}) = 0$임이 자명하다. 따라서 $\mathbf{x} = \mathbf{y}$와 $d_T(\mathbf{x}, \mathbf{y}) = 0$은 서로 동치이다.

(b) 모든 $i = 1, 2, \cdots, n$에 대해 $|x_i - y_i| = |y_i - x_i|$이므로 $d_T(\mathbf{x}, \mathbf{y}) = d_T(\mathbf{y}, \mathbf{x})$이다.

(c) 모든 $i = 1, 2, \cdots, n$에 대해 $|x_i - z_i| \leq |x_i - y_i| + |y_i - z_i|$이므로 $d_T(\mathbf{x}, \mathbf{z}) \leq d_T(\mathbf{x}, \mathbf{y}) + d_T(\mathbf{y}, \mathbf{z})$가 성립한다.

문제 2.4.4. (1) $(1,2) \neq (1,3)$이지만 $d_1((1,2),(1,3)) = |1 - 1| = 0$이다. 따라서 거리 함수가 아니다.

(2) $(2,2) \neq (4,1)$이지만 $d_2((2,2),(4,1)) = |2 \cdot 2 - 4 \cdot 1| = 0$이다. 따라서 거리 함수가 아니다.

문제 2.4.5. $d(-1, 1) = 0$이므로 거리가 아니다.

문제 2.4.6. 독자에게 맡긴다.

문제 2.4.7. (a) $d_X(x_1, x_2), d_Y(y_1, y_2) \geq 0$이므로 $d((x_1, y_1), (x_2, y_2)) \geq 0$이다. $d((x_1, y_1), (x_2, y_2)) = 0$이면 $d_X(x_1, x_2) + d_Y(y_1, y_2) = 0$이므로 다음을 얻는다.

$$d_X(x_1, x_2) = d_Y(y_1, y_2) = 0$$

따라서 $x_1 = x_2$, $y_1 = y_2$이므로 $(x_1, y_1) = (x_2, y_2)$이다. 역으로 $(x_1, y_1) = (x_2, y_2)$이면 $d((x_1, y_1), (x_2, y_2)) = 0$임이 자명하다.

(b) $d_X(x_1, x_2) = d_X(x_2, x_1)$, $d_Y(y_1, y_2) = d_Y(y_2, y_1)$이므로 $d((x_1, y_1), (x_2, y_2)) = d_X(x_1, x_2) + d_Y(y_1, y_2) = d_X(x_2, x_1) + d_Y(y_2, y_1) = d((x_2, y_2), (x_1, y_1))$이다.

(c) $d_X(x_1, x_3) \leq d_X(x_1, x_2) + d_X(x_2, x_3)$, $d_Y(y_1, y_3) \leq d_Y(y_1, y_2) + d_Y(y_2, y_3)$이므로 부등식의 양변을 더하면 다음을 얻는다.

$$d((x_1, y_1), (x_3, y_3)) \leq d((x_1, y_1), (x_2, y_2)) + d((x_2, y_2), (x_3, y_3))$$

문제 2.4.8.

(1) ⇒ (2): $U = \bigcup_{\gamma \in \Gamma} B(x_\gamma, r_\gamma)$로 나타내면 임의의 $x \in U$에 대해 $x \in B(x_\gamma, r_\gamma) \subset U$인 γ가 존재한다. $r = r_\gamma - d(x, y)$라 하면 $x \in B(x, r) \subset B(x_\gamma, r_\gamma) \subset U$가 성립한다.

(2) ⇒ (1): 정의로부터 자명하다.

문제 2.4.9. (1) 먼저 $d_S(\mathbf{0}, \mathbf{x}) \leq d_E(\mathbf{0}, \mathbf{x})$부터 증명하자. 임의의 $i = 1, 2, \cdots, n$에 대해 $|x_i| = \sqrt{x_i^2} \leq \sqrt{\sum_{i=1}^n x_i^2}$이므로 다음이 성립한다.

$$\max_{1 \leq i \leq n} \{|x_i|\} \leq \sqrt{\sum_{i=1}^n x_i^2}$$

따라서 $d_S(\mathbf{0},\mathbf{x}) \le d_E(\mathbf{0},\mathbf{x})$이다.

다음으로 $\sum_{i=1}^n x_i^2 \le (\sum_{i=1}^n |x_i|)^2$이므로 부등식의 양변에 제곱근을 취하면 다음과 같다.

$$\sqrt{\sum_{i=1}^n x_i^2} \le \sqrt{\sum_{i=1}^n |x_i|}$$

그러므로 $d_E(\mathbf{0},\mathbf{x}) \le d_T(\mathbf{0},\mathbf{x})$이다.

마지막으로 임의의 $i = 1, 2, \cdots, n$에 대해 $|x_i| \le \max\{|x_i|\}$이므로 다음을 얻는다.

$$\sum_{i=1}^n |x_i| \le n \max\{|x_i|\}$$

따라서 $d_T(\mathbf{0},\mathbf{x}) \le n d_S(\mathbf{0},\mathbf{x})$이다.

(2) (1)에 의해 $d_S(\mathbf{0},\mathbf{x}) \le d_E(\mathbf{0},\mathbf{x}) \le n d_S(\mathbf{0},\mathbf{x})$이 성립한다. 첫 번째 부등식과 두 번째 부등식으로부터 각각 다음을 얻는다.

$$B_{d_E}(\mathbf{0}, r) \in B_{d_S}(\mathbf{0}, r), \quad B_{d_S}(\mathbf{0}, r/n) \in B_{d_E}(\mathbf{0}, r)$$

따라서 정리 2.4.10에 의해 d_S, d_E로부터 유도되는 위상은 같다. 같은 방법으로 d_T, d_E로부터 유도되는 위상 또한 같다는 것을 증명할 수 있다.

문제 2.4.10. 독자에게 맡긴다.

문제 2.4.11. 한 원소 집합이 닫힌 집합이 아니므로 정리 2.4.11에 의하여 거리를 줄 수 있는 공간이 아님을 알 수 있다.

연습 문제 2.4

1. (1) 주어진 집합은 $\{(x, y) \in \mathbb{R}^2 \mid \max\{|x|, |y|\} = \max\{|x-1|, |y|\}\}$이다. 이를 범위를 나누어 구하면 다음과 같다.

   (a) $|x| \ge |y|,\ |x-1| \ge |y| \Rightarrow |x| = |x-1|$

   (b) $|x| \ge |y|,\ |x-1| < |y| \Rightarrow |x| = |y|$

   (c) $|x| < |y|,\ |x-1| \ge |y| \Rightarrow |y| = |x-1|$

   (d) $|x| < |y|,\ |x-1| < |y| \Rightarrow |y| = |y|$

(2) $\{(x, y) \mid |x| + |y| = |x-1| + |y-1|\} = \{(x, y) \mid x \le 0,\ y \ge 1\} \bigcup \{(x, y) \mid x \ge 1,\ y \le 0\} \bigcup \{(x, y) \mid x + y = 1,\ 0 \le x \le 1\}$

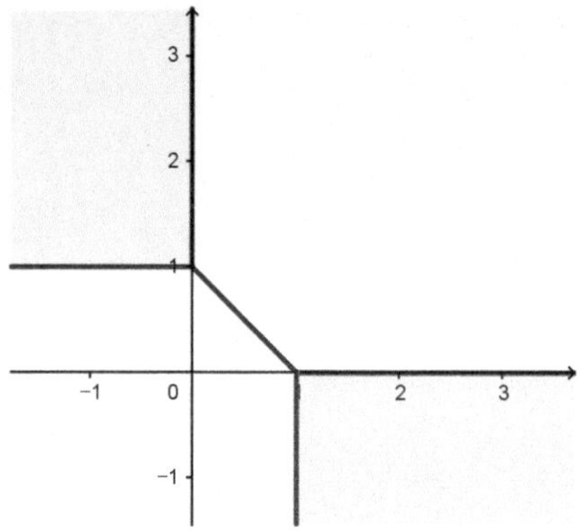

$x > 1,\ y > 1$ 일 때 $x + y = x - 1 + y - 1$에서 만족하는 (x, y)가 없다.

$\cdots\cdots$

2.

(1) $d_1 > 0$이고 $d_1(x, y) = 0$일 필요 충분 조건이 $x = y$임은 자명하다. 이제 d_1이 삼각 부등식을 만족함을 보이자. $0 < a \leq b$이면 $a + ab \leq b + ab$, 즉 $a(1 + b) \leq b(1 + a)$이므로 다음을 얻는다.

$$\frac{a}{1+a} \leq \frac{b}{1+b}$$

이 부등식을 이용하면 다음이 성립함을 알 수 있다.

$$\begin{aligned} d_1(x,z) = \frac{d(x,z)}{1+d(x,z)} &\leq \frac{d(x,y)+d(y,z)}{1+d(x,y)+d(y,z)} \\ &= \frac{d(x,y)}{1+d(x,y)+d(y,z)} + \frac{d(y,z)}{1+d(x,y)+d(y,z)} \\ &\leq \frac{d(x,y)}{1+d(x,y)} + \frac{d(y,z)}{1+d(y,z)} \\ &= d_1(x,y) + d_1(y,z) \end{aligned}$$

따라서 d_1은 X의 거리 함수이다.
$d_1(x, y) = \frac{d(x,y)}{1+d(x,y)} \leq d(x, y)$이므로 $B(x, r) \subset B_1(x, r)$이다.
$d(x, y) < r$이라 하면 $d_1(x, y) = \frac{d(x,y)}{1+d(x,y)} < \frac{r}{1+r}$이므로 $B_1(x, \frac{r}{1+r} \subset B(x, r)$이다.
그러므로 모든 $x \in X$와 $r > 0$에 대하여 다음이 성립한다.

$$B_1(x, \frac{r}{1+r}) \subset B(x,r) \subset B_1(x,r)$$

따라서 위상 공간으로서 $(X, d_1) = (X, d)$이다.

(2) 다른 조건은 자명하므로 삼각부등식만 보이자. $d_2(x, y) = 1$ 또는 $d_2(y, z) = 1$이면 $d_2(x, z) \leq 1$이므로 $d_2(x, z) \leq d_2(x, y) + d_2(y, z)$이다. $d_2(x, y), d_2(y, z) < 1$이면 $d_2(x, z) \leq d(x, z) \leq d(x, y) + d(y, z) = d_2(x, y) + d_2(y, z)$이므로 d_2가 거리 함수임이 증명되었다. 또한 $0 < \epsilon < 1$인 ϵ에 대하여 두 거리 d와 d_2에서의 열린 공이 같으므로 같은 위상을 유도한다.

3. 삼각부등식만 증명하도록 한다. 먼저 임의의 $x \in [0,1]$에 대하여 다음이 성립한다.

$$|f(x) - g(x)| \leq |f(x) - h(x)| + |h(x) - g(x)|$$

d의 정의로부터 다음을 얻는다.

$$|f(x) - g(x)| \leq d(f,h) + d(h,g), \quad x \in [0,1]$$

따라서 위 식이 모든 $x \in [0,1]$에 대해 성립하므로 $d(f,g) \leq d(f,h) + d(h,g)$이다.

4. 거리 함수가 아니다. 예를 들어 $f(x) = x$, $g(x) = x^2$이라 하면 $f \neq g$이지만 $d(f,g) = 0$이다.

5. (1),(4)는 거리이다.
(2)에서 k가 음수이면 $d_2(x,y) < 0$이므로 d_2는 거리가 아니다.
(3)에서 평면의 점 x, y, z를 꼭지점으로 하는 삼각형을 생각해보자.
둔각 삼각형일 때 $\|x - z\|^2 < \|x - y\|^2 + \|y - z\|^2$이고 직각 삼각형일 때 $\|x - z\|^2 = \|x - y\|^2 + \|y - z\|^2$이지만, 예각 삼각형일 때 $\|x - z\|^2 > \|x - y\|^2 + \|y - z\|^2$이므로 삼각 부등식이 성립하지 않는다. 따라서 d_3는 거리가 아니다.

6. $X = \{x_1, x_2, \cdots, x_n\}$이라 하고 $d : X \times X \to \mathbb{R}$이 주어진 위상을 유도하는 거리 함수라 하자. 이때 $r = \min\{d(x_i, y_i) \mid x_i, x_j \in X\}$이라 하면 $r > 0$이다. 따라서 임의의 $x \in X$에 대해 $B_d(x,r) = \{x\}$가 되므로 거리 공간 (X,d)는 이산 공간이다.

7. 정답은 ①이다. 10을 포함하는 열린 집합은 10의 약수인 2와 5도 포함해야만 한다.

8. $\dfrac{11}{2}$, 41개.

2장 5절

문제 2.5.1. (1) (a) U가 0을 포함하는 열린 집합이라 하면 $0 \in [a,b) \subset U$인 $[a,b)$가 존재한다. 이때 $a \leq 0,\ b > 0$이다. 아르키메데스 정리에 의해 $\frac{1}{n} < b$인 자연수 n이 존재하므로 $\frac{1}{n} \in A \cap U - \{0\} \neq \varnothing$이다. 따라서 $0 \in A'$이다.

(b) $x < 0$일 때 $U = [x, 0)$이라 하면 $U \cap A - \{x\} = \varnothing$이므로 $x \notin A'$이다.

(c) $\frac{1}{n} \leq x < \frac{1}{n-1}$일때 $U = [x, \frac{1}{n-1})$이라 하면 $U \cap A - \{x\} = \varnothing$이므로 $x \notin A'$이다.

(d) $x \geq 1$일때 $U = [x, x+1)$이라 하면 $U \cap A - \{x\} = \varnothing$이므로 $x \notin A'$이다.

따라서 $A' = \{0\}$이다.

(2) 임의의 실수 $x \neq 0$에 대해 x를 포함하는 기본 열린 집합은 $U = \{x, 0\}$ 뿐이고 $\{x,0\} \cap A - \{x\} = \varnothing$이다. 한편, $\{0\} \cap A - \{x\} = \varnothing$이므로 $A' = \varnothing$이다.

문제 2.5.2. 임의의 $x \in X$에 대해 x의 근방은 X 자신 뿐이고 $(X \cap A) - \{x\} = A - \{x\}$이다. 따라서 A'는 다음과 같다.

$$A' = \begin{cases} \varnothing, & A = \varnothing \\ X - \{x\}, & A = \{x\} \\ X, & A\text{가 두 개 이상의 점을 가질 때} \end{cases}$$

문제 2.5.3. (1) 임의의 x에 대해 x를 포함하는 임의의 열린 집합을 U라 하자. $U \cap A - \{x\} = \varnothing$이라 가정하면 $(A - \{x\}) \cap U = \varnothing$이므로 $(A - \{x\}) \in U^c$이다. 여유한 위상의 정의에 의해 $(A - \{x\})$는 유한 집합이고 A 또한 유한 집합인데, 이는 A가 무한 집합이라는 것에 모순된다. 따라서 $U \cap A - \{x\} \neq \varnothing$이므로 $A' = X$이다.

(2) $x \notin B$라 하면 $X - B$는 x를 포함하는 열린 집합이고 $(X - B) \cap B - \{x\} = \varnothing$이므로 $x \notin B'$이다. $x \in B$라 하면 $U = (X - B) \cup \{x\}$는 x를 포함하는 열린 집합이고 $U \cap B - \{x\} = \varnothing$이므로 $x \notin B'$이다. 따라서 $B' = \varnothing$이다.

문제 2.5.4. (b) $x \notin A \cup A'$라 하자. $x \notin A'$이므로 x를 포함하는 적당한 열린 집합 U가 존재해서 $U \cap A - \{x\} = \varnothing$이다. 그런데 $x \notin A$이므로 $U \cap A = \varnothing$이다. 이로부터 임의의 점 $y\,(\in U)$에 대하여 $U \cap A - \{y\} = \varnothing$이므로 y는 A의 집적 점이 아니다. 즉, $U \cap A' = \varnothing$이다. 따라서 $U \cap (A \cup A') = \varnothing$이고 다음이 성립한다.

$$x \in U \subset (A \cup A')^c$$

이로부터 $(A \cup A')^c$는 열린 집합이므로 $A \cup A'$는 닫힌 집합이다.

(c) $A \subset B$라 하자. 이때 $x \in A'$라 하면 x를 포함하는 임의의 열린 집합 U에 대해 $U \cap A - \{x\} \neq \varnothing$이다. $A \subset B$이므로 $U \cap B - \{x\} \neq \varnothing$이 성립한다. 따라서 $x \in B'$이다. 즉, $A' \subset B'$이다.

문제 2.5.5. $A \cap B \subset A$, $A \cap B \subset B$이므로 정리 2.5.6 (c)에 의해 $(A \cap B)' \subset A'$, $(A \cap B)' \subset B'$이다. 따라서 $(A \cap B)' \subset A' \cap B'$이 성립한다. $X = \mathbb{R}$에 보통 위상이 주어졌을 때, $A = \mathbb{Q}$, $B = Q^c$이라 하면 $(A \cap B)' = \varnothing$, $A' \cap B' = \mathbb{R}$이므로 $(A \cap B)' \supset A' \cap B'$이 성립하지 않는다.

문제 2.5.6. 독자에게 맡긴다.

문제 2.5.7. (1) $\Rightarrow$ (2): 정의로부터 $\overline{A} = A \cup A'$이다. $x \in \overline{A}$라 하고 U가 x를 포함하는 임의의 열린 집합이라 하자. $x \in A$라 하면 $x \in U \cap A \neq \varnothing$이다. $x \in A'$라면 $U \cap A - \{x\} \neq \varnothing$이므로 $U \cap A \neq \varnothing$이다. 따라서 어느 경우에서도 $U \cap A \neq \varnothing$이다.

(2) $\Rightarrow$ (1): $x \in A$라면 $x \in \overline{A}$이다. $x \notin A$라면 x를 포함하는 임의의 열린 집합 U에 대하여 $U \cap A \neq \varnothing$이므로 $U \cap A - \{x\} \neq \varnothing$이다. 따라서 $x \in A'$이므로 $x \in \overline{A}$이다.

문제 2.5.8.

문제 2.5.9. (1) $x \in \overline{A} - \overline{B}$라 하고, U가 x를 포함하는 열린 집합이라 하자. 그러면 $U - \overline{B}$도 x를 포함하는 열린 집합이다. $x \in \overline{A}$이므로 $A \cap (U - \overline{B}) \neq \varnothing$이고 다음을 얻는다.

$$A \cap (U - \overline{B}) = U \cap (A - \overline{B}) \subset U \cap (A - B) \neq \varnothing$$

그러므로 $x \in \overline{A - B}$이 성립한다. 이로부터 $\overline{A} - \overline{B} \subset \overline{A - B}$이 성립한다.

(2) 정의와 집합의 연산을 사용하여 다음과 같이 계산할 수 있다.

$$\begin{aligned}\overline{A \cup B} &= (A \cup B) \cup (A \cup B)' = (A \cup B) \cup (A' \cup B') = (A \cup A') \cup (B \cup B') \\ &= \overline{A} \cup \overline{B}\end{aligned}$$

문제 2.5.10. 보통 위상 공간 $\mathbb{R}$에서 $A = (0, 5), B = (5, 25)$라 하면 된다.

문제 2.5.11. 여가산 위상이 주어진 공간의 닫힌 집합은 가산 집합과 X인데 비가산 집합을 포함하는 닫힌 집합은 X 뿐이므로 비가산 부분 집합은 조밀하다.

문제 2.5.12. 문제 2.5.11에 의하며 자명하다.

문제 2.5.13. U를 공집합이 아닌 임의의 열린 집합이라 하면 어떤 구간 $[a, b)$를 포함한다. 그러면 $\mathbb{Q}$의 조밀성으로부터 $[a, b) \cap \mathbb{Q} \neq \varnothing$이다. 따라서 $U \cap \mathbb{Q} \neq \varnothing$이므로 $\mathbb{Q}$는 조밀 부분 집합이다. 한편, $\mathbb{Q}$가 가산이므로 조르겐프라이 직선 $\mathbb{R}_l$이 분리 가능 공간이다.

문제 2.5.14. 어떤 자연수 $n \in \mathbb{N}$에 대해 $\mathcal{B} = \{B_1, B_2, \ldots, B_n\}$이고 다음을 만족한다고 하자.

$$\text{모든 } i\text{에 대하여} \quad B_i \neq \varnothing, \quad \text{그리고} \quad B_i \not\subset \bigcup_{k=1}^{i-1} B_k, \ i = 2, 3, \ldots n$$

이때 부분 집합 A를 다음과 같이 정하자.

$$A = \{x_i \mid x_i \in B_i, \quad \text{그리고} \quad x_i \notin \bigcup_{k=1}^{i-1} B_k, \ i = 2, 3, \ldots n\}$$

그러면 임의의 열린 집합 U에 대하여 $B_k \subset U$인 B_k가 존재하고, $x_k \in A \cap B_k$이므로 $A \cap U \neq \varnothing$이다. 따라서 A는 조밀 부분 집합이다.

연습 문제 2.5

1. ($\Rightarrow$) x가 A의 집적 점이라 하자. 그러면 x의 임의의 근방 N에 대하여 다음이 성립한다.

$$N \cap (A - \{x\}) = (N \cap A) - \{x\} \neq \varnothing$$

그러므로 $x \in \overline{A - \{x\}}$이다.

($\Leftarrow$) $x \in \overline{A - \{x\}}$라 하면 $x \in (A - \{x\})'$이다. 그러면 x의 임의의 근방 N에 대하여 다음이 성립한다.

$$N \cap (A - \{x\}) - \{x\} = (N \cap A) - \{x\} \neq \varnothing$$

따라서 $x \in A'$이다.

2. ($\Rightarrow$) X가 이산 공간이라 하고, A는 X의 부분 집합이라 하자. 그러면 임의의 $x(\in X)$에 대하여 $\{x\}$가 x를 포함하는 열린 집합이고 다음을 만족한다.

$$\{x\} \cap A - \{x\} = \varnothing$$

그러므로 $x \notin A'$이다. 이로부터 $A' = \varnothing$이다.

($\Leftarrow$) 우선 $X = \varnothing$이거나 X의 원소의 갯수가 1이면 자명하므로 X는 원소 두 개 이상의 집합이라고 가정하자. X가 이산 공간이 아니라고 하면 $\{x\}$가 열린 집합이 아닌 X의 원소 x가 존재한다. x를 포함하는 임의의 열린 집합 U는 x가 아닌 X의 원소 y를 포함해야만 한다. $A = \{x, y\}$라 하면 $y \in A \cap U - \{x\} \neq \varnothing$이므로 $A' = \varnothing$이라는 가정에 모순이다. 그러므로 X는 이산 공간이다.

3. $A' = \varnothing$

4. 정리 2.5.10 (c)에 의해 임의의 $\gamma \in \Gamma$에 대하여 $\overline{A_\gamma} \subset \overline{\bigcup_{\gamma\in\Gamma} A_\gamma}$가 성립한다. 따라서 다음을 얻는다.

$$\bigcup_{\gamma\in\Gamma} \overline{A_\gamma} \subset \overline{\bigcup_{\gamma\in\Gamma} A_\gamma}$$

그러나 위상 공간 $(\mathbb{R}, \mathcal{U})$에서 임의의 $n \in \mathbb{N}$에 대해 $A_n = [0, 1 - 1/n]$이라 하면 A_n은 닫힌 집합이고 다음이 성립한다.

$$\bigcup_{n\in\mathbb{N}} \overline{A_n} = \bigcup_{n\in\mathbb{N}} A_n = [0, 1), \quad \overline{\bigcup_{n\in\mathbb{N}} A_n} = \overline{[0, 1)} = [0, 1]$$

그러므로 역은 성립하지 않는다.

5. 독자에게 맡긴다.

6. $A' = (\frac{1}{2}, 1)$

7. U를 공집합이 아닌 임의의 열린 집합이라 하자. 가정으로부터 B가 조밀하고 열린 집합이므로 $U \cap B$는 공집합이 아닌 열린 집합이다. 이때 가정으로부터 A가 조밀하므로 다음이 성립한다.

$$(U \cap B) \cap A = U \cap (A \cap B) \neq \varnothing$$

따라서 $A \cap B$가 X에서 조밀하다.

8. (1) $\mathcal{B}$를 다음과 같이 정의하면 $\mathcal{B}$는 $\mathcal{T}$의 기저이다.

$$\mathcal{B} = \{\mathbb{R} - \{p_1, p_2, \ldots, p_n\} = \bigcap_{i=1}^{n} (\mathbb{R} - \{p_i\}) \mid p_i \in \mathbb{R},\ n \in \mathbb{N}\}$$

이때 $U, V \in \mathcal{B}$이면 $U \cap V,\ U \cup V \in \mathcal{B}$임을 쉽게 확인할 수 있다. 따라서 $\mathcal{T}$는 다음과 같다.

$$\mathcal{T} = \{\mathbb{R} - \{p_1, p_2, \ldots, p_n\} \mid p_i \in \mathbb{R},\ n \in \mathbb{N}\} \cup \{\varnothing, \mathbb{R}\}$$

즉, $\mathcal{T}$는 $\mathbb{R}$의 여유한 위상이다.

(2) 임의의 $x(\in \mathbb{R})$에 대하여 U가 x를 포함하는 열린 집합이라 하자. 이때 $A = \mathbb{R} - U$라 하면 A는 유한 집합이고 다음을 얻는다.

$$\mathbb{N} \cap U - \{x\} = \mathbb{N} \cap (\mathbb{R} - A) - \{x\} = \mathbb{N} \cap [\mathbb{R} - (A \cup \{x\})] = \mathbb{N} - (A \cup \{x\})$$

$\mathbb{N}$은 무한 집합이고 $A \cup \{x\}$는 유한 집합이므로 $\mathbb{N} \cap U - \{x\} \neq \varnothing$이다. 그러므로 $x \in \mathbb{N}'$이다. 따라서 다음을 얻는다.

$$\mathbb{N}' = \mathbb{R}$$

2장 6절

문제 2.6.1. c를 포함하는 열린 집합은 d도 포함하는데 $c \in A, d \in A^c$이므로 c는 A의 경계 점이다. d를 포함하는 열린 집합은 c도 포함하는데 $c \in A, d \in A^c$이므로 d는 A의 경계 점이다. e를 포함하는 열린 집합은 c도 포함하는데 $c \in A, e \in A^c$이므로 e는 A의 경계 점이다.

문제 2.6.2. $\text{Int}(A) = A$, $\text{Ext}(A) = \{(x, y) \mid xy < 0\}$, $\partial A = \{(x, y) \mid x = 0 \vee y = 0\}$.

문제 2.6.3. $\text{Int}(A) = [0,\ 1)$, $\text{Ext}(A) = (-\infty, 0) \cup [1, \infty)$, $\partial A = \varnothing$
$\text{Int}(B) = (0,\ 1)$, $\text{Ext}(A) = (-\infty, 0) \cup [1, \infty)$, $\partial A = \{0\}$

문제 2.6.4. 위의 보기와 같은 이유로 두 공간 모두에서 $\mathbb{Q}$의 내부와 외부는 $\varnothing$, 경계는 $\mathbb{R}$이다.

문제 2.6.5. 첫 번째 포함 관계는 $A, B \subset A \cup B$이므로 위 보기 (1)에 의하여 성립한다. 위 포함 관계가 성립하지 않는 예는 보통 위상 공간 $\mathbb{R}$에서 $A = (0, 1)$, $B = [1, 2)$라 하면 $\text{Int}(A \cup B) = (0, 2)$이고 $\text{Int}(A) \cup \text{Int}(B) = (0, 1) \cup (1, 2)$임을 알 수 있다.

문제 2.6.6. A가 조밀한 집합이 될 필요 충분 조건이 $\overline{A} = \text{Int}(A) \cup \partial(A) = X$인데 $\text{Int}(A) \cup \partial(A) = X - \text{Ext}(A) = X - \text{Int}(A^c)$이므로 이 식은 $\text{Int}(A^c) = \varnothing$과 동치이다.

문제 2.6.7. 조밀한 곳이 없는 집합이 아니다.

문제 2.6.8. $\text{Int}(A) = \overline{A^c}^c$이므로 $\text{Int}(\overline{A}) = \overline{\overline{A}^c}^c$이다. 따라서 $\text{Int}(\overline{A}) = \varnothing$일 필요 충분 조건은 $\overline{\overline{A}^c} = X$, 즉 $\overline{A}^c$이 조밀 집합인 것이다.

문제 2.6.9. $A_1, \ldots, A_n$을 조밀한 곳이 없는 집합이라고 하면 위 보조 정리에 의하여 $\overline{A_1}^c, \ldots, \overline{A_n}^c$은 조밀 집합이다. $\overline{(A_1 \cup \ldots \cup A_n)}^c = (\overline{A_1} \cup \ldots \cup \overline{A_n})^c = \overline{A_1}^c \cap \ldots \cap \overline{A_n}^c$이 조밀 집합임을 보이면 증명이 끝난다. 임의의 열린 집합 U에 대하여 $\overline{A_1}^c$이 조밀하므로 $U \cap \overline{A_1}^c \neq \varnothing$이고 두 열린 집합의 교집합이므로 열린 집합이다. 마찬가지로 $\overline{A_2}^c$이 조밀하므로 $(U \cap \overline{A_1}^c) \cap \overline{A_2}^c \neq \varnothing$이고 열린 집합이다. 계속해서 이 과정을 반복하면 $U \cap \overline{A_1}^c \cap \ldots \cap \overline{A_n}^c \neq \varnothing$이므로 증명이 끝났다.

연습 문제 2.6

1. (1) $\text{Ext}(\text{Ext}(A)^c) = \text{Ext}(\text{Int}(A^c)^c) = \text{Int}(\text{Int}(A^c)) = \text{Int}(A^c) = \text{Ext}(A)$
$\text{Ext}(\text{Ext}(A^c)) = \text{Ext}(\text{Int}(A)) = \text{Ext}(A)$

(2) $A - \partial A$를 계산하면 다음과 같다.

$$
\begin{aligned}
A - \partial A &= A \cap (\partial A)^c = A \cap (\mathrm{Int}(A) \cup \mathrm{Int}(A^c)) = (A \cap (\mathrm{Int}(A)) \cup (A \cap \mathrm{Int}(A^c))) \\
&= \mathrm{Int}(A) \cup \varnothing = \mathrm{Int}(A)
\end{aligned}
$$

(3) ($\Rightarrow$) A가 닫힌 집합이라 하면 $A = \overline{A}$이고 $\overline{A} = A \cup \partial A$이므로 $A = A \cup \partial A$이다. 따라서 $\partial A \subset A$이다.

($\Leftarrow$) $\partial A \subset A$라 하면 $A = A \cup \partial A = \overline{A}$이다. 따라서 A는 닫힌 집합이다.

(4) ($\Rightarrow$) A가 열린 집합이라 하면 $A = \mathrm{Int}A$이고 $\mathrm{Int}A = A - \partial A$이므로 $A = A - \partial A$이다. 따라서 $A \cap \partial A = \varnothing$이다.

($\Leftarrow$) $A \cap \partial A = \varnothing$이라 하면 $A = A - \partial A = \mathrm{Int}A$이다. 따라서 A는 열린 집합이다.

(5) ($\Rightarrow$) $p \in \mathrm{Int}(A)$이면 정의로부터 열린 집합 U가 존재하여 $p \in U \subset A$이다. 따라서 A는 p의 근방이다.

($\Leftarrow$) A가 p의 근방이라 하면 $p \in U \subset A$인 열린 집합 U가 존재한다. 따라서 $p \int(A)$이다.

2. (1) U를 B^c에 포함되는 열린 집합이라 하면 $U \subset \mathrm{Ext}(B)$이다. 그런데 $A^c \supset B^c$이므로 U는 A^c에 포함되는 열린 집합이 되서 $U \subset \mathrm{Ext}(A)$이다. 따라서 $\mathrm{Ext}(A) \supset \mathrm{Ext}(B)$이다.

(2) 독자에게 맡긴다.

(3) 다음과 같이 계산할 수 있다.

$$
\begin{aligned}
\mathrm{Ext}(A) \cap \mathrm{Ext}(B) &= \mathrm{Int}(A^c) \cap \mathrm{Int}(B^c) = \mathrm{Int}(A^c \cap B^c) = \mathrm{Ext}((A^c \cap B^c)^c) \\
&= \mathrm{Ext}(A \cup B)
\end{aligned}
$$

(4) 다음과 같이 계산할 수 있다.

$$
\begin{aligned}
\mathrm{Ext}(A) \cup \mathrm{Ext}(B) &= \mathrm{Int}((A^c) \cup \mathrm{Int}(B^c) \subset \mathrm{Int}(A^c \cup B^c) = \mathrm{Ext}((A^c \cup B^c)^c) \\
&= \mathrm{Ext}(A \cap B)
\end{aligned}
$$

(5) 다음과 같이 계산할 수 있다.

$$
\begin{aligned}
\mathrm{Int}(A - B) &= \mathrm{Int}(A \cap B^c) = \mathrm{Int}(A) \cap \mathrm{Int}(B^c) = \mathrm{Int}(A) \cap \mathrm{Ext}(B) = \mathrm{Int}(A) - \mathrm{Ext}(B)^c \\
&= \mathrm{Int}(A) - [\mathrm{Int}(B) \cup \partial B] \subset \mathrm{Int}(A) - \mathrm{Int}(B)
\end{aligned}
$$

(6) 다음과 같이 계산할 수 있다.

$$
\begin{aligned}
\mathrm{Ext}(A) - \mathrm{Ext}(B) &= \mathrm{Ext}(A) \cap \mathrm{Ext}(B)^c = \mathrm{Ext}(A) \cap [\mathrm{Int}(B) \cup \partial B] \\
&= [\mathrm{Ext}(A) \cap \mathrm{Int}(B)] \cup [\mathrm{Ext}(A) \cap \partial B] \\
&\subset \mathrm{Int}(B) \cup \mathrm{Ext}(A) = \mathrm{Int}(A^c) \cup \mathrm{Int}(B) \\
&\subset \mathrm{Int}(A^c \cup B) = \mathrm{Int}((A \cap B^c)^c) = \mathrm{Ext}(A \cap B^c)
\end{aligned}
$$

$$= \mathrm{Ext}(A - B)$$

3. $\{a\} \cap A - \{a\} = \varnothing$, $\{b\} \cap A - \{b\} = \varnothing$, $X \cap A - \{c\} = \{b\}$이므로 $A' = \{c\}$
   $\overline{A} = A \cup A' = \{b, c\}$
   $b \in \{b\} = A$이므로 $\mathrm{Int}(A) = \{b\}$
   $a \in \{a\} = A^c$이므로 $Ext(A) = \{a\}$
   $\partial(A) = X - [\mathrm{Int}(A) \cup \mathrm{Ext}(A)] = \{c\}$

4. 1번의 (3)과 (4)로부터 성립함을 알 수 있다.

5. $A \subset B$이고 $B \subset \overline{B} \subset \mathrm{Int}(A) \subset A$이므로 $A = B$이다. 따라서 다음이 성립한다.

$$A \subset \overline{A} \subset \mathrm{Int}(A) \subset A$$

이로부터 $\overline{A} = A$, $\mathrm{Int}(A) = A$임을 알 수 있다. 즉, A는 닫열 집합이다.

6. A가 열린 집합이라 하자. 이때 $\partial A = \overline{A} \cap \overline{A^c}$이고 다음이 성립한다.

$$\begin{aligned}\mathrm{Int}(\partial A) &= \mathrm{Int}(\overline{A} \cap \overline{A^c}) = \mathrm{Int}(\overline{A}) \cap \mathrm{Int}(\overline{A^c}) = \mathrm{Int}(\overline{A}) \cap \mathrm{Int}(A^c) \ (\because A^c\text{가 닫힌 집합}) \\ &= \mathrm{Int}(\overline{A}) \cap \mathrm{Ext}(A) = \varnothing\end{aligned}$$

∂A가 닫힌 집합이므로 $\mathrm{Int}(\overline{\partial A}) = \mathrm{Int}(\partial A) = \varnothing$이다. 따라서 ∂A는 조밀한 곳이 없는 집합이다.
B가 닫힌 집합이라 하자. 마찬가지로 다음을 얻는다.

$$\begin{aligned}\mathrm{Int}(\partial B) &= \mathrm{Int}(\overline{B} \cap \overline{B^c}) = \mathrm{Int}(\overline{B}) \cap \mathrm{Int}(\overline{B^c}) = \mathrm{Int}(B) \cap \mathrm{Int}(\overline{B^c}) \ (\because B\text{가 닫힌 집합}) \\ &= \mathrm{Int}(B) \cap B^c = \varnothing\end{aligned}$$

따라서 같은 이유로 ∂B는 조밀한 곳이 없는 집합이다.

7. 독자에게 맡긴다.

8. ③

9. ㄱ. 참이다. 왜냐하면 $int(X - A) = ext(A) = (int(A) \cup \partial(A))^c = \bar{A}^c = X - \bar{A}$
   ㄴ. 거짓이다. 보통 위상 공간 R에서 $A = \{1\}$이라 하면 등호가 성립하지 않는다.
   ㄷ. 거짓이다. 보통 위상 공간 $\mathbb{R}$에서 $A = (1, 2)$, $B = (2, 3)$이리 하면 등호가 성립하지 않는다.
   그러므로 정답은 ① 이다.

10. 정답은 ① 이다.

11. $int(\mathbb{Z}) = ext(\mathbb{Z}^c) = \mathbb{R} - \overline{\mathbb{Z}^c} = \mathbb{R} - \mathbb{R} = \emptyset$, $int([0,1]) = ext([0,1])^c = \mathbb{R} - \overline{[0,1]}^c = \mathbb{R} - \mathbb{R} = \emptyset$, $int(\mathbb{R} - \mathbb{Z}) = ext(\mathbb{Z}) = \mathbb{R} - \overline{\mathbb{Z}} = \mathbb{R} - \mathbb{Z}$이므로 정답은 ① 이다.

12. 정답은 순서대로 $A, \mathbb{R}, \mathbb{R}, \mathbb{Q}$이다.

제3장 풀이

3장 1절

문제 3.1.1. $f(c)=c$이고 c를 포함하는 열린 집합은 $\{c\},\{a,c\},X$인데 c를 포함하는 열린 집합 $\{c\}$에 대하여 다음을 만족하므로 f는 점 c에서 연속이다.

$$f(\{c\})=\{c\}\subset\{c\},\{a,c\},X$$

문제 3.1.2. $\mathcal{B}_X$, $\mathcal{B}_Y$를 기저로 갖는 위상 $\mathcal{T}_X$, $\mathcal{T}_Y$는 각각 다음과 같다.

$$\mathcal{T}_X=\big\{X,\varnothing,\{1\},\{1,3\},\{1,2,3\},\{1,4,5\},\{1,3,4,5\}\big\}$$
$$\mathcal{T}_Y=\big\{Y,\varnothing,\{c\},\{b,c\},\{c,d\},\{b,c,d\},\{a,c,d,e\}\big\}$$

(1) $f(1)=c$이고 $\{1\}$이 열린 집합이므로 c를 포함하는 임의의 열린 집합 A에 대해 다음을 얻는다.

$$f(\{1\})=\{c\}\subset A$$

따라서 f는 1에서 연속이다.

(2) $f(2)=b$이고 b를 포함하는 열린 집합 $\{b,c\}$에 대하여 2를 포함하고 $f(U)\subset\{b,c\}$인 열린 집합 U가 존재하지 않는다. 따라서 f는 2에서 불연속이다.

(3) $f(3)=a$이고 a를 포함하는 열린 집합은 $\{a,c,d,e\}$와 Y이다. $f(X)\subset Y$이고 $f(\{1,3\})=\{a,c\}\subset\{a,c,d,e\}$이므로 f는 3에서 연속이다.

(4) $f(4)=e$이고 e를 포함하는 열린 집합 $\{a,c,d,e\}$에 대하여 4를 포함하고 $f(U)\subset\{a,c,d,e\}$인 열린 집합 U가 존재하지 않는다. 따라서 f는 4에서 불연속이다.

(5) $f(5)=b$이고 b를 포함하는 열린 집합 $\{b,c\}$에 대하여 5를 포함하고 $f(U)\subset\{b,c\}$인 열린 집합 U가 존재하지 않는다. 따라서 f는 5에서 불연속이다.

위 관찰로부터 f는 1과 3에서만 연속이다.

문제 3.1.3. 임의의 점 $x(\in X)$에 대하여 Y의 열린 집합 V가 $f(x)$를 포함한다고 가정하자. 그러면 $x\in f^{-1}(V)$이고 $f^{-1}(V)$는 열린 집합이며 다음이 성립한다.

$$f(f^{-1}(V))\subset V$$

그러므로 f는 점 x에서 연속이다. x가 임의의 점이므로 f는 X의 모든 점에서 연속이다.

문제 3.1.4. 임의의 기본 열린 집합 $B(\in\mathcal{B})$는 다음과 같이 부분 기저에 있는 원소들의 유한 교집합으로 나타낼 수 있다.

$$B=\textstyle\bigcap_{k=1}^{n}S_k,\quad S_k\in\varSigma$$

그러면 정리 1.3.4 (f)로부터 다음을 얻는다.

$$f^{-1}(B)=\bigcap_{k=1}^{n}f^{-1}(S_k)$$

여기서 모든 $f^{-1}(S_k)$가 X의 열린 집합이므로 이들의 유한 교집합인 $f^{-1}(B)$도 열린 집합이다.

문제 3.1.5. 정리 3.1.6에 의해 아래끝 위상 $\mathcal{H}$의 기본 열린 집합인 열린 구간 $V = [a, b)$에 대하여 $f^{-1}(V)$가 아래끝 위상의 열린 집합임을 보이면 된다. 경우를 나누어 계산하면 다음과 같다.

(1) $b \le 0$이면 $f^{-1}(V) = [a, b)$
(2) $a < 0 < b \le 1$이면 $f^{-1}(V) = [a, 0)$
(3) $a < 0 < 1 < b$이면 $f^{-1}(V) = [a, 0) \cup [0, b-1)$
(4) $0 \le a < b \le 1$이면 $f^{-1}(V) = \varnothing$
(5) $0 \le a \le 1 < b$이면 $f^{-1}(V) = [0, b-1)$
(6) $1 < a < b$이면 $f^{-1}(V) = [a-1, b-1)$

위 경우 모두 $f^{-1}(V)$가 $\mathcal{H}$의 열린 집합이다. 따라서 $f : \mathbb{R}_l \to \mathbb{R}_l$은 연속 함수이다.

문제 3.1.6. (1) 임의의 기본 열린 집합 (a, b)에 대하여 $f^{-1}(a, b) = (\frac{a-1}{2}, \frac{b-1}{2})$이 열린 집합이다. 따라서 정리 3.1.6에 의해 $f : \mathbb{R} \to \mathbb{R}$은 연속이다.

(2) 임의의 기본 열린 집합 (a, b)에 대하여 경우를 나누어 계산하면 다음과 같다.

(a) $b \le 0$이면 $g^{-1}(a, b) = \varnothing$
(b) $a < 0 < b$이면 $g^{-1}(a, b) = (-\sqrt{b}, \sqrt{b})$
(c) $0 \le a$이면 $g^{-1}(a, b) = (-\sqrt{b}, -\sqrt{a}) \cup (\sqrt{a}, \sqrt{b})$

위 경우 모두 $g^{-1}(a, b)$가 열린 집합이다. 따라서 정리 3.1.6에 의해 $g : \mathbb{R} \to \mathbb{R}$은 연속이다.

문제 3.1.7. ($\Rightarrow$) $f : X \to Y$가 연속이라 가정하자. 임의의 $C \subset Y$에 대해 $\text{Int}(C) \subset C$이므로 $f^{-1}(\text{Int}(C)) \subset f^{-1}(C)$이다. f가 연속이므로 $f^{-1}(C)$는 열린 집합이고 따라서 $f^{-1}(\text{Int}(C)) \subset \text{Int}(f^{-1}(C))$가 성립한다.

($\Leftarrow$) Y의 임의의 열린 집합 U에 대해 $U = \text{Int}(U)$이므로 다음이 성립한다.

$$f^{-1}(U) = f^{-1}(\text{Int}(U)) \subset \text{Int}(f^{-1}(U)) \subset f^{-1}(U)$$

따라서 $f^{-1}(U) = f^{-1}(\text{Int}(U)) = \text{Int}(f^{-1}(U))$이므로 $f^{-1}(U)$는 X의 열린 집합이다. 그러므로 f는 연속이다.

연습 문제 3.1

1. ($\Rightarrow$) f가 a에서 연속이라 하자. 그리고 A는 X의 부분 집합으로 $a \in \overline{A}$이라 하자. 그러면 $f(a) \in f(\overline{A})$인데 정리 3.1.10 (b)에 의하여 $f(\bar{A}) \subset \overline{f(A)}$이므로 $f(a) \in \overline{f(A)}$이다.

($\Leftarrow$) C를 Y의 닫힌 부분 집합이라고 하고 $A = f^{-1}(C)$라 하자. 그러면 다음이 성립한다.

$$f(\overline{A}) = f(\overline{f^{-1}(C)}) \subset \overline{f(f^{-1}(C)} = \overline{C} = C$$

위 식에서 포함 관계는 가정에 의하여 성립한다. 따라서

$$\overline{A} \subset f^{-1}(f(\overline{A}) \subset f^{-1}(C) = A$$

이므로 정리 3.1.10 (d)에 의하여 f는 모든 점에서 연속이다.

2. (1) 거짓이다.
 $f(x) = 0$으로 정의되는 함수 $f : (\mathbb{R}, \mathcal{U}) \to (\mathbb{R}, \mathcal{D})$는 연속이다. 이때 $A = \{\frac{1}{n} \mid n \in \mathbb{N}\}$이라 하면 $0 \in A'$이지만 $f(0) = 0 \notin f(A)' = \varnothing$이다.
 (2) 거짓이다.
 $Y = \{y\}$이고 임의의 $x \in X$에 대하여 $f(x) = y$이면 f는 전사인 연속 함수이지만 X는 이산 공간이 아닐 수도 있다. 예를 들어 $X = \{1, 2\}$인 비이산 위상 공간이면 X는 이산 공간이 아니다.
 (3) 거짓이다.
 왜냐하면 항등 함수 $1_{\mathbb{R}} : (\mathbb{R}, \mathcal{U}) \to (\mathbb{R}, \mathcal{T}_f)$는 연속 함수이고 $(\mathbb{R}, \mathcal{U})$는 제2 가산 공간이나 $(\mathbb{R}, \mathcal{T}_f)$는 제2 가산 공간이 아니다.
 (4) 거짓이다.
 함수 $f : \mathbb{R}^2 \to \mathbb{R}$을 $f(x, y) = x$라 정의하고, $A = \{(x, 0) \in \mathbb{R}^2 \mid x \in \mathbb{R}\}$이라 하자. 이때 $\text{Int}(A) = \varnothing$이므로 $f(\text{Int}(A)) = \varnothing$이지만 $f(A) = \mathbb{R}$이므로 $\text{Int}(f(A)) = \mathbb{R}$이다.
 (5) 거짓이다.
 함수 $f : \mathbb{R} \to \mathbb{R}$을 $f(x) = \begin{cases} 0, & x < 0 \\ 1, & x \geq 0 \end{cases}$이라 정의하면 모든 A에 대하여 $\text{Int}(f(A)) = \varnothing$이므로 가정을 만족하지만 f는 연속이 아니다.

3. (a, ∞), $(-\infty, b)$ 형태의 모든 무한 열린 구간들의 모임은 $\mathcal{U}$에 대한 부분 기저를 이루므로 f가 연속일 필요 충분 조건은 임의의 $a, b \in \mathbb{R}$에 대해 다음 두 집합이 열린 집합이 되는 것이다.(정리 3.1.6)

$$f^{-1}\big((a, \infty)\big) = \{x \in X \mid f(x) > a\},$$
$$f^{-1}\big((-\infty, b)\big) = \{x \in X \mid f(x) < b\}$$

4. (⇒) f가 연속이므로 임의의 $x_0 (\in X)$와 임의의 $\epsilon (> 0)$에 대하여 $f^{-1}(B_Y(f(x_0), \epsilon))$은 X의 열린 집합이다. 그리고 $x_0 \in f^{-1}(B_Y(f(x_0), \epsilon))$이므로 다음을 만족하는 적당한 $\delta (> 0)$가 존재한다.

$$x_0 \in B_X(x_0, \delta) \subset f^{-1}(B_Y(f(x_0), \epsilon))$$

 따라서 $f(B_X(x_0, \delta)) \subset B_Y(f(x_0), \epsilon)$이다. 즉, $d_X(x_0, x) < \delta$이면 $d_Y(f(x_0), f(x)) < \epsilon$이 성립한다.
 (⇐) U를 $f(x)$의 임의의 근방이라 하면 적당한 $\epsilon > 0$에 대하여 $B_Y(f(x_0), \epsilon) \subset U$이다. 따라서 조건에 의해 적당한 $\delta > 0$가 존재해서 다음을 만족한다.

$$f(B_X(x_0, \delta)) \subset B_Y(f(x_0), \epsilon) \subset U$$

 그러므로 $B_X(x_0, \delta) \subset f^{-1}(U)$이다. 따라서 $f^{-1}(U)$는 x의 근방이 되어 f는 x에서 연속이다.

5. p를 X의 임의의 점이라 하고 V를 $D_A(p)$를 포함하는 $\mathbb{R}$의 임의의 열린 집합이라 하자. 이때 다음을 만족하는 충분히 작은 양수 ϵ을 선택하자.

$$\big(D_A(p) - \epsilon,\ D_A(p) + \epsilon\big) \subset V$$

이제 다음을 만족하는 양수 r이 존재함을 보이면 충분하다.

$$d(x,p) < r \;\Rightarrow\; D_A(p) - \epsilon < D_A(x) < D_A(p) + \epsilon$$

$r = \frac{\epsilon}{2}$이라 하면 $D_A(p)$의 정의로부터 다음을 만족하는 점 $a \in A$가 존재한다.

$$d(p,a) < D_A(p) + r$$

$d(x,p) < r$이라 하면 다음을 얻는다.

$$\begin{aligned} D_A(x) &\le d(x,a) \le d(x,p) + d(p,a) \\ &< r + D_A(p) + r = D_A(p) + \epsilon \end{aligned}$$

6. 9개

7. ① n이 6의 배수이면 3의 배수이다.이로부터 $6 \in B_n$이면 $3 \in B_n$이다. 따라서 $\{2,4,6,8,10\}$은 열린 집합이 될 수 없다.

② 임의의 소수 p에 대하여 $B_p = \{p\}$이다. 따라서 소수 전체의 집합은 $\bigcup_{p\text{는 소수}} B_p$로 나타낼 수 있으므로 열린 집합이다.

③ 소수 전체의 집합을 P라 하자. $n \ge 2$인 자연수는 항상 소인수를 가지므로 $B_n \cap P \ne \varnothing$이다. 따라서 $n \in \overline{P}$이다. 즉 $\overline{P} = X$이므로 P는 조밀 집합이다.

④ x를 X의 임의의 원소라 하자. nx를 포함하는 기본 열린 집합 B_m은 x를 포함한다. 즉 $B_m \cap \{x\} \ne \varnothing$이므로 $nx \in \overline{\{x\}}$이다. 역으로 $a \in \overline{\{x\}}$라 하면 a를 포함하는 기본 열린 집합 B_a에 대하여 $B_a \cap \{x\} \ne \varnothing$이므로 $x \in B_a$이다. 즉 a는 x의 배수이다. 따라서 $\overline{\{x\}} = \{nx \mid n \in \mathbb{N}\}$이다.

⑤ $B_2 = \{2\}$이므로 $f(2) = 2$를 포함하는 임의의 열린 집합 V에 대하여 $f(B_n) = \{2\} \subset V$이다. 따라서 f는 2에서 연속이다.

위의 관찰로부터 옳지 않은 것은 ①이다.

8. (1) $\mathcal{B} = \{\{x\}|x \in X\}$가 2^X의 기저이고 다음이 성립한다.

$$\begin{aligned} &f^{-1}(\{1\}) = \{1,2\} \in \mathcal{T} \\ &f^{-1}(\{3\}) = \{3,4,5\} \in \mathcal{T} \\ &f^{-1}(\{2\}) = f^{-1}(\{4\} = f^{-1}(\{5\} = \varnothing \in \mathcal{T} \end{aligned}$$

따라서 f는 연속 함수이다.

(2) 1 또는 2를 포함하는 열린 집합은 $\{1,2\}$, $\{2\}$, $\{2,3,4,5\}$, $\{1,2,4\}$, $\{2,4\}$ 그리고 X이다. 모두 2를 포함하므로 $1,2 \in \overline{\{2\}}$이다. 한편, $\{3,4,5\} \cap \{2\} = \varnothing$이므로 $3,4,5 \notin \overline{\{2\}}$이다. 그러므로 다음을 얻는다.

$$\overline{\{2\}} = \{1,2\}$$

같은 방법으로 다음을 얻을 수 있다.

$$\overline{\{4\}} = \{3,4,5\}$$

(3) 정리 3.1.10으로부터 임의의 부분 집합 $A(\subset X)$에 대하여 $h(\overline{A}) \subset \overline{f(A)}$를 만족하여야 한다. 따라서 (2)의 결과로부터 다음을 얻는다.

$$h(\overline{\{2\}}) = h(\{1,2\}) \subset \overline{h(\{2\})} = \overline{\{1\}} = \{1\}$$
$$h(\overline{\{4\}}) = h(\{3,4,5\}) \subset \overline{h(\{4\})} = \overline{\{3\}} = \{3\}$$

여기서 2^X에서는 한 원소 집합이 열린 집합이며 닫힌 집합임이 사용되었다. 그러므로 다음이 성립한다.

$$h(2) = 1, \quad h(3), h(5) = 3$$

즉, $h = f$이고, 따라서 함수의 개수는 1 개이다.

3장 2절

문제 3.2.1. $\mathcal{T}_Y = \{Y, \varnothing, \{a\}, \{c\}, \{a,c\}, \{b,c\}\}$.

문제 3.2.2. 임의의 $n \in \mathbb{Z}$에 대해 $\{n\} = \mathbb{Z} \cap (n - 1/2, n + 1/2)$이고 $(n - 1/2, n + 1/2)$은 $\mathcal{U}$에 대해 열린 집합이다. 따라서 한 원소 집합은 부분 공간 $\mathbb{Z}$의 열린 집합이고 $\mathbb{Z}$의 임의의 집합은 한 원소 집합들의 합집합이므로 마찬가지로 $\mathcal{U}$에 대해 열린 집합이다. 따라서 $(\mathbb{R}, \mathcal{U})$의 부분 공간으로서 정수 집합 $\mathbb{Z}$는 이산 공간이다.

문제 3.2.3. (1) A가 Y에서 닫힌 집합이므로 $A = U^c \cap Y$를 만족하는 X에서의 열린 집합 U가 존재한다. 그런데 U^c와 Y 모두 X에서 닫힌 집합이므로 A는 X에서 닫힌 집합이다.

(2) U를 Z의 열린 집합이라 하면 f가 연속이므로 $f^{-1}(U)$는 X의 열린 집합이다. 그런데 $f|_Y^{-1}(U) = f^{-1}(U) \cap Y$이고 $f^{-1}(U)$와 Y 모두 Y의 열린 집합이므로 $f|_Y : Y \to Z$는 연속이다.

문제 3.2.4. X의 기저 $B((x,y),r)$에 대하여 $\iota^{-1}((B(x,y),r)) = (x-r, x+r) \in \mathcal{U}_{\mathbb{R}}$이므로 연속이다.

문제 3.2.5. 임의의 $x \in h^{-1}(C)$이면 $h(x) \in C$이다. 따라서
$\begin{cases} f(x) \in C, & x \in A \\ g(x) \in C, & x \in B \end{cases}$이고 $\begin{cases} x \in f^{-1}(C), & x \in A \\ g(x) \in g^{-1}(C), & x \in B \end{cases}$이므로 $x \in f^{-1}(C) \cup g^{-1}(C)$이다.
역으로 임의의 $x \in f^{-1}(C) \cup g^{-1}(C)$이면 $x \in f^{-1}(C)$ 또는 $x \in g^{-1}(C)$이다.
$x \in f^{-1}(C)$인 경우 $f(x) \in C, x \in A$이므로 $h(x) \in C$가 되어 $x \in h^{-1}(C)$이다.
또한 $x \in g^{-1}(C)$인 경우 $g(x) \in C, x \in B$이므로 $h(x) \in C$가 되어 $x \in h^{-1}(C)$이다.

문제 3.2.6. 0을 포함하는 $\mathbb{R}$의 임의의 열린 집합을 U라 하자. 임의의 $b > 0$에 대하여 적당한 $n \in \mathbb{N}$이 존재해서 $0 < 1/n < b$를 만족하고 $1/n \in X \cap U$이므로 $X \cap U \neq \{0\}$이다. 따라서 $\{0\}$은 열린 집합이 아니다. 한편 $h^{-1}((1/2, 3/2)) = \{0\}$이고 $(1/2, 3/2)$는 열린 집합이지만, $\{0\}$은 열린 집합이 아니므로 h는 연속이 아니다.

문제 3.2.7.

문제 3.2.8. X가 분리 가능 공간이므로 $\overline{A} = X$인 X의 가산 부분 집합 A가 존재한다. 임의의 $y \in Y$와 y를 포함하는 Y의 임의의 열린 집합 U에 대하여 X의 열린 집합 V가 존재하여 $U = V \cap Y$이고 Y가 열린 집합이므로 $U \cap Y$도 열린 집합이기 때문에 $U \cap (A \cap Y) = A \cap (U \cap Y) \neq \varnothing$이다. 즉 Y의 가산 조밀 부분 집합 $A \cap Y$가 존재하므로 Y도 분리 가능이다.

연습 문제 3.2

1. (1) ($\subset$) $x \in A'_Y$라 하자. 그러면 $x \in U$인 임의의 $U \in \mathcal{T}$에 대해 $x \in U \cap Y \in \mathcal{T}_Y$이므로 다음이 성립한다.

$$(U \cap Y) \cap A - \{x\} \neq \varnothing$$

그런데 $A \subset Y$이므로 $U \cap A - \{x\} \neq \varnothing$이다. 따라서 $x \in A'$이므로 $A'_Y \subset A' \cap Y$이다.

($\supset$) $x \in A' \cap Y$라 하자. 그러면 $x \in V$인 임의의 $V \in \mathcal{T}_Y$에 대해 $V = U \cap Y$인 $U \in \mathcal{T}$가 존재해서 다음이 성립한다.

$$U \cap A - \{x\} \neq \varnothing$$

그런데 $V \cap A - \{x\} = (U \cap Y) \cap A - \{x\} = U \cap (Y \cap A) - \{x\} = U \cap A - \{x\}$이므로 $V \cap A - \{x\} \neq \varnothing$이다. 따라서 $x \in A'_Y$이므로 $A' \cap Y \subset A'_Y$이다.

(2) (1)을 이용하면 다음과 같다.

$$\overline{A}_Y = A \cup A'_Y = A \cup (A' \cap Y) = (A \cup A') \cap (A \cup Y) = \overline{A} \cap Y$$

(3) $\text{Int}(A) \cap Y$는 A에 포함되는 Y에서의 열린 집합이므로 $\text{Int}(A) \cap Y \subset \text{Int}(A)_Y$이다.

(4)

$$\begin{aligned}\partial A_Y &= \overline{A}_Y - \text{Int}(A)_Y = (\overline{A} \cap Y) - \text{Int}(A)_Y \\ &\subset (\overline{A} \cap Y) - (\text{Int}(A) \cap Y) = (\overline{A} - \text{Int}(A)) \cap Y = \partial A \cap Y\end{aligned}$$

2.
- $(\mathbb{R}, \mathcal{U})$의 부분 공간 $Y = (0, 1]$에 대해 $A = (0, 1]$이라 하자. $\text{Int}(A) = (0, 1)$이므로 $\text{Int}(A) \cap Y = (0, 1)$이다. 한편, $\mathcal{U}$의 열린 집합 $(0, 2)$에 대해 $(0, 2) \cap Y = (0, 1]$이므로 A는 Y의 열린 집합이고 $\text{Int}(A)_Y = (0, 1]$이다. 따라서 $(0, 1] \not\subset (0, 1)$이므로 $\text{Int}(A)_Y \not\subset \text{Int}(A) \cap Y$이다.
- $(\mathbb{R}, \mathcal{U})$의 부분 공간 $Y = (0, 1]$에 대해 $A = (0, 1]$이라 하자. $\partial A = \{1\}$이므로 $\partial A \cap Y = \{1\}$이고 $\partial A_Y = \varnothing$이다. 따라서 $\partial A \cap Y \not\subset \partial A_Y$이다.

3. 임의의 $G \in \mathcal{T}_Z$에 대해 Z가 Y의 부분 공간이므로 $G = U \cap Z$인 $U \in \mathcal{T}_Y$가 존재한다. 또한 Y가 X의 부분 공간이므로 $U = V \cap Y$인 $V \in \mathcal{T}$가 존재한다. 따라서 다음을 얻는다.

$$G = U \cap Z = (V \cap Y) \cap Z = V \cap (Y \cap Z) = V \cap Z$$

그러므로 Z는 X의 부분 공간이다.

4. (1) 0을 포함하는 $\mathbb{R}$의 임의의 열린 집합 U에 대하여 $U \cap \mathbb{Q} \neq \{0\}$이므로 한 원소 집합 $\{0\}$은 $\mathbb{Q}$의 열린 집합이 아니다. 따라서 $\mathbb{Q}$는 이산 공간이 아니다.

(2) 부분 공간의 열린 집합의 정의로부터 $(a,b) \cap \mathbb{Q}$가 열린 집합임을 자명하다. 그리고 a와 b가 무리수이므로 $(a,b) \cap \mathbb{Q} = [a,b] \cap \mathbb{Q}$이므로 닫힌 집합이다.

5. ($\Rightarrow$) 두 연속 함수의 합성이므로 연속이다.

($\Leftarrow$) Y의 임의의 열린 집합 U에 대하여 $f^{-1}(U)$가 열린 집합임을 보이면 된다. U가 부분 공간 Y의 열린 집합이므로 $U = V \cap Y$인 X의 열린 집합 V가 존재한다. 가정에 의하여 $\iota \circ f$가 연속이므로 $(\iota \circ f)^{-1}(V) = f^{-1}(\iota^{-1}(V)) = f^{-1}(U)$는 열린 집합이다.

6. (1) 거리 공간 (X, d)에 대하여 $Y(\subset X)$가 부분 집합이라 하자. $d_Y : Y \times Y \to \mathbb{R}$를 d의 $Y \times Y$로의 제한 함수라 하면, 즉 $\forall x, y \in Y : d_Y(x,y) = d(x,y)$ 라 정의하면 d가 거리이므로 d_Y도 거리의 정의를 모두 만족함을 쉽게 보일 수 있다.

(2) X가 분리 가능 공간이기 때문에 X의 가산 조밀 부분 집합 A가 존재한다. 그러면 집합 $\{B(a,r) | a \in A, r \in \mathbb{Q}\}$ 는 X의 가산 기저가 되고 $\{B(a,r) \cap Y | a \in A, r \in \mathbb{Q}\}$는 Y의 가산 기저가 된다. 그러면 정리 2.5.22(또는 정리 2.5.24)에 의하여 Y는 분리 가능이다.

7. f가 연속 함수이므로 다음이 성립하므로 f의 치역은 $f(X) = \{0\}$이다.

$$f(X) = f(\overline{A}) \subset \overline{f(A)} = \overline{\{0\}} = \{0\}$$

8. (1) 집합 $\{x \mid f(x) > g(x)\}$가 X의 열린 집합임을 보이면 된다. 함수 $h : X \to Y \times Y$를 $h(x) = (f(x), g(x))$로 정의하면 f와 g가 연속이므로 h도 연속이다. 집합 A를 다음과 같이 정의하고 A가 $Y \times Y$의 열린 부분 집합임을 보이자.

$$A = \{(y_1, y_2) \in Y \times Y | y_1 > y_2\}$$

Y에 $y_2 < y < y_1$인 원소 y가 존재하면 A의 열린 부분 집합 $(y, \infty) \times (-\infty, y)$가 $(y_1, y_2) \in (y, \infty) \times (-\infty, y) \subset A$를 만족하고, $y_2 < y < y_1$인 원소 y가 존재하지 않으면 A의 열린 부분 집합 $(y_2, \infty) \times (-\infty, y_1)$이 $(y_1, y_2) \in (y_2, \infty) \times (-\infty, y_1) \subset A$이므로 A는 $Y \times Y$의 열린 부분 집합이다. 그러면 h가 연속이므로 $h^{-1}(A) = \{x \mid f(x) > g(x)\}$도 열린 집합이다.

(2)

$$h(x) = \min\{f(x),\ g(x)\} = \begin{cases} f(x), & f(x) \leq g(x) \\ g(x), & g(x) \leq f(x) \end{cases}$$

이므로 붙임 보조 정리의 조건을 모두 만족함을 쉽게 확인할 수 있다.

9. $\{-3\}$, $\{-2\}$, $\{-1\}$, $\{0\}$, $\{0,1\}$, $\{0,1,2\}$, $\{0,1,2,3\}$이 기저의 원소이므로 3을 원소로 갖는 열린 집합은 다음과 같다.

$$\{0,1,2,3\},\ \{-3,0,1,2,3\},\ \{-2,0,1,2,3\},\ \{-1,0,1,2,3\},$$
$$\{-3,-2,0,1,2,3\},\ \{-3,-1,0,1,2,3\},\ \{-2,-1,0,1,2,3\},\ X$$

따라서 8개이다. $B' = \{2, 3\}$.

3장 3절

문제 3.3.1. (1) 항등 함수 $1_X : X \to X$ 전단사이고 연속이다. 또한 항등 함수의 역 함수는 항등 함수이므로 1_X는 위상 동형 함수이다. 따라서 $X \simeq X$이다.

(2) $f : X \to Y$를 위상 동형 함수라 하면 f는 전단사이므로 f^{-1}가 존재하고 마찬가지로 전단사이고 연속이다. 따라서 f^{-1}도 위상 동형 함수이다.

(3) $f : X \to Y$, $g : Y \to Z$를 위상 동형 함수라 하면 $f \circ g : X \to Z$도 위상 동형 함수임을 쉽게 보일 수 있다.

문제 3.3.2. (1) $f : \mathbb{R}^2 \to \mathbb{R}$을 $f(x, y) = x$라 하면 전사이고 열린 함수인 것은 자명하고, $\mathbb{R}^2$의 닫힌 집합 $C = \{(x, y) \in \mathbb{R}^2 | xy = 1\}$에 대하여 $f(C) = \mathbb{R} - \{0\}$이므로 닫힌 집합이 아니다. 즉, 열린 함수이지만 닫힌 함수가 아니다.

(2) $X = \{a, b, c\}$, $Y = \{0, 1\}$에 위상이 각각 $\mathfrak{T}_X = \{\varnothing, X, \{a\}\}$, $\mathfrak{T}_Y = \{\varnothing, Y, \{1\}\}$로 주어졌다고 하자. $f : X \to Y$이고 $f(a) = f(b) = 0, f(c) = 1$이라 하면 f는 전사이고 X의 모든 닫힌 집합 $\varnothing, X, \{b, c\}$의 상이 각각 $\varnothing, Y, Y$이므로 닫힌 함수이다. 그러나 X의 열린 집합 $\{a\}$에 대하여 $f(\{a\}) = \{0\}$은 열린 집합이 아니므로 열린 함수는 아니다.

문제 3.3.3. Y의 열린 집합에 대한 역 상은 다음과 같다.

$$f^{-1}(\{x\}) = \{b\},\ f^{-1}(\{y\}) = \{a\},\ f^{-1}(\{x, y\}) = \{a, b\},\ f^{-1}(Y) = X$$

모두 X의 열린 집합이므로 f는 연속 함수이다. 이제 X의 열린 집합에 대한 상을 나타내면 다음과 같다.

$$f(\{a\}) = \{y\},\ f(\{b\}) = \{x\},\ f(\{a, b\}) = \{x, y\},\ f(X) = Y$$

모두 Y의 열린 집합이므로 f는 열린 함수이다.

문제 3.3.4. 임의의 $(\cos\theta, \sin\theta) \in S^1$에 대해 적당한 $\theta \in [0, 2\pi)$가 존재해서 $f(\theta) = (\cos\theta, \sin\theta)$이므로 f는 전사이다. 임의의 $\theta_1, \theta_2 \in [0, 2\pi)$에 대해 $f(\theta_1) = f(\theta_2)$이면 $(\cos\theta_1, \sin\theta_1) = (\cos\theta_2, \sin\theta_2)$이고 $\theta_1 = \theta_2$이므로 f는 단사이다. 따라서 f는 전단사 함수이다.
S^1의 열린 집합 U가 $(1, 0)$을 포함하지 않을 때, $f^{-1}(U) = (\theta_1, \theta_2)$이고 이는 $[0, 2\pi)$의 열린 집합이다. 한편 S^1의 열린 집합 U가 $(1, 0)$을 포함할 때, $f^{-1}(U) = (\theta_1, 2\pi) \cup [0, \theta_2)$이고 이는 $[0, 2\pi)$의 열린 집합이므로 f는 연속 함수이다.
하지만, f는 열린 함수가 아니다. 왜냐하면 $[0, \pi)$는 $[0, 2\pi)$의 열린 집합이지만 $f([0, \pi))$는 S^1에서 열린 집합이 아니다. 따라서 정리 3.3.7에 의해 f는 위상 동형 함수가 아니다.

문제 3.3.5. ($\Rightarrow$) 임의의 집합 A에 대해 $f(A) \subset f(\overline{A})$이고 f가 닫힌 함수이므로 $f(\overline{A})$는 닫힌 집합이다. 따라서 $\overline{f(A)} \subset f(\overline{A})$가 성립한다.

($\Leftarrow$) X의 임의의 닫힌 집합 C에 대해 $f(C) = f(\overline{C}) \subset \overline{f(C)}$이고 $\overline{f(C)} \subset f(\overline{C})$이므로 $f(C) = \overline{f(C)}$이다. 따라서 $f(U)$는 닫힌 집합이므로 f는 닫힌 함수이다.

문제 3.3.6. 위상 동형 함수가 두 위상 공간의 열린 집합들 사이의 일대일 대응을 준다는 사실과 닫힌 집합이 열린 집합의 여집합이기 때문에 위상 동형 사상에 의하여 닫열 집합의 갯수는 보존된다. 뒤에서 연결 성분을 배우면 더 엄밀한 증명을 할 수 있다.

문제 3.3.7. 두 위상 공간 X와 Y에 대하여 $f : X \to Y$를 위상 동형 사상, X는 분리 가능 공간이라고 하자. X가 분리 가능이므로 $\overline{A} = X$를 만족하는 X의 가산 부분 집합 A가 존재한다. 그러면 $Y = f(X) = f(\overline{A}) \subset \overline{f(A)}$에 의하여 $Y = \overline{f(A)}$이고 $f(A)$가 가산 집합이므로 Y도 분리 가능이다.

문제 3.3.8. 단사인 것과 위상 동형인 것은 각자 확인해보기 바란다.

문제 3.3.9. A를 $\mathbb{R}^n$의 이산 집합이라고 하자. 정의에 의하여 A의 임의의 점 a에 대하여 $A \cap U = \{a\}$를 만족하는 a의 열린 근방 U가 존재한다. U가 a의 열린 근방이고 $\{B(p,r) | p \in \mathbb{Q}^n, r \in \mathbb{Q}\}$가 $\mathbb{R}^n$의 기저이므로 $a \in B(p,r) \in U$인 열린 구가 존재한다. 그러면 $A \cap B(p,r) = \{a\}$이고 $\{B(p,r) | p \in \mathbb{Q}^n, r \in \mathbb{Q}\}$가 셀 수 있는 집합이므로 A는 셀 수 있는 집합이다.

문제 3.3.10. $f(X)$를 Y의 부분 공간이라 하면 f가 단사이므로 함수 $f : X \to f(X)$는 전단사이다. 또한 이 함수는 부분 공간 $f(X)$에 대해서 여전히 연속이다. 그리고 부분 공간 $f(X)$에 대해서 여전히 열린 함수 또는 닫힌 함수이므로 $f : X \to f(X)$는 동형 함수이다.

연습 문제 3.3

1. ($\Rightarrow$) $g : Y \to Z$가 연속이라 하자. 그러면 Z의 열린 집합 A에 대하여 $g^{-1}(A)$는 Y의 열린 집합이다. 이때 f가 위상 동형이므로 $f^{-1}\left(g^{-1}(A)\right) = (f^{-1} \circ g^{-1})(A) = (g \circ f)^{-1}(A)$는 X의 열린 집합이다. 따라서 $g \circ f$는 연속이다.

($\Leftarrow$) $g \circ f$가 연속이라 하자. 그러면 Z의 열린 집합 A에 대하여 $(g \circ f)^{-1}(A)$는 X의 열린 집합이다. 이때, f가 위상 동형이므로 다음과 같이 $g^{-1}(A)$는 Y의 열린 집합이다.

$$f\left((g \circ f)^{-1}(A)\right) = f\left(f^{-1}\left(g^{-1}(A)\right)\right) = g^{-1}(A)$$

따라서 함수 $g : Y \to Z$는 연속이다.

2. ($\Rightarrow$) 임의의 $B \in \mathcal{B}$는 열린 집합이고 f는 열린 함수이므로 $f(B)$는 열린 집합이다.

($\Leftarrow$) U를 점 x를 포함하는 X의 임의의 열린 집합이라 하자. 그러면 $x \in B_x \subset U$를 만족하는 $B_x \in \mathcal{B}$가 존재한다. 따라서 $f(\bigcup_{x \in U} B_x) = f(U)$이므로 $f(U)$는 열린 집합이다. 그러므로 f는 열린 함수이다.

3. (1) $\Leftrightarrow$ (2) 정리 3.3.7에 의해 자명하다.

(2) $\Leftrightarrow$ (3) 정리 3.3.5에 의해 자명하다.

(3) $\Leftrightarrow$ (4) f가 연속이기 위한 필요충분조건은 $f(\overline{A}) \subset \overline{f(A)}$이고 f가 닫힌 함수이기 위한 필요충분조건은 $\overline{f(A)} \subset f(\overline{A})$이므로 (3)과 (4)는 동치 관계이다.

(2) $\Leftrightarrow$ (5) f가 열린 함수일 필요충분조건이 $f(\mathrm{Int}(A)) \subset \mathrm{Int}(f(A))$가 성립하는 것이고 f가 연속일 필요충분조건이 $\mathrm{Int}(f(A)) \subset f(\mathrm{Int}(A))$가 성립하는 것이므로 (2)와 (5)는 동치 관계이다.

4. $[0,1]$은 $\mathbb{R}$과 위상 동형이 아니고 $(0,1)$은 $\mathbb{R}$과 위상 동형이므로 $[0,1]$과 $(0,1)$은 위상 동형이 아니다.

5. 독자에게 맡긴다.

6. $f(x_1) = f(x_2)$이면 $d_X(x_1, x_2) = d_Y\big(f(x_1), f(x_2)\big) = 0$이므로 $x_1 = x_2$이다. 따라서 단사이다. 또한 열린 구가 거리 공간의 기저인데 열린 구의 f에 의한 상과 역 상이 모두 열린 구이므로 X와 $f(X)$는 위상 동형이다.

7. $\mathcal{B} = \{V_n : n \in \mathbb{N}\}$를 X의 가산 기저라 하자. 이제 $\{f(V_n) : n \in \mathbb{N}\}$이 Y의 기저임을 보이면 된다.
Y의 열린 집합 U와 $y(\in U)$에 대하여, f가 전사이고 연속이므로 $f(x) = y$인 $x(\in f^{-1}(U))$가 존재하고 $f^{-1}(U)$는 X의 열린 집합이다. $\mathcal{B}$가 X의 기저이므로 다음을 만족하는 기본 열린 집합 $V_n(\in \mathcal{B})$가 존재한다.

$$x \in V_n \subset f^{-1}(U)$$

한편, 1.3절의 연습문제 2(2)로부터 f가 전사이므로 다음이 성립한다.

$$f(f^{-1}(U)) = U$$

따라서 다음을 얻는다.

$$y = f(x) \in f(V_n) \subset f(f^{-1}(U)) = U$$

이는 $\{f(V_n) : n \in \mathbb{N}\}$이 Y의 기저임을 말한다.

3장 4절

문제 3.4.1. X, Y가 이산 공간이면 임의의 $(x, y) \in X \times Y$에 대하여 $\{x\} \in X$와 $\{y\} \in Y$가 각각 열린 집합이므로 $\{(x, y)\} = \{x\} \times \{y\} \in X \times Y$도 열린 집합이다. 따라서 곱 공간 $X \times Y$도 이산 공간이다.
X, Y가 자명 공간이면 $\mathcal{B} = \{\varnothing, X \times Y\}$이므로 $\mathcal{T} = \{\varnothing, X \times Y\}$이다. 따라서 곱 공간 $X \times Y$도 자명 공간이다.

문제 3.4.2. (⊂) $\text{Int}(A) \times \text{Int}(B) \subset A \times B$이므로 $\text{Int}(A) \times \text{Int}(B)$는 $X \times Y$의 열린 집합이다. 따라서 $\text{Int}(A) \times \text{Int}(B) \subset \text{Int}(A \times B)$이다.

(1) (⊃)] $(x, y) \in \text{Int}(A \times B)$이라 하자. $(x, y) \subset U \times V \subset \text{Int}(A \times B)$인 열린 집합 U와 V가 존재한다. 따라서 $x \in U \subset A$, $y \in V \subset B$이고 $x \in \text{Int}(A)$, $y \in \text{Int}(B)$이므로 $\text{Int}(A \times B) \subset \text{Int}(A) \times \text{Int}(B)$이다.

문제 3.4.3. $X = \bigcup_{B_x \in \mathcal{B}_X} B_x$, $Y = \bigcup_{B_y \in \mathcal{B}_Y} B_y$이므로 $X \times Y = (\bigcup_{B_x \in \mathcal{B}_X} B_x) \times (\bigcup_{B_y \in \mathcal{B}_Y} B_y) = \bigcup_{B \in \mathcal{B}} B$이다. 임의의 $B_1, B_2 \in \mathcal{B}$에 대해 $B_1 = U_1 \times V_1$, $B_2 = U_2 \times V_2$를 만족하는 $U_1, U_2 \in B_X$, $V_1, V_2 \in B_Y$가 존재해서 $B_1 \cap B_2 = (U_1 \times V_1) \cap (U_2 \times V_2) = (U_1 \cap U_2) \times (V_1 \cap V_2) \in \mathcal{B}$이므로 $\mathcal{B}$는 $X \times Y$의 기저이다.

문제 3.4.4. 독자에게 맡긴다.

문제 3.4.5. X와 Y의 열린 집합들에 대한 사영 함수 p_1, p_2의 역 상을 나타내면 다음과 같다.

$$p_1^{-1}(X) = p_2^{-1}(Y) = X \times Y,\ p_1^{-1}(\varnothing) = p_2^{-1}(\varnothing) = \varnothing,$$
$$p_1^{-1}(\{a\}) = \{a\} \times Y,\ p_2^{-1}(\{u\}) = X \times \{u\},$$
$$p_1^{-1}(\{a,b\}) = \{a,b\} \times Y,\ p_2^{-1}(\{u,v\}) = X \times \{u,v\}$$

그러므로 부분 기저는 다음과 같다.

$$\Sigma = \{X \times Y, \varnothing, \{a\} \times Y, \{a,b\} \times Y, X \times \{u\}, X \times \{u,v\}\}$$

그리고 기저는 다음과 같다.

$$\mathcal{B} = \{(a,u)\} \cup \{(a,u),(a,v)\} \cup \{(a,u),(b,u)\} \cup \{(a,u),(a,v),(b,u),(b,v)\} \cup \Sigma$$

문제 3.4.6. $A = \{(x,y) \mid xy \geq 1, x > 0\}$에 대해 $p_x(A) = \{x \mid x > 0\}$은 닫힌 집합이 아니므로 x축으로의 사영 함수 $p_x : \mathbb{R}^2 \to \mathbb{R}$은 닫힌 함수가 아니다.

문제 3.4.7. $S^2/\{\mathbf{n}\}$의 임의의 점 $\mathbf{x}$에 대해 $\mathbf{x}$와 $\mathbf{n}$을 연결한 직선이 xy-평면 $\mathbb{R}^2$와 만나는 점을 $h(\mathbf{x})$라 하자. 이렇게 정의된 함수 $h : S^2/\{\mathbf{n}\} \to \mathbb{R}^2$는 위상 동형 함수이다.

먼저 h를 구체적으로 $S^2/\{\mathbf{n}\}$의 임의의 점 $\mathbf{x} = (x_1, x_2, x_3)$에 대해 점 $\mathbf{n}$과 $\mathbf{x}$를 지나는 직선 l의 점을 $\mathbf{n} + t(\mathbf{x} - \mathbf{n})$의 형태로 나타내면 다음과 같다.

$$(tx_1,\ tx_2,\ 1 + t(x_3 - 1))$$

직선 l과 xy-평면 $\mathbb{R}^2$와 만나는 점에서는 세 번째 좌표가 0이므로, $t = 1/(1 - x_3)$이 된다. 따라서 다음을 얻는다.

$$h(x_1, x_2, x_3) = \left(\frac{x_1}{1 - x_3},\ \frac{x_2}{1 - x_3}\right)$$

성분 함수가 모두 연속이므로 h는 연속 함수이다. 반대로 xy-평면의 임의의 점 $\mathbf{y}$에 대해 $\mathbf{y}$와 $\mathbf{n}$을 연결한 직선이 구면 S^2와 만나는 점을 $g(\mathbf{y})$라 하자. 이렇게 정의된 함수 $g : \mathbb{R}^2 \to S^2/\{\mathbf{n}\}$이 h의 역 함수임은 자명하다. g를 구체적으로 계산해보자. $\mathbb{R}^2$의 임의의 점 $\mathbf{y} = (y_1, y_2)$에 대해 $\mathbf{y}$와 $\mathbf{n}$을 연결한 직선 l'의 점을 $\mathbf{n} + t(\mathbf{y} - \mathbf{n})$의 형태로 나타내면 다음과 같다.

$$(ty_1,\ ty_2,\ 1 - t)$$

직선 l'이 구면 S^2와 만나는 점에서 $(ty_1)^2 + (ty_2)^2 + (1-t)^2 = 1$을 만족하므로 $t = 2/(y_1^2 + y_2^2 + 1)$이다. 따라서 다음을 얻는다.

$$g(y_1, y_2) = \left(\frac{2y_1}{y_1^2 + y_2^2 + 1},\ \frac{2y_2}{y_1^2 + y_2^2 + 1},\ \frac{y_1^2 + y_2^2 - 1}{y_1^2 + y_2^2 + 1}\right)$$

각 성분 함수가 연속이므로 g는 연속 함수이다. 따라서 h는 위상 동형 함수이다.

연습 문제 3.4

1. 함수 $f : X \times Y \to Y \times X$, $f(x,y) = (y,x)$라 정의하면 f는 일대일 대응이다. U를 X의 열린 집합, V를 Y의 열린 집합이라 하자. 그러면 $f^{-1}(V \times U) = U \times V$이고 이는 $X \times Y$의 열린 집합이다. 마찬가지로 $(f^{-1})^{-1}(U \times V) = V \times U$이고 이는 $Y \times X$의 열린 집합이다. 따라서 f, f^{-1}이 연속이므로 f는 위상 동형 함수이고 다음이 성립한다.

$$X \times Y \simeq Y \times X$$

2. $(\Rightarrow)$ U를 X의 열린 집합, V를 Y의 열린 집합이라 하자. 그러면 다음이 성립한다.

$$(U \cap A) \times (V \cap B) = (U \times V) \cap (A \times B)$$

그리고 위 집합은 $X \times Y$의 부분 위상의 열린 집합이다.
$(\Leftarrow)$ O를 $X \times Y$의 열린 집합이라 하자. 그러면 적당한 $\lambda \in \Lambda$에 대해 다음과 같이 나타낼 수 있다.

$$O = \bigcup_{\lambda \in \Lambda} U_\lambda \times V_\lambda$$

따라서 다음을 얻는다.

$$\bigcup_{\lambda \in \Lambda} (U_\lambda \times V_\lambda) \cap (A \times B) = \bigcup_{\lambda \in \Lambda} (U_\lambda \cap A) \times (V_\lambda \cap B)$$

그러므로 $A \times B$의 곱 위상이다.

3. (1)

$$\begin{aligned}\partial(A \times B) &= \overline{A \times B} - \mathrm{Int}(A \times B) = \overline{A} \times \overline{B} - \mathrm{Int}(A) \times \mathrm{Int}(B) \\ &= ((\overline{A} - \mathrm{Int}(A)) \times \overline{B}) \bigcup (\overline{A} \times (\overline{B} - \mathrm{Int}(B))) \\ &= (\partial A \times \overline{B}) \bigcup (\overline{A} \times \partial B)\end{aligned}$$

(2) 독자에게 맡긴다.

4. 보기 3.4.9 와 같이 하면 된다.

5. 독자에게 맡긴다.

6. A의 내부는 $\{(x,y) \in \mathbb{R} \times \mathbb{R} \,|\, x^2 + y^2 < 1\} \cup \{(x,y) \in \mathbb{R} \times \mathbb{R} \,|\, x^2 + y^2 = 1, x < 0, y > 0\}$, $\overline{A} = A$, $b(A) = \{(x,y) \in \mathbb{R} \times \mathbb{R} \,|\, x^2 + y^2 = 1\} - \{(x,y) \in \mathbb{R} \times \mathbb{R} \,|\, x^2 + y^2 = 1, x < 0, y > 0\}$.

7. $\overline{A \times B} = \mathbb{Z} \times B$, $(A \times B)^o = \{0\} \times B$, $b(A \times B) = (\mathbb{Z} \times \{0\}) \times B$.

8. 독자에게 맡긴다.

9. $\mathbb{R}$의 임의의 열린 부분 집합 V에 대하여 $f^{-1}(V) = V \times \mathbb{R}$은 $\mathbb{R} \times \mathbb{R}$의 열린 부분 집합이므로 f는 연속이다. $C = \{(x,y) \in \mathbb{R} \times \mathbb{R} \,|\, xy = 1\}$ 이라 하면 C는 $\mathbb{R} \times \mathbb{R}$의 닫힌 부분 집합인데, $f(C) = \mathbb{R} - \{0\}$은 $\mathbb{R}$의 닫힌 부분 집합이 아니다.

3장 5절

문제 3.5.1. X의 열린 집합 $(1/3, 2/3)$에 대하여 $i((1/3, 2/3)) = \{(x, y) \in \mathbb{R}^2 \,|1/3 < x < 2/3, y = 0\}$은 $\mathbb{R}^2$의 열린 집합이 아니므로 열린 함수가 아니다.
X의 닫힌 집합 $(0, 1/2]$에 대하여 $i((0, 1/2]) = \{(x, y) \in \mathbb{R}^2 \,|0 < x \leq 1/2, y = 0\}$은 $\mathbb{R}^2$의 닫힌 집합이 아니므로 닫힌 함수가 아니다

문제 3.5.2. 독자에게 맡긴다.

문제 3.5.3. 독자에게 맡긴다.

문제 3.5.4. 이항 연산들은 다음과 같은 함수들로 나타낼 수 있다.

$$
\begin{gathered}
i_a : \mathbb{R} \times \mathbb{R} \to \mathbb{R}, \quad i_a(a, b) = a - b, \\
m : \mathbb{R} \times \mathbb{R} \to \mathbb{R}, \quad m(a, b) = ab, \\
i_m : \mathbb{R} \times (\mathbb{R} - \{0\}) \to \mathbb{R}, \quad i_m(a, b) = \frac{a}{b}
\end{gathered}
$$

그러면 임의의 열린 구간 (a, b)에 대해 다음이 성립한다.

$$
\begin{gathered}
i_a^{-1}((a, b)) = \{(x, y) \mid x - b < y < x - a\}, \\
m^{-1}((a, b)) = \{(x, y) \mid \frac{a}{x} < y < \frac{b}{x}\}, \\
i_m^{-1}((a, b)) = \{(x, y) \mid \frac{x}{b} < y < \frac{x}{a}\}
\end{gathered}
$$

위 집합들은 모두 열린 집합이므로 이항 연산 $+$, ,$-$, $\times$, $\div$는 모두 연속이다.

문제 3.5.5. $\mathbf{x} = (0, 0)$에서 연속인 것만 보이면 충분하다. $f(\mathbf{x}) = (0, 0)$의 임의의 근방 V에 대하여 $B(\mathbf{x}, r) \subset V$를 만족하는 열린 구 $B(\mathbf{x}, r)$이 존재한다. 그러면 $f^{-1}(B(\mathbf{x}, r))$이 $f^{-1}(V)$의 근방이 되므로 f는 $\mathbf{x} = (0, 0)$에서 연속이다.

문제 3.5.6. 독자에게 맡긴다.

문제 3.5.7. 독자에게 맡긴다.

문제 3.5.8. 독자에게 맡긴다.

연습 문제 3.5

1. 독자에게 맡긴다.
2. 독자에게 맡긴다.
3. 독자에게 맡긴다.
4. 독자에게 맡긴다.
5. 독자에게 맡긴다.

제4장 풀이

4장 1절

문제 4.1.1. $\overline{U} = U \cup U'$이므로 $U \cap V = \varnothing$이고 $\overline{U} \cap V \neq \varnothing$이면 $x \in U'$을 만족하는 $x \in V$가 존재해야 한다. 그런데 x를 포함하는 열린 집합 V에 대하여 $U \cap V - \{x\} = \varnothing$이므로 $x \notin U'$이다. 따라서 $\overline{U} \cap V = \varnothing$이다.

문제 4.1.2. (1) 서로 다른 $x, y \in \mathbb{R}_\infty$에 대하여($x < y$) x를 포함하지 않고 y를 포함하는 열린 집합 $(\frac{x+y}{2}, \infty)$가 존재하므로 T_0-공간이다. 그러나 x만 포함하는 열린 집합이 존재하지 않으므로 T_1-공간은 아니다.

(2) 서로 다른 $x, y \in \mathbb{R}_l$에 대하여($x < y$) x와 y를 각각 포함하며 서로 소인 열린 집합 $[x, y)$와 $[y, y+1)$이 존재하므로 하우스도르프 공간이다.

문제 4.1.3. 임의의 서로 다른 두 점 x, y에 대하여 두 점 사이의 거리를 $d(>0)$이라 하자. 그러면 x와 y를 각각 포함하며 서로 소인 열린 집합 $B(x, d/3)$와 $B(y, d/3)$가 존재한다. 따라서 하우스도르프 공간이다.

문제 4.1.4. 임의의 점 $x \in X$에 대하여 $\{x\}$가 닫힌 집합이라 하자. 임의의 서로 다른 두 점 $x, y \in X$에 대해 $\{x\}^c$, $\{y\}^c$은 열린 집합이고 $y \in \{x\}^c$, $x \in \{y\}^c$이므로 X는 T_1-공간이다.

문제 4.1.5. $x(\in X - A')$에 대하여 x를 포함하고 $U \cap A$가 유한 집합인 열린 집합 U가 존재한다. 이때 $x \in U \subset X - A'$이다. 따라서 $X - A'$은 열린 집합이고, A'은 닫힌 집합이다.

문제 4.1.6. $(\mathbb{R}, \mathcal{T}_f)$의 닫힌 집합은 유한 집합이므로 C를 닫힌 집합이라 하면 적당한 $m \in \mathbb{N}$에 대해 $C = \{a_1, a_2, \ldots, a_m\}$이라 할 수 있다. 이 때 $x \notin C$라 하자. $U = \mathbb{R} - C$라 하면 U는 열린 집합이고 $x \in U$이다. 그러면 어떤 $n_0 \in \mathbb{N}$이 존재해서 모든 $n \geq n_0$에 대해 $x_n \in U$이다. 따라서 수열 $\{x_n = n\}$은 x로 수렴한다.

문제 4.1.7. X가 T_1-공간이면 다음을 만족하는 열린 집합 U, V가 존재한다.

$$x \in U,\ y \notin U \quad \text{그리고} \quad y \in V,\ x \notin V$$

그러면 $U \cap A, V \cap A$는 A의 열린 집합이고 $x, y \in A$이므로 다음을 만족한다.

$$x \in U \cap A,\ y \notin U \cap A \quad \text{그리고} \quad y \in V \cap A,\ x \notin V \cap A$$

따라서 A는 T_1-공간이다.
X가 T_2-공간이면 다음을 만족하는 열린 집합 U, V가 존재한다.

$$x \in U,\ y \in V \quad \text{그리고} \quad U \cap V = \varnothing$$

그러면 $U \cap A, V \cap A$는 A의 열린 집합이고 $x, y \in A$이므로 다음을 만족한다.

$$x \in U \cap A,\ y \in V \cap A \quad \text{그리고} \quad (U \cap A) \cap (V \cap A) = \varnothing$$

따라서 A는 T_2-공간이다.

문제 4.1.8. $i = 0$일 때와 거의 같으므로 독자에게 맡긴다.

문제 4.1.9. 독자에게 맡긴다.

문제 4.1.10. (1) B^c가 열린 집합임을 보이자. 임의의 $x \in B^c$에 대하여 $f(x) > g(x)$이므로 $f(x) \in U$, $g(x) \in V$, $U \cap V = \emptyset$ 그리고 모든 $u \in U$와 $v \in V$에 대해 $u > v$를 만족하는 열린 구간 U와 V가 존재한다. 그러므로 $f^{-1}(U)$와 $g^{-1}(V)$는 열린 집합이고 $x \in f^{-1}(U) \cap g^{-1}(V)$이다. 그런데 $z \in f^{-1}(U) \cap g^{-1}(V)$이면 $f(z) \in U$, $g(z) \in V$이므로 $f(z) > g(z)$이다. 따라서 $z \notin B^c$이다. 즉, $f^{-1}(U) \cap g^{-1}(V)$는 B^c에 포함되는 열린 집합이므로 B^c는 열린 집합이다.

(2) (1)에 의해 B는 닫힌 집합이고 같은 방법으로 $A = \{x \in \mathbb{R} \mid f(x) \geq g(x)\}$도 닫힌 집합임을 알 수 있다. 이로 인해 h를 다음과 같이 쓸 수 있다.

$$h(x) = \begin{cases} g(x) & x \in A \\ f(x) & x \in B \end{cases}$$

$\mathbb{R} = A \cup B$이고 모든 $x \in A \cap B$에 대해 $f(x) = g(x)$이다. 따라서 붙임 보조 정리에 의해 h는 연속이다.

연습 문제 4.1

1. ($\Rightarrow$) X의 서로 다른 두 원소 x, y에 대해 $x \in U$, $y \notin U$ 또는 $y \in V$, $x \notin V$를 만족하는 열린 집합 U와 V가 존재하므로 $U \cap \{y\} = \varnothing$ 또는 $V \cap \{x\} = \varnothing$이다. 따라서 $x \notin \overline{\{y\}}$ 또는 $y \notin \overline{\{x\}}$이므로 $\overline{\{x\}} \neq \overline{\{y\}}$이다.

($\Leftarrow$) $\overline{\{x\}} \neq \overline{\{y\}}$이므로 일반성을 잃지 않고 $z \in \overline{\{x\}}$, $z \notin \overline{\{y\}}$인 $z \in X$가 존재한다고 할 수 있다. 그러면 z를 포함하는 어떤 열린 집합 W가 존재해서 $W \cap \{y\} = \varnothing$이고 $W \cap \{x\} \neq \varnothing$를 만족한다. 이는 $x \in W$, $y \notin W$를 의미하므로 X는 T_0-공간이다.

2. ($\Rightarrow$) X가 T_1이면 $\{x\}$와 $\{y\}$가 닫힌 집합이다. 따라서 두 닫힌 집합의 교집합 $\{x, y\}$도 닫힌 집합니다.

($\Leftarrow$) 독자에게 맡긴다.

3. ($\Rightarrow$) $(X, \mathfrak{T})$가 T_1-공간이고 $U \in \mathfrak{T}_f$라 하자. $U = \varnothing$이면 $U \in \mathfrak{T}$가 되고, $U \neq \mathfrak{T}$이면 U^c가 유한집합이므로 정리 3.1.3에 의해 U^c는 X의 닫힌 집합이다. 따라서 $U \in \mathfrak{T}$이므로 $\mathfrak{T} \subset \mathfrak{T}$이다.

($\Leftarrow$) $\mathfrak{T}_f \subset \mathfrak{T}$이라 하면 임의의 점 $x \in X$에 대해 $\{x\} \in \mathfrak{T}$이므로 $\{x\}$는 $\mathfrak{T}$의 닫힌 집합이다. 따라서 정리 3.1.3에 의해 $(X, \mathfrak{T})$는 T_1-공간이다.

4. X의 서로 다른 두 원소 x, y에 대해 $U = X - \{x\}$, $V = X - \{y\}$라 하면 U와 V는 X의 열린 집합이다. 이 때 $x \in V$, $y \notin V$ 그리고 $y \in U$, $x \notin U$이므로 X는 T_1-공간이다.

이제 X가 T_2-공간이라 가정하면 서로 다른 두 원소 x, y에 대해 $x \in U$, $y \in V$, $U \cap V = \varnothing$인 열린 집합 U와 V가 존재한다. 이 때 여유한 위상의 정의에 의해 다음과 같이 나타낼 수 있다.

$$U^c = \{x_1, x_2, \cdots, x_m\},$$
$$V^c = \{y_1, y_2, \cdots, y_n\}$$

그런데 다음이 성립하므로 X가 무한 집합이라는 것에 모순이다.

$$\begin{aligned} X &= (U \cap V)^c = U^c \cup V^c \\ &= \{x_1, x_2, \cdots, x_m\} \cup \{y_1, y_2, \cdots, y_n\} \end{aligned}$$

따라서 X는 T_2-공간이 아니다.

5. 독자에게 맡긴다.

6. 독자에게 맡긴다.

7. $B = \{x \in \mathbb{R} \mid f(x) = g(x)\}$라 하면 예제 4.1.14의 아래에 있는 명제에 의해 B는 닫힌 집합이므로 $B = \overline{B}$이다. 또한 $f|_A = g|_A$이므로 $A \subset B$이고 A는 X에서 조밀하므로 $\overline{A} = X$이다. 따라서 $\overline{A} = X \subset \overline{B} = B$이므로 $f = g$이다.

8. Y의 서로 다른 두 점 y_1, y_2에 대하여 f가 전단사이므로 $f(x_1) = y_1, f(x_1) = y_2$인 $x_1, x_2 \in X$가 유일하게 존재한다. X가 하우스도르프 공간이므로 x_1과 x_2를 각각 포함하며 서로 소인 열린 집합 U와 V가 존재한다. 그러면 f가 닫힌 함수이므로 $f(U)$와 $f(V)$는 각각 y_1과 y_2를 포함하는 열린 집합이다. 그리고 $f(U)$와 $f(V)$는 서로 소이다. 왜냐하면 $y \in f(U) \cap f(V)$이면 $y \in U \cap V$인데 이는 U와 V가 서로 소에 모순되기 때문이다. 따라서 Y는 하우스도르프 공간이다.

9. ($\Rightarrow$) 임의의 $x, y \in X$에 대하여 $x \in U_y, y \in V_y, U_y \cap V_y = \varnothing$을 만족하는 열린 집합 U_y, V_y가 존재한다. $\{x\}^c = \bigcup_{y \in X - \{x\}} V_y$이므로 $\{x\} = \bigcap_{y \in X - \{x\}} V_y^c$이다. 그리고 $x \in U_y \subset V_y^c$인데 V_y^c가 닫힌 집합이므로 $x \in \overline{U_y} \subset V_y^c$이다. 이로부터 원하는 결과를 얻는다.

($\Leftarrow$) X의 서로 다른 두 점 x, y가 있다고 하자. 가정에 의하여 $y \notin \overline{U}$를 만족하며 x를 포함하는 열린 집합 U가 존재한다. 즉, $x \in U \subset \overline{U}$이다. 그러면 U와 $(\overline{U})^c$가 각각 x와 y를 포함하며 서로 소인 열린 집합이므로 X는 서로 소이다.

10. (1) $i = 0, 1$

독자에게 맡긴다.

(2) $i = 2$

($\Rightarrow$) 임의의 $\alpha \in \varLambda$와 임의의 $x_\alpha, y_\alpha \in X_\alpha (x_\alpha \neq y_\alpha)$에 대하여 $p_\alpha(x) = x_\alpha, p_\alpha(y) = y_\alpha$를 만족하는 $x, y \in \prod_{\alpha \in \varLambda} X_\alpha$가 존재한다. $x_\alpha \neq y_\alpha$이므로 $x \neq y$이고 $\prod_{\alpha \in \varLambda} X_\alpha$가 하우스도르프 공간이므로 다음을 만족하는 열린 집합 U, V가 존재한다.

$$x \in U, \quad y \in V, \quad U \cap V = \varnothing$$

그러면

$$p_\alpha(x) \in p_\alpha(U), \quad p_\alpha(y) \in p_\alpha(V), \quad p_\alpha(U) \cap p_\alpha(V) = \varnothing$$

이고 $p_\alpha(U), p_\alpha(V)$가 X_α의 열린 집합이므로 X_α는 하우스도르프 공간이다.

($\Leftarrow$) 곱 공간 $\prod_{\alpha\in\Lambda} X_\alpha$의 서로 다른 두 점을 x, y라 하자. $x \neq y$이므로 $p_k(x) \neq p_k(y)$인 사영 사상 p_k가 존재한다. 그런데 X_k가 하우스도르프 공간이므로

$$p_k(x) \in U_k, \quad p_k(y) \in V_k, \quad U_k \cap V_k = \varnothing$$

을 만족하는 X_k의 열린 집합 U_k, V_k가 존재한다. 그러면 $\prod_{\alpha\in\Lambda} X_\alpha$의 열린 집합 $p_k^{-1}(U_k)$와 $p_k^{-1}(V_k)$가 다음을 만족한다.

$$x \in p_k^{-1}(U_k), \quad y \in p_k^{-1}(V_k), \quad p_k^{-1}(U_k) \cap p_k^{-1}(V_k) = \varnothing$$

따라서 곱 공간 $\prod_{\alpha\in\Lambda} X_\alpha$는 하우스도르프 공간이다.

11. $\lim x_n = b$.

서로 소인 두 닫힌 집합은 $\{b\}, \{c\}$ 또는 $\{a, b\}, \{c\}$ 뿐이다. 두 경우 모두 각각을 포함하는 서로 소인 열린 집합 $\{a, b\}, \{c\}$가 존재한다.

4장 2절

문제 4.2.1. 공집합이 아닌 서로 소인 닫힌 집합은 $\{a, b\}, \{c\}$ 뿐이므로 각각을 포함하는 열린 집합 $U = \{a, b\}$, $V = \{c\}$를 택하면 $A \subset U$, $B \subset V$, $U \cap V = \varnothing$이다.

문제 4.2.2. 독자에게 맡긴다.

문제 4.2.3. 독자에게 맡긴다.

문제 4.2.4. 모든 $x \in X$에 대하여 $D_A(x), D_B(x) \geq 0$이므로 a)는 성립한다.
$x \in A$와 $D_A(x) = 0$이 필요 충분 조건이므로 b)가 성립하고, $x \in B$와 $D_B(x) = 0$이 필요 충분 조건이므로 c)도 성립한다.

문제 4.2.5. X의 닫힌 집합들은 X, $\varnothing$, $\{d\}$, $\{b, d\}$, $\{c, d\}$, $\{b, c, d\}$이다. 그러므로 만약 A, B가 서로 소인 닫힌 집합이면 둘 중 하나는 공집합이 되어야 한다. $A = \varnothing$이라 하면 두 열린 집합 $U = \varnothing$, $V = X$에 대해 $A \subset U$, $B \subset V$, $U \cap V = \varnothing$이므로 X는 정규 공간이다.
$\mathcal{T}_Y = \{Y, \varnothing, \{a\}, \{a, b\}, \{a, c\}\}$이고 Y의 닫힌 집합들은 Y, $\varnothing$, $\{b\}$, $\{c\}$, $\{b, c\}$이다. 그런데 $\{b\} \subset U$, $\{c\} \subset V$, $U \cap V = \varnothing$을 만족하는 Y의 열린 집합 U, V가 존재하지 않으므로 Y는 정규 공간이 아니다.

문제 4.2.6. 독자에게 맡긴다.

문제 4.2.7. X를 정규 공간, Y를 X의 닫힌 부분 공간, 그리고 A, B를 Y의 서로 소인 닫힌 집합이라 하자. Y는 X의 닫힌 집합이므로 A, B는 X에서 닫힌 집합이다. X가 정규 공간이므로 X의 열린 집합 U, V가 존재해서 다음을 만족한다.

$$A \subset U, \ B \subset V, \ U \cap V = \varnothing$$

따라서 Y의 열린 집합 $U \cap Y$와 $V \cap Y$는 다음을 만족한다.

$$A \in U \cap Y, \ B \in V \cap Y, \quad \text{그리고} \quad (U \cap Y) \cap (V \cap Y) = \varnothing$$

그러므로 Y는 정규 공간이다.

문제 4.2.8. ((b) $\Rightarrow$ (a)) : A를 X의 임의의 닫힌 부분 집합이라 하자. 임의의 $x \notin A$에 대해 $x \in A^c$이고 A^c는 열린 집합이므로 가정에 의하여 다음을 만족하는 열린 집합 U가 존재한다.

$$x \in U \subset \overline{U} \subset A^c$$

따라서 $\overline{U}^c = V$라 하면 V는 열린 집합이고 $x \in U$, $A \subset V$, $U \cap V = \varnothing$이므로 X는 정칙 공간이다.

문제 4.2.9. 임의의 원소 x와 x를 포함하는 임의의 열린 집합 $U = [a, b) \times [c, d)$에 대하여 $U = V$라 하면 정리 4.2.10의(b)를 만족시키므로 정칙 공간이다.

문제 4.2.10. 임의의 $x \in A$에 대하여 $x \in U_m$을 만족하는 m이 존재하고 모든 n에 대하여 $\overline{V_n} \cap A = \varnothing$이므로 $x \in U_m^*$이다. 따라서 $A \subset U$이다. 비슷한 방법으로 $B \subset V$도 보일 수 있다.
그리고 $x \in U \cap V$를 만족하는 x가 존재하면 적당한 m, n에 대하여 $x \in U_m^* \cap V_n^*$이다. $m \geq n$이면 $x \in U_m^*$에 모순이고 $n \geq m$이면 $x \in V_n^*$에 모순이다.

문제 4.2.11. ((b) $\Rightarrow$ (a)) 임의의 서로 소인 두 닫힌 집합 A, B에 대해 A^c는 열린 집합이고 $B \subset A^c$이다. 그러면 $B \subset V \subset \overline{V} \subset A^c$를 만족하는 열린 집합 V가 존재한다. 두 열린 집합 V, $\overline{V}^c$에 대해 $D \subset V$, $C \subset \overline{V}^c$, $V \cap \overline{V}^c = \varnothing$이므로 X는 정규이다.
(b) $\Rightarrow$ (c)와 (c) $\Rightarrow$ (c)는 독자에게 맡긴다.

문제 4.2.12. L^c이 열린 집합임을 보이자. 임의의 $(x, y) \in L^c$에 대하여 열린 집합 $[x, x+1) \times [y, y+1)$은 $(x, y) \in [x, x+1) \times [y, y+1) \subset L^c$을 만족한다. 따라서 L^c은 열린 집합이다. 그러므로 L은 닫힌 집합이다. $U \cap V \neq \varnothing$은 유리수(무리수)의 조밀성에 의해 자명하다.

연습 문제 4.2

1. $\overline{\{x\}} \neq \overline{\{y\}}$라 하자. 만약 $x \in \overline{\{y\}}$이고 $y \in \overline{\{x\}}$이면 $\overline{\{x\}} \subset \overline{\{y\}}$이고 $\overline{\{y\}} \subset \overline{\{x\}}$이므로 모순이다. 따라서 $x \notin \overline{\{y\}}$이거나 $y \notin \overline{\{x\}}$이 되어야 한다. 일반성을 잃지 않고 $x \notin \overline{\{y\}}$이라 하면 X가 정칙이므로 $x \in U$, $\overline{\{y\}} \in V$, $U \cap V = \varnothing$을 만족하는 열린 집합 U, V가 존재한다. 이 때 $V \cap \{x\} = \varnothing$이므로 $V \cap \overline{\{x\}} = \varnothing$이 되어 $\overline{\{x\}} \subset V^c$이다. 따라서 $\overline{\{x\}} \cap \overline{\{y\}} = \varnothing$이다.

2. 독자에게 맡긴다.

3. 독자에게 맡긴다.

4. (1) $\mathcal{T}$가 보통 위상을 포함하는데 보통 위상 공간이 하우스도르프 공간이므로 $(\mathbb{R}, \mathcal{T})$도 하우스도르프 공간이다.
   (2) 임의의 $x \in \mathbb{Q}$에 대하여 $U = (x-1, x+1) \cap \mathbb{Q}$라 하면 U는 기저의 원소이므로 열린 집합이고 $x \in U \subset \mathbb{Q}$이므로 $\mathbb{Q}$는 열린 집합이다. 따라서 $\mathbb{Q}^c$은 닫힌 집합이다.
   닫힌 집합 $\mathbb{Q}^c$과 이 집합에 속하지 않는 한 점 0에 대하여 각각을 포함하는 서로 소인 열린 집합이 존재하지 않는다. 왜냐하면 $\mathbb{Q}^c$을 포함하는 열린 집합은 $\mathbb{R}$ 뿐이기 때문이다. 그러므로 정칙 공간이 아니다.

5. 독자에게 맡긴다.

4장 3절

문제 4.3.1. $x \in A$이면 $D_A(x) = 0$이므로 $f(x) = 0$이고, $x \in B$이면 $D_B(x) = 0$이므로 $f(x) = 1$이다. 그리고 $D_A(x), D_B(x) \geq 0$이므로 $0 \leq f(x) = \frac{D_A(x)}{D_A(x)+D_B(x)} \leq 1$이다. 한편, 정리 2.5.15로부터 $x \in A$일 필요 충분 조건이 $D_A(x) = 0$, 즉 $f(x) = 0$이다. 마찬가지로 $x \in B$일 필요 충분 조건이 $f(x) = 1$이다. 그러므로 $x \in X - (A \cup B)$이면 $0 < f(x) < 1$이다.

문제 4.3.2. 독자에게 맡긴다.

문제 4.3.3. $h(x) = 1$인 경우, 임의로 주어진 $\epsilon > 0$에 대해 $h(x) - \epsilon = 1 - \epsilon < r < 1 = h(x)$을 만족하는 이진 유리수 r와 $r < t < 1$인 이진 유리수 t를 선택하자. 그러면 $x \notin U_t$이고 $\overline{U}_r \subset U_t$이므로 $x \notin \overline{U}_r$이다. 이제 $W = \overline{U}_r^c = X - \overline{U}_r$이라 하면 W는 x를 포함하는 열린 집합이고 $x \in W \subset h^{-1}((1-\epsilon, 1]) = h^{-1}((f(x)-\epsilon, 1])$을 만족한다. 따라서 h는 점 x에서 연속이다.
$h(x) = 0$인 경우, 임의로 주어진 $\epsilon > 0$에 대해 $h(x) = 0 < r < \epsilon = h(x) + \epsilon$을 만족하는 이진 유리수 s를 선택하자. 그러면 U_s는 x를 포함하는 열린 집합이고 $x \in U_s \subset h^{-1}((0, \epsilon]) = h^{-1}([0, h(x)+\epsilon))$을 만족한다. 따라서 h는 점 x에서 연속이다.

문제 4.3.4. 독자에게 맡긴다.

문제 4.3.5. A, B를 X의 서로 소인 닫힌 집합이라 하자. 그리고 연속 함수 $h : X \to \mathbb{R}$이 존재하여 $x \in A$에 대해서는 $h(x) = 0$, $x \in B$에 대해서는 $h(x) = 1$을 만족한다고 하자. 이때 h가 연속이므로 $h^{-1}([0, 1/3))$, $h^{-1}([2/3, 1))$는 열린 집합이다. 따라서 $A \subset h^{-1}([0, 1/3))$, $B \subset h^{-1}([2/3, 1))$, $h^{-1}([0, 1/3)) \cap h^{-1}([2/3, 1)) = h^{-1}(\varnothing) = \varnothing$이므로 X는 정규 공간이다.

문제 4.3.6. 모든 $x \in X$에 대해 다음이 성립한다.

$$|g_n(x)| \leq \frac{2^n}{3^n}, \quad \sum_{n=1}^{\infty} \frac{2^n}{3^n} = 2$$

따라서 바이어슈트라스 M-판정법에 의해 $\sum_{n=1}^{\infty} g_n(x)$은 절대 균등 수렴한다. 한편, $S_n(x) = \sum_{k=1}^{n} g_k(x)$라 하면 S_n는 연속 함수이고 $g(x)$에 균등 수렴하므로 균등 극한 정리에 의해 $g(x)$는 연속 함수이다.

문제 4.3.7. A, B를 X의 서로 소인 두 닫힌 집합이라 하자. $C = A \cup B$라 하고 다음과 같이 함수 $f : C \to [0,1]$을 정하자.

$$f(x) = \begin{cases} 0, & x \in A \\ 1, & x \in B \end{cases}$$

그러면 $f|_A$와 $f|_B$는 각각 상수 함수로 연속이고, 붙임 보조 정리에 의해 f는 연속 함수이다. 이제 C가 X의 닫힌 집합이므로 (ii)로부터 f의 확장인 연속 함수 $\tilde{f} : X \to [0,1]$가 존재한다. 이때 $\tilde{f}(A) = \{0\}$이고 $\tilde{f}(B) = \{1\}$이므로 연속 함수 $\tilde{f}$가 A와 B를 분리한다.

연습 문제 4.3

1. $a \in \mathbb{R}$이라 하자. 아르키메데스의 성질에 의해 임의의 $\epsilon > 0$에 대해 $0 < 1/2^n < \epsilon$을 만족하는 자연수 n이 항상 존재한다. 어떤 $m \in \mathbb{N}$에 대해 $\frac{m}{2^n} \le a \le \frac{m+1}{2^n}$이므로 $a - \epsilon < \frac{m}{2^n} \le a \le \frac{m+1}{2^n} < a + \epsilon$이다. 따라서 $(a-\epsilon, a+\epsilon) \cap \mathbb{D} \ne \varnothing$이므로 $\overline{\mathbb{D}} = \mathbb{R}$이다.

2. $f(A) = 0$, $f(B) = 1$인 연속함수 $f : X \to [0,1]$가 존재한다면 $A \subset f^{-1}(\{0\})$이고 $f^{-1}(0)$은 닫힌 집합이므로 $\overline{A} \subset f^{-1}(0)$이다. 같은 방법으로 $\overline{B} \subset f^{-1}(1)$임을 보일 수 있다. 그런데 $\overline{A} \cap \overline{B} = \{1\}$이므로 $f(1) = 0$이고 $f(1) = 1$이 되어 f가 함수라는 사실에 모순이다. 따라서 조건을 만족하는 연속 함수 $f : X \to [0,1]$는 존재하지 않는다.

3. 수학적귀납법으로 증명된다.

4. 독자에게 맡긴다.

5. 독자에게 맡긴다.

6. 독자에게 맡긴다.

7. p가 열린 집합 F^c에 속하므로 기저의 정의에 의하여 $p \in V \subset V^c$을 만족하는 기저의 원소 V가 존재한다. 함수 $f : X \to \mathbb{R}$을 아래와 같이 정의하자.

$$f(x) = \begin{cases} 0, & x \in V \\ 1, & x \in V^c \end{cases}$$

그러면 $f(p) = 0$이고 $f(F) = \{1\}$이다. 또한 $\mathbb{R}$의 임의의 열린 집합 G에 대하여 $f^{-1}(G)$는 $\varnothing, V, V^c, X$ 중 하나인데 모두 열린 집합이므로 f는 연속 함수이다.

4장 4절

문제 4.4.1. 임의의 $x(\in X)$와 x를 포함하는 임의의 열린 집합 U에 대하여 $x \in B \subset U$를 만족하는 $B(\in \mathcal{B}_x)$가 존재하는데 $\mathcal{B} := \bigcup_{x \in X} \mathcal{B}_x$이므로 $B \in \mathcal{B}$이다. 따라서 $\mathcal{B}$는 X의 기저이다.

문제 4.4.2. 임의의 가산 집합은 닫힌 집합이므로 임의의 가산 집합 Z에 대하여 $\overline{Z} = Z$인데 Y는 셀 수 없는 집합이므로 $\overline{Z} \ne Y$이다.

문제 4.4.3. X의 열린 덮개 $\cup_{x\in X}\{x\}$는 가산 부분 덮개를 가질 수 없다.

문제 4.4.4. $y \in F^c$이므로 $y \neq x$이고 모든 $n \in \mathbb{N}$에 대하여 $y \notin F_n$이다. 따라서 모든 $n \in \mathbb{N}$에 대하여 $y \in B_n$이다. 그러므로 $B_n \subset U$일 수 없다.

문제 4.4.5. 독자에게 맡긴다.

문제 4.4.6. 독자에게 맡긴다.

문제 4.4.7. 모든 $x \in \mathbb{R}$에 대해 가산 국소 기저 $\mathcal{B} = \{[x, x+1/n)|n \in \mathbb{N}\}$을 가지므로 $\mathbb{R}_l$은 제1 가산 공간이다.

문제 4.4.8. 독자에게 맡긴다.

문제 4.4.9. 독자에게 맡긴다.

연습 문제 4.4

1. 임의의 $x \in X$에 대해 $\mathcal{B} = \{B(x, 1/n)|n \in \mathbb{N}\}$이 가산 기저임을 보이자. U를 x의 열린 근방이라 하면 적당한 $\epsilon > 0$이 존재해서 $x \in B(x, \epsilon) \subset U$가 성립한다. 그러면 $1/n_0 < \epsilon$을 만족하는 적당한 자연수 n_0가 존재하고 $B(x, 1/n_0) \subset B(x, \epsilon)$를 만족한다. 따라서 $\mathcal{B}$는 x에서의 가산 국소 기저가 되므로 모든 거리 공간은 제1 가산 공간이다.

2. 독자에게 맡긴다.

3. 독자에게 맡긴다.

4. 독자에게 맡긴다.

5. 독자에게 맡긴다.

6. ($\Rightarrow$) 점 $x = (x_1, \cdots, x_k, \cdots)$을 $\prod_{k\in\mathbb{N}} X_k$의 한 점이라 하자. X_k가 제1 가산 공간이므로 점 x_k에서의 가산 국소 기저 $\mathcal{B}_{x_k}$가 존재한다($k \in \mathbb{N}$). $\mathcal{B}_x$를 다음과 같이 정의하자.

$$\mathcal{B}_x = \left\{ \prod_{k\in\mathbb{N}} B_k \,\middle|\, \begin{array}{c} \text{유한 개의 } k\text{에 대해서는 } B_k \in \mathcal{B}_{x_k}\text{이고} \\ \text{나머지 } k\text{에 대해서는 } B_k = X_k \end{array} \right\}$$

그러면 $\mathcal{B}_x$는 x를 포함하는 열린 집합들의 모임이고, x를 포함하는 임의의 열린 집합 U에 대하여 다음을 만족하는 $\prod_{k\in\mathbb{N}} B_k \in \mathcal{B}_x$를 찾을 수 있다.

$$x \in \prod_{k\in\mathbb{N}} B_k \subset U$$

따라서 $\mathcal{B}_x$는 점 x에서의 국소 기저이다.

이제 $\mathcal{B}_x$가 가산임을 보이자. 모든 $n \in \mathbb{N}$에 대해 $\mathcal{B}_n = \mathcal{B}_{x_n} \cup \{X_n\}$는 가산 집합이고, 다음과 같이 A_n을 정의하면, 가산 집합 $\mathcal{B}_1 \times \mathcal{B}_2 \times \cdots \times \mathcal{B}_n$과 대등하므로 A_n도 가산이다.

$$A_n = \mathcal{B}_1 \times \mathcal{B}_2 \times \cdots \times \mathcal{B}_n \times \{X_{n+1}\} \times \{X_{n+2}\} \times \cdots$$

이때 $\mathcal{B}_x = \bigcup_{n=1}^{\infty} A_n$이고, 가산 개의 가산 집합들의 합집합도 가산이므로 $\mathcal{B}_x$는 가산 집합이다. 이로부터 $\mathcal{B}_x$는 가산 국소 기저이고, 곱 공간 $\prod_{k\in\mathbb{N}} X_n$은 제1 가산 공간이다.

($\Leftarrow$) 독자에게 맡긴다.

7. 독자에게 맡긴다.

제5장 풀이

5장 1절

문제 5.1.1. $\mathcal{F}$의 모든 원소는 원점을 포함하므로 유한 교집합 성질을 만족한다.

문제 5.1.2. 독자에게 맡긴다.

문제 5.1.3. $\mathcal{O}$를 여유한 위상 공간 X의 열린 덮개라 하자. 그리고 $\mathcal{O}$의 한 원소를 U_0이라 하면 유한개의 점 $x_i \in X$ $(i = 1, \ldots, n)$가 존재하여 다음을 만족한다.

$$U_0 = X - \{x_1, \ldots, x_n\}$$

이제 x_i를 포함하는 $\mathcal{O}$의 원소를 U_i라 하자.$(i = 1, \ldots, n)$ 여기서 U_i는 중복될 수 있다. 그러면 $\{U_0, U_1, \ldots, U_n\}$이 $\mathcal{O}$의 유한 부분 덮개가 된다. 따라서 여유한 위상 공간 X는 옹골 공간이다.

문제 5.1.4. (1) $\Rightarrow$ (2) 임의의 $\lambda \in \Lambda$에 대해 U_λ가 X의 열린 집합이라 할 때 Y가 옹골 공간이므로 $V_\lambda = U_\lambda \cap Y$는 Y의 열린 집합이다. Y가 옹골 공간이므로 Y의 임의의 열린 덮개 $\{V_\lambda \mid \lambda \in \Lambda\}$에 대해 유한 부분 덮개 $\{V_{\lambda_i} \mid i = 1, 2, \cdots, n\}$이 존재해서 $Y = \bigcup_{i=1}^n V_{\lambda_i} = \bigcup_{i=1}^n (U_{\lambda_i} \cap Y)$이다. 따라서 $Y \subset \bigcup_{i=1}^n U_{\lambda_i}$이므로 Y는 옹골 집합이다.

(2) $\Rightarrow$ (1) Y는 옹골 집합이므로 Y의 임의의 열린 덮개 $\{V_\lambda \mid \lambda \in \Lambda\}$의 유한 부분 덮개 $\{V_{\lambda_i} \mid i = 1, 2, \cdots, n\}$이 존재해서 $Y \subset \bigcup_{i=1}^n U_{\lambda_i}$을 만족한다. 따라서 $Y = \bigcup_{i=1}^n (V_{\lambda_i} \cap Y)$이므로 Y는 옹골 공간이고 $(V_{\lambda_i} \cap Y)$는 Y의 유한 부분 덮개이다.

문제 5.1.5. 독자에게 맡긴다.

문제 5.1.6. $\mathcal{O}$를 다음과 같이 정하면 $\mathcal{O}$는 $(0, 1)$의 열린 덮개이다.

$$\mathcal{O} = \left\{ U_n \mid U_n = \left(\frac{1}{n+1}, 1 \right),\ n \in \mathbb{N} \right\}$$

왜냐하면 $\bigcup_{n \in \mathbb{N}} U_n = \bigcup_{n=1}^{\infty} (\frac{1}{n+1}, 1) = (0, 1)$이기 때문이다. 다음을 $\mathcal{O}$의 한 유한 부분 집합이라 하자.

$$\{(a_1, 1), (a_2, 1), \cdots, (a_k, 1)\}$$

이때 $a = \min\{a_1, a_2, \cdots, a_k\}$라 하면 $a > 0$이고 $(a_1, 1) \cup (a_2, 1) \cup \cdots \cup (a_n, 1) = (a, 1)$이므로 $\{(a_1, 1), (a_2, 1), \cdots, (a_k, 1)\}$은 $(0, 1)$의 덮개가 아니다. 즉, $\mathcal{O}$은 유한 부분 덮개를 갖지 않는다. 따라서 $(0, 1)$은 옹골 집합이 아니다.

문제 5.1.7. A를 유계인 닫힌 집합이라 하자. 유계이므로 A는 어떤 닫힌 구간 $[a, b]$의 부분 집합이다. $\{G_\alpha\}$를 A의 열린 덮개라 하자. 그러면 $\{G_\alpha\} \cup \{[a, b]`A\}$는 $[a, b]$의 열린 덮개이다. 보조 정리 5.1.6으로부터 $[a, b]$의 유한 부분 덮개 $\{G_{\alpha_1}, \ldots, G_{\alpha_n}, [a, b]`A\}$가 존재한다. 이때, 다음은 $\{G_\alpha\}$의 유한 부분 덮개이다.

$$\{G_{\alpha_1}, \ldots, G_{\alpha_n}\}$$

따라서 A는 옹골 집합이다.

문제 5.1.8. $\mathcal{O}$를 X의 열린 덮개라 하자. $\bigcup_{U\in\mathcal{O}} U = X$이므로 다음이 성립한다.

$$\bigcap_{U\in\mathcal{O}}(X-U) = X - (\bigcup_{U\in\mathcal{O}} U) = \varnothing$$

가정에 의하면 닫힌 집합들의 모임 $\{X-U \,|\, U\in\mathcal{O}\}$는 유한 교집합 성질을 만족하면 안된다. 따라서 모임 $\{X-U \,|\, U\in\mathcal{O}\}$로부터 다음을 만족하는 $X-U_1,\cdots,X-U_m$을 선택할 수 있다.

$$\bigcap_{i=1}^{m}(X-U_i) = \varnothing$$

위 식으로부터 $\bigcup_{i=1}^{m} U_i = X$이므로 $\{U_1,U_2,\ldots,U_m\}$은 $\mathcal{O}$의 부분 덮개이다. 즉, X는 옹골 공간이다.

연습 문제 5.1

1. (1) $\{U_n \mid U_n = (-n,n), n\in\mathbb{N}\}$이라 하면 $\{U_n\}$은 $\mathbb{Q}$의 열린 덮개지만 유한 부분 덮개를 갖지 않으므로 $\mathbb{Q}$는 옹골 공간이 아니다.

(2) $S^2 = \{(x,y,z) \mid x^2+y^2+z^2=1\}$에서 점 $(-1,0,0)$을 제외한 집합을 S_1^2라 하고 $U_n = \{(x,y,z\in\mathbb{R}^3 \mid (x-1)^2+y^2+z^2 < 2-\frac{1}{n})\}$이라 하면 $S_1^2 \subset \bigcup_{n\in\mathbb{N}} U_n$이므로 $\{U_n\}$은 열린 덮개이지만 유한 개의 부분 덮개가 존재하지 않으므로 옹골 공간이 아니다.

(3) $U_n = (-n,n)\times(-n,n)$이라 하면 $\{(x,y)\in\mathbb{R}^2 \mid x^3+y^3=1\} \subset \bigcup_{n\in\mathbb{N}} U_n$이므로 $\{U_n\}$은 열린 덮개지만 유한 개의 부분 덮개가 존재하지 않으므로 옹골 공간이 아니다.

(4) $U_n = [0,1]-\{\frac{1}{n},\frac{1}{n+1},\cdots\}$이라 하면 U_n은 열린 덮개이지만 유한 개의 부분 덮개가 존재하지 않으므로 옹골 공간이 아니다.

(5) $U_n = [0,1-\frac{1}{n})$이라 하면 U_n은 열린 덮개이지만 유한 개의 부분 덮개가 존재하지 않으므로 옹골 공간이 아니다.

(6) 하이네-보렐 정리에 의해 $\mathbb{R}^4$에서 옹골 집합은 닫힌 집합이고 유계임을 보이면 충분하다. $M_{2\times2}$을 2×2 행렬들의 집합이라 하고 $O(2)$를 2×2 직교 행렬들의 집합이라 하자. 함수 $f: M_{2\times2}\to M_{2\times2}$를 $f(A)=A^TA$라 정의하면 $O(2)=f^{-1}(\{I_{2\times2}\})$이다. $O(2)$의 임의의 행렬 A에 대해 $O(2)$는 유계이다. f는 연속이고 $\{I_{2\times2}\}$는 한 원소 집합이므로 닫혀있다. 따라서 $O(2)$는 닫힌 집합이므로 옹골 집합이다.

2. 임의의 위상 공간 X의 옹골 부분 공간 $X_1,X_2,\cdots,X_n$에 대해 A를 $\bigcup_{i=1}^{n} X_i$의 열린 덮개라 하자.임의의 $1\le j\le n$에 대해 X_j는 옹골 집합이고 $X_j \subset \bigcup_{i=1}^{n} X_i$이므로 X_j를 덮는 A의 유한 부분 덮개 A_j가 존재한다. 따라서 $\bigcup_{j=1}^{n} A_j$은 A의 유한 부분 덮개이므로 $\bigcup_{i=1}^{n} X_i$는 옹골 공간이다.

3. (1) 먼저 A가 유계임을 보이자. $\{B(x,\epsilon) \mid \epsilon\in\mathbb{R}\}$를 A의 열린 덮개라 하면 A가 옹골 집합이므로 유한 부분 덮개 $B(x,\epsilon_1),B(x,\epsilon_2),\cdots,B(x,\epsilon_n)$가 존재한다. 따라서 $A\subset\bigcup_{i=1}^{n} B(x,\epsilon_i) = B(x,\max_{1\le i\le n}\epsilon_i)$이므로 A는 유계이다.
다음으로 A가 닫힌 집합임을 보이자. 임의의 $y\in A^c$에 대하여 $x\in A$이라 하고 $\frac{d(x,y)}{2}=a_x$라 하자. 그러면 $\{B(x,a_x) \mid x\in A\}$는 A의 열린 덮개가 된다. A가 옹골 집합이므로 유한 부분 덮개 $\{B(x_i,a_{x_i}) \mid x_i\in A, i=1,2,\cdots,n\}$이 존재한다. 그러면 $\bigcap_{i=1}^{n} B(x_i,a_{x_i})$는 A의 원소를 포함하지 않는 열린 집합이다. y는 A^c의 임의의 원소이므로, A는 닫힌 집합임을 알 수 있다.

(2) $\mathbb{R}$ 위의 이산 거리 함수 d에 대해 $(\mathbb{R}, d)$는 이산 위상 공간이 된다. 이 때 집합 $[0,1]$은 닫힌 집합이고 유계이다. 하지만 $[0,1]$의 열린 덮개 $\{\{x\} \mid x \in [0,1]\}$의 유한 부분 덮개가 존재하지 않으므로 옹골 집합은 아니다.

4. 모든 정의역에서 함수값이 0인 상수 함수 $f \in \prod_{a\in\mathbb{R}}[0,1]$가 가산 국소 기저 $\{U_n\}$을 가진다고 가정하자. 모든 U_n에 대해 $\prod_{a\in\mathbb{R}}[0,1]$의 기본 열린 집합을 다음과 같이 찾을 수 있다.

$$\left\{ \prod_{r\in\mathbb{R}} U_{n_r} \middle| \begin{array}{c} \mathbb{R}\text{의 유한 부분 집합 } F_n\text{에 대해} \\ r \in F_n \text{ 일 때 } U_{n_r} \in [0,1]\text{이고} \\ \text{나머지 } r\text{에 대해서는 } U_{n_r} = [0,1] \end{array} \right\}$$

이로부터 $f \in \prod_{r\in\mathbb{R}} U_{n_r} \subset U_n$임을 알 수 있다.
이 때 $\mathbb{R}$의 유한 부분 집합 F_n을 살펴 보자. F_n들의 합집합은 기껏해야 가산 개이고 따라서 어떤 F_n에도 속하지 않는 $y \in \mathbb{R}$가 존재한다. 이제 다음 집합을 정의하자.

$$U = \prod_{r\in\mathbb{R}} U_r, \quad U_r = \begin{cases} [0, \frac{1}{2}) & r = y \\ [0,1] & r \in \mathbb{R} - \{y\} \end{cases}$$

그러면 U는 f를 포함하는 $\prod_{a\in\mathbb{R}}[0,1]$의 기본 열린 집합이 된다. 그리고 U의 적당한 부분 집합들 $\{U_m\}$이 존재해서 f의 국소 기저가 된다. 하지만 $y \notin F_m$이므로 $U_{m_y} = [0,1]$이지만 $U_y = [0, 1/2)$이므로 모순이다.
이제 함수 g를 다음과 같이 정의하자.

$$g(x) = \begin{cases} 1, & x = y \\ 0, & x \in \mathbb{R} - \{y\} \end{cases}$$

그러면 $g \in \prod_{r\in\mathbb{R}} U_{m_r} \subset U_m$이다. 그런데 $g \notin U$이므로 $g(y) < 1/2$이어야 하는데 이는 모순이다.
따라서 U_n은 f의 국소 기저가 될 수 없고 또한 f는 가산 국소 기저도 가지지 않는다. 따라서 제1 가산이 아니다.

5. X의 부분 집합의 모임을 원소로 갖는 집합에 1장에서 배운 조른의 보조 정리를 적용하면 되는데 조금 복잡하다. 자세한 풀이는 다른 위상 수학 교재를 참고하기 바란다.

6.

(1) B를 $\mathcal{D}$의 유한 개의 원소의 교집합이라 하자. $\mathcal{D}' = \mathcal{D} \cup \{B\}$라 하고 $\mathcal{D}'$이 유한 교집합 성질을 만족함을 보이면 $\mathcal{D}$가 극대이기 때문에 $\mathcal{D}' = \mathcal{D}$가 되어 $B \in \mathcal{D}$이다.
이제 $\mathcal{D}'$에서 유한 개의 원소를 택하자. 이 중 B가 포함되어 있지 않으면 이 원소들은 모두 $\mathcal{D}$의 원소들이고 $\mathcal{D}$가 유한 교집합 성질을 만족하므로 이 원소들의 교집합은 공집합이 아니다. 만약 B가 포함되어 있으면 B 또한 $\mathcal{D}$의 원소들의 유한 교집합이므로 마찬가지로 공집합이 아니다.

(2) $\mathcal{D}' = \mathcal{D} \cup \{S\}$라 하고 $\mathcal{D}'$이 유한 교집합 성질을 만족함을 보이면 $\mathcal{D}$가 극대이기 때문에 $\mathcal{D}' = \mathcal{D}$가 되어 $S \in \mathcal{D}$이다.
이제 $\mathcal{D}'$에서 유한 개의 원소를 택하자. 여기에 S가 포함된 경우와 포함되지 않는 경우를 각각 생각해보면 모두 공집합이 아님을 쉽게 확인할 수 있다.

7. $K' = \varnothing$. $[0,1]$은 옹골 집합이 아니다. 열린 덮개 $\{\mathbb{R}-K\} \cup \{(\frac{1}{n}, 100)\}$은 유한 부분 덮개를 갖지 않기 때문이다.

8. $b(C) = A$.
$(X, \mathcal{T}')$의 임의의 열린 덮개는 0을 포함하는 열린 집합 U_0을 원소로 가져야 한다. 그런데 U_0은 X'의 원소 중 유한 개를 제외하고 모든 원소를 포함하므로 제외된 유한 개의 원소를 포함하는 열린 덮개의 원소 유한 개와 U_0으로 이루어진 유한 부분 덮개를 갖는다. 따라서 옹골이다.

9. $\overline{A} = \{(x,0) \in \mathbb{R}^2 \,|0 \le x < 1\}$.
$B = \{(0,0)\} \cup \{(1/n, 0) \in \mathbb{R}^2 \,|n \in \mathbb{N}\}$

10. $A = \mathbb{N} \cup \{-1,-2\}$ 또는 $A = \mathbb{N} \cup \{-1,-3\}$.
$B = \mathbb{N} \cup \{-2\}$ 또는 $B = \mathbb{N} \cup \{-3\}$ 또는 $B = \mathbb{N} \cup \{-2,-3\}$.

11. X의 임의의 열린 덮개 $\{U_i | i \in I\}$가 있을 때, 그 중 0을 포함하는 열린 집합 U_j가 있어야 한다. 그러면 주어진 위상에 의하여 $(-1,1) \subset U_j$이다. 또한 -1과 1을 포함하는 열린 집합도 포함해야 하므로 이를 각각 U_k, U_l이라 하면 X의 임의의 열린 덮개 $\{U_i | i \in I\}$는 유한 부분 덮개 $\{U_j, U_k, U_l\}$을 갖는다. 따라서 옹골이다. (물론 U_j, U_k, U_l 가운데 같은 것이 있을 수도 있다.)

5장 2절

문제 5.2.1. $\mathcal{O}$가 A의 열린 덮개라 하자. $X - A$가 열린 집합이므로 $\mathcal{O} \cup \{X - A\}$는 X의 열린 덮개이다. X가 옹골 공간이므로 유한 부분 덮개 $\{U_1, \cdots, U_n, X - A\}$가 존재한다. 즉, $X = U_1 \cup \cdots \cup U_n \cup (X - A)$이므로 다음이 성립한다.

$$A \subset U_1 \cup \cdots \cup U_n$$

따라서 $\{U_i \mid 1 \le i \le n\}$가 $\mathcal{O}$의 유한 부분 덮개이고 A는 옹골이다.

문제 5.2.2. 5.1절의 문제 5.1.3에 의해 여유한 위상의 모든 부분 집합은 옹골 집합이다. 그러므로 여유한 위상의 부분 집합 중 닫힌 집합이 아닌 집합을 예로 들면 충분하다. 즉 $\mathbb{Z} - \{0\}$은 여집합의 원소가 한 개이므로 열린 집합이고 $\{0\}$은 여집합이 열린 집합이므로 닫힌 집합이다.

문제 5.2.3. X를 하우스도르프인 옹골 공간이라 하고 A, B를 서로 소인 X의 닫힌 집합이라 하자. 그러면 정리 5.2.2에 의해 A와 B는 옹골 집합이고 보기 5.2.3에 의해 임의의 $x \in B$에 대해 $x \in U_x$, $A \subset V_x$, $U_x \cap V_x = \varnothing$인 열린 집합 U_x와 V_x가 존재한다. 따라서 $\{U_x \mid x \in B\}$는 B의 열린 덮개가 되고 B는 옹골 집합이므로 $\{U_x \mid x \in B\}$는 유한 부분 덮개 $\{U_{x_i} \mid i = 1, 2, \cdots, n\}$을 가진다. $U = \bigcup\{U_{x_i} \mid i = 1, 2, \cdots, n\}$, $V = \bigcap\{V_{x_i} \mid i = 1, 2, \cdots, n\}$라 하면 U, V는 열린 집합이고 $B \subset U$, $A \subset V$이다. 각 $i = 1, 2, \cdots, n$에 대해 $U_{x_i} \cap V_{x_i} = \varnothing$이므로 $U \cap V = \varnothing$이다. 그러므로 X는 정규 공간이다.

문제 5.2.4. $\{1\}$은 이산 위상의 열린 집합이지만, $(f^{-1})^{-1}(\{1\}) = f(\{1\})$은 여유한 위상의 열린 집합이 아니다.

문제 5.2.5. p가 X의 고립 점이면 p를 포함하는 열린 집합 $U = \{p\}$에 대하여 $(U \cap X) - \{p\} = \varnothing$이므로 p는 X의 집적 점이 아니다. 역으로 p가 X의 집적 점이 아니면 $(U \cap X) - \{p\} = \varnothing$를 만족하는 p를 포함하는 열린 집합 U가 존재해야 하는데 $U \cap X = U$이므로 이를 만족하는 $U = \{p\}$일 수 밖에 없고 따라서 p는 X의 고립 점이다.

연습 문제 5.2

1. C를 $X \times Y$의 닫힌 집합이라 하자. $x \in X - p_1(C)$라 하면 $(\{x\} \times Y) \cap C = \varnothing$이므로 $\{x\} \times Y \subset (X \times Y - C) \subset X \times Y$이다. 따라서 $x \in W \subset X$인 X의 열린 집합 W가 존재하고 $\{x\} \times Y \subset W \times Y \subset X \times Y$이다. 즉, $x \in W \subset X - p_1(C)$이므로 $X - p_1(C)$는 열린 집합이고 $p_1(C)$는 닫힌 집합이다. 따라서 p_1은 닫힌 함수이다.

2. $\{U_i | i \in I\}$를 $f^{-1}(K)$의 임의의 열린 덮개라 하자. 가정에 의하여 임의의 $y \in K$에 대하여 $f^{-1}(y)$는 옹골 집합이다. $\{U_i | i \in I\}$가 $f^{-1}(y)$의 열린 덮개도 되므로 유한 부분 덮개 $\{U_i | i \in I_y\}$가 존재한다.(단, I_y는 I의 유한 부분 집합이다.) $U_y = \bigcup_{i \in I_y} U_i$, $V_y = \{y \in K | f^{-1}(y) \subset U_y\}$라 하자. 그러면 $\{V_y | y \in K\}$는 K의 열린 덮개이므로 유한 부분 덮개 $\{V_{y_k}\}$을 갖고 $\{U_{y_k}\}$가 $f^{-1}(K)$의 유한 부분 덮개가 된다.

3. (1) $X, \varnothing \in \mathcal{T}$임은 자명하다. 임의의 $U, V \in \mathcal{T}$에 대해 $U \subset \mathbb{N}$이고 $V \subset \mathbb{N}$이면 $U \cap V \subset \mathbb{N} \in \mathcal{T}$이다. 어떤 유한 집합 $A, B \subset \mathbb{N}$에 대해 $U = X - A$이고 $V = X - B$이면 $U \cap V = X - (A \cap B)$이고 $A \cap B \subset \mathbb{N}$은 유한 집합이므로 $U \cap V \in \mathcal{T}$이다. 일반성을 잃지 않고 $U \subset \mathbb{N}$이고 어떤 유한 집합 $C \subset \mathbb{N}$에 대해 $V = X - C$이면 $U \cap V = U \cap (X - C) = U - C \subset \mathbb{N}$이다. 따라서 $U \cap V \in \mathcal{T}$이다.

   마지막으로 $\{U_\gamma \mid \gamma \in \Gamma\}$에서 모든 $\gamma \in \Gamma$에 대해 어떤 유한 집합 A_γ이 존재해서 $U_\gamma = X - A_\gamma$라면 $\bigcup_{\gamma \in \Gamma} U_\gamma = X - \bigcup_{\gamma \in \Gamma} A_\gamma$이고 $\bigcup_{\gamma \in \Gamma} A_\gamma$는 유한 집합들의 합집합이므로 유한 집합이다. 만약 어떤 $\gamma_0 \in \Gamma$에 대해 $U_{\gamma_0} \subset N$이라면 $\bigcup_{\gamma \in \Gamma} U_\gamma = U_0$이므로 $\bigcup_{\gamma \in \Gamma} U_\gamma \in \mathcal{T}$이다. 따라서 $\mathcal{T}$는 X의 위상이다.

   (2) $Y = \{\frac{1}{n} \mid n \in \mathbb{N}\} \cup \{0\}$이라 하고 함수 $f : \mathbb{N} \cup \{1\} \to Y$를 다음과 같이 정의하자.

$$f(x) = \begin{cases} \dfrac{1}{n} & x \in \mathbb{N} \\ 0 & x = -1 \end{cases}$$

   f는 일대일 대응이고 닫힌 함수이므로 연속임을 보이면 충분하다. 제한함수 $f|_{\mathbb{N}} : \mathcal{N} \to \{\frac{1}{n} \mid n \in \mathbb{N}\}$, $f|_{\mathbb{N}}(x) = \frac{1}{n}$은 이산 위상끼리의 전단사 함수이므로 위상 동형 함수이다. U를 Y의 열린 집합이라 하자. $0 \notin U$이면 $U \subset \{\frac{1}{n} \mid n \in \mathbb{N}\} \subset Y$이므로 $f^{-1}(U) = (f|_{\mathbb{N}})^{-1}(U) \subset \mathbb{N} \subset \mathbb{N} \cup \{-1\}$이다. 따라서 $f^{-1}(U)$는 $\mathbb{N}$의 열린 집합이므로 $f^{-1}(U)$는 $\mathbb{N} \cup \{-1\}$의 열린 집합이다.

   만약 $0 \in U$이면 Y가 옹골 하우스도르프 공간이고 $C = Y - U$가 Y의 닫힌 집합이므로 C는 Y의 옹골 부분 집합이다. 그리고 $0 \notin C$이므로 $C \in \mathbb{N}$이다. 그리고 $f|_{\mathbb{N}}$이 위상 동형 함수이므로 $f^{-1}(C) = (f|_{\mathbb{N}})^{-1}(C) \subset \mathbb{N}$는 $\mathbb{N}$의 옹골 부분 집합이다. 따라서 $f^{-1}(U) = f^{-1}(Y - C) = f^{-1}(Y) - f^{-1}(C) = (\mathbb{N} \cup \{1\}) - f^{-1}(C)$이므로 $f^{-1}(U)$는 $\mathbb{N} \cup \{1\}$의 열린 집합이다. 따라서 f는 연속이다.

4. 임의의 점 $a \in K$에 대하여 $a \in U$이고 X가 정칙이므로 정리 4.2.10으로부터 $a \in V_a \subset \overline{V_a} \subset U$를 만족하는 열린 집합 V_a가 존재한다. 그러면 $\mathcal{C} = \{V_a \,|\, a \in K\}$는 옹골 집합 K의 열린 덮개이므로 유한 부분 덮개 $\{V_{a_1}, V_{a_2}, \ldots, V_{a_n}\}$이 존재한다. 이제 $V = \bigcup_{i=1}^{n} V_{a_i}$라 하면 V는 열린 집합이고 다음이 성립한다.(2.5절의 문제 2.5.9 (2) 참조)

$$K \subset V = \bigcup_{i=1}^{n} V_{a_i} \subset \overline{V} = \overline{\bigcup_{i=1}^{n} V_{a_i}} \subset \bigcup_{i=1}^{n} \overline{V_{a_i}} \subset U$$

5. ④

6. ④

7. ②

8. ⑤

9. ③

10. 5장 2절 보기 5.2.3

5장 3절

문제 5.3.1. $\mathbb{R}$에서 유계인 무한 부분 집합을 A라 하면 A가 유계이므로 A를 포함하는 유계 닫힌 구간 $B_1 = [p_1, q_1]$이 존재한다. 즉, $A \subset B_1$이다. 그러면 두 닫힌 구간 $[p_1, (p_1+q_1)/2]$과 $[(p_1+q_1)/2, q_1]$ 가운데 하나는 A와의 교집합이 무한 집합이다. 그 구간을 B_2라 하자. 이 과정을 귀납적으로 시행하면 모든 자연수 n에 대하여 $B_{n+1} \subset B_n$이고 $B_n \cap A$는 무한 집합이 되는 유계 닫힌 구간 B_n을 얻는다. 그러면 모든 B_n의 원소가 되는 점 x가 존재하는데 이 점이 A의 집적 점이다.

문제 5.3.2. $\mathbb{R}$에서의 볼자노-바이어슈트라스 정리의 증명과 유사하므로 독자에게 맡긴다.

문제 5.3.3. (a) $\Rightarrow$ (b): 자명하다.

(b) $\Rightarrow$ (a): X가 옹골 공간이 아니라고 가정하면, 유한 부분 덮개를 갖지 않는 X의 열린 덮개 $\mathcal{C}$가 존재한다. 이때 $\mathcal{C}$가 이러한 성질을 갖는 최대의 덮개로 여겨도 된다. 그러면 $\Sigma \cap \mathcal{C}$는 X의 덮개가 될 수 없다. 왜냐하면, $\Sigma \cap \mathcal{C}$가 X의 덮개이면 Σ에 대한 가정으로부터 유한 부분 덮개가 존재하여 모순이 되기 때문이다.

연습 문제 5.3

1. Z는 이산 위상 공간, Y는 자명 위상 공간일 때, $X = Z \times Y$라 하고 $f(x, z) = x$라 하면 된다.

2. $(a, b) \in A \times B$라 하자. 그러면 $(a, b) \in U_{a,b} \times V_{a,b} \subset W$인 열린 집합 $U_{a,b}$, $V_{a,b}$가 존재한다. B의 열린 덮개 $\{V_{a,b} \mid b \in B\}$에 대해 유한 부분 덮개 $V_{a,b_1}, V_{a,b_2}, \cdots, V_{a,b_n}$가 존재한다. 이 때 $U'_a = \bigcap_{i=1}^{n_a} U_{a,b_i}$는 a를 포함한 열린 집합이므로 A의 열린 덮개 $\{U'_a \mid a \in A\}$에 대해 유한 부분 덮개

$\{U'_{a_1}, U'_{a_2}, \cdots, U'_{a_m}\}$이 존재한다. 또한 $V'_a = \bigcup_{i=1}^{n_a} V_{a,b_i}$는 B를 포함한 열린 집합이므로 U와 V를 다음과 같이 정의하면 $A \times B \subset U \times V \subset W$이다.

$$U = \bigcup_{i=1}^{m} U'_{a_m}, \quad V = \bigcap_{i=1}^{m} V'_{a_i}$$

3. 독자에게 맡긴다.

4. 독자에게 맡긴다.

5장 4절

문제 5.4.1. 독자에게 맡긴다.

문제 5.4.2. X의 위상을 $\mathcal{T}$, X^*의 위상을 $\mathcal{T}^*$라 하자.

(1) $\varnothing \in \mathcal{T}$이므로 $\varnothing \in \mathcal{T}^*$이고, $\varnothing$은 옹골인 X의 닫힌 부분 집합이므로 $X^* = X^* - \varnothing$은 X^*의 열린 집합, 즉 $X^* \in \mathcal{T}^*$이다.

(2) X^*의 임의의 열린 집합 U, V에 대해 $U \cap V \in \mathcal{T}^*$를 보이자.

① $\infty \in U$, $\infty \in V$일 때 $X^* - U$, $X^* - V$는 둘 다 X의 옹골인 닫힌 부분 집합이므로 $(X^* - U) \cup (X^* - V) = X^* - (U \cap V)$도 X의 옹골인 닫힌 집합이다. 따라서 $U \cap V \in \mathcal{T}^*$이다.

② $\infty \notin U$, $\infty \in V$일 때 조건 (1)에 의해 $U \in \mathcal{T}$이고, 조건 (2)에 의해 $X^* - V$는 X의 옹골인 닫힌 부분 집합이므로 $X - (X^* - V) = X \cap V \in \mathcal{T}$이다. 따라서 $U \cap (X \cap V) = (U \cap X) \cap V = U \cap V \in \mathcal{T}$이다. 한편 $\infty \notin U \cap V$이므로 조건 (1)에 의해 $U \cap V \in \mathcal{T}^*$이다.

③ $\infty \notin U$, $\infty \notin V$일 때 조건 (1)에 의해 $U \in \mathcal{T}$, $V \in \mathcal{T}$이다. 한편 $U \cap V \in \mathcal{T}$이고 $\infty \notin U \cap V$이므로 $U \cap V \in \mathcal{T}^*$이다.

(3) 임의의 $\{U_\gamma\} \subset \mathcal{T}^*$에 대해 $\bigcup U_\gamma \in \mathcal{T}^*$임을 보이자.

① $\infty \notin \bigcup U_\gamma$일 때 $\{U_\gamma\} \subset \mathcal{T}$이므로 $\bigcup U_\gamma \in \mathcal{T} \subset \mathcal{T}^*$이다.

② 어떤 U_γ에 대해 $\infty \in U_\gamma$일 때 $O = \{U_\gamma\}$를 $O_1 = \{U_\gamma | \infty \in U_\gamma\}$, $O_2 = \{U_\gamma | \infty \notin U_\gamma\}$로 분할하자. 그러면 모든 $U_\gamma \in O_2$는 $\mathcal{T}$의 원소이므로 다음 집합은 X의 닫힌 부분 집합이 된다.

$$X^* - \bigcup_{U_\gamma \in O} U_\gamma = \bigcap_{U_\gamma \in O} (X^* - U_\gamma) = \left(\bigcap_{U_\gamma \in O_1} (X^* - U_\gamma) \right) \cap \left(\bigcap_{U_\gamma \in O_2} (X^* - U_\gamma) \right)$$

임의의 $U_\gamma \in O_1$에 대해 $X^* - U_\gamma$는 옹골이고 $X^* - \bigcup_{U_\gamma \in O} U_\gamma \subset X^* - U_\gamma$이므로 $X^* - \bigcup_{U_\gamma \in O} U_\gamma$도 옹골 집합이다. 따라서 조건 (2)에 의해 $\bigcup U_\gamma \in \mathcal{T}^*$이다.

(1), (2), (3)으로부터, $\mathcal{T}^*$는 X^*의 위상이 된다.

문제 5.4.3. $\mathcal{O} = \{U_\gamma \mid \gamma \in \Gamma\}$를 X^*의 열린 덮개라 하자. 그러면 $\infty \in U_{\gamma_0}$인 $\gamma_0 \in \Gamma$가 존재한다. 그리고 $K = X^* - U_{\gamma_0}$라 하면 K는 X의 옹골인 닫힌 집합이다. 한편, 포함 함수 $\iota : X \to X^*$가 연속이므로 $K = \iota(K)$는 X^*의 옹골 집합이다. 한편 $\mathcal{O} - \{U_{\gamma_0}\}$는 X^*의 열린 집합으로 이루어진 K의 열린 덮개이고 K가 옹골이므로 유한 부분 덮개 $U_{\gamma_1}, U_{\gamma_2}, \cdots, U_{\gamma_n}$가 존재한다. 따라서 다음이 성립한다.

$$X^* = (X^* - K) \cup K \subset U_{\gamma_0} \cup U_{\gamma_1} \cup U_{\gamma_2} \cup \cdots \cup U_{\gamma_n}$$

따라서 $\{U_{\gamma_0}, U_{\gamma_1}, U_{\gamma_2}, \cdots, U_{\gamma_n}\}$는 $\mathcal{O}$의 유한 부분 덮개이므로 X^*는 옹골 공간이다.

문제 5.4.4. 독자에게 맡긴다.

문제 5.4.5. 단위 구면 $S^2 \subset \mathbb{R}^3$ 위의 점 $\mathbf{n} = (0,0,1)$을 택한 뒤, 입체 사영 $\rho : S^2 - \{\mathbf{n}\} \to \mathbb{R}^2$을 이용하여 함수 $f : (\mathbb{R}^2)^* \to S^2$를 다음과 같이 정의하자.

$$f(x) = \begin{cases} \rho^{-1}(x), & x \neq \infty \\ \mathbf{n}, & x = \infty \end{cases}$$

f가 위상 동형 함수임을 보기 5.4.6과 같은 방법으로 보일 수 있다.

문제 5.4.6. 독자에게 맡긴다.

연습 문제 5.4

1. f가 전사이므로 임의의 $y \in f(X)$에 대해 $f(x) = y$인 $x \in X$가 존재한다. X는 국소 옹골 공간이므로 $x \in U \subset K$를 만족하는 X의 열린 집합 U와 옹골 집합 K가 존재한다. 따라서 $y = f(x) \in f(U) \subset f(K)$이고 f가 연속이므로 $f(K)$는 Y의 옹골 집합이고 f가 열린 함수이므로 $f(U)$는 Y의 열린 집합이다. 따라서 Y는 국소 옹골 공간이다.

2.

(1) A가 닫힌 집합일 때, 임의의 $a \in A$에 대해 a를 포함하는 X의 옹골 집합 K가 존재한다. 이제 $A \cap K$가 a를 포함하는 A의 옹골 집합임을 보이자. $\mathcal{O} = \{U_\lambda | \lambda \in \Lambda\}$를 A에서 $A \cap K$의 열린 덮개라 하자. 이때 각 U_λ에 대하여 다음을 만족하는 X의 열린 집합 V_λ가 존재한다.

$$V_\lambda \cap A = U_\lambda$$

그리고 $V_0 = X - A$라 하면 V_0는 열린 집합이다. 그러면 $\mathcal{V} = \{V_\lambda | \lambda \in \Lambda\} \cup \{V_0\}$는 K의 열린 덮개이다. K가 옹골이므로 $\mathcal{V}$의 유한 부분 덮개 $\{V_0, V_1, \ldots, V_n\}$이 존재한다. 이로부터 $\{U_1, \ldots, U_n\}$이 $\mathcal{O}$의 유한 부분 덮개이고 따라서 $A \cap K$가 a를 포함하는 A의 옹골 집합이다. 그러므로 A는 국소 옹골 공간이다.

(2) X를 $\mathbb{Q}$의 한 점 옹골화 $\mathbb{Q}^*$라 하고 $A = \mathbb{Q}$라 하자. 그러면 X는 옹골 공간이므로 국소 옹골이고 A는 열린 집합이다. 그런데 보기 5.4.2로부터 A는 국소 옹골이 아니다.

(3) A가 열린 집합일 때, 임의의 $a \in A$에 대해 X가 국소 옹골 하우스도르프 공간이므로 정리 5.4.3에 의해 $a \in V \subset \overline{V} \subset A$를 만족하고 $\overline{V}$가 옹골 집합인 a의 근방 V가 존재한다. 이때 $\overline{V}$가 A의 옹골 집합인 것은 (1)의 풀이에서와 같이 쉽게 확인할 수 있다. 따라서 A는 국소 옹골 공간이다.

3. (1) 한 점에서 만나는 두 원이 된다.

(2) 두 점에서 만나는 두 원이 된다.

(3) 선분이 된다.

(4) 독자에게 맡긴다.

4. $\mathbb{N}$의 한 점 옹골화를 $\mathbb{N}^* = \mathbb{N} \cup \{0\}$라 하자. 그리고 $Y = \{\frac{1}{n} \mid n \in \mathbb{N}\} \cup \{0\}$이라 하고 함수 $f : \mathbb{N}^* \to Y$를 다음과 같이 정의하자.

$$f(x) = \begin{cases} \dfrac{1}{x}, & x \in \mathbb{N} \\ 0, & x = 0 \end{cases}$$

f는 일대일 대응임이 자명하다. 또한 f는 닫힌 함수이므로 f가 연속임을 보이면 충분하다.
제한 함수 $f|_{\mathbb{N}} : \mathbb{N} \to \{\frac{1}{n} \mid n \in \mathbb{N}\}$, $f|_{\mathbb{N}}(x) = \frac{1}{x}$은 이산 위상에서의 전단사 함수이므로 위상 동형 함수이다.
U를 Y의 열린 집합이라 하자. $0 \notin U$이면 $U \subset \{\frac{1}{n} \mid n \in \mathbb{N}\} \subset Y$이므로 $f^{-1}(U) = (f|_{\mathbb{N}})^{-1}(U) =\subset \mathbb{N} \subset \mathbb{N}^*$이다. 따라서 $f^{-1}(U)$는 정의 4.3.2의 (1) 형태의 $\mathbb{N}$의 열린 집합이므로 $f^{-1}(U)$는 $\mathbb{N}^*$의 열린 집합이다.
$0 \in U$이면 Y가 옹골 하우스도르프 공간이고 $C = Y - U$가 Y의 닫힌 집합이므로 C는 Y의 옹골 부분 집합이다. 그리고 $0 \notin C$이므로 $C \subset \mathbb{N}$이다. 그리고 제한 함수 $f|_{\mathbb{N}}$가 위상 동형 함수이므로 $f^{-1}(C) = (f|_{\mathbb{N}})^{-1}(C) =\subset \mathbb{N}$은 $\mathbb{N}$의 옹골 부분 집합이다. 따라서 $f^{-1}(U) = f^{-1}(Y - C) = f^{-1}(Y) - f^{-1}(C) = \mathbb{N}^* - f^{-1})(C)$이므로 $f^{-1}(U)$는 정의 4.3.2의 (2) 형태의 $\mathbb{N}^*$의 열린 집합이다. 따라서 f는 연속이므로 위상 동형 함수이다.

5. $X^* = X \cup \{a\}$, $Y^* = Y \cup \{b\}$라 하자. 단 $a \notin X$, $b \notin Y$이다.

((1) ⇒ (2)) $\tilde{f}$와 f가 전사이므로 $\tilde{f}(a) = b$이다. 한편 Y의 임의의 옹골 집합 K에 대해 $f^{-1}(K) \subset \tilde{f}^{-1}(K)$이므로 만약 $a \in \tilde{f}^{-1}(K)$라 하면 $\tilde{f}(a) = b \in K$가 되어 $b \notin Y$에 모순이다. 따라서 $f^{-1}(K) = \tilde{f}^{-1}(K)$이다.
K는 Y^*에서 닫힌 옹골 집합이고 $\tilde{f}$가 연속이므로 $\tilde{f}^{-1}(K)$는 X^*에서 닫힌 집합이다. 또한 X^*가 하우스도르프이므로 $f^{-1}(K) = \tilde{f}^{-1}(K)$는 X^*에서 옹골 집합이다.
이제 X의 열린 집합 $\{G_\lambda\}$를 $f^{-1}(K)$의 열린 덮개라 하자. 즉 다음이 성립한다.

$$f^{-1}(K) \subset \bigcup_{\lambda \in \Lambda} G_\lambda$$

그러면 $G_\lambda = X \cap U_\lambda$를 만족하는 X^*의 열린 집합 U_λ가 존재해서 다음을 만족한다.

$$f^{-1}(K) \subset \bigcup_{\lambda \in \Lambda} G_\lambda = \bigcup_{\lambda \in \Lambda} (X \cap U_\lambda) \subset \bigcup_{\lambda \in \Lambda} U_\lambda$$

$f^{-1}(K)$가 X^*에서 옹골이므로 유한 부분 덮개 $\{U_{\lambda_i}\}_{i=1}^n$가 존재해서 $f^{-1}(K) \subset \bigcup_{i=1}^n U_{\lambda_i}$이다. 따라서 $f^{-1}(K) \subset \bigcup_{i=1}^n (X \cap U_{\lambda_i}) = \bigcup_{i=1}^n G_{\lambda_i}$이므로 $f^{-1}(K)$는 X에서 옹골이다.

((2) ⇒ (1)) 함수 $\tilde{f}$를 다음과 같이 정의하자.

$$\tilde{f}(x) : X^* \to Y^*, \quad \tilde{f}(x) = \begin{cases} f(x) & x \in X \\ b & x = a \end{cases}$$

그러면 $\tilde{f}$는 전사이다. 이제 $\tilde{f}$가 연속임을 보이자. Y^*의 임의의 닫힌 집합 C에 대해 $b \notin C$이면 C는 Y^*에서 옹골이므로 Y에서도 옹골이다. 그러므로 $\tilde{f}^{-1}(C) = f^{-1}(C)$는 X에서 옹골이므로 $\tilde{f}^{-1}(C)$는

X^*에서 옹골인 닫힌 집합이다. 따라서 $\tilde{f}$는 연속이다.
$b \in C$이면 $\{b\} \cup B = C$를 만족하는 Y의 부분 집합 B가 존재한다. $\overline{C} = C$이므로 Y^*에서 $B = \overline{B}$이다. 따라서 $\tilde{f}^{-1}(C) = \tilde{f}^{-1}(\{b\} \cup B) = \tilde{f}^{-1}(\{b\}) \cup \tilde{f}^{-1}(B) = \{a\} \cup \tilde{f}^{-1}(B)$이므로 $\tilde{f}^{-1}(C)$는 X^*에서 닫힌 집합이다. 따라서 $\tilde{f}$는 연속이다.

6. ($X \simeq Y \Rightarrow X^* \simeq Y^*$) $X^* = X \cup \{a\}$, $Y^* = Y \cup \{b\}$라 하고 X와 Y 사이의 위상 동형 함수을 g라 하자. $X^* \simeq Y^*$임을 보이기 위해 다음 함수가 위상 동형 함수임을 보이자.

$$f(x) : X^* \to Y^*, \quad f(x) = \begin{cases} g(x), & x \in X \\ b, & x = a \end{cases}$$

먼저 g가 전단사이므로 f도 전단사이다. 이제 f가 연속임을 보이자. U를 Y^*의 임의의 열린 집합이라 하면 U가 Y의 열린 집합이거나 $K = Y^* - U$가 Y의 옹골 집합이다. 먼저 U가 Y^*의 열린 집합인 경우에는 g가 연속이므로 $f^{-1}(U) = g^{-1}(U)$가 X의 열린 집합이다. 따라서 $f^{-1}(U)$는 정의 4.3.2의 (1) 형태의 X^*의 열린 집합이다.
$K = Y^* - U$가 Y의 옹골 집합인 경우에는 g^{-1}가 연속이므로 $f^{-1}(K) = g^{-1}(K)$는 X의 옹골 집합이고 X가 X^*의 부분 공간이므로 $f^{-1}(K)$는 X^*의 닫힌 집합이다. 따라서 다음이 성립한다.

$$f^{-1}(U) = f^{-1}(Y^* - K) = f^{-1}(Y^*) - f^{-1}(K) = X^* - f^{-1}(K)$$

즉, $f^{-1}(U)$는 정의 4.3.2의 (2) 형태의 X^*의 열린 집합이고 따라서 f는 연속이다. 같은 방법으로 f^{-1}도 연속임을 보일 수 있다. 따라서 f는 위상 동형 함수이므로 $X^* \simeq Y^*$이다.

($X^* \simeq Y^* \not\Rightarrow X \simeq Y$) $X = [0,2)$, $Y = [0,1) \cup (1,2]$라 하면 $X \not\simeq Y$이지만 $X^* = Y^* = [0,2]$이므로 $X^* \simeq Y^*$이다.

7. X를 옹골이 아닌 위상 공간이고, 두 점 $+\infty$, $-\infty$를 X위에 있지 않은 점이라 하자. $X^{**} := X \cup \{+\infty, -\infty\}$의 열린 집합 U를 다음과 같이 정의함으로써 X^{**}위의 위상을 주기로 하자.

(1) U는 X의 열린 집합이거나,

(2) $U = X^{**} - K$인 X의 옹골 부분 집합 K가 존재한다.

이때, X^{**}를 X의 **두 점 옹골화**라 한다. 한 점 옹골화와 마찬가지로 위에서 정의한 열린 집합의 모임은 X^{**}의 위상이 됨을 알 수 있다.
이제 두 점 옹골화의 정의를 사용해 $S^1 \times (0,1)$의 두 점 옹골화가 S^2와 위상 동형임을 보일 수 있다.

5장 5절

문제 5.5.1. (조르겐프라이 직선 $\mathbb{R}_l$) 아래끝 위상 $\mathfrak{T}_l$에서 점열 $\{a_n = n\}$은 수렴하는 부분 점열을 갖지 않으므로 점열 옹골이 아니다.

(여가산 위상 공간 $\mathbb{R}_c$) 여가산 위상을 $\mathfrak{T}_c$라 하자. A가 X의 무한 부분 집합이면 서로 다른 원소들로 구성된 점열 $\{a_n\}$을 만들 수 있다. 그러나 이러한 수렴하는 부분 점열은 존재하지 않는다. 여가산 위상 공간의 임의의 수렴하는 수열 $\{b_n\}$에 대해 $b_n \to b$라 하면 집합 $B = \{b_n | b_n \neq b\}$는 가산 집합이

되어 $B^c \in \mathcal{T}_c$이고 $x \in B^c$이므로 적당한 자연수 n_0이 존재해서 모든 자연수 $n > n_0$에 대해 $b_n \in B^c$이다. 이는 모든 자연수 $n > n_0$에 대해 $b_n = b$이므로 수열 b_n은 다음과 같은 형태이다.

$$b_1, b_2, \cdots, b_m, b, b, \cdots$$

즉, 여가산 위상 공간의 모든 수렴하는 점열은 위와 같은 형태이므로 서로 다른 원소들로 구성된 점열 $\{a_n\}$은 수렴하지 않는다. 따라서 점열 옹골이 아니다.

문제 5.5.2. (1) $\mathcal{B}$는 유한 부분 덮개를 가질 수 없는 $\mathbb{N}$의 열린 덮개이므로 X는 옹골이 아니다.

(2) 점열 $\{1, 2, 3, \cdots\}$은 수렴하는 부분 점열을 가질 수 없으므로 X는 점열 옹골이 아니다.

(3) 임의의 집합 $A \subset \mathbb{N}$에 대해 $n \in \mathbb{N}$이 홀수이면 $n+1$의 임의의 근방 U는 $\{n, n+1\}$을 포함해야 하므로 다음이 성립한다.

$$A \cap (U - \{n+1\}) \supset A \cap (\{n, n+1\} - \{n+1\}) = \{n\} \neq \varnothing$$

따라서 $n+1$은 A의 집적 점이다. 또한 $n \in \mathbb{N}$이 짝수이면 $n-1$의 임의의 근방 V는 $\{n-1, n\}$을 포함해야 하므로 다음이 성립한다.

$$A \cap (V - \{n-1\}) \supset A \cap (\{n-1, n\} - \{n-1\}) = \{n\} \neq \varnothing$$

따라서 $n-1$은 A의 집적 점이다. 그러므로 X는 극한 점 옹골이다.

문제 5.5.3. 독자에게 맡긴다.

문제 5.5.4. 독자에게 맡긴다.

문제 5.5.5. X가 완전 유계가 아니라고 가정하면 어떤 $\epsilon > 0$이 존재하여 임의의 유한 집합 $A \subset X$에 대하여도 다음이 성립한다.

$$\bigcup_{a \in A} B(a, \epsilon) \subsetneq X$$

따라서 $A = \{a_1\} \subset X$이라 하면 $B(a_1, \epsilon) \subsetneq X$이므로 $a_2 \in X - B(a_1, \epsilon)$, 즉 $d(a_1, a_2) \geq \epsilon$을 만족하는 a_2가 존재한다. 이제 $A = \{a_1, a_2\}$라 하면 $\big(B(a_1, \epsilon) \cup B(a_2, \epsilon)\big) \subsetneq X$이므로 $d(a_1, a_3) \geq \epsilon$, $d(a_2, a_3) \geq \epsilon$을 만족하는 $a_3 \in X$가 존재한다. 이 방법을 계속하면 다음을 만족하는 X의 점열 $\{a_1, a_2, \cdots, a_n, \cdots\}$을 얻을 수 있다.

$$d(a_i, a_j) \geq \epsilon, \quad \forall i \neq j$$

이러한 점열은 수렴하는 부분 점열을 가질 수 없으므로 X는 점열 옹골이 아니다. 따라서 보조 정리가 성립한다.

문제 5.5.6. 독자에게 맡긴다.

문제 5.5.7. $\{\alpha_n\}$이 수렴하는 부분 점열 $\{\alpha_{n_k}\}$을 가진다고 가정하자. 그리고 $\alpha_{n_k} \to \alpha \in X$라 하자. 그러면 임의의 $x \in I$에 대해 I 위의 점열 $\{\alpha_{n_k}(x)\}$는 수렴하고 $\alpha_{n_k}(x) \to \alpha(x) \in I$이다. 한편 다음을 만족하는 점 $p \in I$가 존재한다.

$$\alpha_{n_k}(p) = \begin{cases} 0, & k\text{는 짝수} \\ 1, & k\text{는 홀수} \end{cases}$$

그러면 $\alpha_{n_k}(p) \to \alpha(p)$이지만 I위의 점열 $\{\alpha_{n_k}(p)\} = \{0, 1, 0, 1, 0, 1, \cdots\}$은 수렴하지 않으므로 모순이다. 따라서 $\{\alpha_n\}$은 수렴하는 부분 점열을 갖지 않는다.

[다른 풀이] $\{\alpha_n\}$은 수렴하는 부분 점열 $\{\alpha_{n_k}\}$를 갖는다고 가정하자. 그리고 $\lim_{k\to} \alpha_{n_k} = \alpha_0$라 하자. 그러면 모든 $x \in I$에 대하여 I의 수열 $\{\alpha_{n_k}(x)\}$는 수렴하고 $\lim_{k\to} \alpha_{n_k}(x) = \alpha_0(x)$이다. 이제 다음을 만족하는 $y = 0.y_1y_2y_3 \cdots \in I$를 잡자

$$y_{n_k} = \begin{cases} 0, & k\text{는 홀수,} \\ 1, & k\text{는 짝수} \end{cases}$$

그러면 $\{\alpha_{n_k}(y)\}$는 다음과 같다.

$$\alpha_{n_k}(y) = \begin{cases} 0, & k\text{는 홀수,} \\ 1, & k\text{는 짝수} \end{cases}$$

즉, $\{\alpha_{n_k}(y)\}$는 수렴하지 않으므로 모순이다.

연습 문제 5.5

1. $\{a_n\}$을 A의 점열이라 하자. X가 점열 옹골 공간이므로 점열 $\{a_n\}$의 부분 점열을 $\{a_{n_k}\}$라 하고 $a_{n_k} \to a \in X$라 하자. U가 a의 열린 근방이라 하면 적당한 $k \in \mathbb{N}$에 대해 $a_{n_k} \in U$이고 $U \cap A = \varnothing$이다. 따라서 $a \in A' = A$이므로 부분 점열 $\{a_{n_k}\}$는 A에서 수렴한다. 따라서 A는 점열 옹골이다.

2. A가 X의 점열 옹골 집합이라 하자. 그러면 $f(A)$가 Y의 점열 옹골 집합임을 보이면 충분하다. $\{b_n\}$을 $f(A)$위의 점열이라 하자. 그러면 어떤 A위의 점열 $\{a_n\}$이 존재해서 모든 $n \in \mathbb{N}$에 대해 $f(a_n) = b_n$이 성립한다. A가 X의 점열 옹골 집합이므로 점열 $\{a_n\}$은 A의 한 점 a_0으로 수렴하는 부분 점열 $\{a_{n_k}\}$를 가진다. f가 연속이므로 $\{b_n\}$의 부분 점열 $\{b_{n_k}\}$가 존재해서 $\{f(a_{n_k})\} = \{b_{n_k}\}$이고 이는 $f(a_0) \in f(A)$로 수렴한다. 따라서 $f(A)$는 Y의 점열 공간이다.

3. 독자에게 맡긴다.

제6장 풀이

6장 1절

문제 6.1.1. 부분 집합 A가 열린 집합이면서 닫힌 집합이라 하자. 그러면 시어핀스키 공간의 위상으로부터 A는 $\varnothing$, $\{0\}$, X 중의 하나이다. $A=\{0\}$이면 $A^c=\{1\}\notin \mathcal{T}$이므로 A는 닫힌 집합이 아니다. 따라서 A는 $\varnothing$이거나 X이다. 그러므로 X는 연결 공간이다.

문제 6.1.2. (d) $\Rightarrow$ (a) 대우 명제를 증명하자. $Y=\{a,b\}$를 이산 공간이라 하고 X에서 Y로의 전사인 연속 함수 $f:X\to Y$가 존재한다고 하자. 그러면 다음과 같은 열린 집합 A, B를 정의할 수 있다.

$$A=\{x\in X|f(x)=a\},\quad B=\{x\in X|f(x)=b\}$$

따라서 $X=A\cup B$, $A\cap B=\varnothing$이므로 X는 비연결 집합이다.

문제 6.1.3. $(\Rightarrow)$ A가 비연결 집합이라 하자. 그러면 A의 두 열린 집합 U', V'이 존재해서 $U'\cup V'=A$, $U'\cap V'=\varnothing$이다. 따라서 X의 적당한 열린 집합 U, V가 존재해서 $U'=U\cap A$, $V'=V\cap A$를 만족하고 $A\subset U\cup V$, $A\cap U\cap V=\varnothing$이 성립한다.

$(\Leftarrow)$ (6.2)가 성립한다고 가정하자. $U'=U\cap A$, $V'=V\cap A$라 하면 U', V'는 A에서 열린 집합이고 다음이 성립한다.

$$U'\neq\varnothing,\quad V'\neq\varnothing,$$
$$U'\cup V'=A,\quad U'\cap V'=\varnothing$$

따라서 A는 연결 공간이 아니므로 연결 집합이 아니다.

문제 6.1.4. 독자에게 맡긴다.

문제 6.1.5. 임의의 $x\in U$에 대하여 가정에 의하여 $x\in U_x\subset U$를 만족하는 열린 집합 U_x가 존재하므로 U는 열린 집합이다. 또한 임의의 $x\in X-U$에 대하여 $f(x)\neq y_0$인데 가정에 의하여 제한 함수 $f|_{U_x}$가 상수 함수가 되는 x의 열린 근방 U_x가 존재하므로 $x\in U_x\subset X-U$가 되어 $X-U$는 열린 집합이 되어 U는 닫힌 집합이다.

연습 문제 6.1

1. 독자에게 맡긴다.

2. 여유한 위상 공간의 정의로부터 X가 무한 집합이면 열린 집합이면서 동시에 닫힌 집합이 $\varnothing$과 X뿐이므로 연결 공간이다.

3. $(X,\mathcal{T}_1)$가 비연결 공간이면 열린 집합이면서 닫힌 집합인 $A\subset X(A\neq\varnothing,X)$가 존재한다. 그런데 $\mathcal{T}_1\subset\mathcal{T}$이므로 A는 $\mathcal{T}$에서도 열린 집합이면서 닫힌 집합이다. 그러면 $(X,\mathcal{T})$가 비연결 공간이 되어 모순이다.

4. $\mathbb{R}^n$의 임의의 열린 집합 A와 $x \in A$에 대해 $B(x,r)$은 연결인 열린 집합이므로 $\mathbb{R}^n$은 국소 연결 공간이다. 또한 $\{0\} \cup \{1/n \,|\, n = 1, 2, \ldots\}$이 구간을 포함하지 않으므로 연결 집합인 근방이 존재하지 않는다. 따라서 국소 연결 공간이 아니다.

5. $\mathfrak{T}_1 = \{\varnothing, X, \{a\}, \{a,b\}\}$, $\mathfrak{T}_2 = \{\varnothing, X, \{a\}, \{b,c\}\}$.

6. $W = (0,2), X = (0,2) \cup (3,4), Y = (0,1), Z = (0,4)$

6장 2절

문제 6.2.1. f가 연속이고 $[a,b]$는 연결 집합이므로 $f([a,b])$도 연결 집합이다. 일반성을 잃지 않고 $f(a) < f(b)$라 하자.
이제 적당한 $k \in (f(a), f(b))$가 모든 실수 $x \in [a,b]$에 대해 $f(x) \neq k$라 하자. $U = (-\infty, k)$, $V = (k, \infty)$라 하면 U, V는 열린 집합이다. $f(a) < k < f(b)$이므로 $f([a,b]) \cap U \neq \varnothing$이고 $f([a,b]) \cap V \neq \varnothing$이다. 또 a와 b 사이에 있는 모든 실수 x에 대하여 $f(x) \neq k$이므로 $f([a,b]) \subset U \cup V$이다. 그런데 $U \cap V = \varnothing$이므로 $f([a,b]) \cap U \cap V = \varnothing$이다. 따라서 $f([a,b])$는 연결 집합이 아니다. 그런데 이는 모순이므로 임의의 $k \in [f(a), f(b)]$에 대해 $f(c) = k$를 만족하는 $c \in [a,b]$가 존재한다.

문제 6.2.2. 독자에게 맡긴다.

문제 6.2.3. (1) 임의의 점 $x \in X$에 대해 한 점 집합 $\{x\}$는 X의 연결된 부분 집합이고 $x \in \{x\}$이므로 $x \sim x$이다.

(2) 만약 $x \sim y$이면 정의에 의해 $x, y \in A$인 X의 연결 집합 A가 존재한다. 따라서 $y, x \in A$이므로 $y \sim x$이다.

(3) 만약 $x \sim y$이고 $y \sim z$라 하면 $x, y \in A$이고 $y, z \in B$인 연결 집합 A, B가 성립한다. 그러면 $y \in A \cap B \neq \varnothing$이고 A와 B는 연결 집합이므로 $A \cup B$도 연결 집합이다. 따라서 $x, z \in A \cup B$이므로 $x \sim z$이다.

문제 6.2.4. 위상 공간 X의 성분을 $\{C_1, C_2, \cdots C_n\}$이라 하자. 정리 6.2.13에 의해 각 성분들은 닫힌 집합이므로 임의의 $i = 1, 2, \cdots, n$에 대해 $X - C_i$는 열린 집합이다. 그런데 $X - C_i = \bigcup_{j \neq i} C_j$이고 이는 닫힌 집합들의 합집합이므로 $X - C_i$는 닫힌 집합이다. 따라서 C_i는 열린 집합이다.
한편, 보기 6.2.11의 (2)에 의해 유리수 집합 $\mathbb{Q}$의 모든 성분들은 한 원소 집합이고 이는 열린 집합이 아니다. 따라서 성분의 개수가 유한 개가 아닐 때 위 명제는 성립하지 않는다.

문제 6.2.5. 독자에게 맡긴다.

문제 6.2.6. 만약 $(0,1) \simeq [0,1)$이라 가정하면 위상 동형 사상 $f : [0,1) \to (0,1)$이 존재한다. 이 때 $f(0) = x \in (0,1)$이라 하자. f가 위상 동형 사상이므로 다음과 같이 정의된 축소사상 $f|_{(0,1)} : (0,1) \to (0,1) - \{x\}$도 위상 동형 사상이다. 즉, $(0,1) \simeq (0,1) - \{x\}$인데 $(0,1) - \{x\} = (0,x) \cup (x,1)$은 비연결이므로 모순이다. 따라서 $(0,1) \not\simeq [0,1)$이다.

연습 문제 6.2

1. 원 S^1은 연결 집합이므로 만약 $\mathbb{R}$의 어떤 부분 공간 A와 위상 동형이라면 A도 연결 집합이어야 한다. 따라서 보기 5.1.5에 의해 A는 구간이다. $A = (a, b)$라 하자. $f : S^1 \to A$가 위상 동형 사상이라면 S^1 위의 한 점 x에 대해 축소 사상 $f|_{S^1-\{x\}} : S^1 - \{x\} \to (a, b) - \{f(x)\}$도 위상 동형 사상이다. 그러나 $S^1 - \{x\}$는 연결 성분이 하나이고 $(a, b) - \{f(x)\}$는 연결 성분이 두 개이므로 모순이다. 따라서 원 S^1은 $\mathbb{R}$의 어떤 부분 공간과도 위상 동형이 아니다.

2. 독자에게 맡긴다.

3. $f : S^1 \to \mathbb{R}$을 연속 사상이라 하자. 사상 g를 다음과 같이 정의하자.

$$g : S^1 \to \mathbb{R}, \quad g(\mathbf{x}) = f(\mathbf{x}) - f(-\mathbf{x})$$

g는 연속이고 $g(\mathbf{x}) = f(\mathbf{x}) - f(-\mathbf{x}) = -(f(-\mathbf{x}) - f(\mathbf{x})) = -g(-\mathbf{x})$이므로 기함수이다. 따라서 사잇값 정리에 의해 적당한 $\mathbf{x}_0 \in S^1$에 대해 $g(\mathbf{x}_0) = 0$, 즉 $f(\mathbf{x_0}) = f(-\mathbf{x_0})$인 점이 존재한다.
비슷한 방법으로 S^2에서도 위 명제가 성립한다는 것을 알 수 있다. 즉, 연속 사상 $f : S^2 \to \mathbb{R}^2$에 대해 $f(\mathbf{x}) = f(-\mathbf{x})$인 점 $\mathbf{x} \in S^2$가 존재한다. 이 때 S^2를 지구로, 연속 사상 f를 지구의 온도 또는 습도 함수로 생각하면 지구에서 매 순간 온도 또는 습도가 동일한 서로 대척인 지점이 존재한다는 것을 알 수 있다.

4. X가 고정 점을 갖는 비연결 공간이라 가정하자. 그러면 X의 두 열린 집합 U, V에 대해 $U \cap V = \varnothing$, $U \cup V = X$이다. $x_1 \in U$, $x_2 \in V$에 대하여 연속 함수 $f : X \to X$를 다음과 같이 정의하자.

$$f(x) = \begin{cases} x_2, & x \in U \\ x_1, & x \in V \end{cases}$$

그러면 f는 상수 함수이므로 연속 함수이다. 그러나 $f(x) = x$를 만족하는 점 x가 존재하지 않는다. 따라서 X는 연결 공간이다.

5. 독자에게 맡긴다.

6. 독자에게 맡긴다.

7. 독자에게 맡긴다.

8. X를 국소 연결 공간이라 하고 $f : X \to Y$가 위상 동형 사상이라 하자. X가 국소 연결 공간이므로 임의의 $x \in X$와 x의 근방 U에 대해 $x \in V \subset U$를 만족하는 연결이고 열린 집합 V가 존재한다. 따라서 $f(x) \in f(V) \subset f(U)$이고 f가 위상 동형 사상이므로 $f(V)$는 연결이고 열린 집합이며 $f(U)$는 열린 집합이다. 따라서 Y도 국소 연결 공간이다.
그러나 $f : \mathbb{N} \cup \{0\} \to \{0\} \cup \{\frac{1}{n} | n \in \mathbb{N}\}$, $f(0) = 0$, $f(n) = \frac{1}{n}$이라 하면 $\mathbb{N}$은 이산 공간이므로 f는 연속이다. 그러나 6.1절의 문제 4의 결과에 의해 $\{0\} \cup \{\frac{1}{n} | n \in \mathbb{N}\}$은 국소 연결 공간이 아니다.

9. <u>(1) ⇒ (2)</u> X가 국소 연결이라 하고 U를 X의 열린 집합, C를 부분 공간 U의 연결 성분이라 하자. 임의의 점 $x \in C$에 대해 X가 국소 연결이므로 $x \in V_x \subset U$를 만족하는 연결된 열린 집합 V_x

가 존재한다. 그런데 C가 x를 포함하는 U의 연결 성분이므로 문제 6에 의해 $V_x \subset C$이다. 그리고 $C = \bigcup_{x \in C} V_x$이므로 C는 열린 집합이다.

(2) ⇒ (1) X의 임의의 열린 집합 U의 모든 연결 성분이 열린 집합이라 가정하자. 임의의 점 $x \in X$와 x의 근방 N에 대해 $x \in U \subset N$을 만족하는 U를 택하자. 가정에 의해 x를 포함하는 U의 연결 성분 C는 열린 집합이고 $x \in C \subset U \subset N$이다. 따라서 X는 국소 연결 공간이다.

10. (1) 자명하다.

(2) 자명하다.

(3) 독자에게 맡긴다.

(4) 'A'자 공간과 'B'자 공간을 $\mathbb{R}^2$의 부분 공간으로 생각하자. 'A'자의 교점 중 왼쪽 아래 점을 x라 하면. $A - \{x\}$는 연결 성분이 두 개이다. 그러나 'B'자 공간의 어떤 점을 제거해도 연결 성분은 한 개이므로 둘은 위상 동형이 아니다.

(5) 위상 동형 사상 $f : \mathbb{R}^1 \to \mathbb{R}^2$가 있다고 하자. 그러면 (1)에 의하여 0은 $\mathbb{R}^1$의 절단 점인데 $f(0)$은 $\mathbb{R}^2$의 절단 점이 아니므로 (3)에 모순이다.

11. A가 $\mathbb{R}^4$의 유계 닫힌 집합이므로 옹골 집합이다. $||A||^2 = a^2 + b^2 + c^2 + d^2 = 2 < 3$이므로 유계임은 쉽게 보일 수 있다. 닫힌 집합을 보이기 위하여 세 함수 $f_i : \mathbb{R}^4 \to \mathbb{R}(i = 1, 2, 3)$을 다음과 같이 정의하자.

$$f_1(a, b, c, d) = a^2 + b^2, \quad f_2(a, b, c, d) = c^2 + d^2, \quad f_3(a, b, c, d) = ac + bd$$

이 세 함수는 다항함수이므로 연속 함수이고 $\mathbb{R}$에서 한 원소 집합 $\{1\}$과 $\{0\}$이 모두 닫힌 집합인데 $A = f_1^{-1}(\{1\}) \cap f_2^{-1}(\{1\}) \cap f_3^{-1}(\{0\})$이므로 A는 닫힌 집합이다.
또한 $(ad - bc)^2 = (a^2 + b^2)(c^2 + d^2) - (ac + bd)^2 = 1$이므로 f의 치역은 $\{\pm 1\}$이다. 만약 A가 연결 집합이면 f가 연속 함수 이므로 $f(A)$연결 집합인데 $\{\pm 1\}$이므로 A는 연결 집합이 아니다.

12. 부분 기저의 원소는 정수 m, n에 대하여 $\{f_1^{-1}(U) | U \in \mathfrak{T}_u\}$로부터 $[m, n)$꼴, $\{f_2^{-1}(U) | U \in \mathfrak{T}_u\}$로부터 $(m, n]$꼴이다. 이러한 꼴의 유한 교집합을 생각해보면 기저의 원소는 정수 m, n에 대하여 다음과 같은 꼴 들이다.

$$(m, n), [m, n], (m, n], [m, n), \{m\}$$

따라서 $\sqrt{2}$를 포함하는 성분은 $(1, 2)$이다.
또한 $[\frac{1}{2}, 2]$의 내부와 폐포는 각각 $[1, 2], (0, 2]$이다.

13. 7개

14. ②

15. ⑤

16. ①

6장 3절

문제 6.3.1. $Y = \{(0, y) \in \mathbb{R}^2 | -1 \le y \le 1\}$, $Z = \{(x, \sin(\pi/x)) \in \mathbb{R}^2 | 0 < x \le 1\}$이라 하면 원점과 Z의 점 사이를 연결하는 X 상의 길이 존재하지 않는다. 이를 구체적으로 다음과 같이 증명할 수 있다.

원점과 Z의 점 사이를 연결하는 길이 존재한다고 가정하고 이를 $f : [a, c] \to Z$라 하자. 이 때 $f(t) \in Y$인 t의 집합은 닫힌 집합이므로 최대 원소 b를 포함한다. 이는 다음과 같다.

$$b = \sup\{t \in [0, 1] | f(t) \in Y\}$$

$f(t)$의 정의역을 $[b, c]$로 제한한 뒤, 구간 $[b, c]$를 $[0, 1]$로 치환하자. 또 $f(t) = (x(t), y(t))$라 하자. 그러면 $x(0) = 0$이고 $t > 0$일 때 $x(t) > 0$이고 $y(t) = \sin(\pi/x(t))$가 성립한다.

이제 주어진 $n \in \mathbb{N}$에 대해 $0 < u < x(1/n)$이고 $\sin(1/u) = (-1)^n$인 u를 택하자. 사잇값 정리에 의해 $0 < t_n < 1/n$이고 $x(t_n) = u$를 만족하는 t_n이 존재한다. 그러므로 $t_n \to 0$이고 $y(t_n) = (-1)^n$이다. 그런데 수열 $y(t_n)$은 수렴하지 않고 이는 f가 연속이라는 것에 모순이다. 따라서 원점에서 Z의 점 사이를 연결하는 길은 존재하지 않는다.

문제 6.3.2. (1) 임의의 $x \in X$에 대해 상수 사상 $f : [0, 1] \to X$, $f(t) = x$라 하면 f는 x로부터 x까지의 X 상의 길이므로 $x \sim_p x$이다.

(2) 만약 $x \sim_p y$이면 $f(0) = x$, $f(1) = y$인 길 $f : [0, 1] \to X$가 존재한다. 그러면 사상 $g : [0, 1] \to X$, $g(t) = f(1 - t)$는 연속이고 $g(0) = y$, $g(1) = x$이므로 $y \sim_p x$이다.

(3) 만약 $x \sim_p y$, $y \sim_p z$이면 다음과 같은 두 길 f, g이 존재한다.

$$f : [0, 1] \to X, \quad f(0) = x, \quad f(1) = y$$
$$g : [0, 1] \to X, \quad g(0) = y, \quad g(1) = z$$

이제 다음과 같은 사상 $f * g$를 정의하자.

$$h = f * g : [0, 1] \to X,$$
$$h(x) = \begin{cases} f(2t), & 0 \le t \le \frac{1}{2} \\ g(2t - 1), & \frac{1}{2} \le t \le 1 \end{cases}$$

그러면 붙임 보조 정리에 의해 h는 연속이고 $h(0) = x$, $h(1) = z$이므로 h는 x와 z를 잇는 길이다. 따라서 $x \sim_p z$이다.

문제 6.3.3. 원 Y 위의 임의의 점 y_0을 제외해도 길 연결이다. 따라서 $Y - \{y_0\}$의 길 연결 성분은 한 개이다. 하지만 위상수학자의 사인 곡선은 길 연결이 아니므로 X의 한 점 $(0, 1)$을 제외하면 $X - \{(0, 1)\}$ 길 연결 성분은 두 개가 되므로 둘은 위상 동형이 아니다.

연습 문제 6.3

1. 독자에게 맡긴다.

2. S^n 위의 두 점 $\mathbf{x}$, $\mathbf{y}$에 대해 함수 f를 다음과 같이 정의하자.

$$f : [0,1] \to S^n,$$
$$f(t) = \frac{(1-t)\mathbf{x} + t\mathbf{y}}{||((1-t)\mathbf{x})^2 + (t\mathbf{y})^2||}$$

그러면 $f(0) = \mathbf{x}$이고 $f(1) = \mathbf{y}$이며 f는 연속이다. 따라서 S^n은 길 연결 공간이다.

3. $X = (\mathbb{Q} \times \mathbb{R}) \cup (\mathbb{R} \times \mathbb{Q})$는 길 연결 공간임을 증명하면 충분하다. 이를 위해 두 가지 경우를 제시하고 증명하기로 한다.
먼저 두 점 (q_1, r_1), $(q_2, r_2) \in \mathbb{Q} \times \mathbb{R}$ 사이를 연결하는 길을 만들자. f_1을 두 점 (q_1, r_1)과 $(q_1, 0)$을 연결하는 y축과 평행한 길, f_2를 두 점 $(q_1, 0)$과 $(q_2, 0)$을 연결하는 x축 위의 길, 그리고 f_3를 두 점 $(q_2, 0)$과 (q_2, r_2)를 연결하는 y축과 평행한 길이라 하면 $f = f_1 * f_2 * f_3$는 두 점 (q_1, r_1)과 (q_2, r_2)를 연결하는 길이 된다.
다음으로 두 점 $(q_1, r_1) \in \mathbb{Q} \times \mathbb{R}$, $(r_2, q_2) \in \mathbb{R} \times \mathbb{Q}$ 사이를 연결하는 길을 만들자. g_1을 두 점 (q_1, r_1)과 (q_1, q_2)를 연결하는 y축과 평행한 길, g_2를 두 점 (q_1, q_2)와 (r_2, q_2)를 연결하는 x축과 평행한 길이라 하면 $g = g_1 * g_2$는 두 점 (q_1, r_1)과 (r_2, q_2)을 연결하는 길이 된다.
따라서 X는 길 연결이고 정리 6.3.2에 의해 연결이다.

4. (1) 만약 $\mathbb{R}_f$가 비연결이라면 $\mathbb{R}_f$의 열린 집합 U, V에 대해 $U \cap V = \varnothing$이고 $U \cup V = \mathbb{R}$이다. 그런데 $U^c \cup V^c = \mathbb{R}$이고 U^c와 V^c는 유한 집합이므로 이는 모순이다. 따라서 $\mathbb{R}_f$은 연결 집합이고 따라서 성분은 $\mathbb{R}$ 하나이다.
$\mathbb{R}$위의 임의의 두 점 a, b에 대해 두 점 사이를 연결하는 길 $f : [0,1] \to \mathbb{R}$, $f(0) = a$, $f(1) = b$가 존재한다고 하자. C를 $\mathbb{R}_f$에서 닫힌 집합이라 하면 C는 유한 집합이므로 $f^{-1}(C)$도 유한 집합이다. 따라서 $f^{-1}(C)$는 닫힌 집합이므로 f는 연속이다. 따라서 $\mathbb{R}_f$는 길 연결 공간이므로 길 연결 성분은 $\mathbb{R}$ 하나이다.

(2) $\mathbb{R}_l$의 한 점 이상이 포함된 집합을 $A = \{a, b\}$라 하자. 일반성을 잃지 않고 $a < b$라 하면 $a \in (-\infty, b)$, $b \in [b, \infty)$이다. 이 때 두 집합 $(-\infty, b)$, $[b, \infty)$는 $\mathbb{R}_l$에서 열린 집합이며 또한 교집합이 공집합이고 합집합이 $\mathbb{R}$이다. 즉, $A \cap (-\infty, b)$, $A \cap [b, \infty)$는 A의 연결 성분이고 A는 비연결 집합이다. 따라서 $\mathbb{R}_l$의 한 점 이상이 포함된 집합은 비연결이므로 $\mathbb{R}_l$에서 오직 한 원소 집합만이 연결 집합임을 알 수 있다. 따라서 $\mathbb{R}_l$의 성분은 한 원소 집합들이다.
정리 6.3.2에 의해 모든 길 연결 집합은 연결 집합이고 따라서 한 원소 집합들이 길 연결 집합이다. 이로부터 길 연결 성분이 한 원소 집합임을 쉽게 알 수 있다.

5. X, Y가 길 연결 공간이라 하자. 그러면 곱 공간 $X \times Y$위의 임의의 두 점 (x_1, y_1), (x_2, y_2)를 연결하는 길을 다음과 같이 구성할 수 있다. 먼저 다음 길들을 정의하자.

$$f_X : [0,1] \to X, \qquad f_X(t) = x_1 + (x_2 - x_1)t$$
$$f_Y : [0,1] \to Y, \qquad f_Y(t) = y_1 + (y_2 - y_1)t$$

그러면 $f_X(0) = x_1$, $f_X(1) = x_2$, $f_Y(0) = y_1$, $f_Y(1) = y_2$이다. 이제 함수 $f : [0,1] \to X \times Y$를 다음과 같이 정의하면 f는 두 점 (x_1, y_1), (x_2, y_2)를 연결하는 길이 된다.

$$f(t) = \begin{cases} f_X\left(\dfrac{t}{a}\right), & 0 \le t \le a \\ f_Y\left(\dfrac{a-t}{a-1}\right), & a \le t \le 1 \end{cases}$$
$$a = \frac{|x_2 - x_1|}{|x_2 - x_1| + |y_2 - y_1|}$$

따라서 두 길 연결 공간의 곱 공간은 길 연결 공간이다.

6. $Y = \{(0, y) \in \mathbb{R}^2 | -1 \le y \le 1\}$, $Z = \{(x, \sin(\pi/x)) \in \mathbb{R}^2 | 0 < x \le 1\}$이라 하면 Z는 길 연결이지만 위상 수학자의 사인 곡선 $\bar{Z} = Y \cup Z$는 길 연결이 아니다.

7. (1) A의 연결 성분은 A이고 길 연결 성분은 각 $n \in \mathbb{N}$에 대해 $\{1/n\} \times [0,1]$ 그리고 $\{0\} \times [0,1]$이다.

(2) B의 연결 성분은 B이고 길 연결 성분은 각 $n \in \mathbb{N}$에 대해 $\{1/n\} \times [0,1]$ 그리고 $\{0\} \times [0,1/2)$과 $\{0\} \times (1/2, 1]$이다.

(3) C의 연결 성분은 C이고 길 연결 성분은 $\{0\} \times (1/2, 1]$과 $C - (\{0\} \times (1/2, 1])$이다.

(4) D의 연결 성분과 길 연결 성분은 D이다.

8. A가 $\mathbb{R}^2$의 가산 집합이라 하고 $\mathbb{R}^2 - A$가 길 연결이 아니라 가정하자. 그러면 $\mathbb{R}^2$의 임의의 두 점 a, b 사이를 연결하는 임의의 길 $f : [0,1] \to \mathbb{R}^2$, $f(0) = a$, $f(1) = b$에 대해 어떤 $c \in [0,1]$가 존재해서 $f(c) \in A$가 성립한다. 두 점 a, b 사이를 연결하는 길 f들의 모임을 $P[a;b]$라 하면 $|P[a;b]| \le |A|$가 성립한다. 그런데 $\aleph_0 < |P[a;b]|$이고 가정에서 $|A| = \aleph_0$이라 했으므로 이는 모순이다. 따라서 $\mathbb{R}^2 - A$는 길 연결이다.

9. X의 임의의 두 점에 대해 두 점을 연결하는 X 위의 적당한 길이 존재한다. 예를 들어 점 $(1/3, 1)$와 $(1/2, 1)$ 사이를 연결하는 길은 다음과 같이 구성할 수 있다.

$$\begin{aligned} &f_1 : [0,1] \to X, && f_1(t) = (1/3, 1-t) \\ &f_2 : [0,1] \to X, && f_2(t) = (1/3 + t/6, 0) \\ &f_3 : [0,1] \to X, && f_3(t) = (1/2, t) \end{aligned}$$

$$f = f_1 * f_2 * f_3 : [0,1] \to X$$
$$f(x) = \begin{cases} f_1\left(\dfrac{13t}{6}\right), & 0 \le t \le \dfrac{6}{13} \\ f_2(13t - 6), & \dfrac{6}{13} \le t \le \dfrac{7}{13} \\ f_3\left(\dfrac{13t}{7} - 1\right), & \dfrac{7}{13} \le t \le 1 \end{cases}$$

f는 연속이고 $f(0) = (1/3, 1)$, $f(1) = (1/2, 1)$이므로 f는 점 $(1/3, 1)$과 $(1/2, 1)$ 사이를 연결하는 길이다.

한편, 점 $(0, 1)$의 임의의 근방 U에 대해 $x \in V \subset U$를 만족하는 길 연결인 근방 V를 찾을 수 없으므로 빗 공간은 국소 길 연결 공간이 아니다.

제7장 풀이

7장 1절

문제 7.1.1. X의 위상을 $\mathcal{T}_X$라 하자. 그러면 다음을 얻는다.

(1) $q^{-1}(\varnothing) = \varnothing \in \mathcal{T}_X$이므로 $\varnothing \in \mathcal{T}$이다.

(2) $q^{-1}(X/\sim) = X \in \mathcal{T}_X$이므로 $X/\sim \in \mathcal{T}$이다.

(3) 임의의 $U, V \in \mathcal{T}$에 대하여 $q^{-1}(U), q^{-1}(V) \in \mathcal{T}_X$이므로 다음이 성립한다.

$$q^{-1}(U \cap V) = q^{-1}(U) \cap q^{-1}(V) \in \mathcal{T}_X$$

따라서 $U \cap V \in \mathcal{T}$이다.

(4) 임의의 첨자 집합 Γ에 대하여 $U_\alpha \in \mathcal{T}$, $(\alpha \in \Gamma)$를 생각하자. 그러면 모든 α에 대하여 $q^{-1}(U_\alpha) \in \mathcal{T}_X$이므로 다음이 성립한다.

$$q^{-1}(\textstyle\bigcup_\alpha U_\alpha) = \displaystyle\bigcup_\alpha q^{-1}(U_\alpha) \in \mathcal{T}_X$$

따라서 $\bigcup_\alpha U_\alpha \in \mathcal{T}$이다.

(1), (2), (3), (4)로부터 $\mathcal{T}$는 $X/\sim$의 위상이다.

문제 7.1.2. 독자에게 맡긴다.

문제 7.1.3. 독자에게 맡긴다.

문제 7.1.4. 독자에게 맡긴다.

연습 문제 7.1

1. X의 서로 다른 원소들 가운데 $1 \sim 3$만 성립하므로 몫 공간은 $\{[1], [3]\}$이고 이 공간에 주어진 위상은 비이산위상이다.

2. 독자에게 맡긴다.

3. 독자에게 맡긴다.

4. 독자에게 맡긴다.

5. 우선 $[0, 0] \in Y$는 당연하다. $[0, 0]$을 포함하는 $\mathcal{T}$의 다른 원소 Y'이 있다고 하자. 그러면 정의에 의하여 $(0, 0) \in \pi^{-1}(Y')$이고 $\pi^{-1}(Y')$은 $\mathbb{R}^2$의 열린 집합이다. 즉, $B(0, \epsilon) \subset \pi^{-1}(Y')$을 만족하는 $\epsilon > 0$이 존재한다. 따라서 $\pi(B(0, \epsilon)) \subset Y'$인데 $\pi(B(0, \epsilon)) = Y$이므로 $Y = Y'$이다.
$p = [0, 0], q = [1, 0] \in Y$에 대하여 p를 포함하는 열린 집합이 Y 뿐이므로 T_1-공간이 될 수 없다.

6. ③

7. $\mathcal{T} = \{\varnothing, Y, \{y \in Y | y < p, p \in Y\}\}$

7장 2절

문제 7.2.1. (1) $\Rightarrow$ (2) C가 Y의 닫힌 집합 $\Leftrightarrow$ $Y - C = C^c$은 Y의 열린 집합
$\Leftrightarrow$ $f^{-1}(C^c) = [f^{-1}(C)]^c$가 X의 열린 집합 ($\because$ (1)과 연습 문제 1.3의 1번)
$\Leftrightarrow$ $f^{-1}(C)$가 X의 닫힌 집합

(2) $\Rightarrow$ (1) V가 Y의 열린 집합 $\Leftrightarrow$ $Y - V = V^c$가 X의 닫힌 집합
$\Leftrightarrow$ $f^{-1}(V^c) = [f^{-1}(V)]^c$가 X의 닫힌 집합 ($\because$ (2)와 연습 문제 1.3의 1번)
$\Leftrightarrow$ $f^{-1}(V)$가 X의 열린 집합

문제 7.2.2. (1) f의 성분 함수 $\cos 2\pi t$와 $\sin 2\pi t$가 모두 연속 함수이므로 f는 연속이다. 그리고 임의의 점 $p \in S^1$에 대하여 반직선 $\overrightarrow{Op}$와 x 축의 양의 방향과 이루는 각을 $\theta \in [0, 2\pi)$라 하면 $p = (\cos\theta,\ \sin\theta) = f(\frac{\theta}{2\pi})$이다. 즉, $p \in f([0,1))$이므로, f는 전사이다. 또한, $[0,1]$은 옹골이고 S^1은 하우스도르프 공간이므로 따름 정리 7.2.4로부터 f는 동일화 사상이다.

(2) 임의의 $t_1, t_2 \in [0,1]$에 대하여 $f(t_1) = f(t_2)$라 하자. 그러면 다음을 얻는다.

$$t_1 = t_2 + n \ (n = 0,\ \text{또는}\ \pm 1) \ \Rightarrow\ t_1 = t_2 \ \text{또는}\ \{t_1, t_2\} = \{0, 1\}$$

따라서 $t_1 \sim t_2$이다. 거꾸로 $t_1 \sim t_2$라 하면 비슷한 방법으로 $f(t_1) = f(t_2)$임을 확인할 수 있다. 그러므로 다음을 얻는다.

$$t_1 \sim t_2 \ \Leftrightarrow\ f(t_1) = f(t_2)$$

이로부터 $[0,1]/\!\sim\, = [0,1]/\underset{f}{\sim}$이다. 한편, 정리 7.2.2로부터 $[0,1]/\underset{f}{\sim} \cong S^1$이므로 $[0,1]/\!\sim\, \cong S^1$이다.

문제 7.2.3. 열린 사상도 닫힌 사상도 아니다. 열린 사상이 아닌 예는 문제 7.2.2의 f이다. 닫힌 사상이 아닌 예는 $f : \mathbb{R}^2 \to \mathbb{R},\ (x, y) \mapsto x$를 들 수 있다.

문제 7.2.4. 독자에게 맡긴다.

연습 문제 7.2

1. 독자에게 맡긴다.

2. 독자에게 맡긴다.

3. 독자에게 맡긴다.

7장 3절

문제 7.3.1. 독자에게 맡긴다.

문제 7.3.2. 구간 $[0,1]$과 $[2,3]$의 끝 점들이 A에 붙어있는 8자 공간이다.

문제 7.3.3. $X = \{-1, 1\} \subset \mathbb{R}$이라 하자. $\nu = (0,1) \in \mathbb{R}^2$라 하면 GX는 다음과 같다.

$$GX = \{\mathbf{p} \in \mathbb{R}^2 \mid \mathbf{p} = t\boldsymbol{\nu} + (1-t)\mathbf{x},\ \mathbf{x} \in X,\ t \in I\}$$

즉, GX는 $\mathbb{R}^2$에서 $(-1,0)$과 ν를 잇는 직선, 그리고 $(1,0)$과 ν를 잇는 직선으로 이루어져 있으므로 위상적으로 구간 $[0,1]$과 위상 동형이다. 한편, X가 옹골이므로 정리 7.3.5에 의해 $CX \cong GX$이다. 따라서 다음을 얻는다.

$$CX \cong [0,1]$$

문제 7.3.4. 사영 평면 $\mathbb{P}^2$

문제 7.3.5. 독자에게 맡긴다.

연습 문제 7.3

1. 독자에게 맡긴다.

2. 독자에게 맡긴다.

3. 독자에게 맡긴다.

4. 독자에게 맡긴다.

7장 4절

문제 7.4.1. 독자에게 맡긴다.

문제 7.4.2. 독자에게 맡긴다.

연습 문제 7.4

1. 독자에게 맡긴다.

2. 독자에게 맡긴다.

3. 독자에게 맡긴다.

4. 독자에게 맡긴다.

7장 5절

문제 7.5.1. 원환면의 삼각 분할에 대한 예를 두 개 들면 다음과 같다.

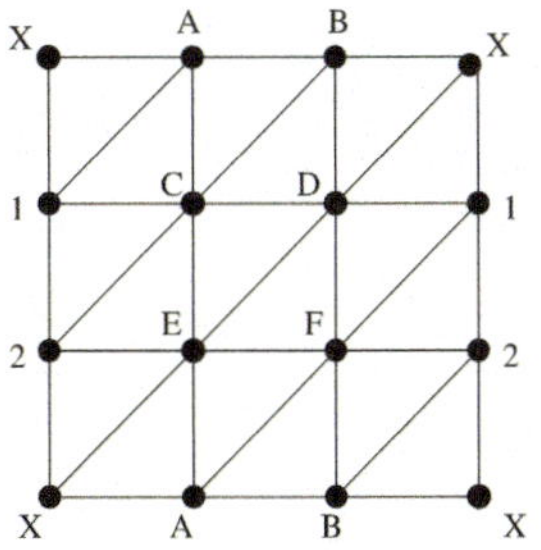

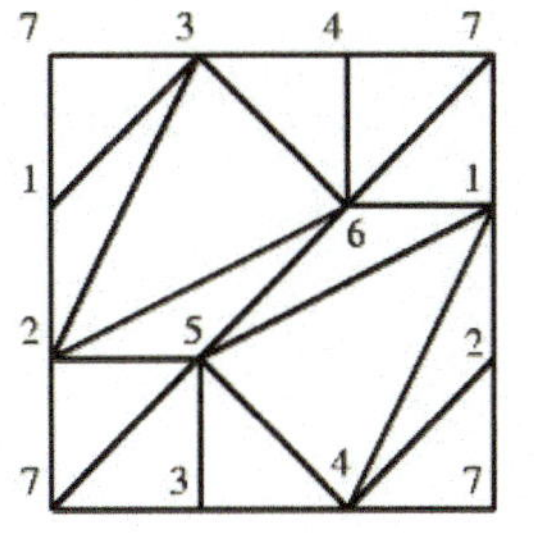

사영 평면의 삼각 분할에 대한 예를 두 개 들면 다음과 같다.

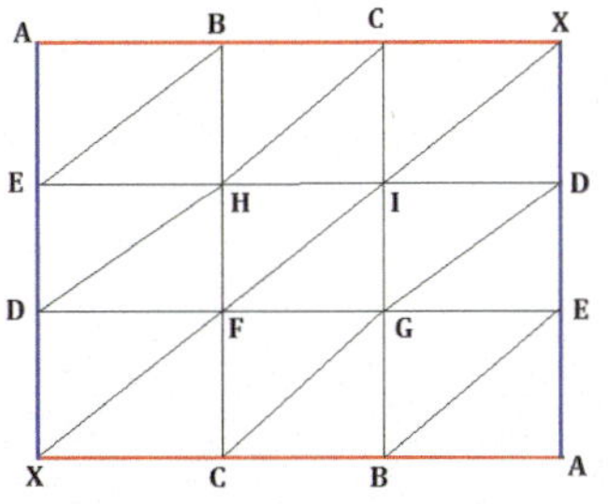

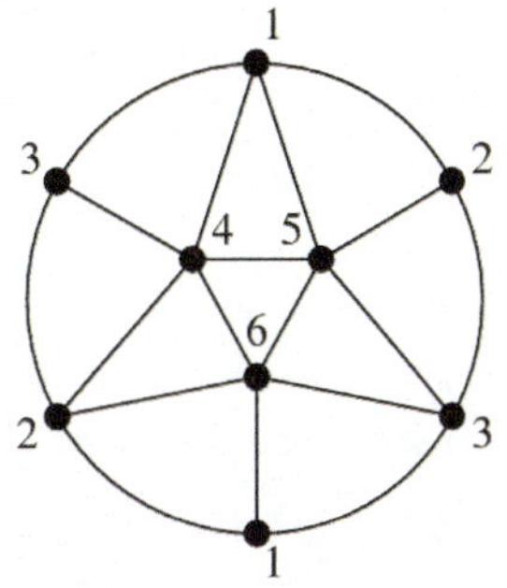

문제 7.5.2. 독자에게 맡긴다.

문제 7.5.3. (1) $\mathbb{P}^2\#T$

(2) 같은 문자이고 지수가 반대인 이웃하는 모서리가 없다. 그리고 꼭지점이 한 점인 것을 확인할 수 있다. 이제 문자가 같고 지수도 같은 모서리를 모두 이웃하게 변형하면 $eeffgghh$를 얻는다. 즉 주어진 곡면은 $\mathbb{P}^2\#\mathbb{P}^2\#\mathbb{P}^2\#\mathbb{P}^2$와 위상 동형이다. 따라서 정리 7.4.13과 정리 7.4.9로부터 다음을 얻는다.

$$\text{주어진 곡면} \cong T\#\mathbb{P}^2\#\mathbb{P}^2 \cong T\#K$$

연습 문제 7.5

1. $\mathbb{P}^2\#T\#T$

2. $n=2k$일 때 $\overbrace{T\#\cdots\#T}^{k}$,

   $n=2k-1$일 때 $\overbrace{T\#\cdots\#T}^{k-1}$

3. $\hat{S}=\mathbb{P}^2\#\mathbb{P}^2$, $S=(\mathbb{P}^2\#\mathbb{P}^2)-\{D_1,D_2\}$

7장 6절

문제 7.6.1. 독자에게 맡긴다.

문제 7.6.2. 독자에게 맡긴다.

문제 7.6.3. $\chi(\#^n T) = 2 - 2n$

연습 문제 7.6

1. 독자에게 맡긴다.

2. 독자에게 맡긴다.

3. 독자에게 맡긴다.

4. 독자에게 맡긴다.

5. (1) 정 n각형으로 된 면이 f개 있고 각 꼭짓점에서 k개의 모서리가 만나는 정다면체가 있다고 하자. 또한 면의 수와 꼭짓점의 수에 관련시켜 모서리의 수를 생각하면, 각 모서리는 두 면의 변이고, 곱 nf에서 변의 수를 두 번씩 세었으므로 $nf = 2e$가 성립한다.
(2) 그리고 각 모서리는 두 개의 꼭짓점을 가지므로 $kv = 2e$가 성립한다.
(3) 이 두 개의 식을 $v - e + f = 2$에 대입하면 다음과 같다.

$$\left(\frac{2}{k} - 1 + \frac{2}{n}\right)e = 2$$

따라서 $1 < \frac{2}{k} + \frac{2}{n}$가 성립한다.
(4) 우선 다각형이 적어도 세 변으로 이루어지고 다면각에서는 적어도 세 변이 만나야 하므로 $n \geq 3$, $k \geq 3$임을 알 수 있다.

⇒ 이 식에서 n과 k가 동시에 3보다 커질 수는 없다. 왜냐하면 n과 k 동시에 3보다 크면 이 식에서의 좌변이 0보다 작거나 같기 때문이다.

⇒ 따라서 $n = 3$일 때 k는 어떤 값을 가지는지, 또한 $k = 3$일 때 n은 어떤 값을 가질 수 있는 알아보는 과정이 필요하다. 이 두 경우에 따라 결정되는 다면체 전체가 가능한 정다면체의 총 가짓수가 된다.
(5) ⑴ $n = 3$이면 $\left(\frac{2}{k} - \frac{1}{3}\right)e = 2$이고, 따라서 $e = \frac{6k}{6-k}$가 된다.

⇒ 따라서 k는 $3, 4, 5$의 값을 가질 수 있다. 이때 e는 $6, 12, 30$이 된다.

⇒ 따라서 각각 정사면체, 정팔면체, 정이십면체가 된다.

⑵ $k = 3$이면 $e = \frac{6n}{6-n}$식을 얻고, 이로부터 n은 $3, 4, 5$의 값을, e는 $6, 12, 30$의 값을 얻게 된다.

⇒ 각각 정사면체, 정육면체 정십이면체에 해당.

⑶ 결론 : 정다면체는 정사면체, 정육면체, 정팔면체, 정십이면체, 정이십면체의 5가지만이 존재한다.

참고 문헌

[1] 김영기, 위상수학, 제2판, 경문사, 2022.

[2] 김영록, 윤기헌, 위상수학, 경문사, 2018.

[3] 김진홍, 위상수학 개론, 제3판, 경문사, 2023.

[4] 노영순, 노영순 교수의 위상수학, 제8판, 도서출판 보성, 2019.

[5] 문명호, 박종일, 위상수학 입문, 제2판, 경문사, 2006.

[6] 박대희, 안승호 위상수학 (상)(하), 제5판, 경문사, 2022.

[7] 송형수, 위상수학, 교우사, 2010.

[8] 양춘우, 일반위상수학, 경문사, 2006.

[9] 이석종, 이승온, 위상수학의 기초, 제6판, 교우사, 2022.

[10] 한상언, 위상수학, 제2판, 경문사, 2021.

[11] Colin Adams and Robert Franzosa, *Introduction to Topology-Pure and Applied*, Prentic Hall, 2007.
위상수학, 홍성복; 강성모 옮김, 교우사, 2020.

[12] Fred H. Croom, *Principles of Topology*, Dover Publications, 1989.
위상수학 첫걸음, 한빛수학교재연구소 옮김, 한빛아카데미(주), 2022.

[13] P. H. Doyle and D. A. Moran, *A Short Proof that Compact 2-Manifolds Can Be Triangulated*, Inventions math. 5, 160-162, 1968.

[14] James R. Munkres, *Topology*, 2nd ed., Prentice Hall, Inc., 2000.
위상수학, 조용승; 박종서; 박진원; 민경찬 옮김, 교우사, 2017.

[15] Seymour Lipschutz, *Schaum's Outline of General Topology*, McGraw-Hill, 1965.
일반위상수학, 이장우 옮김, 경문사, 2016.

찾아보기

【 D 】

【 E 】

【 F 】

【 Q 】

【 R 】

【 S 】

【 T 】

위상수학

지은이 김준형, 최윤철
펴낸이 조경희
펴낸곳 경문사
펴낸날 2025년 2월 28일 1판 1쇄
등 록 1979년 11월 9일 제1979-000023호
주 소 04057, 서울특별시 마포구 와우산로 174
전 화 (02)332-2004 팩스 (02)336-5193
이메일 kyungmoon@kyungmoon.com

값 27,000원

ISBN 979-11-6073-769-1